高职高专计算机“十二五”规划教材

计算机应用基础案例与实训

（第三版）

主　编　董亚谋

副主编　李荣芳　周　华

参　编　魏宇红　钱亚文　郭红梅　张琳娜　陈怡娜

中国铁道出版社有限公司
CHINA RAILWAY PUBLISHING HOUSE

内 容 简 介

本书采用案例制作的方式撰写，介绍必需、够用的知识和技能，培养学生解决问题的能力。全书共分 7 章，主要内容包括计算机应用基础、熟识 Windows 7 操作系统、Word 2010 的应用、Excel 2010 的应用、PowerPoint 2010 的应用、网络基础以及计算机应用能力实训等。

本书适合作为高职高专院校计算机公共基础课的教材（各校可根据专业和使用的要求选取相关的内容），同时也可作为全国计算机等级考试一级 Windows 考试（NCRE）和全国高新技术考试（OSTA）的参考用书。

图书在版编目（CIP）数据

计算机应用基础案例与实训 / 董亚谋主编. —3 版. —北京：中国铁道出版社，2013.9（2019.7 重印）

高职高专计算机"十二五"规划教材

ISBN 978-7-113-17271-8

Ⅰ. ①计… Ⅱ. ①董… Ⅲ. ①电子计算机—高等职业教育—教材 Ⅳ. ①TP3

中国版本图书馆 CIP 数据核字（2013）第 206327 号

书　　名：计算机应用基础案例与实训（第三版）
作　　者：董亚谋　主编

策　　划：滕　云
责任编辑：包　宁　姚文娟
封面设计：刘　颖
封面制作：白　雪
责任印制：郭向伟

出版发行：中国铁道出版社有限公司（100054，北京市西城区右安门西街 8 号）
网　　址：http://www.tdpress.com/51eds/
印　　刷：北京市科星印刷有限责任公司
版　　次：2009 年 9 月第 1 版　2011 年 9 月第 2 版　2013 年 9 月第 3 版　2019 年 7 月第 9 次印刷
开　　本：787 mm×1 092 mm　1/16　印张：20　字数：480 千
书　　号：ISBN 978-7-113-17271-8
定　　价：42.00 元（附赠光盘）

前　言

学习计算机知识有两种不同的方法：一种是从原理和理论入手，注重理论和概念，侧重知识学习；另一种是从实际应用入手，注重计算机的应用方法和使用技能，把计算机看成是一种工具，侧重于熟练地掌握和应用它。从教学实践中可知，第一种方法适用于计算机专业的学科式教学，而对于大多数人来讲，计算机只是一种需要熟练掌握的工具，学习计算机知识是为了应用它，应该以应用为出发点，特别是职业院校的学生，更应该采用后一种学习方法。

"计算机应用基础"是一门基础课，本书按照"基础理论教学要以应用为目的，贯彻少而精的原则，以必需、够用为度，以掌握基本概念、强化应用为教学重点"的定位原则，以项目教学为教改突破口，从学生现在生活和以后工作中需要掌握的计算机基本技能为出发点，精选出典型的案例，配以完整具体的操作步骤进行编写，适合高职教师教学和学生自学。

本书具有以下特点：

- 更加突出以必需、实用、够用为度的教学原则。
- 所有的技能操作都以项目实例组织内容，操作过程翔实。
- 每一个案例后面均附有案例进阶操作练习，可以作为上机实习内容。
- 本书的光盘中提供了同类软件 WPS 的介绍和全国高新技术考试题库，供学生练习。
- 网络基础部分提供了常用软件的介绍和精彩视频学习网站的介绍。

本书的编者均是计算机基础教育第一线的教师，他们结合多年的教学经验，改变了传统的教材编写思路，基于工作过程设计课程，通过案例进行讲解，涵括案例制作、相关知识和案例进阶内容，形成了这套面向应用技能实践的教材。

本书由董亚谋任主编，李荣芳、周华任副主编。参与本书编写的人员有魏宇红（第1章）、李荣芳（第2章）、钱亚文（第3章）、郭红梅（第4章）、张琳娜（第5章、第7章7.3节）、周华（第6章）、董亚谋（第7章7.1节、7.2节、7.4节）、陈怡娜（附录A）。全书最后由董亚谋统稿定稿。

在本书的编写过程中，参考了同类教材及文献，许多专业课老师提出了许多宝贵的意见，也得到了校领导的大力支持，在此一并表示感谢。

由于编者水平有限，书中难免存在不足之处，恳请读者批评指正，以便修订时改进完善。

编　者

2013年7月

目 录

第 1 章　计算机基础知识

本章导读：

基础知识

- 微型计算机的基本组成与工作原理
- 计算机的种类

重点知识

- 数制之间的转换
- 信息的单位与编码
- 键盘结构与指法介绍

提高知识

- 计算机系统的常见故障与维护
- 计算机病毒的处理

计算机是一种处理信息的工具，它能自动、高速、精确地对信息进行存储、传送和加工处理。计算机的广泛应用，推动了社会的发展与进步，对人类社会的生产和生活产生了极其深刻的影响。可以说，计算机文化已融入社会的各个领域，成为人类文化中不可缺少的一部分。在进入信息时代的今天，学习计算机知识、掌握计算机的应用已成为人们的迫切需要。本章主要介绍计算机系统的基础知识，包括计算机的发展与分类、微型计算机的组成、数制和编码、微型计算机的安全和维护以及键盘操作等。

1.1　认识计算机

计算技术发展的历史是人类文明史的一个缩影。在远古时代，人们采用石块、贝壳进行简单的计数，到唐代发明了算盘进行计算，欧洲中世纪发明了加法计算器、分析机等，直到今天的电子计算机，这些发明记录了人类计算工具的发展史。因此，计算机是人类计算技术的继承和发展，是现代人类社会生活中不可缺少的基本工具。现代计算机是一种按程序自动进行信息处理的通用工具，它的处理对象是信息，处理结果也是信息。

1.1.1　计算机的发展史

1946 年 2 月，美国宾夕法尼亚大学莫尔学院的莫克利（John W. Mauchly）和埃克特（J. Presper Eckert），研制成功了世界上第一台大型通用电子数字积分计算机 ENIAC，这台计算机最初专门用于火炮弹道的计算，后经多次改进后，成为能进行各种科学计算的通用计算机。

ENIAC大约使用了18 000个电子管，1 500个继电器，重30 t，占地面积约170 m^2，总耗资达48.6万美元，如图1-1所示。1955年10月2日，ENIAC正式退休，实际运行了80 223小时。但是，这台计算机仍然采用外加式程序，尚未完全具备现代计算机的主要特征。

图1-1 通用数字电子计算机ENIAC

新的重大突破是由美籍匈牙利数学家冯·诺依曼（John von Neumann）领导的设计小组完成的。1945年，他们发表了一个全新的《存储程序式通用电子计算机》设计方案，1946年6月，冯·诺依曼等人提出了更为完善的设计报告《电子计算机装置逻辑结构初探》。1949年，英国剑桥大学数学实验室率先研制成功了EDSAC（电子延迟存储自动计算机）。至此，电子计算机发展的萌芽时期结束，开始了现代计算机的发展时期。

1. 现代计算机的发展

在现代计算机诞生后的60年中，计算机所采用的基本电子元器件已经历了电子管、晶体管、中小规模集成电路、大规模和超大规模集成电路四个发展阶段，如表1-1所示。

表1-1 计算机发展的四个时代

时代	时间	基本元件	运算速度（每秒）	特点
第一代	1946—1957年	电子管	几千次~几万次	体积庞大、速度低、价格昂贵、存储量小、可靠性差
第二代	1958—1963年	晶体管	几万次~几十万次	相对体积小、重量轻、开关速度快、工作温度低
第三代	1964—1970年	集成电路	几十万次~几百万	体积、重量、功耗进一步减少
第四代	1970年至今	大规模、超大规模集成电路	几百万~上亿次	性能飞跃性地提高

（1）第一代（1946—1957年）

第一代计算机采用电子管作为基本电子元件。由于电子管体积大、耗电多，这一代计算机运算速度低，存储容量小，可靠性差且造价昂贵。在计算机中，几乎没有什么软件配置，编制程序用机器语言或汇编语言。此时的计算机主要用于科学计算和军事应用方面。代表机型为1952年由冯·诺依曼设计的EDVAC计算机，这台计算机共采用2 300个电子管，运算速度比ENIAC提高了10倍，冯·诺依曼的“程序存储”设想首次在这台计算机上得到了体现。

（2）第二代（1958—1963年）

第二代计算机采用晶体管作为基本电子元件。第二代计算机另一个很重要的特点是存储器的革命，1951年，当时尚在美国哈佛大学计算机实验室的华人留学生王安发明了磁心存储器，这项技术彻底改变了继电器存储器的工作方式和与处理器的连接方法，也大大缩小了存储器的体积，为第二代计算机的发展奠定了基础。这个时代计算机软件配置开始出现，一些高级程序设计语言相继问世，如科学计算用的FORTRAN等高级语言开始进入实用阶段。操作系统也初步成形，使计算机的使用方式由手工操作变为自动作业管理。

（3）第三代（1964—1970 年）

第三代计算机采用中小规模集成电路作为基本电子元件。计算机的体积和耗电量有了显著减小，计算速度也显著提高，存储容量大幅度增加。半导体存储器逐步取代了磁心存储器的主存储器地位，并且开始普遍采用虚拟存储技术。

同时，计算机的软件技术也有了较大的发展，出现了操作系统和编译系统，出现了更多的高级程序设计语言，计算机的应用开始进入到许多领域。1964 年，由 IBM 公司推出的 IBM 360 计算机是第三代计算机的代表产品，如图 1-2 所示。

图 1-2 IBM 360 计算机系统（1964 年）

（4）第四代（1970 年至今）

第四代计算机采用大规模和超大规模集成电路作为基本电子元件。主存储器使用了集成度更高的半导体存储器，计算机运算速度高达每秒几亿次至数百万亿次。在这个时期，计算机体系结构有了较大发展，并行处理、多机系统、计算机网络等都已进入实用阶段。软件方面更加丰富，出现了网络操作系统和分布式操作系统以及各种实用软件。

2. 计算机的发展趋势

随着计算机应用的广泛和深入，向计算机技术本身提出了更高的要求。当前，计算机的发展表现为四种趋向：巨型化、微型化、网络化和智能化。

（1）巨型化

巨型化是指发展高速度、大存储量和强功能的巨型计算机。这是诸如天文、气象、地质、核反应堆等尖端科学的需要，也是记忆巨量的知识信息，以及使计算机具有类似人脑的学习和复杂的推理功能所必需的。巨型机的发展集中体现了计算机科学技术的发展水平。

（2）微型化

微型化就是进一步提高集成度，利用高性能的超大规模集成电路研制质量更加可靠、性能更加优良、价格更加低廉、整机更加小巧的微型计算机。

（3）网络化

网络化就是把各自独立的计算机用通信线路连接起来，形成各计算机用户之间可以相互通信并能使用公共资源的网络系统。网络化能够充分利用计算机的宝贵资源并扩大计算机的使用范围，为用户提供方便、及时、可靠、广泛、灵活的信息服务。

（4）智能化

智能化是指让计算机具有模拟人的感觉和思维过程的能力。智能计算机具有解决问题和逻辑推理的功能、知识处理和知识库管理的功能等。人与计算机的联系是通过智能接口，用文字、声音、图像等与计算机进行自然对话。目前，已研制出各种“机器人”，有的能代替人劳动，有的能与人下棋，等等。智能化使计算机突破了“计算”这一初级的含意，从本质上扩充了计算机的能力，可以越来越多地代替人类脑力劳动。

1.1.2 计算机硬件

1. 计算机系统的组成

一个完整的计算机系统由硬件系统和软件系统两部分组成。硬件系统是构成计算机系统的各种物理设备的总称。硬件系统可以从系统结构和系统组成两个方面进行描述。软件系统是运行、管理和维护计算机的各类程序和文档的总称。通常，把不安装任何软件的计算机称为“裸机”，一个完整的微机系统如图 1-3 所示。

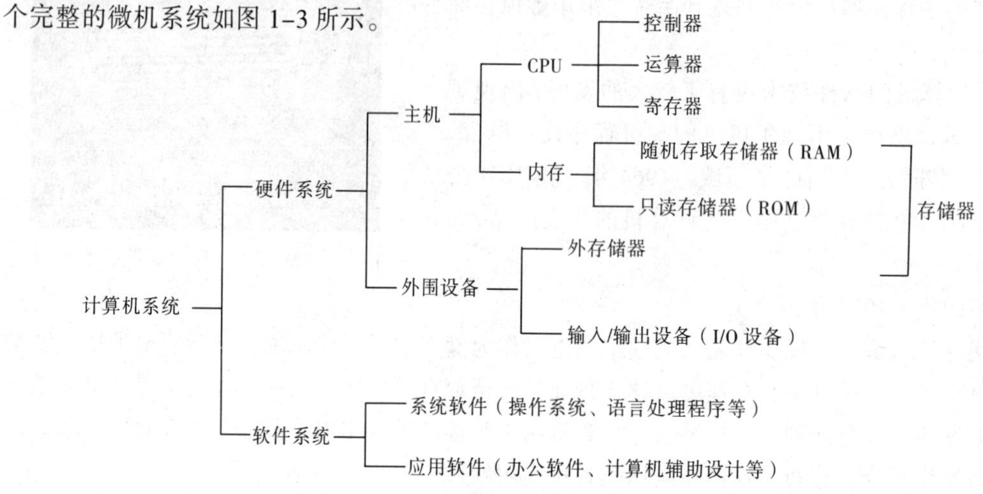

图 1-3 微机系统

2. 微机硬件的基本组成

微机硬件设备一般包括：主机、显示器、键盘、鼠标、扬声器（俗称音箱）等设备，核心设备在主机内部。

主机有立式和卧式两种，性能上没有差别，价格也相差不大，目前较为流行立式机箱，主机内部的基本设备如图 1-4 所示。

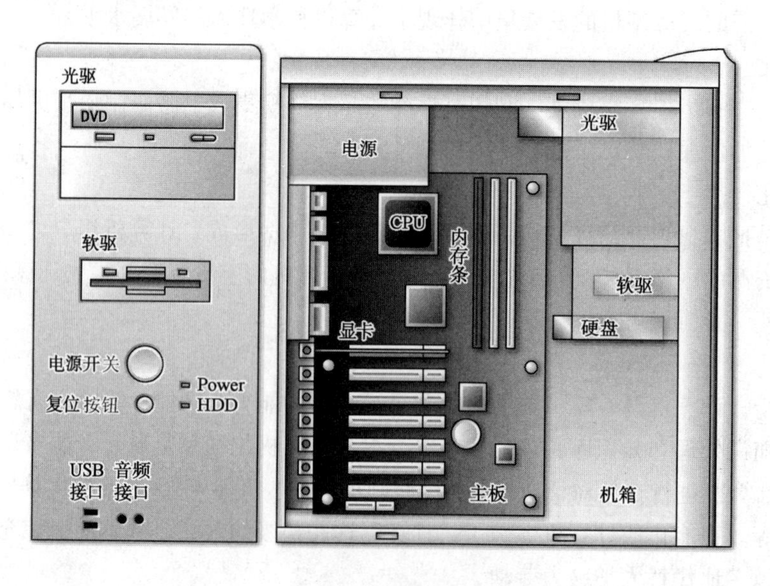

图 1-4 主机的外部与内部组成

主机上部是ATX规范的开关电源，它的功能是将220 V的交流电转换成为微机工作需要的+3.3 V、±5 V、±12 V直流电压，电源功率在200～350 W之间，电源的散热风扇是微机噪声的发源地。

机箱中的主板上安装有CPU、内存条、显卡、声卡、网卡等设备，机箱中右边是光驱、软驱、硬盘等设备。在主机前面留有光驱、软驱、电源开关、复位按钮、电源灯、硬盘灯、前置USB接口、音频接口等。

3. CPU 系统

CPU即中央处理器，英文为Central Processing Unit。CPU是计算机中的核心配件，只有火柴盒那么大，几十张纸那么厚，但它却是一台计算机的运算核心和控制核心。计算机中所有操作都由CPU负责读取指令，对指令译码并执行指令的核心部件。它严格按照规定的脉冲频率工作。一般来说，工作频率越高，CPU工作速度越快，能够处理的数据量也就越大，功能也就越强。在CPU技术和市场上，英特尔公司一直是领头人，目前的主要产品是酷睿i7、i5和i3 四核处理器系列，AMD公司的CPU产品主要是AMD FX和A8系列。

（1）CPU发展历程

CPU发展历程如图1-5所示。

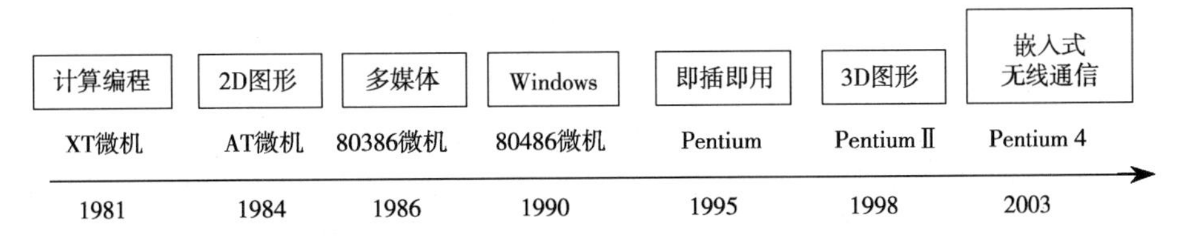

图 1-5　微机应用技术的发展

（2）CPU的性能指标

位：在数字电路和计算机技术中采用二进制，代码只有“0”和“1”，其中无论是“0”或是“1”在CPU中都是1“位”。

① 字长：计算机技术中对CPU在单位时间内(同一时间)能一次处理的二进制数的位数叫字长。CPU字长有8位、16位、32位、64位之分，能处理字长为8位数据的CPU通常就叫8位的CPU。目前市面上的计算机的处理器大部分已达到64位。

字长直接关系到计算机的运算速度、精度和性能。计算机处理数据的速率，自然和它一次能加工的位数以及进行运算的快慢有关。如果一台计算机的字长是另一台计算机的两倍，即使两台计算机的速度相同，在相同的时间内，前者能做的工作是后者的两倍。

字节和字长的区别：由于常用的英文字符用8位二进制就可以表示，所以通常就将8位称为1个字节。字长的长度是不固定的，对于不同的CPU、字长的长度也不一样。8位的CPU一次只能处理1个字节，而32位的CPU一次就能处理4个字节，同理字长为64位的CPU一次可以处理8个字节。

② 主频：主频也就是CPU的时钟频率，英文全称CPU Clock Speed，简单地说也就是CPU运算时的工作频率。一般说来，主频越高，一个时钟周期里面完成的指令数也越多，当然CPU的速度也就越快。

通常所说的多核是指在一个CPU的实体内集成多个CPU核心，理论上是单核CPU的数倍运算程度。可以这样理解四核CPU：从外观上看就是一个CPU，但是在工作过程中其实是4个CPU

在工作,于是在计算机的设备管理器中可以看到 CPU 项下有 4 个一模一样的 CPU。

频率是单位时间内（按照国际单位制，一般以秒计算）所发生的次数，其单位为 Hz。一般将 MHz、GHz 作为衡量 CPU 频率和性能的度量单位。比如，目前 Intel 酷睿 i7 四核的主频可以达到 3.5GHz，表示这款 CPU 能在 1 秒内运算 3.5×10^9 次。

（3）CPU 的功能

中央处理器（CPU）包括运算逻辑部件、寄存器部件和控制部件。

CPU 从存储器或高速缓冲存储器中取出指令，放入指令寄存器并对指令译码。它把指令分解成一系列的微操作，然后发出各种控制命令，执行微操作系列，从而完成指令的执行。

① 运算逻辑部件。可以执行定点或浮点的算术运算操作、移位操作以及逻辑操作，也可执行地址的运算和转换。

② 寄存器部件。包括通用寄存器、专用寄存器和控制寄存器。通用寄存器用来保存指令中的寄存器操作数和操作结果。通用寄存器是中央处理器的重要组成部分，大多数指令都要访问到通用寄存器。专用寄存器是为了执行一些特殊操作所需用的寄存器。控制寄存器通常用来指示机器执行的状态，或者保持某些指针，有处理状态寄存器、地址转换目录的基地址寄存器、特权状态寄存器、条件码寄存器、处理异常事故寄存器以及检错寄存器等。有的时候，CPU 中还有一些缓存，用来暂时存放一些数据指令，缓存越大，说明 CPU 的运算速度越快，目前市场上的中高端 CPU 都有 2MB 左右的二级缓存。

③ 控制部件。主要负责对指令译码，并且发出为完成每条指令所要执行的各个操作的控制信号。指令译码后，控制器通过不同的逻辑门的组合，发出不同序列的控制时序信号，直接去执行一条指令中的各个操作。应用于大型、小型和微型计算机的 CPU 的规模和实现方式很不相同，工作速度也变化较大。CPU 可以由几块电路块甚至由整个机架组成。如果 CPU 的电路集成在一片或少数几片大规模集成电路芯片上，则称为微处理器。

未来，CPU 工作频率的提高已逐渐受到物理上的限制，而内部执行性（指利用 CPU 内部的硬件资源）的进一步改进是提高 CPU 工作速度而维持软件兼容的一个重要方向。

◎注意

在哪里能看到 CPU 的占用率？在 Windows XP/2003 系统中，只需打开任务管理器（【Ctrl+Alt+Del】）即可看到 CPU 占用率。

4．存储器系统

能够直接与 CPU 进行数据交换的存储器称为内存，与 CPU 间接交换数据的存储器称为外存。内存位于主板上，运行速度较快，容量相对较小，所存储的数据断电即失。外存一般安装在主机箱中，通过数据线连接在主板上，它与 CPU 的数据交换必须通过内存和接口电路进行。外存的特点是存储容量大，存取速度相对内存要慢得多，但存储的数据很稳定，停机后数据不会消失。常用的外部存储器有硬盘、光盘、U 盘等。

（1）内存

内存为微机主要技术指标之一，其容量大小和性能直接影响程序运行情况。内存的主要技术指标如下：

内存容量：在内存中有大量的存储单元，通常以 KB、MB、GB、TB 作为内存容量单位。其中，1B=8 bit，1KB = 1 024B，1MB = 1 024KB，1GB = 1 024MB，1TB=1 024GB。

① RAM。RAM（Random Access Memory）是随机存取存储器，高速存取，读写时间相等，且与地址无关，如计算机内存等，可分为 SRAM 和 DRAM。

静态随机存取存储器（SRAM）：SRAM 存储单元电路工作状态稳定，速度快，不需要刷新，只要不掉电，数据不会丢失。SRAM 一般只应用在 CPU 内部作为高速缓冲存储器（Cache）。

动态随机存取存储器（DRAM）：DRAM 中存储的信息是以电荷形式保存在集成电路中的小电容中，由于电容的漏电，因此数据容易丢失。为了保证数据不丢失，必须对 DRAM 进行定时刷新。现在微机内存均采用 DRAM 芯片安装在专用电路板上，称为内存条，如图 1-6 所示。目前，内存条类型有 DDR SDRAM、DDR2 SDRAM、DDR3 SDRAM 等，内存条容量有 128 MB、256 MB、512 MB、1 GB、2 GB 等规格。

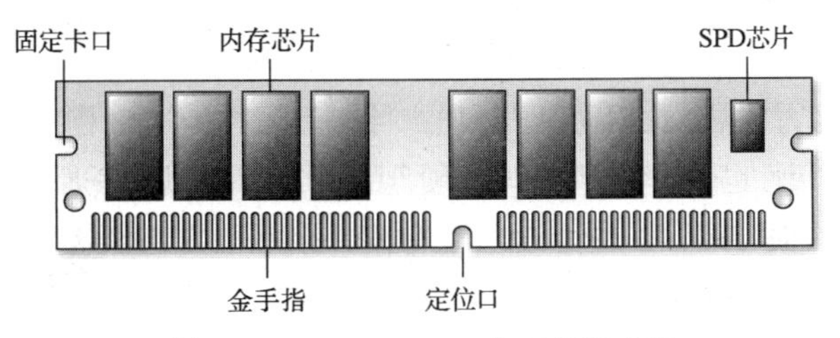

图 1-6　DDR SDRAM 内存条组成图

② ROM。ROM（Read Only Memory）是只读存储器。计算机关闭电源后其内的信息仍旧保存，如计算机启动用的 BIOS 芯片。存取速度很低（较 RAM 而言），且不能改写。ROM 中存储的数据在断电后能保持不丢失。ROM 只能一次写入数据，多次读出数据。微机主板上的 ROM 用于保存系统引导程序、自检程序等。

目前，在微机中常用的 ROM 存储器为 Flash Memory（闪存），这种存储器可在不加电的情况下长期保存数据，又能对数据进行快速擦除和重写。

高速缓冲存储器：为了提高运算速度，通常在 CPU 内部增设一级、二级、三级高速静态存储器，称为高速缓冲存储器。Cache 大大缓解了高速 CPU 与低速内存的速度匹配问题，它可以与 CPU 运算单元同步执行。CPU 内部的 Cache 一般为 128 KB～4 MB。

◎注意

ROM 和 RAM 是计算机内存储器的两种型号，ROM 表示的是只读存储器，即它只能读出信息，不能写入信息。一般用它存储固定的系统软件和字库等。RAM 表示的是读写存储器，可对其中的任一存储单元进行读或写操作，计算机关闭电源后其内的信息将不再保存，再次开机需要重新装入，通常用来存放操作系统，各种正在运行的软件、输入和输出数据、中间结果及与外存交换信息等，人们常说的内存主要是指 RAM。

（2）硬盘驱动器

硬盘驱动器也称为硬盘，由于其存储容量大、数据存取方便、价格便宜等优点，目前已经成为保存用户数据重要的外部存储设备。另外，硬盘的读/写是一种机械运动，因此相对于 CPU、内存、显卡等设备，数据处理速度要慢得多，从“木桶效应”来看，可以说硬盘是阻碍计算机性能提高的瓶颈。

① 硬盘的工作原理。硬盘采用了“温彻斯特”（Winchester）技术，这种技术的特点是：密封、固定并高速旋转的镀磁盘片，磁头沿盘片径向移动，磁头悬浮在高速转动的盘片上方，而不与盘片直接接触。硬盘的内部组成如图 1-7 所示。

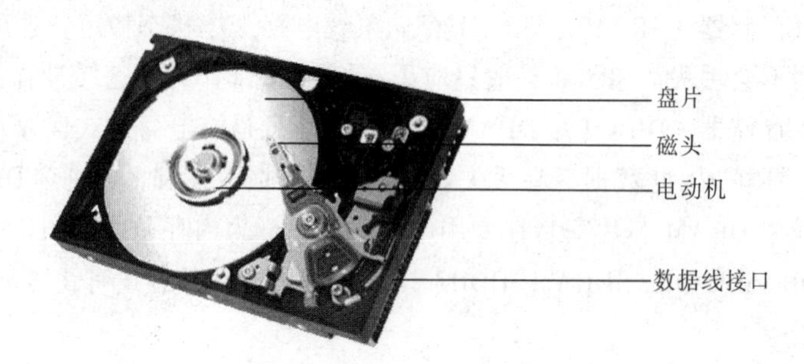

图 1-7 硬盘内部组成图

硬盘利用电磁原理读/写数据。根据物理学原理，当电流通过导体时，围绕导体会产生一个磁场。当电流方向改变时，磁场的极性也会改变。数据写入硬盘的操作就是根据这一原理进行的。

② 硬盘的磁道、柱面与扇区。硬盘盘片上有成千上万个磁道，这些磁道在盘片中呈同心圆分布，这些同心圆从外至内依次编号为 0 道、1 道、2 道、……、n 道，这些编号称为磁道号，如图 1-8 所示。

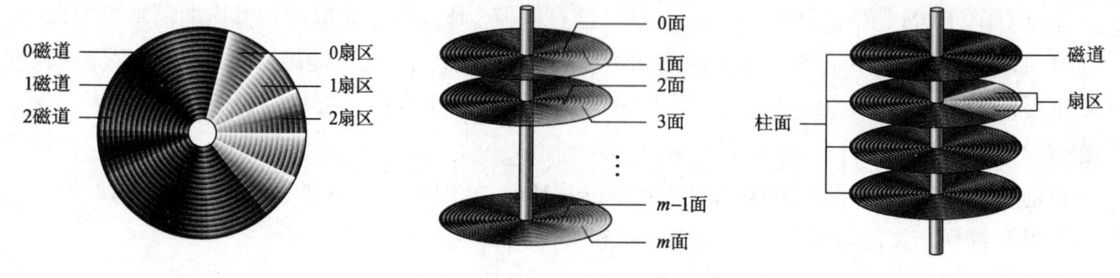

图 1-8 磁盘上的扇区与柱面

只有一张盘片的硬盘有两个面，依次为 0 面和 1 面，由多张盘片构成的硬盘从上至下依次编号为 0 面、1 面、2 面、……、m 面，这些编号称为盘面号。

由多张盘片构成的硬盘，从 0 面到第 m 面上所有的 0 磁道构成一个柱面，所有盘片上的 1 磁道又构成一个柱面，这样所有柱面从外向内编号，依次为 0 柱面、1 柱面、2 柱面、……、k 柱面，这种编号称为柱面号。

为了记录数据方便，每个磁道又分为多个小区段，每个区段称为一个扇区。每个磁道上的扇区数是不相同的，这些扇区编号依次为 0 扇区、1 扇区、2 扇区、……、x 扇区。一般一个扇区内可以存储 512 B 的用户数据。

③ 硬盘的类型与接口。按照硬盘尺寸（磁盘直径）分类，有 5.25 英寸、3.5 英寸、2.5 英寸等规格，目前市场以 3.5 英寸硬盘为主流。2.5 英寸硬盘主要用于笔记本式计算机和移动硬盘。

按照硬盘的接口分类，有 IDE 接口硬盘（ATA）、串行接口硬盘（SATA）、SCSI 接口硬盘、USB 接口硬盘等。IDE 和 SATA 接口硬盘主要用于台式微机，SCSI 硬盘主要用于 PC 服务器，USB 硬盘主要用于移动存储设备。表 1-2 给出了几种接口标准的性能对比。

表 1-2　硬盘接口标准技术性能

接口标准	最大数据传输率	传输方式	接口插座	接口导线	说　明
IDE	11 Mbit/s	并行	40 针	40 线	已淘汰
EIDE	16.6 Mbit/s	并行	40 针	40 线	已淘汰
ATA 33	33 Mbit/s	并行	40 针	40 线	连接光驱
ATA 66/100/133	66/100/133 Mbit/s	并行	40 针	80 线	市场流行
SCSI 80/160/320	80/160/320 Mbit/s	并行	68 针	80 线	用于服务器
SATA 1.0/2.0	150/300Mbit/s	串行	4 针	4 线	今后发展方向
USB 1.1/2.0	12/480Mbit/s	串行	4 针	4 线	用于移动硬盘

硬盘的主要性能指标有：

a. 电动机转速：指硬盘内电动机主轴转动速度，目前硬盘主流转速为 7 200 r/min。

b. 高速缓存：指硬盘内部的高速缓冲存储器，目前容量一般为 128 KB～8 MB。

c. 硬盘容量：目前为 120 GB、200 GB、400 GB 或更高。

◎注意

硬盘与内存的功能区别是很大的：①内存是计算机的工作场所，硬盘用来存放暂时不用的信息。②内存是半导体材料制作，硬盘是磁性材料制作。③内存中的信息会随掉电而丢失，硬盘中的信息可以长久保存。

内存与硬盘的联系也非常密切：硬盘上的信息永远是暂时不用的，如果需要使用，需将信息装入内存。CPU 与硬盘不发生直接的数据交换，CPU 只是通过控制信号指挥硬盘工作，硬盘上的信息只有在装入内存后才能被处理。

内存就是存储程序和数据的地方，例如，使用 Word 处理文稿时，当从键盘上输入字符时它就被存入内存中，当选择存盘时内存中的数据才会被存入硬（磁）盘。

（3）光盘和光盘驱动器

光盘驱动器和光盘一起构成了光存储器。光盘用于记录数据，光驱用于读取数据。光盘的特点是记录数据密度高，存储容量大，数据保存时间长。光盘由印刷标签保护层、铝反射层、数据记录刻槽层、透明聚碳脂塑料层等组成，光盘盘片结构如图 1-9 所示。

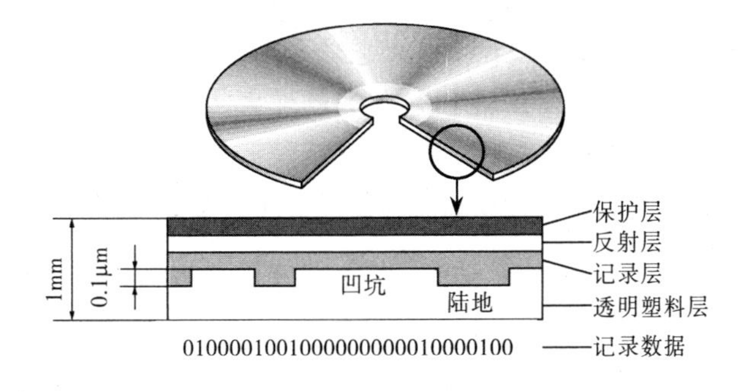

图 1-9　光盘盘片结构

光盘的工作原理是利用光盘上的凹坑记录数据。在光盘中，凹坑（Pit）是被激光照射后反射弱的部分，陆地（Land）是没有受激光照射而仍然保持有高反射率的部分。光盘是用激光束照射盘片并产生反射，然后根据反射的强度来判定数据是 0 还是 1。盘片中的凹坑部分激光反射弱，陆地部分的反射强。光盘利用凹坑的边缘来记录“1”，而凹坑和陆地的平坦部分记录“0”，凹坑的长度和陆地的长度都代表有多少个 0。需要强调的是，凹坑和陆地本身不代表“1”和“0”，而是凹坑端部的前沿和后沿代表“1”，凹坑和陆地的长度代表“0”的个数，然后使用激光来读出这些凹坑和陆地的数据。

光驱由激光头、电路系统、光驱传动系统、光头寻道定位系统和控制电路等组成，如图 1-10 所示。激光头是光驱的关键部件。光驱利用激光头产生激光扫描光盘盘面，从而读出“0”和“1”的数据。

（4）U 盘

U 盘又名“闪存盘”，是一种采用快闪存储器（Flash Memory）为存储介质，通过 USB 接口与计算机交换数据的可移动存储设备。U 盘具有即插即用的功能，使用者只需将它插入 USB 接口，计算机就可以自动检测到 U 盘设备。U 盘在读/写、复制及删除数据等操作上非常方便。

目前，U 盘的存储容量可达到上百 GB，可重复擦写达 100 万次以上。U 盘具有外观小巧、携带方便、抗震、容量大等优点，因此受到用户的普遍欢迎。U 盘的外观如图 1-11 所示。

图 1-10 光驱

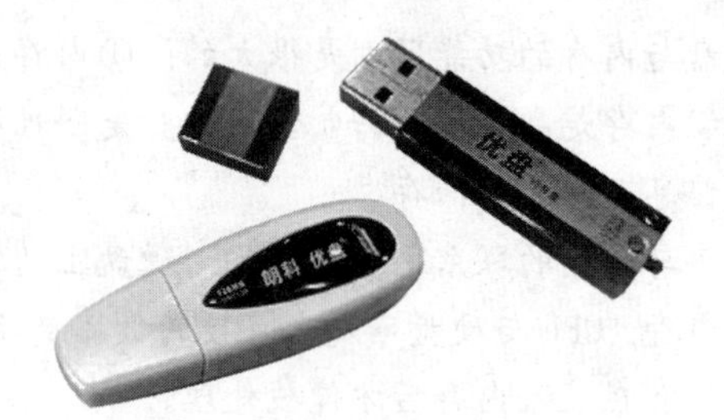

图 1-11 U 盘的外观

◎注释

USB 接口分为两大类——USB 2.0 和 USB 3.0，二者的最大区别在于传输速率：USB 2.0 的理论数据传输速率为 480 Mbit/s，USB 3.0 为其 10 倍，最高可达到 10 Gbit/s。一般的是 2.0 接口，现在新款的计算机或新款的 USB 设备的接口有 3.0 的。

（5）移动硬盘

移动硬盘与采用台式机 IDE 接口硬盘不同，它采用 USB 接口或 IEEE1394 接口。移动硬盘一般由 2.5 英寸的硬盘加上带有 USB 或 IEEE1394 接口的硬盘盒构成。

移动硬盘有以下特性：

① 容量大，单位存储成本低。移动硬盘主流产品都至少是 500 GB，最大能提供几十 TB 的存储空间。

② 速度快。移动硬盘一般采用 USB 2.0 或 USB 3.0 接口。

IEEE 1394 接口的数据传输速率为 400 Mbit/s。

5．输入/输出设备

① 键盘：键盘是向计算机输入数据的主要设备，由按键、键盘架、编码器、键盘接口及相应控制程序等部分组成，如图 1-12 所示。微机使用的标准键盘通常为 107 键，每个键相当于一个开关。

② 鼠标：鼠标也是一个输入设备，广泛用于图形用户界面环境。目前常用的鼠标有机械式和光电式两种，上面一般有 2～3 个按键。对鼠标的操作有移动、单击、双击、拖曳等。

③ 扫描仪：扫描仪是一种光机电一体化的输入设备，它可以将图形和文字转换成可由计算机处理的数字数据。目前使用的是 CCD（电荷耦合）阵列组成的电子扫描仪，其主要技术指标有分辨率、扫描幅面、扫描速度。

④ 显示器：显示器用于显示输入的程序、数据或程序的运行结果。能以数字、字符、图形和图像等形式显示运行结果或信息的编辑状态。

在微机系统中，主要有两种类型的显示器，一种是传统的阴极射线管显示器（CRT），如图 1–13 所示。显示效果好，色彩比较亮丽，采用 VGA 显示接口。由于外观尺寸较大，现在很少使用。

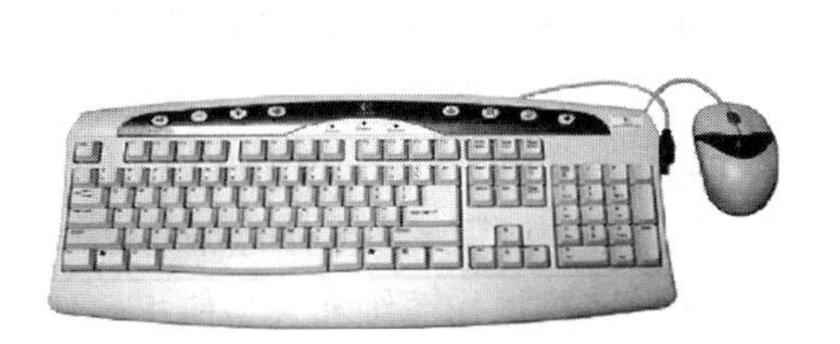
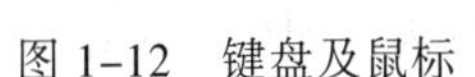

图 1–12　键盘及鼠标

图 1–13　CRT 显示器与 LCD 显示器

另外一种显示器是液晶显示器（LCD），显示器尺寸有 17～27 英寸等规格，台式微机大部分采用 18.5～27 英寸产品，而笔记本式计算机则采用 10～15 英寸居多。LCD 显示器采用数字显示方式，显示效果比 CRT 稍差。LCD 显示器外观尺寸较小，适应于移动办公。

显示器的主要技术参数如下：

a. 屏幕尺寸：显示器屏幕对角线的长度，以英寸为单位，表示显示屏幕的大小，主要有 14 英寸、15 英寸、17 英寸、19 英寸和 20 英寸几种规格。

b. 点距：点距是屏幕上荧光点间的距离，它决定像素的大小以及屏幕能达到的最高显示分辨率，点距越小越好，现有的点距规格有 0.20 mm、0.25 mm、0.26 mm、0.28 mm 等规格。

c. 显示分辨率：指屏幕像素的点阵，通常写成“水平像素点 × 垂直像素点”的形式。常用的有 640 × 480 像素、800 × 600 像素、1 024 × 768 像素、1 024 × 1 024 像素、1 600 × 1 200 像素等，目前 1 024 × 768 像素较普及，更高的分辨率多用于大屏幕图像显示。

d. 刷新频率：每分钟内屏幕画面更新的次数称为刷新频率。刷新频率越高，画面闪烁越小。一般为 60～140 Hz。

⑤ 打印机：打印机是将输出结果打印在纸张上的一种输出设备。从打印机原理上来说，市场上常见的打印机分为喷墨打印机、激光打印机和针式打印机。按工作方式分为击打式打印机和非击打式打印机。击打式打印机常为针式打印机，这种打印机正在从商务办公领域淡出。非击打式打印机常为喷墨打印机和激光打印机，如图 1–14 所示。

图 1–14　打印机外观图

激光打印机可以分为黑白激光打印机和彩色激光打印机两大

类。尽管黑白激光打印机的价格相对喷墨打印机要高，可是从单页打印成本及打印速度等方面来看，它具有绝对的优势，仍然是商务办公领域的首选产品。彩色激光打印机由于整机和耗材价格不菲，这是很多用户舍激光打印而求喷墨打印的主要原因。

点阵式打印机打印速度慢，噪声大，主要耗材为色带，价格便宜。激光打印机打印速度快，噪声小，主要耗材为硒鼓，价格贵但耐用。喷墨打印机噪声小，打印速度次于激光打印机，主要耗材为墨盒。

6. 微机的主要性能指标

微机的性能主要指微机的速度与容量。微机运行速度越快，在某一时间内处理的数据就越多，微机的性能也就越好。存储器容量也是衡量微机性能的一个重要指标。大容量的存储器空间一方面是由于海量数据的需要，另一方面，为了保证微机的处理速度，需要对数据进行预取存放，这都加大了对存储器容量的要求。微机的主要性能指标如下：

① CPU 字长：它直接关系到计算机的运算速度、精度和性能。CPU 字长有 8 位、16 位、32 位、64 位之分，当前主流产品为 64 位。

② 时钟频率：时钟频率指在单位时间内（s）发出的脉冲数，通常以兆赫兹（MHz）为单位。主频越高，计算机的运算速度就越快。计算机的运行速度一般使用基准测试程序进行对比测试。

③ 内存容量：计算机中内存容量越大，运行速度也越快。一些操作系统和大型应用软件常对内存容量有要求，如 Windows XP 最低内存配置为 128 MB，建议内存配置 256 MB；Windows 7 和 Windows 8 最低内存配置为 1GB，建议内存配置为 2 GB。

④ 外围设备配置：微机外围设备的性能也对系统有直接影响。如硬盘的配置、硬盘接口的类型与容量、显示器的分辨率、打印机的型号与速度等。

7. 攒机方案

参考中关村（全国最大的电子市场）网站，给出两款攒机方案，如表 1-3 所示。可以借此比较硬件的性能，了解当时的价位。

表 1-3 中关村攒机方案（2013.7 价格）

配件名称	型　号	参考价格/元	型　号	参考价格/元
CPU	AMD X4 955（散）	480	英特尔 I5 3470 散	1059
主　板	技嘉 780T-D3L	450	微星 B75MA-P45	469
显　卡	迪兰 7770 1G	799	影驰 650 虎将	729
内　存	威刚 1600 4G	175	宇瞻/威刚 4G*2 1600*2	175*2
硬　盘	WD 500G 蓝盘	289	WD 500G 蓝盘	289
显示器	AOC E950SN 液晶显示器	690	HKC 2232I 液晶显示器	699
声　卡	主板板载	–	主板板载	–
网　卡	主板板载	–	主板板载	–
机　箱	先马 A30	110	游戏悍将 刀锋 1	199
电　源	全汉蓝暴 450 经典版	289	全汉蓝暴 450 经典版	289
散热器	九州风神玄冰 300	85	九州玄冰 300	85
	合　计	2 677		4 550

1.1.3 计算机软件系统

计算机软件包括程序与程序运行时所需的数据，以及与这些程序和数据有关的文档资料。软件系统是计算机上可运行程序的总和。计算机软件可以分为系统软件和应用软件（见图 1-15），系统软件的数量相对较小，其他绝大部分软件是应用软件。软件也可以分为商业软件与共享软件。商业软件功能强大，收费较高，售后服务较好。共享软件大部分是免费或少量收费的，一般来说不提供软件售后服务。

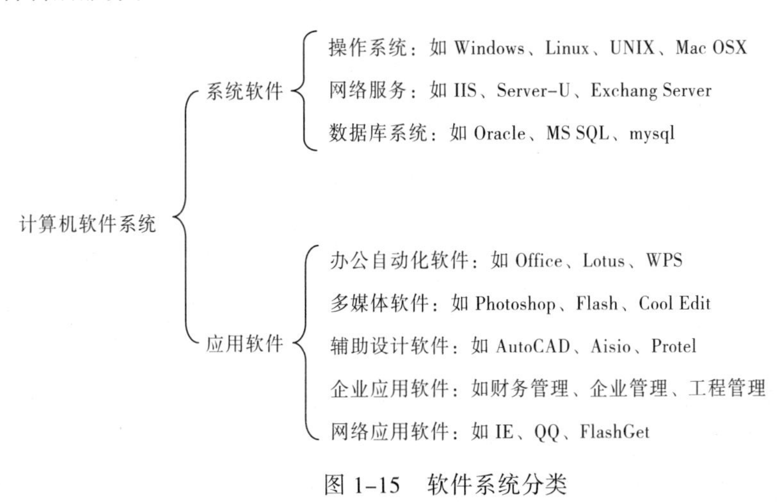

图 1-15 软件系统分类

1. 系统软件

系统软件居于计算机系统中最靠近硬件的一层。其他软件一般都通过系统软件发挥作用，系统软件是用于计算机管理、监控、维护和运行的软件。通常包括操作系统、网络服务、数据库系统、程序设计语言等各种程序。

（1）操作系统

操作系统是对计算机硬件资源和软件资源进行控制和管理的大型程序。它是最基本的系统软件，其他软件必须在操作系统的支持下才能运行。操作系统一般包括进程管理、作业管理、存储管理、设备管理、文件管理等功能。目前常用的操作系统有 Windows 2000/XP、Linux 等，网络操作系统有 Windows Server、Linux、UNIX、Free BSD 等。

（2）网络服务

操作系统本身提供了一些小型的网络服务功能，对于大型的网络服务，必须由专业软件提供。网络服务程序提供大型的网络后台服务，它主要用于网络服务提供商和企业网络管理人员。个人用户在利用网络进行工作和娱乐时，就是由这些软件提供服务。例如提供网页服务的 Web 服务软件有 IIS、Apache、Domino 等，提供网络文件下载的服务软件有 Server-U 等，提供邮件服务的软件有 Exchang Server、Lotus Notes/Domino、Qmail 等。

（3）数据库系统

数据库系统（DBS）主要由数据库（DB）和数据库管理系统（DBMS）组成。数据库可以简单地理解为“数据仓库”，它是按一定方式组织起来的相关数据的集合。数据库管理系统是对数据库进行有效管理和操作的软件，是用户与数据库之间的接口。常用的数据库软件有 Oracle、MS SQL

Server 等。

（4）程序设计语言

程序设计语言是用来编写程序的语言，它是人与计算机交换信息的工具。程序设计语言一般分为机器语言、汇编语言、高级语言三类。

机器语言是以二进制代码表示的指令集合，是计算机唯一能直接识别和执行的语言。用机器语言编写的程序称为机器语言程序，其优点是占用内存少、执行速度快，缺点是难编写、难阅读、难修改、难移植。

汇编语言是将机器语言的二进制代码指令，用便于记忆的符号形式表示出来的一种语言，所以它又称为符号语言。采用汇编语言编制的程序称为汇编语言程序，其特点相对于机器语言程序而言易阅读、易修改。

机器语言和汇编语言都是面向机器的语言，一般称为低级语言。低级语言对机器依赖性大，所编程序通用性差，用户较难掌握。高级语言是一种比较接近于自然语言和数学表达的语言。用高级语言编写的程序便于阅读、修改及调试，而且移植性强。高级语言已成为目前普遍使用的语言，从结构化程序设计语言到广泛使用的面向对象程序设计语言，高级语言有上百种之多。

（5）语言处理程序

用汇编语言和高级语言编写的程序称为"源程序"，不能被计算机直接执行，必须把它们翻译成机器语言程序，机器才能识别和执行。这种翻译也是由程序实现的，不同的语言有不同的翻译程序，把这些翻译程序统称为语言处理程序。

通常翻译有两种方式：解释方式和编译方式，如图 1-16 所示。解释方式是通过相应语言解释程序把源程序逐条翻译成机器指令，每译完一句立即执行一句，直至执行完整个程序，如 BASIC 语言。其特点是便于查错，但效率较低。编译方式是用相应语言的编译程序将源程序翻译成目标程序，再用连接程序将目标程序与函数库等进行连接，最终生成可执行程序，才可在机器上运行。

语言解释程序一般包含在开发软件或操作系统内，如 IE 浏览器就带有 ASP 脚本语言解释功能；也有些是独立的，如 Java 语言虚拟机。语言编译程序一般都附带在开发系统内，如 Visual C++ 开发系统就带有程序编译器。

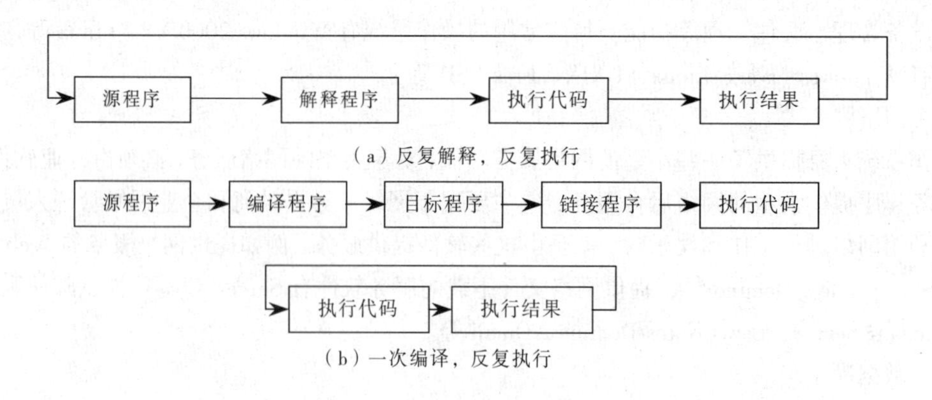

图 1-16　程序翻译的两种方式

2. 应用软件

应用软件也可以分为两类：第一类是针对某个应用领域的具体问题而开发程序，它具有很强的实用性和专业性；第二类是一些大型专业软件公司开发的通用型应用软件，这些软件功能强大，适用性好，应用也非常广泛，价格便宜很多。由于使用人员较多，也便于相互交换文档。这类应用软件的缺点是专用性不强，不适用于某些有特殊要求的用户。

常用的通用应用软件有以下几类：

① 办公自动化软件：应用较为广泛的有微软公司开发的 MS Office 软件，它由几个软件组成，如文字处理软件 Word、电子表格处理软件 Excel 等。国内优秀的办公自动化软件有 WPS 等。IBM 公司的 Lotus 也是一套非常优秀的办公自动化软件。

② 多媒体应用软件：有图像处理软件 Photoshop、动画设计软件 Flash、音频处理软件 Cool Edit、视频处理软件 Premiere、多媒体创作软件 Authorware 等。

③ 辅助设计软件：如机械、建筑辅助设计软件 AutoCAD、网络拓扑设计软件 Visio、电子电路辅助设计软件 Protel 等。

④ 企业应用软件：如用友财务管理软件等。

⑤ 网络应用软件：如网页浏览器软件 IE、即时通信软件 QQ、网络文件下载软件 FlashGet 等。

⑥ 安全防护软件：如瑞星杀毒软件、天网防火墙软件、操作系统 SP 补丁程序等。

⑦ 系统工具软件：如文件压缩与解压缩软件 WinRAR、数据恢复软件 Easy Recovery、系统优化软件 Windows 优化大师、磁盘克隆软件 Ghost 等。

⑧ 娱乐休闲软件：如各种游戏软件、电子杂志、图片、音频、视频等。

3. 计算机的应用领域

计算机的应用领域按其所涉及的技术内容，可分为以下几种类型：

（1）科学和工程计算

科学和工程计算的特点是计算量大，而逻辑关系相对简单，它是计算机重要应用领域之一。

（2）数据和信息处理

数据处理是指对数据的收集、存储、加工、分析和传送的全过程。计算机数据处理应用广泛，这些数据处理应用的特点是数据量很大，但计算相对简单。而多媒体技术的发展，为数据处理增加了新鲜内容，如指纹的识别、图像和声音信息的处理等，都涉及更广泛的数据类型，这些数据处理过程不仅数据量大，而且还会带来大量的运算和复杂的运算过程。

（3）过程控制

过程控制是生产自动化的重要技术内容和手段，它是由计算机对所采集到的数据按一定方法经过计算，然后输出到指定执行机构去控制生成的过程。

（4）辅助设计

计算机辅助设计是计算机的另一个重要领域。计算机辅助系统一般分为以下几类：计算机辅助设计（Computer Aided Design，CAD）；计算机辅助制造（Computer Aided Manufacturing，CAM）；计算机辅助技术（Computer Aided Technical，CAT）；计算机辅助教学（Computer Aided Instruction，CAI）。

（5）人工智能

人们把用计算机模拟人脑力劳动的过程称为人工智能。人工智能是利用计算机来模拟人的思维过程，并利用计算机程序来实现这些过程。

1.2 计算机是如何工作的

1.2.1 计算机的基本工作原理

现代计算机的基本工作原理是由美籍匈牙利科学家冯·诺依曼于1946年首先提出来的。冯·诺依曼提出了程序存储式电子数字自动计算机的方案，并确定了计算机硬件体系结构的5个基本部件：输入设备、输出设备、控制器、运算器、存储器。人们把冯·诺依曼的这个理论称为冯·诺依曼体系结构，从计算机的第一代至第四代，一直没有突破这种冯·诺依曼的体系结构，目前绝大多数计算机都是基于冯·诺依曼计算机模型而开发的。冯·诺依曼的主要思想可概括为以下三点：

（1）冯·诺依曼计算机结构模型

冯·诺依曼结构计算机主要包括输入设备、输出设备、存储器、控制器、运算器五大组成部分，它们之间的关系如图1-17所示。

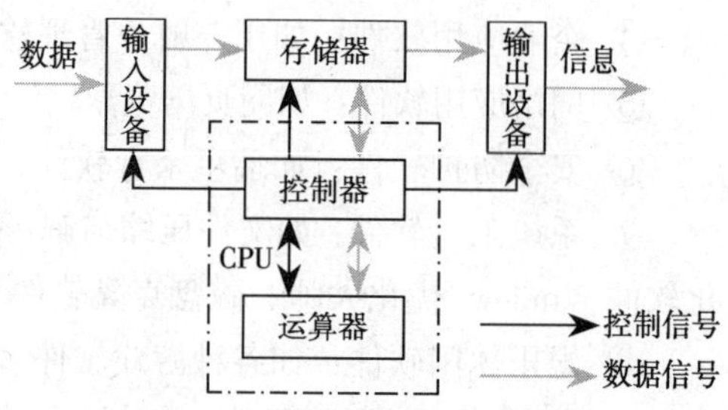

图1-17 冯·诺依曼计算机的组成部分

运算器也称算术逻辑单元（ALU），是计算机进行算术运算和逻辑运算的部件。算术运算有加、减、乘、除等。逻辑运算有比较、移位、与运算、或运算、非运算等。在控制器的控制下，运算器从存储器中取出数据并进行运算，然后将运算结果写回存储器中。

控制器主要用来控制程序和数据的输入/输出，以及各个部件之间的协调运行。控制器由程序计数器、指令寄存器、指令译码器和其他控制单元组成。控制器工作时，它根据程序计数器中的地址，从存储器中取出指令，送到指令寄存器中，经译码单元译码后，再由控制器发出一系列命令信号，送到有关硬件部位，引起相应动作，完成指令所规定的操作。

存储器的主要功能是存放运行中的程序和数据。在冯·诺依曼计算机模型中，存储器是指内存单元。存储器中有成千上万个存储单元，每个存储单元存放一组二进制信息。对存储器的基本操作是数据的写入或读出，这个过程称为“内存访问”。为了便于存入或取出数据，存储器中所有单元均按顺序依次编号，每个单元的编号称为“内存地址”，当运算器需要从存储器某单元读取或写入数据时，控制器必须提供存储单元的地址。

输入设备的第1个功能是用来将现实世界中的数据输入到计算机，如输入数字、文字、图形、电信号等，并转换成计算机熟悉的二进制码。它的第2个功能是由用户对计算机进行操作控制。常见的输入设备有键盘、鼠标、数码照相机等。还有一些设备既可以作为输入设备，也可以作为输出设备，如软盘、硬盘、网卡等。

输出设备将计算机处理的结果转换成用户熟悉的形式，如数字、文字、图形、声音等。常见的输出设备有显示器、打印机、硬盘、音箱、网卡等。

在现代计算机中，往往将运算器和控制器集成在一个集成电路芯片内，这个芯片称为CPU。CPU的主要工作是与内存系统或I/O设备之间传输数据；进行简单的算术和逻辑运算；通过简单的判定，控制程序的流向。CPU性能的高低，往往决定一台计算机性能的高低。

（2）采用二进制形式表示数据和指令

指令是人们对计算机发出的用来完成一个最基本操作的工作命令，它由计算机硬件来执行。

指令和数据在代码形式上并无区别，都是由 0 和 1 组成的二进制代码序列，只是各自约定的含义不同。在计算机中采用二进制，使信息数字化容易实现，并可以用二值逻辑元件进行表示和处理。

（3）存储程序

存储程序是冯·诺依曼思想的核心内容。程序是人们为解决某一实际问题而写出的指令集合，指令设计及调试过程称为程序设计。存储程序意味着事先将编制好的程序（包含指令和数据）存入计算机存储器中，计算机在运行程序时就能自动地、连续地从存储器中依次取出指令并执行。计算机的功能很大程度上体现为程序所具有的功能，或者说，计算机程序越多，计算机功能越多。

1.2.2　指令和指令系统

（1）指令

指令是能被计算机识别并执行的二进制代码，它规定了计算机能完成的某一种操作。系统内存用于存放程序和数据，程序由一系列指令组成，这些指令在内存中是有序存放的，指令号表明了它的执行顺序。

一条指令通常由 3 部分组成：

操作码	源操作数（或地址）	目的操作数

（2）指令系统

一台计算机的所有指令的集合，称为该计算机的指令系统。不同类型的计算机，指令系统的指令条数有所不同。

（3）指令的执行

对计算机来说，所有复杂的事务处理都可以简化成两种最基本的操作：二进制数据传输和二进制数操作。因此，从软件运行层次来看，冯·诺依曼计算机模型是一台指令执行机器。一条程序指令的执行可能包含许多操作，但是主要由“取指令”、“指令译码”、“指令执行”、“结果写回”4 种基本操作构成，这个过程是不断重复进行的，如图 1–18 所示。

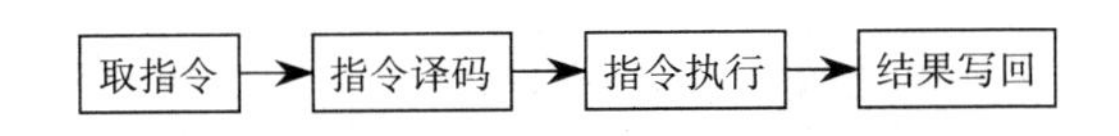

图 1–18　计算机中一条指令的执行过程

取指令（IF）：在 CPU 内部有一个指令寄存器（IP），它保存着当前所处理指令的内存单元地址。当 CPU 开始工作时，按照指令寄存器地址，通过地址总线，查找到指令在内存单元的位置，然后利用数据总线将内存单元的指令传送到 CPU 内部的指令高速缓存。取指令工作过程如图 1–19 所示。

指令译码（ID）：CPU 内部的译码单元将解释指令的类型与内容，并且判定这条指令的作用对象（操作数），并且将操作数从内存单元读入 CPU 内部的高速缓存中。译码实际上就是将二进制指令代码翻译成特定的 CPU 电路微操作，然后由控制器传送给算术逻辑单元。指令译码工作过程如图 1–20 所示。

指令执行（IE）：控制器根据不同的操作对象，将指令送入不同的处理单元。指令执行工作过程如图 1–21 所示。

结果写回（WB）：将执行单元（ALU 或 FPU）的处理结果写回到高速缓存或内存单元中。计算结果写回工作过程，如图 1–22 所示。

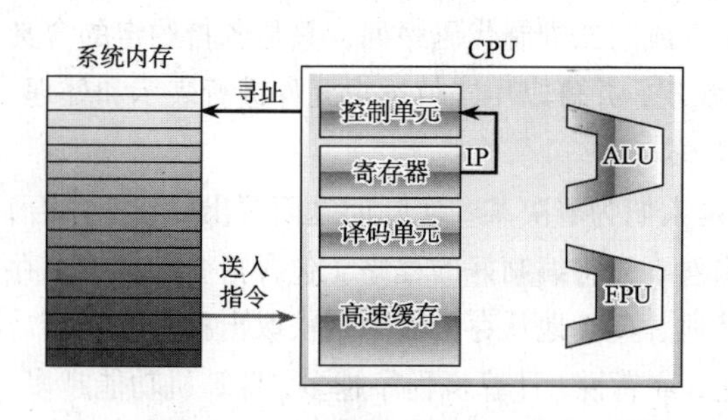

图 1-19　取指令工作过程

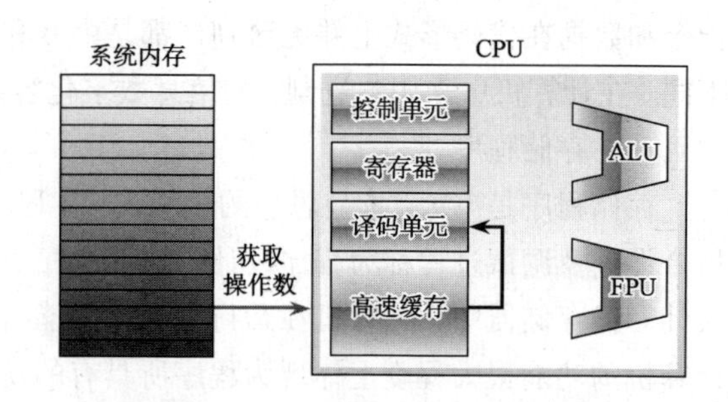

图 1-20　指令译码工作过程

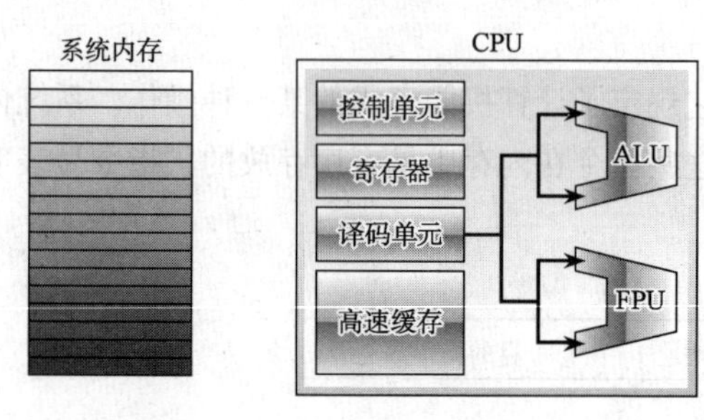

图 1-21　指令执行工作过程

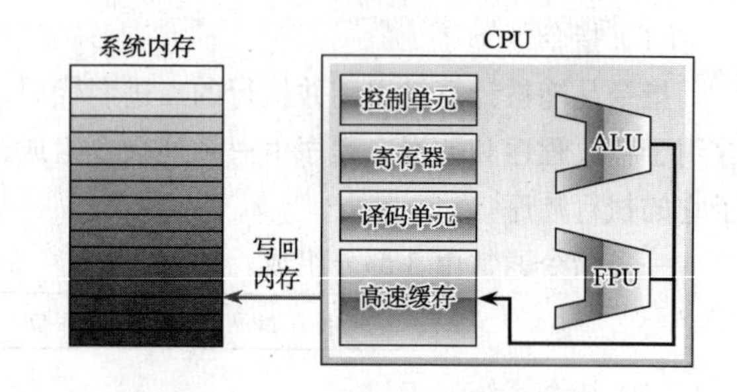

图 1-22　计算结果写回工作过程

事实上各种程序都是由一系列指令和数据组成的。计算机的工作就是自动和连续地执行一系列指令，而程序开发人员的工作就是编制程序。

自然界的信息是丰富多彩的，信息包括数值、字符、声音、图形和图像及视频等。但是计算机本质上只能处理二进制的“0”和“1”，因此必须将各种信息转换成计算机能够接收和处理的二进制数据，进入计算机中的各种数据都要转换成二进制串存储，计算机才能进行运算和处理；同样，从计算机中输出的数据也要进行逆向转换，转换过程如图 1-23 所示。

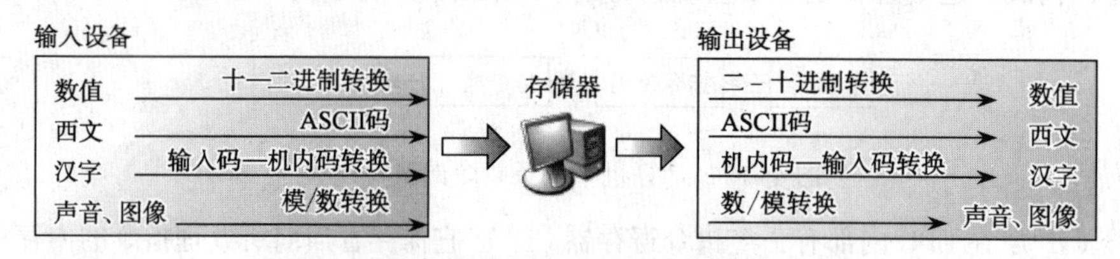

图 1-23　各类数据在计算机中的转换过程

1.2.3 数制及其相互转换

数制：数的表示规则就称为数制。例如，十进制、一年等于 12 个月的十二进制、计算机中使用的二进制等。

基数 R：一个计数制所包含的数字符号的个数称为该数制的基数，用 R 表示。

位值（权）：数制中每一固定的位置对应的单位值称为“权”。单位值用基数 R 的 i 次幂 R^i 表示。

数值的按权展开：任一 R 进制数都可以表示为各位数码本身的值与其权的乘积之和。

任意一个 R 进制数 N 可表示为：

$$(a_n \cdots a_1 a_0 a_{-1} \cdots a_{-m})_R = a_n \times R^n + \cdots + a_0 \times R^0 + a_{-1} \times R^{-1} + \cdots + a_{-m} \times R^{-m}$$

式中：a_i 为该数制采用的基本数符，R^i 是权，R 是基数，各种数制的情况如表 1-4 所示。

表 1-4　各 种 数 制

进位制	基数	基本符号（数码）	权	表示
二进制	2	0、1	2	B
八进制	8	0、1、2、3、4、5、6、7	8	O
十进制	10	0、1、2、3、4、5、6、7、8、9	10	D
十六进制	16	0、1、2、3、4、5、6、7、8、9、A、B、C、D、E、F	16	H

由于二进制不符合人们的使用习惯，在平时操作中，并不经常使用。但计算机内部的数是用二进制表示的，主要原因是：

（1）电路简单

二进制数只有 0 和 1 两个数码，计算机是由逻辑电路组成的，因此可以很容易地用电气元件的导通和截止来表示这两个数码，示意图如图 1-24 所示。

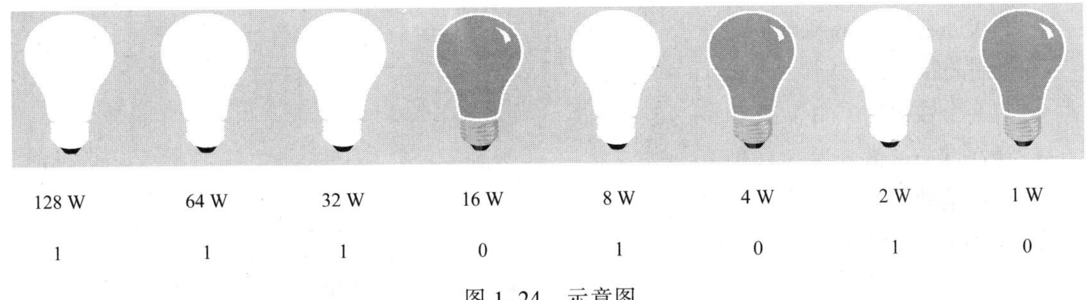

图 1-24　示意图

（2）可靠性强

用电气元件的两种状态表示两个数码，数码在传输和运算中不易出错。

（3）简化运算

二进制的运算法则很简单，例如求和法则只有 3 个，求积法则也只有 3 个，而如果使用十进制则要烦琐得多。

（4）逻辑性强

计算机在数值运算的基础上还能进行逻辑运算，逻辑代数是逻辑运算的理论依据。二进制的两个数码，正好代表逻辑代数中的“真”（True）和“假”（False）。

1．不同进位计数制及其特点

（1）十进制（Decimal Notation）

十进制的特点：

- 有 10 个数码：0、1、2、3、4、5、6、7、8、9。
- 逢十进一，借一当十。
- 进位基数是 10。

设任意一个十进制数 D，具有 n 位整数，m 位小数，则该十进制可表示为：

$$D=D_{n-1}\times 10^{n-1}+D_{n-2}\times 10^{n-2}+\cdots+D_1\times 10^1+D_0\times 10^0+D_{-1}\times 10^{-1}+\cdots+D_{-m}\times 10^{-m}$$

上式称为“按权展开式”。

【例 1.1】将十进制数$(123.45)_{10}$按权展开。

解：
$$(123.45)_{10}=1\times10^{2}+2\times10^{1}+3\times10^{0}+4\times10^{-1}+5\times10^{-2}$$
$$=100+20+3+0.4+0.05$$

（2）二进制（Binary Notation）

二进制的特点：

- 有 2 个数码：0，1。
- 逢二进一，借一当二。
- 进位基数是 2。

设任意一个二进制数 B，具有 n 位整数，m 位小数，则该二进制可表示为：

$$B=B_{n-1}\times2^{n-1}+B_{n-2}\times2^{n-2}+\cdots+B_{1}\times2^{1}+B_{0}\times2^{0}+B_{-1}\times2^{-1}+\cdots+B_{-m}\times2^{-m}$$

权是以 2 为底的幂。

【例 1.2】将$(1000000.10)_2$按权展开。

解：
$$(100000.10)_2=1\times2^{6}+0\times2^{5}+0\times2^{4}+0\times2^{3}+0\times2^{2}+0\times2^{1}+0\times2^{0}+1\times2^{-1}+0\times2^{-2}=(64.5)_{10}$$

（3）八进制（Octal Notation）

八进制的特点：

- 有 8 个数码：0、1、2、3、4、5、6、7。
- 逢八进一，借一当八。
- 进位基数是 8。

【例 1.3】将$(654.23)_8$按权展开。

解：
$$(654.23)_8=6\times8^{2}+5\times8^{1}+4\times8^{0}+2\times8^{-1}+3\times8^{-2}=(428.296875)_{10}$$

（4）十六进制（Hexadecimal Notation）

十六进制的特点：

- 有 16 个数码：0～9、A、B、C、D、E、F。
- 逢十六进一，借一当十六。
- 进位基数是 16。

◎说明

16 个数码中的 A、B、C、D、E、F 6 个数码，分别代表十进制数中的 10、11、12、13、14、15，这是国际通用表示法。

十进制、二进制、八进制和十六进制数的转换关系如表 1-5 所示。

表 1-5　各种进制数码对照表

十进制	二进制	八进制	十六进制	十进制	二进制	八进制	十六进制
0	0	0	0	9	1001	11	9
1	1	1	1	10	1010	12	A
2	10	2	2	11	1011	13	B
3	11	3	3	12	1100	14	C
4	100	4	4	13	1101	15	D
5	101	5	5	14	1110	16	E

续表

十进制	二进制	八进制	十六进制	十进制	二进制	八进制	十六进制
6	110	6	6	15	1111	17	F
7	111	7	7	16	10000	20	10
8	1000	10	8	17	10001	21	11

设任意一个十六进制数 H，具有 n 位整数，m 位小数，则该十六进制可表示为：

$$H=H_{n-1}\times 16^{n-1}+H_{n-2}\times 16^{n-2}+\cdots+H_1\times 16^1+H_0\times 16^0+H_{-1}\times 16^{-1}+\cdots+H_{-m}\times 16^{-m}$$

权是以 16 为底的幂。

【例 1.4】$(3A6E.5)_{16}$ 按权展开。

解：$(3A6E.5)_{16}=3\times 16^3+10\times 16^2+6\times 16^1+14\times 16^0+5\times 16^{-1}$

$=(14958.3125)_{10}$

◎提示

在程序设计中，为了区分不同的进制数，通常在数字后用一个英文字母后缀以示区别：

十进制数：数字后加 D 或不加，如 10D 或 10。

二进制：数字后加 B，如 10010B。

八进制：数字后加 Q，如 123Q。

十六进制：数字后加 H，如 2A5EH。

2．数制之间的转换

如果有两个有理数相等，则两个数的整数部分和小数部分一定分别相等。因此，数制之间进行转换时，通常需要对整数部分和小数部分分别进行转换。

（1）二进制、八进制、十六进制转换成十进制

方法：按权展开求和。

$$110.101B=1\times 2^2+1\times 2^1+0\times 2^0+1\times 2^{-1}+0\times 2^{-2}+1\times 2^{-3}=6.625D$$

$$73.56Q=7\times 8^1+3\times 8^0+5\times 8^{-1}+6\times 8^{-2}=59.71875D$$

$$2B.3CH=2\times 16^1+11\times 16^0+3\times 16^{-1}+12\times 16^{-2}=43.234375D$$

（2）十进制转换成二进制

十进制转换成二进制时，整数部分的转换与小数部分的转换是不同的。

① 整数部分：除 2 取余法。

将十进制数反复除以 2，直到商是 0 为止，并将每次相除之后所得的余数按次序记下来，第一次相除所得余数是 K_0，最后一次相除所得的余数是 K_{n-1}，则 $K_{n-1}K_{n-2}\cdots K_2K_1$ 即为转换所得的二进制数。

除数	被除数/商	余数	
2	123		
2	61	…… 余 1（K_0）	低位
2	30	…… 余 1（K_1）	
2	15	…… 余 0（K_2）	
2	7	…… 余 1（K_3）	
2	3	…… 余 1（K_4）	
2	1	…… 余 1（K_5）	
	0	…… 余 1（K_6）	高位

【例 1.5】将十进制数 $(123)_{10}$ 转换成二进制数。

解：$(123)_{10}=(1111011)_2$

② 小数部分：乘 2 取整法。

将十进制数的纯小数（不包括乘后所得的整数部分）反

复乘以 2，直到乘积的小数部分为 0 或小数点后的位数达到精度要求为止。第一次乘以 2 所得的结果是 K_{-1}，最后一次乘以 2 所得的结果是 K_{-m}，则所得二进制数为 0. $K_{-1}K_{-2}\cdots K_{-m}$。

【例 1.6】将十进制数$(0.2541)_{10}$转换成二进制数。

解：

取整数部分

$0.2541\times2=0.5082$ …… 0=（K_{-1}）　高位

$0.5082\times2=1.0164$ …… 1=（K_{-2}）

$0.0164\times2=0.0328$ …… 0=（K_{-3}）

$0.0328\times2=0.0656$ …… 0=（K_{-4}）　低位

$(0.2541)_{10}=(0.0100)_2$

【例 1.7】将十进制数$(123.125)_{10}$转换成二进制数。

解：对于这种既有整数又有小数的十进制数，可以将其整数部分和小数部分分别转换为二进制，然后再组合起来，就是所求的二进制数。

$$(123)_{10}=(1111011)_2$$
$$(0.125)_{10}=(0.001)_2$$
$$(123.125)_{10}=(1111011.001)_2$$

◎提示

十进制转换为八进制、十六进制的方法与十进制转换为二进制的方法类似。

例如：

十进制整数→八进制的方法：除 8 取余；

十进制整数→十六进制的方法：除 16 取余；

十进制小数→八进制小数的方法：乘 8 取整；

十进制小数→十六进制小数的方法：乘 16 取整。

（3）二进制、八进制、十六进制之间的转换

二进制数转换为八进制数的方法为：以小数点为界，分别向左或向右将每 3 位二进制数合成为 1 位八进制数即可。如果不足 3 位，可用零补足。八进制数转换为二进制数，将每 1 位八进制数展成 3 位二进制数即可。例如：

1100101.1101B=001 100 101.110 100B=145.64Q

423.45Q=100 010 011.100 101B

二进制数转换十六进制数的方法为：以小数点为界，分别向左或向右将每 4 位二进制数合成为 1 位十六进制数即可。如果不足 4 位，可用零补足。十六进制数转换为二进制数，将每 1 位十六进制数展成 4 位二进制数即可。例如：

10101001011.01101B=0101 0100 1011.0110 1000B=54B.68H

ACD.EFH=1010 1100 1101.1110 1111B

1.2.4 计算机的数据与编码

计算机除了能处理数值信息外，还能处理大量的非数值信息。非数值信息是指字符、文字、图形等形式的数据，不表示数量大小，仅表示一种符号，所以又称符号数据。

人们使用计算机，主要是通过键盘输入各种操作命令及原始数据，与计算机进行交互。然而计算机只能存储二进制，这就需要对符号信息进行编码，人机交互时输入的各种字符由计算机自动转换，以二进制编码形式存入计算机。

1. 数据与信息

数据（Data）是指计算机能够接收和处理的物理符号，包括字符（Character）、符号（Symbol）、表格（Table）、图形（Picture）、声音（Sound）和活动影像（Video）等。一切可以被计算机加工、处理的对象都可以称为数据，它可以在物理介质上记录和传输。

数据的形态：数据有两种形态，一种是人类可读形式的数据，简称人读数据；另一种是机器可读形式的数据，简称机读数据，这些信息可通过输入设备传输给计算机进行处理。

数据的分类：数据可分为数值数据和非数值数据，在计算机内均用二进制形式表示。

信息（Information）是表现事物特征的一种普遍形式，这种形式应当是能够被人类和动物感觉器官（或仪器）所接受的。

数据与信息的联系：

① 数据经过加工、处理并赋予一定的意义后，便成为信息。

② 信息是数据所表达的含义。

2. 数据的分类

（1）数值数据的表示

在计算机中，数值型数据的编码有若干种形式。一种是纯二进制数形式，如定点数、浮点数等。为了使数据操作尽可能简单，人们又提出 BCD（Binary Coded Decimal Number）编码。

① 二进制数据的表示：二进制数据只有“0”和“1”两个数字符号，其进位基数为 2。加法运算的基本规则是“逢二进一”，减法运算的基本规则是“借一当二”，其他规则都可以由此推出。

二进制数据可以用多项式表示，例如，$(110.01)_2=1\times2^2+1\times2^1+0\times2^0+0\times2^{-1}+1\times2^{-2}$。

二进制数据也可以进行加法运算，例如，1101+11=10000。

二进制数据也可以进行减法运算，例如，1101–11=1010。

② BCD 码：为了在计算机中能够快速进行十进制数据与二进制数据的转换，产生了 BCD 码。BCD 码以 4 位二进制数表示 1 位十进制数。例如，$(123)_{10}=(0001\ 0010\ 0011)_{BCD}$。

（2）字符数据的表示

在计算机中，字符型数据占有很大比重。字符数据包括西文字符（如字母、数字和各种符号）和汉字字符。它们也需用二进制数进行编码才能存储在计算机中并进行处理。对于西文字符与汉字字符，由于形式的不同，使用的编码方式也不相同。

① 英文字符的表示。英文字符包括：数字、字母、符号、控制符号等，目前广泛采用 ASCII 码（美国信息交换标准交换代码），它用 1 个字节的低 7 位（最高位为 0）表示 128 个不同的字符，包括大写和小写的 26 个英文字母，0～9 的 10 个数字，33 个通用运算符和标点符号以及 33 个控制码。利用 ASCII 码标准，可以进行完整的英文文本表达。ASCII 虽然是一个美国国家标准，但目前已经成为了一种事实上的国际通用标准。

要记住的几个字符的编码值：

a 字符编码为 1100001，对应十进制为 97，则 b 的编码值为 98。

A 字符编码为 1000001，对应十进制为 65，则 B 的编码值为 66。

0 数字字符编码为 0110000，对应十进制为 48，则 1 的编码值为 49。

② 中文字符的表示。汉字字符由于数量庞大，我国规定了 GB 2312—1980《信息交换用汉字编码字符集　基本集》国家标准。GB 2312—1980 共收录 6 763 个简体汉字、682 个符号。其中，一级汉字 3 755 个，以拼音排序；二级汉字 3 008 个，以偏旁排序。GB 2312—1980 使用简体中文的地区是强制使用的中文编码。GB 2312—1980 标准规定：一个汉字用两个字节表示，每个字节只用低 7 位，最高位为 0。由于国标码每个字节的最高位也为“0”，与国际通用的 ASCII 码无法区分。因此，在计算机内部，汉字编码全部采用机内码表示，机内码就是将国标码两个字节的最高位设定为“1”。这样就解决了与 ASCII 码的冲突，保持了中英文的良好兼容性。

为了利用英文键盘输入汉字，各个企业开发了各种汉字输入码（外码），主要的输入码有拼音、五笔字型、区位码等。

1.2.5 数据存储

在计算机中，不同的硬件和软件对二进制代码的存储单位是不一致的。但是基本存储单位是以 8 位二进制为一个字节。

对于 CPU，基本运算单位是一个字节，但是它可以对 1 位二进制数据进行操作。

对于内存，基本存储单位是一个字节，基本传输单位也是一个字节，但是可以多个字节一起传输。

对于硬盘，基本存储单位是一个扇区（512B），基本传输单位也是一个扇区。

对于光盘，基本存储单位是一个扇区（2 352 B），基本传输单位也是一个扇区。

对于操作系统，基本分配单位是一个簇，在 Windows 2000/XP/2003 中，一个簇为 4 KB。

在计算机中，不同的硬件和软件对二进制代码的存储格式是不一致的。

在计算机中采用什么计数制，如何表示数的正负和大小，是学习计算机时遇到的首要问题。由于技术上的原因，计算机内部一律采用二进制表示数据，而在编程中又经常遇到十进制，有时为了方便还使用十六进制、八进制，因此学会不同计数制及其相互转换十分必要。

在计算机内部，各种信息采用二进制编码形式存储，计算机中信息常用的单位有位、字节和字。

① 位（bit）：计算机中存储数据的最小单位，指二进制数中的一个位数，其值为“0”或“1”。位的单位称为“比特”。

b_7	b_6	b_5	b_4	b_3	b_2	b_1	b_0	
0	1	0	0	1	1	1	0	$=2^5+2^2+2^1+2^0=39$

② 字节（B）：计算机中存储数据的基本单位，也被认为是计算机中最小的信息单位，计算机存储容量的大小是以字节的多少来衡量的。一个字节等于 8 位，即 1B=8 bit。

1KB=l 024 B=2^{10} B　　　　1MB=l 024 KB=2^{20} B

1GB=l 024 MB=2^{30} B　　　　1TB=l 024 GB=2^{40} B

③ 字（Word）：计算机存储、传送、处理数据的信息单位，是指计算机一次存取、加工、运算和传送的数据长度，一个字通常由一个字节或若干字节组成（一般为字节的整数倍）。一个字包含的二进制位数叫“字长”。由于字长是指计算机一次所能处理的实际位数的多少，所以它能极大地影响计算机处理数据的速率，是衡量计算机性能的一个重要标志。通常有 8 位机、16 位机、32 位机、64 位机等。

1.2.6　计算机信息编码

1．数值编码

一个数在计算机内被表示的二进制形式称为机器数，该数称为这个机器数的真值。机器数的表示方法有三种：原码、反码和补码。

① 原码：整数 X 的原码，是指其符号位的 0 或 1 表示 X 的正或负，其数值部分就是 X 的绝对值的二进制表示。通常用$[X]_{原}$表示 X 的原码。

例如，假设机器数的位数是 8，则

$[+52]_{原}=00110100$　　　　$[-65]_{原}=11000001$

② 反码：正数的反码与原码相同；负数的反码是把其原码除符号位以外的各位取反（即 0 变 1，1 变 0）。通常用$[X]_{反}$表示 X 的反码。

例如：

$[-65]_{原}=11000001$　　　　$[-65]_{反}=10111110$

③ 补码：正数的补码与原码相同；负数的补码是在其反码的最低有效位上加 1。通常用$[X]_{补}$表示 X 的补码。

例如：

$[+52]_{补}=[+52]_{原}=[+52]_{反}=00110100$

$[-65]_{原}=11000001$　　　　$[-65]_{反}=10111110$

$[-65]_{补}=10111111$　　　　$[[X]_{补}]_{补}=[X]_{原}$

◎说明

由于$[+0]_{原}=00000000$，$[-0]_{原}=10000000$，所以数 0 的原码不唯一，有“正零”和“负零”之分。由于$[+0]_{反}=00000000$，$[-0]_{反}=11111111$，所以数 0 的反码也是不唯一的。由于$[+0]_{补}=[-0]_{补}=00000000$，所以数 0 的补码是唯一的。

2．字符的编码

字符编码（Character Code）是用二进制编码来表示字母、数字及专门符号的。在计算机系统中，有两种重要的字符编码方式：ASCII 和 EBCDIC。ASCII 码的意思是美国标准信息交换代码（American Standard Code for Information Interchange），此编码被国际标准化组织 ISO 采纳后，作为国际通用的信息交换标准代码。

ASCII 码是用 7 位二进制表示一个字符，共有 128 个字符。ASCII 码表如表 1-6 所示。

表 1-6　7 位 ASCII 码表

符号 $b_7 b_6 b_5$ / $b_4 b_3 b_2 b_1$	000	001	010	011	100	101	110	111
0000	NUL	DLE	SP	0	@	P	`	p
0001	SOH	DC1	!	1	A	Q	a	q
0010	STX	DC2	"	2	B	R	b	r
0011	ETX	DC3	#	3	C	S	c	s
0100	EOT	DC4	$	4	D.	T	d	t
0101	ENQ	NAK	%	5	E	U	e	u
0110	ACK	SYN	&	6	F	V	f	v
0111	BEL	ETB	'	7	G	W	g	w
1000	BS	CAN	(	8	H	X	h	x
1001	HT	EM	)	9	I	Y	i	y
1010	LF	SUB	*	:	J	Z	j	z
1011	VT	ESC	+	;	K	[	k	{
1100	FF	S	,	<	L	\	l	|
1101	CR	GS	–	=	M	]	m	}
1110	SO	RS	.	>	N	^	n	～
1111	SI	US	/	?	O	-	o	DEL

3．汉字编码

在计算机系统中，汉字的编码分为：汉字国标码、汉字机内码、汉字字形码和汉字地址码。

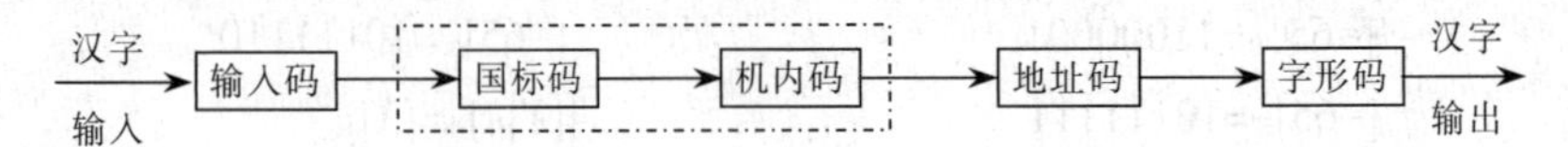

例如：

汉字	汉字区位码	国标码	汉字机内码
中	5448	5650H（0101011001010000）	D6D0H（1101011011010000）
华	2710	3942H（0011101100101010）	B9C2H（1011101110101010）

为了将汉字以点阵的形式输出，计算机要将汉字的内码转换成汉字的字形码，确定汉字的点阵。在计算机和其他系统或设备进行数据转换时还必须采用交换码。

（1）汉字区位码

为了使每一个汉字有一个全国统一的代码，1980 年，我国颁布了第一个汉字编码的国家标准：GB 2312—1980，这个标准是我国中文信息处理技术的发展基础，也是目前国内所有汉字系统的统一标准。由于国标码是 4 位十六进制，为了便于交流，大家常用的是 4 位十进制的区位码。所有的国标汉字与符号组成一个 94×94 的矩阵。在此方阵中，每一行称为一个“区”，每一列称为一个“位”，因此，这个方阵实际上组成了一个有 94 个区(区号分别为 0 1～94)、每个区内有 94 个位(位号分别为 01～94)的汉字字符集。一个汉字所在的区号和位号简单地组合在一起就构成了该汉字的

“区位码”。在汉字的区位码中，高 2 位为区号，低 2 位为位号。 在区位码中，01～09 区为 682 个特殊字符，16～87 区为汉字区，包含 6 763 个汉字 。其中 16～55 区为一级汉字(3 755 个最常用的汉字，按拼音字母的次序排列)，56～87 区为二级汉字(3 008 个汉字，按部首次序排列)。

所以，当需要 *n* 个任意汉字时，不必建一个全部汉字表，而是利用区位码实现常用汉字的提取。

（2）汉字国标码

汉字国际码即 GB 2312—1980，是计算机及其他设备之间交换信息的统一标准，共收集了 7 445 个汉字和符号，其中，汉字有 6 763 个，一般符号（如数字、拉丁字母、希腊字母、汉字拼音字母等）有 682 个。

国标码采用两个字节表示一个汉字，每个字节只使用了低 7 位，这样使得汉字与英文完全兼容。但当英文字符与汉字字符混合存储时，容易发生冲突，所以人们把国际码的两个字节高位置 1，作为汉字的内码使用。

（3）汉字机内码

内码是汉字的内部编码。计算机为了识别汉字，必须把汉字的外码转换为汉字的内码，以便处理和存储汉字信息。在计算机系统中，通常用两个字节来表示一个汉字的内码。

（4）汉字地址码

将汉字字形经过点阵的数字化后的一串二进制数称为汉字输出码，又称字形码。它是供显示器或打印机输出汉字用的点阵代码。

（5）汉字输入编码

这是一种用计算机标准键盘上按键的不同排列组合来对汉字的输入进行编码。目前汉字输入编码法的研究和发展迅速，已有几百种汉字输入编码法。

（6）字形码

汉字字形码又称汉字字模，用于汉字在显示屏或打印机输出。简易型汉字为 16×16 点阵，提高型汉字为 24×24 点阵，32×32 点阵等。

汉字字形码有两种表示方式：点阵和矢量。

用点阵表示字形时，汉字字形码就是把汉字按图形符号设计成点阵图，简易型汉字为 16*16 点阵，普通型汉字为 24×24 点阵，提高型汉字为 32×32，48×48 点阵。

用点阵表示字形时：可计算出存储一个汉字占用字节空间。

例如：用 16×16 点阵表示一个汉字，就是将每个汉字用 16 行，每行 16 个点表示，一个点需要 1 位二进制代码，16 个点需用 16 位二进制代码（即 2 个字节），共 16 行，所以需要 16 行×2 字节/行=32 字节，即 16×16 点阵表示一个汉字，字形码需用 32 字节。即

字节数=点阵行数×（点阵列数/8）

总之，一个汉字从输入到输出，首先要用汉字的外码将汉字输入，其次是用汉字的内码存储并处理汉字，最后用汉字的字形码将汉字输出。

◎说明

区位码、国标码与机内码的转换关系：（以汉字“大”为例）

① 区位码先转换成十六进制数表示 （2083→1453H）;

② (区位码的十六进制表示) + 2020H = 国标码(结果 3473H);

③ 国标码 + 8080H = 机内码 （结果 B4F3H）。

1.3 多媒体技术简介

多媒体技术是20世纪90年代兴起的一门综合性的技术，多媒体技术广泛应用在各行各业，随着计算机硬件技术的不断发展，多媒体应用范围越来越广，尤其是在广告业，从平面设计到电视三维动画制作到网络动漫，联系越来越密切。机械、建筑、工程设计、多媒体网络资讯服务、电子书刊、电子出版物都离不开多媒体技术。近年来在通信行业，多媒体技术成为多媒体通信技术的基础，流媒体技术成为通信技术发展的主要方向。数字通信的压缩技术成为通信技术和计算机技术有机的结合体在通信技术和网络技术中越来越引起人们的重视。

多媒体技术不仅仅与多媒体软件技术有关，更重要的是与计算机的硬件技术有着密不可分的关系。严格地说，多媒体技术涵盖多媒体计算机硬件技术和多媒体软件技术这两个方面。多媒体硬件技术主要研究声音、视频信号的算法和压缩的硬件实现；多媒体软件技术主要研究的是多媒体元素的合成、编辑、转换和软压缩。多媒体软硬件技术的发展是相辅相成地不断向前推进发展的。一个多媒体计算机系统是需要多媒体计算机的硬件和软件进行合理优化集成为一个多媒体系统，才能发挥其独特的作用的。例如，电视台非线性的编辑系统就是多媒体软硬件技术的一个专业的集成系统。

1.3.1 多媒体基础知识

① 媒体(Media)：信息的载体，在计算机中主要有两层含义。一种含义是信息的物理载体，另外一种含义是信息的存在和表现的形式。

② 多媒体(Multimedia)：两个或两个以上媒体元素的有机结合。

③ 多媒体技术：包含两个方面，硬件技术和软件技术。硬件技术包含芯片技术、存储技术、压缩技术、数据库技术；软件技术包含多媒体软件开发和多媒体软件应用技术。

④ MPC(Multimedia Personal Computer)：指多媒体计算机，其主要硬件标准是光驱、声卡、显卡、音箱、采集卡、网卡等；软件标准是Windows 3.X以上版本、驱动程序多媒体素材制作和创作软件。

⑤ 压缩：可分为有损压缩和无损压缩。有损压缩用在重构的信号不一定非得要与原始信号完全相同的场合；无损压缩用在要求重构的信号与原始信号完全一致的场合，以通过软硬件来实现。压缩通常用在声音、图像、视频文件。

1.3.2 常见多媒体软件及格式

1. 图形/图像处理软件

常见图形/图像处理软件有：

①Photoshop；②CorelDRAW；③Fireworks；④PhotoImage。

2. 动画制作软件

常见动画制作软件有：

①Flash MX；②Cool 3D；③Morph；④3ds Max。

3. 音频编辑软件

常见音频编辑软件有：

①Audio Edit；②Cool Edit。

4．视频编辑软件

常见视频编辑软件有：

①Premiere；②After Effect；③Ulead Media Studio。

5．多媒体创作软件

常见多媒体制作软件有：

①Authorware；②Director。

1.3.3　多媒体的特点

① 多维性：指多媒体技术具有的处理信息范围的空间扩展和放大能力。

② 集成性：多媒体技术是结合文字、图形、声音、图像、动化等各种媒体的一种应用，是一个利用计算机技术来整合各种媒体的系统。

③ 交互性：所谓交互性是指人的行为与计算机的行为互为因果关系，它是多媒体的特色之一，可与使用者进行交互性的沟通。

1.3.4　多媒体应用

① 教育培训：计算机辅助教学（Computer Assisted Instruction，CAI）是一种以学生为中心的新型教学模式，是对教师为中心的传统粉笔加黑板的教学模式的革命。

② 办公自动化：采用先进的数字影像和多媒体计算机技术，可把文件扫描仪、图文传真机以及文件微缩系统等现代办公设备综合管理起来，以影像代替纸张，用计算机代替人工操作，构成了全心的办公自动化系统，这是当今办公自动化的一个新的发展方向。

③ 多媒体电子出版物：以数字代码方式将图、文、声、像等信息存储在磁、光、电介质上，通过计算机或类似设备阅读使用，并可复制发行的大众传播媒体。

④ 文化娱乐：多媒体技术的应用大大丰富了人们的文化生活。电子游戏、各种视频节目为人们提供了丰富多彩的精神食粮。

⑤ 信息管理与咨询：多媒体引入 MIS 系统使得人们查询信息更方便快捷，获取信息更加生动、丰富。

1.4　计算机系统安全与维护

1.4.1　安全操作与维护

1．开机与关机

开机：要先打开显示器、打印机等外围设备的电源，再打开主机电源。

关机：与开机相反，要先关闭主机电源，再关闭显示器、打印机等外围设备的电源。

◎提示

在使用过程中，不要频繁地开机或关机。当微机出现死机现象时，首先采用热启动（【Ctrl+Alt+Del】）；如果热启动失败，就要按主机上的复位键（Reset），进行复位启动；如果前两种方法都失败，才采用关机的方法，即冷启动，采用这种方法关机时，要等待十几秒再开机，这样可避免频繁开机关机而造成的电流冲击。

2. 软件系统的维护

正确使用软件是计算机有效工作的保证，软件系统的维护应从以下几个方面着手：

① 操作系统及其他系统软件是用户使用计算机的基本环境，应利用软件工具对系统区进行维护，从而保证系统区正常工作。

② 要经常备份硬盘上的主要文件和数据，以免出现意外时造成不必要的损失。

③ 对一些系统文件或可执行的程序、数据进行必要的写保护。

④ 不执行来路不明的移动硬盘或 U 盘上的程序，如果需要使用外来程序时，需经过严格检查和测试，在确信无病毒后，才允许在系统中运行。

1.4.2 计算机病毒

1. 认识计算机病毒

计算机病毒（Virus）是一种人为制造的、寄生于应用程序或系统可执行部分的具有破坏性的特殊程序，它会破坏计算机的工作程序和数据，使计算机不能正常运行。这类程序还能自动修改磁盘里存储的信息，使正常的程序和数据文件变得具有破坏性。因此，这类程序一旦进入计算机系统，就有可能通过磁盘、光盘或网络等途径，使其他计算机系统遭受破坏。这与生物界中病毒的繁衍和传播有些类似，因此人们借用“病毒”这个名词，把这类程序称为计算机病毒，把存有这类程序的计算机，称为感染了病毒的计算机，简称染毒计算机或带毒计算机，把存有这类程序的磁盘或光盘，称为染毒盘或带毒盘。

计算机病毒是程序，它们只能感染计算机系统，不会感染人体或其他生物。

计算机病毒可分为两类：良性病毒和恶性病毒。

良性病毒危害较小，例如，占用一定的内存和磁盘空间，降低计算机系统的运行速度，干扰显示器屏幕的显示等，一般不会造成严重的破坏。恶性病毒会破坏磁盘甚至只读存储器（ROM）芯片里的数据，使计算机系统瘫痪。

计算机病毒主要通过磁盘、光盘和网络传播，其主要特征是传染性、破坏性、隐蔽性、潜伏性。

迄今为止，计算机病毒已有数千余种，严重的病毒事件如 1988 年的莫里斯蠕虫病毒、1992 年的 DIR-2 病毒和 1998 年的 CIH 病毒，CIH 病毒甚至会损坏计算机硬件，造成的危害特别大。

2. 计算机感染病毒后的“症状”

（1）显示异常

屏幕上出现不应有的特殊字符或图像、有静止或滚动的雪花、有跳动的小球或亮点、有莫名其妙的信息提等。

（2）扬声器异常

发出尖叫、蜂鸣音或非正常奏乐等。

（3）系统异常

经常无故死机，随机地发生重新启动或无法正常启动、运行速度明显下降、内存空间变小、磁盘驱动器以及其他设备无缘无故地变成无效设备等现象。

（4）存储异常

磁盘标号被自动改写、出现异常文件、出现固定的坏扇区、可用磁盘空间变小、文件无故变大、失踪或被改乱、可执行文件变得无法运行等。

（5）打印异常

打印速度明显降低、不能打印，不能打印汉字与图形等或打印时出现乱码。

（6）与因特网的连接异常

收到来历不明的电子邮件、自动链接到陌生的网站、自动发送电子邮件等。

系统出现上述“症状”时，首先应意识到可能感染了计算机病毒。但是，并非每种异常都是由计算机病毒造成的，也可能是由于程序设计错误、使用某些软件时产生冲突等原因造成的，还需要进一步“确诊”。

3．计算机病毒的特点

（1）破坏性

计算机病毒占用系统资源，干扰系统的正常运行、破坏数据。不同的计算机病毒破坏形式也各有不同。例如，“千年虫”病毒，在世纪之末，攻击正在运行的计算机，破坏计算机的正常运行。

（2）潜伏性

计算机病毒具有依附其他媒体而寄生的能力。病毒程序潜伏在合法文件中可以长达几周或几个月而不被发现。

（3）传染性

计算机病毒具有较强的自我复制能力和扩散能力。潜伏在系统中的计算机病毒，根据病毒程序的中断请求随机进行读/写操作，不断进行病毒的再生和扩散。

（4）激发性

计算机病毒会按照设计者的要求，在特定的条件下被激活，去攻击计算机系统。这个条件可以是某个特定的日期时间或特定的字符和文件等。

4．计算机病毒的危害

① 计算机运行缓慢。

② 消耗内存以及磁盘空间。

③ 破坏硬盘以及计算机数据。

④ 狂发垃圾邮件或其他信息，造成网络堵塞或瘫痪。

⑤ 窃取用户隐私、机密文件、账号信息等。

⑥ 计算机病毒给用户造成严重的心理压力。

5．计算机病毒的传播途径

（1）软盘和光盘

在早期移动存储设备中，软盘和光盘是使用最广泛移动最频繁的存储介质，因此也成了计算机病毒寄生的“温床”。目前，大多数计算机都是通过这类途径感染病毒的。

（2）硬盘

通过不可移动的计算机硬件设备进行传播，这些设备通常有计算机的专用 ASIC 芯片和硬盘等。

（3）网络

现代信息技术的巨大进步已使空间距离不再遥远，为计算机病毒的传播提供了新的“高速公路”。计算机病毒可以附着在正常文件中通过网络进入一个又一个系统。

6. 计算机病毒的防范

为了抵制计算机病毒的肆意猖獗，设计者已经研制出大量的反病毒软件，用它们可以对病毒进行检测和清除。下面从硬件和软件两方面来介绍如何对计算机病毒进行防范。

（1）对硬件进行保护

保护硬件的方法是采用防病毒卡对硬盘提供写保护，防止病毒入侵。

（2）对软件进行保护

① 对重要的程序或数据文件，以加密的方式存储。

② 不要使用来历不明的磁盘，尽量做到专机专用、专盘专用。

③ 对重要的数据和程序进行备份。

④ 安装防毒、杀毒软件。

⑤ 发现有病毒出没的迹象时应及时采取措施。

⑥ 不进行非法操作。

7. 一些流行的计算机病毒名称

广告木马、快播伪装者（极虎）、鬼影、RPCSS 毒手 – 变种 b、隐身猫、灰鸽子、我的照片、文件夹.EXE 等。

8. 著名的杀毒软件（见图 1–25）

著名的杀毒软件有：

① Kaspersky Anti–Virus（卡巴斯基）；

② Norton Anti–Virus（诺顿）；

③ 金山毒霸；

④ 瑞星。

图 1–25　著名的杀毒软件

1.4.3　木马

木马（Trojan）这个名字来源于古希腊的传说，英文为 trojan horse，其名称取自希腊神话的特洛伊木马记，如图 1–26 所示。

图 1–26　特洛伊木马记

木马和病毒都是一种人为的程序，都属于计算机病毒，为什么木马要单独提出来说呢？大家都知道以前的计算机病毒的作用，其实完全就是为了搞破坏，破坏计算机里的资料数据，除了破坏之外其他无非就是有些病毒制造者为了达到某些目的而进行的威慑和敲诈勒索的作用，或为了炫耀自己的技术。木马不一样，其作用是偷偷监视别人和盗窃别人的密码、数据等，如盗窃管理员密码、子网密码搞破坏，偷窃上网密码、游戏账号、股票账号甚至网上银行账户等，达到偷窥别人隐私和得到经济利益的目的。许多别有用心的程序开发者大量编写这类带有偷窃和监视别人计算机的侵入性程序，这就是目前网上大量木马泛滥成灾的原因。鉴于木马的这些巨大危害性和它与早期病毒的作用性质不一样，所以木马虽然属于病毒中的一类，但是要单独地从病毒类型中剥离出来，称之为“木马”程序。

2006 年 9 月初，犯罪嫌疑人代某某在因特网上发现中国游戏中心系统（简称中游）有漏洞，遂将一个“木马”程序置于中游目录内，并将该“木马”程序隐藏起来。2006 年 9 月中旬，代某某利用放入的“木马”程序进入中游内部系统，获取了 700 多名游戏玩家的账号和密码，并试出可使用中游系统中的在线转账功能，将盗来的账号内的“金币”（中游积分）转到其指定的游戏账号内。随后代某某伙同另两名网友张某某与黄某某密谋，并让二人帮其在网络中销售这些盗来的“金币”，所获利润五五分成。张、黄二人按代某某提供的账号和密码登录中游，将 700 多个玩家账号内的 22 亿多个“金币”转移到预先准备好的游戏账户内，并在“淘宝网”等网站以 100 万“金币”兑换人民币 60 至 70 元的低价套现，共牟利人民币 14 万余元。目前，深圳福田区人民检察院以涉嫌破坏计算机信息系统罪，依法批准逮捕代某某、张某某、黄某某。

1．认识木马

木马是一种基于远程控制的黑客工具，具有隐蔽性和非授权性的特点。所谓隐蔽性是指木马的设计者为了防止木马被发现，会采用多种手段隐藏木马，这样服务端即使发现感染了木马，由于不能确定其具体位置，往往只能望“马”兴叹。所谓非授权性是指一旦控制端与服务端连接后，控制端将享有服务端的大部分操作权限，包括修改文件，修改注册表，控制鼠标、键盘，等等，而这些权力并不是服务端赋予的，而是通过木马程序窃取的，它是指通过一段特定的程序（木马程序）来控制另一台计算机。木马通常有两个可执行程序：一个是客户端，即控制端，另一个是服务端，即被控制端。木马的设计者为了防止木马被发现，而采用多种手段隐藏木马。木马的服务一旦运行并被控制端连接，控制端利用非授权性将享有服务端的大部分操作权限，例如给计算机增加密码，浏览、移动、复制、删除文件，修改注册表，更改计算机配置等。

2．传播方式

木马的传播方式主要有两种：一种是通过 E-mail，控制端将木马程序以附件的形式夹在邮件中发送出去，收信人只要打开附件系统就会感染木马；另一种是软件下载，一些非正规的网站以提供软件下载为名义，将木马捆绑在软件安装程序上，下载后只要一运行这些程序，木马就会自动安装。随着病毒编写技术的发展，木马程序对用户的威胁越来越大，尤其是一些木马程序采用了极其狡猾的手段来隐蔽自己，使普通用户很难在中毒后发觉。

3．木马的防范

防治木马的危害，应该采取以下措施：

① 安装杀毒软件和个人防火墙，并及时升级。

② 为个人防火墙设置好安全等级，防止未知程序向外传送数据。

③ 可以考虑使用安全性比较好的浏览器和电子邮件客户端工具。

④ 如果使用 IE 浏览器，应该安装卡卡安全助手，防止恶意网站在自己的计算机上安装不明软件和浏览器插件，以免被木马趁机侵入。

1.4.4 计算机防火墙技术

1. 防火墙的简介

"防火墙"这个术语来自应用在建筑结构里的安全技术。在楼宇里用来起分隔作用的墙，用来隔离不同的公司或房间，尽可能地起防火作用。一旦某个单元起火，这种方法就能保护其他的居住者。然而，多数防火墙里都有一个重要的门，允许人们进入或离开大楼。因此，虽然防火墙保护了人们的安全，但这个门在提供增强安全性的同时允许必要的访问。

所谓"防火墙"，是指一种将内部网和公众访问网分开的方法，实际上是一种隔离技术。防火墙是在两个网络通信时执行的一种访问控制尺度，它能允许你"同意"的人和数据进入你的网络，同时将你"不同意"的人和数据拒之门外，最大限度地阻止网络中的黑客来访问你的网络，防止他们更改、复制、毁坏你的重要信息。防火墙安装和投入使用后，并非万事大吉。要想充分发挥它的安全防护作用，必须对它进行跟踪和维护，要与商家保持密切的联系，时刻注视商家的动态。因为商家一旦发现其产品存在安全漏洞，就会尽快发布补救（patch）产品，此时应尽快确认真伪（防止特洛伊木马等病毒），并对防火墙进行更新。在理想情况下，一个好的防火墙应该能把各种安全问题在发生之前解决。就现实情况看，这还是个遥远的梦想。目前各家杀毒软件的厂商都会提供个人版防火墙软件，防病毒软件中都含有个人防火墙，所以可用同一张光盘运行安装个人防火墙，重点提示防火墙在安装后一定要根据需求进行详细配置。合理设置防火墙后应能防范大部分的蠕虫入侵。

2. 防火墙的任务

一些防火墙只允许电子邮件通过，因而保护了网络免受除对电子邮件服务攻击之外的任何攻击。另一些防火墙提供了不太严格的保护措施，拦阻一些众所周知存在问题的服务。

一般来说，防火墙在配置上是防止来自"外部"世界未经授权的交互式登录的。这大大有助于防止破坏者登录到你网络中的计算机上。一些设计更为精巧的防火墙可以防止来自外部的传输流进入内部，但又允许内部的用户可以自由地与外部通信。如果切断防火墙，它可以保护你免受网络上任何类型的攻击。

防火墙的另一个非常重要的特性是可以提供一个单独的"拦阻点"，在"拦阻点"上设置安全和审计检查。与计算机系统正受到某些人利用调制解调器拨入攻击的情况不同，防火墙可以发挥一种有效的"电话监听"（Phone Tap）和跟踪工具的作用。防火墙提供了一种重要的记录和审计功能；它们经常可以向管理员提供一些情况概要，提供有关通过防火墙的传流输的类型和数量以及有多少次试图闯入防火墙的企图等信息。

3. 防火墙的分类

在概念上，有以下两种类型的防火墙：

① 网络级防火墙。

② 应用级防火墙。

4. 病毒对防火墙的攻击

防火墙不能有效地防范像病毒这类程序的入侵。在网络上传输二进制文件的编码方式很多，并且有太多的不同的结构和病毒，因此不可能查找所有的病毒。总之，防火墙不能防止数据驱动的攻击：即通过将某种东西邮寄或复制到内部主机中，然后它再在内部主机中运行的攻击。不要试图将病毒挡在防火墙之外，而是保证每个桌面系统都安装上病毒扫描软件，只要一引导计算机就对病毒进行扫描。利用病毒扫描软件防护网络将可以防止通过磁盘、调制解调器和 Internet 传播的病毒的攻击。试图御病毒于防火墙之外只能防止来自 Internet 的病毒，而绝大多数病毒是通过磁盘传染上的。

尽管如此，还是有越来越多的防火墙厂商提供“病毒探测”防火墙。这类防火墙只对那种交换 Windows-on-Intel 执行程序和恶意宏应用文档的毫无经验的用户有用。不要指望这种特性能够对攻击起到任何防范作用。

5. 有名的防火墙软件

有名的防火墙软件包括：瑞星防火墙、天网防火墙、卡巴斯基、诺顿、赛门铁客和 ZoneAlarm。

图 1-27 所示为天网和 ZoneAlarm 防火墙。

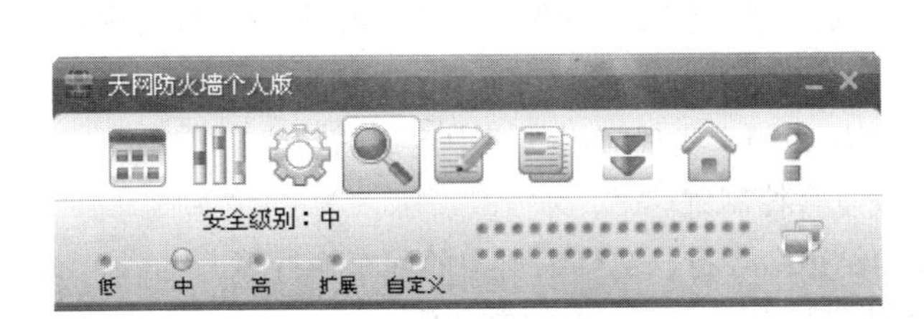

图 1-27　天网和 ZoneAlarm 防火墙

1.5　键盘结构与指法训练

键盘是计算机的输入设备，是用户向计算机内部输入数据和控制计算机的重要工具。熟练掌握键盘的结构，可以更好地提高工作效率，而正确的指法，可以保证用户输入的准确性与有效性。

1.5.1　键盘结构

键盘的类型有很多，如 104 键键盘、多媒体键盘、手写键盘、人体工程学键盘和红外线遥感键盘，我们通常使用的是 104 键键盘，如图 1-28 所示。

图 1-28　104 键键盘

键盘分为 4 个区域：功能键区、基本键区、编辑控制键区和数字小键盘区。

（1）功能键区

最上排的【F1】~【F12】键被称为功能键。其主要作用简单介绍如下：

①【Esc】：强行退格键。用来撤销某项操作。

②【F1】~【F12】：功能键。用户可以根据自己的需要来定义它的功能，【F1】通常作为帮助键。

（2）基本键区

在基本键区，除了包含数字和字母键外，还有下列辅助键：

①【Tab】：制表键。按此键可输入制表符，一般一个制表符相当于 8 个空格。

②【CapsLock】：大小写字母锁定键。对应此键有一个指示灯在键盘的右上角。这个键为反复键，按一下此键，指示灯亮，此时输入的字母为大写，再按一下此键，指示灯灭，输入状态变为小写。

③【Shift】：换挡键。在基本键盘区的下方左右各有一个【Shift】键。输入方法是按住【Shift】键，再按有双字符的键，即可输入该键上方的字符。例如，要输入一个“*”符号，可按住【Shift】键不放，击一下 *8 键，即可输入一个“*”。

④【Ctrl】：控制键。与其他键同时使用，用来实现应用程序中定义的功能。

⑤【Alt】：辅助键。与其他键组合成复合控制键。

⑥【Enter】：回车键。通常被定义为结束命令行、文字编辑中的回车换行等。

⑦ 空格键：用来输入一个空格，并使光标向右移动一个字符的位置。

（3）编辑键区

编辑键区包含了 4 个方向键和几个控制键。

①【Page Up】：按此键光标翻到上一页。

②【Page Down】：按此键光标翻到下一页。

③【Home】：用来将光标移到当前行的行首。

④【End】：用来将光标移到当前行最后一个字符的右边。

⑤【Delete】：用来删除当前光标右边的字符。

⑥【Insert】：用来切换插入与改写状态。

（4）数字键区

数字键区上有一个【Num Lock】键，按下此键时，键盘上的【Num Lock】指示灯亮，表示此时为输入汉字和运算符号的状态。当再次按下【Num Lock】键时，指示灯灭，此时数字键区的功能和编辑控制键区的功能相同。

1.5.2 指法训练

1. 指法操作

微机上使用的是标准键盘，键盘上的字符分布是根据字符的使用频度确定的。人的十个手指的灵活程度不一样，灵活一点的手指分管使用频率较高的键位，反之，不太灵活的手指分管使用频率较低的键位。将键盘一分为二，左右手分管两边，键位的指法分布如图 1-29 所示。

图 1-29　指法分布

除大拇指外，每个指头都负责部分键位。击键时，手指上下移动，这样的分工，指头移动的距离最短，错位的可能性最小且平均速度最快。

大拇指因其特殊性，最适合敲击空格键。

【A】【S】【D】【F】……【J】【K】【L】【;】所在行位于键盘基本区域的中间位置，此行离其他行的平均距离最短，人们把这一行定为基准行，这一行上【A】【S】【D】【F】和【J】【K】【L】【;】8 个键定为基准键。基准键位是指头的常驻键位，即指头一直落在基准键上，当击其他键时，指头移动击键后，立即返回到基准键位上，再准备去击其他键。

基本键区周围的一些键，按照就近击键的原则，属于小指击键的范围。

操作数字小键盘区时，右手中指落在 5（基准键位）上，中指分管 2、5、8，食指分管 1、4、7，无名指分管 3、6、9，小指专击【Enter】键，0 键由大拇指负责。

操作方向键的方法：右手中指分管 ↑ 和 ↓ 键，食指和无名指分别击 ← 和 → 键。

2．击键要求

只有通过大量的指法练习，才能熟记键盘上各个键的位置，从而实现盲打。用户可以先从基准键位开始练习，再慢慢向外扩展直至整个键盘。

在打字前，最好是记住整个键盘的结构，这样就不会忙于找字符而耽误时间。要想高效准确地输入字符，还要掌握击键的正确姿势和击键方法。

① 正确的击键姿势为：

② 稿子放在左侧，键盘稍向左放置。

③ 身体坐正，腰脊挺直。

④ 座位的高度适中，便于手指操作。

⑤ 两肘轻贴身体两侧，手指轻放在基准键位上，手腕悬空平直。

⑥ 眼睛看稿子，不要盯着键盘。

⑦ 身体其他部位不要接触工作台和键盘。

正确的击键方法为：

① 按照手指划分的工作范围击键，是“击”键，而不是“按”键。

② 手指的全部动作只限于手指部分，手腕要平直，手臂不动。

③ 手腕至手指呈弧状，指头的第一关节与键面垂直。

④ 击键时以指尖垂直向键位瞬间爆发冲击力，并立即由反弹力返回。

⑤ 击键力量不可太重或太轻。

⑥ 指关节用力击键，胳膊不要用力，但可结合使用腕力。

⑦ 击键声音清脆，有节奏感。

3. 指法训练

为了提高打字速度，更快地实现盲打，按照以下方法进行练习，可以收到事半功倍的效果。

① 首先从基准键开始练习，先练习【A】【S】【D】【F】及【J】【K】【L】【;】。

② 加上【E】【I】键进行练习。

③ 加上【G】【H】键进行练习。

④ 依次加上【R】【T】【Y】【U】键、【W】【Q】【M】【N】键、【C】【X】【Z】键……进行练习。

⑤ 最后练习所使用的所有键位。

习　题

1. 第2代电子计算机使用的电子元件是（　　）。
   A. 晶体管　　B. 电子管
   C. 中、小规模集成电路　　D. 大规模和超大规模集成电路
2. 微型计算机主机的主要组成部分是（　　）。
   A. 运算器和控制器　　B. CPU和内存储器
   C. CPU和硬盘存储器　　D. CPU、内存储器和硬盘
3. 一个完整的计算机系统应该包括（　　）。
   A. 主机、键盘、和显示器　　B. 硬件系统和软件系统
   C. 主机和其他外围设备　　D. 系统软件和应用软件
4. 计算机软件系统包括（　　）。
   A. 系统软件和应用软件　　B. 编译系统和应用系统
   C. 数据库管理系统和数据库　　D. 程序、相应的数据和文档
5. 微型计算机中，控制器的基本功能是（　　）。
   A. 进行算术和逻辑运算　　B. 存储各种控制信息
   C. 保持各种控制状态　　D. 控制计算机各部件协调一致地工作
6. 计算机操作系统的作用是（　　）。
   A. 管理计算机系统的全部软、硬件资源，合理组织计算机的工作流程，以达到充分发挥计算机资源的效率，为用户提供使用计算机的友好界面
   B. 对用户存储的文件进行管理，方便用户
   C. 执行用户键入的各类命令
   D. 为汉字操作系统提供运行基础
7. 计算机的硬件主要包括：中央处理器(CPU)、存储器、输出设备和（　　）。
   A. 键盘　　B. 鼠标　　C. 输入设备　　D. 显示器
8. 计算机集成制作系统是（　　）。
   A. CAD　　B. CAM　　C. CIMS　　D. MIPS
9. 五笔字型码输入法属于（　　）。
   A. 音码输入法　　B. 形码输入法
   C. 音形结合输入法　　D. 联想输入法

10. 一汉字的机内码是 B0A1H，那么它的国标码是（　　）。

A. 3121H　　B. 3021H　　C. 2131H　　D. 2130H

11. RAM 的特点是（　　）。

A. 断电后，存储在其内的数据将会丢失

B. 存储在其内的数据将永久保存

C. 用户只能读出数据，但不能随机写入数据

D. 容量大但存取速度慢

12. 计算机存储器中，组成一个字节的二进制位数是（　　）。

A. 4　　B. 8　　C. 16　　D. 32

13. 微型计算机硬件系统中最核心的部件是（　　）。

A. 硬盘　　B. I/O 设备　　C. 内存储器　　D. CPU

14. 字母 Q 的 ASCII 码值是十进制数（　　）。

A. 75　　B. 81　　C. 97　　D. 134

15. 一条计算机指令中，通常包含（　　）。

A. 数据和字符　　B. 操作码和操作数

C. 运算符和数据　　D. 被运算数和结果

16. 假设邮件服务器的地址是 email.bj163.com，则用户的正确的电子邮箱地址的格式是（　　）。

A. 用户名#email.bj163.com　　B. 用户名@email.bj63.com

C. 用户名 email.bj163.com　　D. 用户名$email.bj163.com

17. 计算机病毒破坏的主要对象是（　　）。

A. 磁盘片　　B. 磁盘驱动器　　C. CPU　　D. 程序和数据

18. 下列各项中，非法的 Internet 的 IP 地址是（　　）。

A. 202.96.12.14　　B. 202.196.72.140　　C. 112.256.23.8　　D. 201.124.38.79

19. 在计算机技术指标中，MIPS 用来描述计算机的（　　）。

A. 运算速度　　B. 时钟主频　　C. 存储容量　　D. 字长

20. 局域网的英文缩写是（　　）。

A. WAM　　B. LAN　　C. MAN　　D. Internet

第 2 章　熟识 Windows 7 操作系统

本章导读：

基础知识

- 了解 Windows 7 操作系统
- 熟悉 Windows 7 的界面与窗口操作

重点知识

- 文件和文件夹的操作
- 控制面板
- Windows 7 的附件操作

提高知识

- 添加输入法
- 安装字体
- 磁盘管理

随着社会的发展和科技的进步，计算机已经走进千家万户，无论是政府机关、企业、学校，还是军队、航天科技等，都已经无法离开计算机，计算机正在逐步改变着人们的工作生活方式，大部分的个人计算机均在使用 Windows 操作系统。因此本章主要介绍 Windows 7 操作系统的有关知识与基本操作。

2.1　了解 Windows 7 操作系统

Windows 7 系统是一个崇尚个性的操作系统，它不仅提供各种精美的桌面壁纸，还提供更多的外观选择、不同的背景主题和声音方案，让用户可以随心所欲地设计属于自己的个性桌面。Windows 7 具有远程媒体流控制功能，能够帮助用户解决多媒体文件共享的问题。

Windows 7 包含 6 个版本，分别为 Windows 7 Starter（初级版）、Windows 7 Home Basic（家庭普通版）、Windows 7 Home Premium（家庭高级版）、Windows 7 Professional（专业版）、Windows 7 Enterprise（企业版）以及 Windows 7 Ultimate（旗舰版）。本书以 Windows 7 Ultimate（旗舰版）为例介绍其操作使用方法。

2.1.1　Windows 7 的启动与退出

1. 启动 Windows 7

只要按下计算机的电源开关，Windows 7 就开始加载程序，一两分钟之内，Windows 7 就开始启动了。此时，单击自己的用户名，如果没有设置密码，就会直接进入 Windows 7 桌面。如果有密码，必须在提示的密码框中输入密码，然后单击密码框右侧的“箭头”，如图 2-1 所示，即可进入 Windows 7 桌面，如图 2-2 所示。

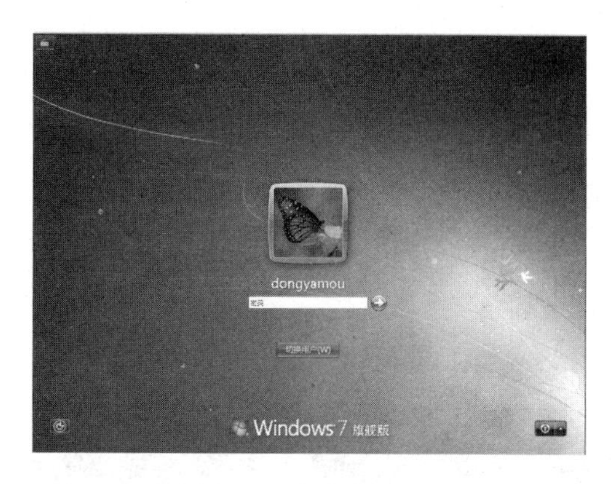

图 2-1　登录界面

图 2-2　Windows 7 桌面

◎小技巧

在 Windows 启动时，先按住【Shift】键，再启动计算机，这时系统将跳过启动组及注册表中设置的自动运行程序项，快速启动计算机。

2．退出 Windows 7

在关闭计算机电源之前，要先退出 Windows 7 操作系统，否则可能会破坏一些尚未保存的程序。退出 Windows 7 的操作步骤如下：

① 单击“开始”菜单按钮，在出现的图 2-3 所示的“开始”菜单中单击“关机”按钮右侧的箭头按钮。

② 在出现的图 2-4 所示的“关机”列表中选择一种关闭方式，例如，单击“关机”按钮后，系统会保存用户设置，然后退出 Windows 7 系统，关闭主机。用户只需关掉显示器，切断电源就可以了。

退出 Windows 7 系统方法有 5 种，分别为关机、睡眠、锁定、注销和切换用户，如图 2-4 所示。

图 2-3　“开始”菜单选项

- 关机：在关闭计算机的同时会退出 Windows 7 系统。单击“开始”按钮，弹出“开始”菜单，然后单击“关机”按钮，即可关闭计算机。Windows 操作系统提供了一个关闭窗口的组合键【Alt+F4】，使用该组合键可以快速关机。
- 睡眠：计算机进入睡眠状态后，会将用户正在使用的内容保存在硬盘上，并将计算机所有的部件断电。
- 锁定：当用户只是暂时离开计算机的时候，可以将计算机锁定，这样别人就不能随意查看自己计算机中的信息。
- 注销：作为一个多任务、多用户的操作系统，Windows 7 系统允许多个用户共同使用一台计算机上的操作系统，每个用户都可以拥有自己的工作环境并对其进行相应的设置。当需要退出当前的用户环境时，可以通过注销的方式来实现。通过注销系统，还可以在各个用户之间进行切换，如图 2-5 所示。

◎提示

在计算机操作过程中，有时发生错误，出现计算机运行速度过慢，形成一种死机现象，可以选择用热键【Ctrl+Alt+Del】(或者按主机面板的 Reset 按钮）重新启动计算机。

图 2-4 “关机”列表

图 2-5 多用户登录界面

2.1.2 鼠标的使用

使用 Windows 7，用户必须首先掌握鼠标的使用方法。

鼠标主要有以下三种常用操作：

① 单击：鼠标最简单的操作就是单击，是指点击鼠标左键。

② 双击：快速点击两下鼠标左键，称为双击。

③ 拖动：按下鼠标左键并移动鼠标，称为拖动。

另外，用户应当习惯使用鼠标右键。通常情况下，当用户单击、双击或拖动鼠标时，使用的都是左键。在 Windows 中，也经常会用到鼠标右键。鼠标右键主要有以下两种操作：

① 右击：即按下鼠标右键，显示快捷菜单，这个快捷菜单与鼠标所右击的对象相关。在这个快捷菜单中，用户可以很方便地选择需要的菜单选项。

② 右键拖动：即按住鼠标右键不放，拖动对象。拖动一个对象，当用户释放对象时，系统会显示一个快捷菜单，在所显示的快捷菜单中，用户可以移动、复制对象或者创建所释放对象的一个快捷方式。

此外，使用中指轻轻按住鼠标滚轴，向前或向后滚动，常可用于窗口的滚屏或图像的缩放等。

在 Windows 中，鼠标的指针可以有不同的形状，至于会显示什么样的形状，取决于 Windows 在那一刻的状态。图 2-6 列出了 Windows 7 中的各种鼠标形状。

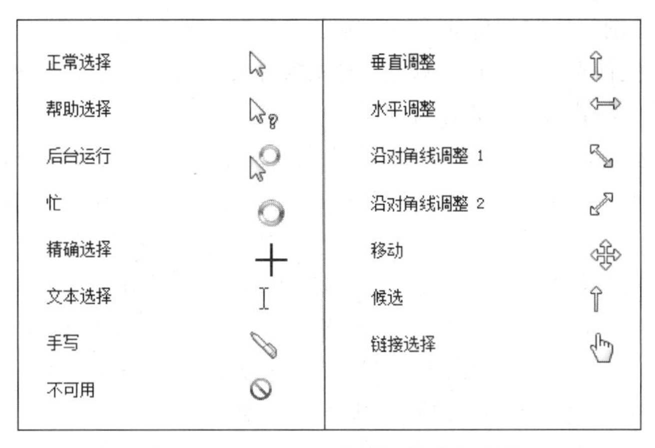

图 2-6　Windows 7 中常用的鼠标形状

◎练习

选择“开始”|“所有程序”|“游戏”|“扫雷（或其他游戏）”命令，在游戏中练习鼠标的使用。

2.2　Windows 7 的界面组成与窗口操作

2.2.1　Windows 7 的界面组成

Windows 窗口中包含了一些最基本的内容，如图 2-7 所示。

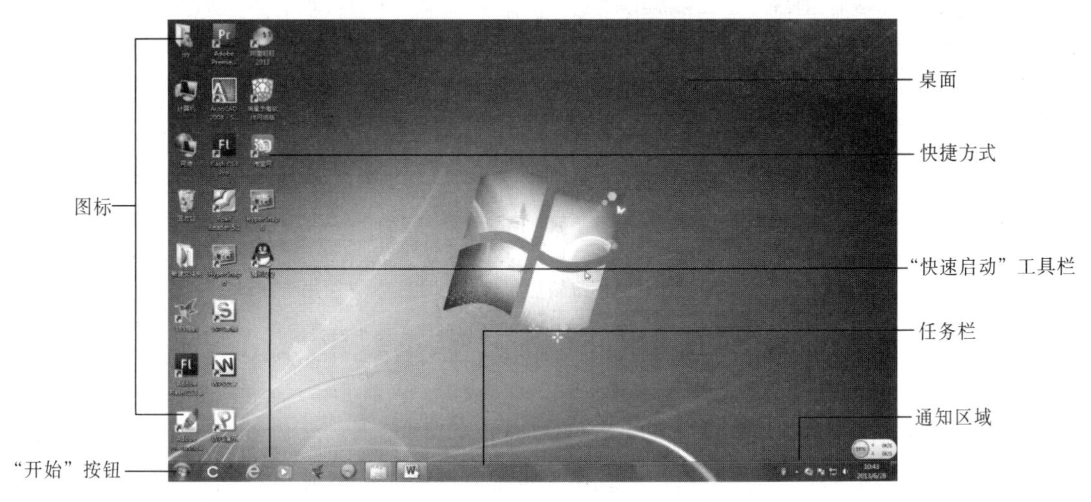

图 2-7　Windows 7 系统界面的组成

简要介绍如下：

① 桌面：其背景是有颜色的，所有的内容都在桌面上，它如同我们平时所使用的桌子，用户通过桌面可以看到 Windows 程序的运行情况。

② 图标：在桌面上显示的一些下面带文字的很小的图标。图标可以是要运行的程序、要打开的文件夹或者要编辑的文档。无论图标代表什么内容，都可以双击将其打开。

③ 快捷方式：在图标的左下角带有一个很小的箭头，即该图标就是一个快捷方式。快捷方式指向实际的程序、文件夹或者文件。启动程序的实际文件保存在存储器中，如果删除了快捷方式，还可以通过双击实际执行文件来运行程序。

④ “开始”按钮：该按钮指向安装在计算机上的程序。单击“开始”按钮，系统会显示“开始”菜单，通过“开始”菜单，用户可以寻找并运行程序。

⑤ “快速启动”工具栏：该工具栏紧挨着“开始”按钮，其中包含很多小图标，每个小图标都代表了一个要运行的程序或者命令，单击小图标就可以运行相应的程序。

⑥ 任务栏：任务栏位于“快速启动”工具栏的右边。每一个打开的窗口或者正在运行的程序在任务栏中都对应着一个方框；如果此时没有窗口打开，那么任务栏就是空的。

⑦ 通知区域：在任务栏的最右边是通知区域。这个区域中有一个数字时钟和一些图标。这些图标代表一些程序，当 Windows 进行操作时，这些程序就在后台运行，可以完成一些很特殊的功能（例如检测病毒或者音量控制等），双击图标可以进入相应的程序界面进行设置。

2.2.2 Windows 7 的窗口操作

在 Windows 7 操作系统中，窗口扮演了一个很重要的角色，所打开的每一个程序或者文件夹都显示在一个窗口中。一次可以打开多个窗口，同时还可以在各个窗口之间自由地进行切换。先来认识一下窗口中所包含的元素，如图 2-8 所示。

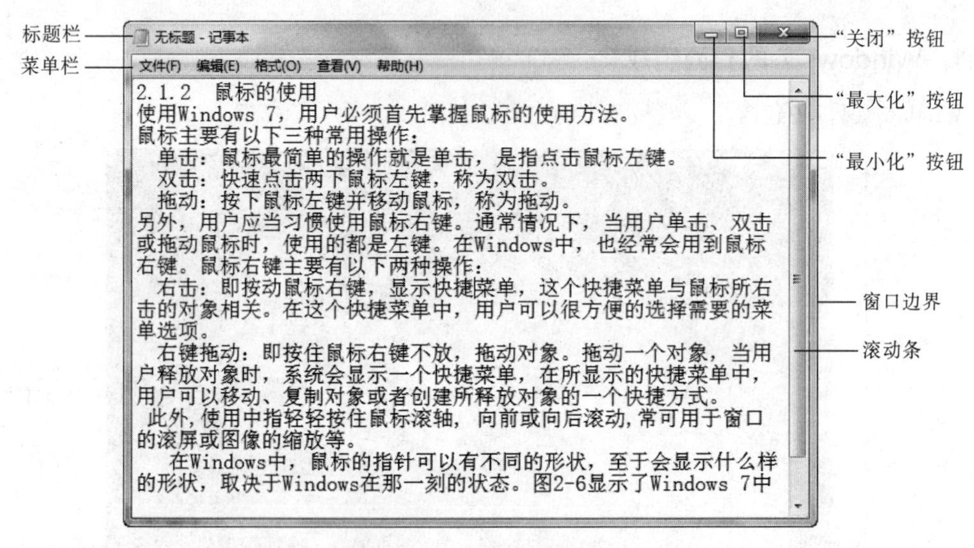

图 2-8 Windows 7 的窗口

① 标题栏：窗口的顶部是标题栏，其中显示了窗口的名称。用鼠标拖动标题栏可以移动窗口，双击标题栏可以使窗口最大化或者还原。

② “最小化”按钮：单击该按钮可以将窗口最小化，此时窗口只在任务栏中显示，需要时可以打开它。

③ “最大化”按钮：单击该按钮可以将窗口扩大到整个屏幕。

④ 菜单栏：位于标题栏的下方,其几乎涵盖了 Windows 7 的所有命令，不同的窗口有多个不同的菜单项，每一个菜单项都有一组相应的菜单命令，执行其中的菜单命令可以完成相应的操作。

⑤ 窗口边界：可以用鼠标拖动窗口边界来改变窗口的大小。

⑥ 滚动条：当窗口水平或者垂直方向内容显示不下时，会出现水平或者垂直滚动条，用鼠标拖动滚动条可以移动浏览。

2.2.3　认识 Windows 7 的对话框

对话框是设置参数/完成具体功能的场所，通过它计算机才知道用户需要实现什么操作，对话框的形状和窗口相似，但组成部分却有所差别。除了标题栏外,它一般还包含选项卡、复选框、单选按钮等部分，如图 2-9 所示。

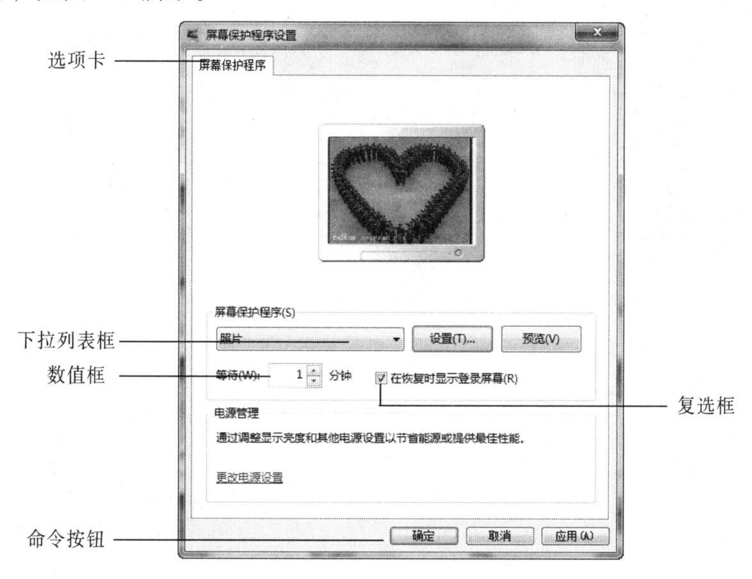

图 2-9　Windows 7 对话框

对话框中各部分的作用如下：

选项卡：当对话框的内容较多且较复杂时，Windows 7 一般将其分为几个选项卡，单击不同的选项卡，即可在对话框中显示该选项卡下的内容。

下拉列表框：单击其右侧的下拉按钮，将弹出一个下拉列表,在其中可选择所需要的选项。

数值框：主要用于设置参数值的大小，通过其右侧的“调整”按钮来设置大小，单击上箭头按钮可增大数值，单击下箭头按钮可减小数值；也可以直接在数值框中输入数值。

复选框：用来表示是否选择该选项，选中某个复选框，该选项前面的方框为选中的形式；根据需要可以选中多个复选框。

单选按钮：Windows 7 将多个设置同一属性的单选按钮放置在一起。选中单选按钮时，选项前面的圆圈为⊙形式，取消选中单选按钮时，选项前面的圆圈为○形式。一次只能选中一个单选按钮。

命令按钮： 其外形为一矩形块,上面显示了按钮的名称，单击某一命令按钮后，系统将自动执行相关的操作。

文本框：用于在其中输入解释性文字。在文本框中单击鼠标后，即可输入符合要求的字符。

2.3　资源管理器

资源管理器是 Windows 中的一个重要的管理工具，能同时显示文件夹列表和文件列表，便于用户浏览和查找本地计算机、内部网络以及 Internet 上的资源。使用资源管理器可以创建、复制、移动、发送、删除和重命名文件或文件夹。

双击桌面上的计算机图标，或者单击状态栏上的资源管理器图标，都可打开如图 2–10 所示的资源管理器界面。

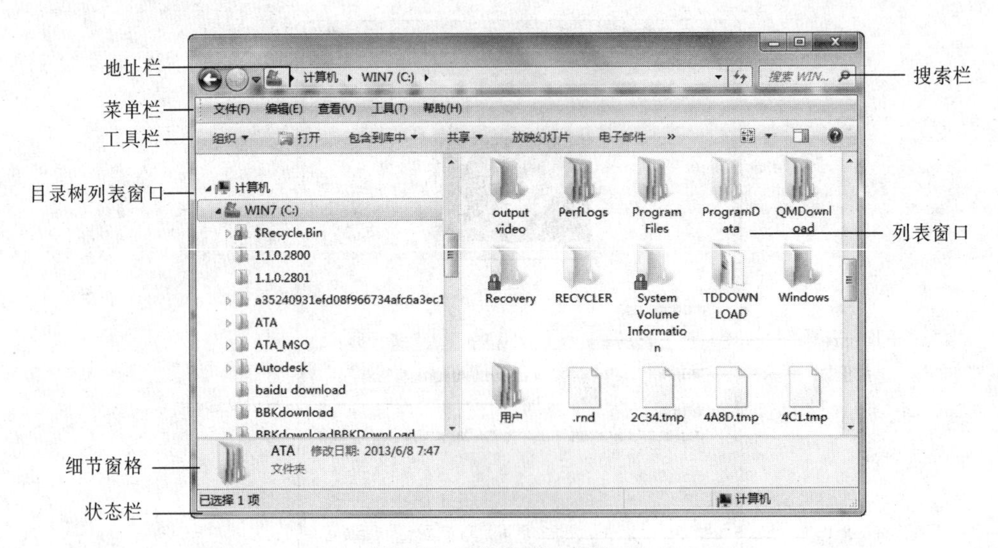

图 2–10　“资源管理器”窗口

2.3.1　使用资源管理器

1．认识资源管理器

“资源管理器”窗口自上而下依次是标题栏、地址栏、菜单栏、工具栏、列表窗口和状态栏等。在通常情况下，“资源管理器”窗口分为两个部分，以树状结构显示在计算机上的所有资源。资源管理器左侧是目录树列表窗口，一般是按层次显示所有的文件夹，它包括本地磁盘驱动器和网上邻居的可用资源。资源管理器右侧是列表窗口，单击左侧窗口中的任何一个文件夹，右侧窗口中就会显示该文件夹所包含的所有项目。

在左侧目录树中单击文件夹图标前面的“▷”号，可以展开其子文件夹，单击文件夹图标前面的“▶”号可以折叠起子文件夹。

◎提示

右击“开始”按钮，从弹出的快捷菜单中，单击“资源管理器”命令，也可以打开“资源管理器”窗口。

2．设置文件或文件夹的属性

属性是用来表征文件或文件夹的一些特性。在 Windows 7 系统中，每个文件和文件夹都有其自身的一些信息，包括文件的类型、打开方式、位置、占用空间大小、创建时间、修改时间与访问时间、只读和隐藏等属性。

查看、设置文件或文件夹属性的操作步骤如下：

① 选定要查看、设置属性的文件或文件夹。

② 选择“文件”菜单中的“属性”命令（或右击，从弹出的快捷菜单中单击“属性”命令），打开选定文件的“属性”对话框，如图 2-11 所示。

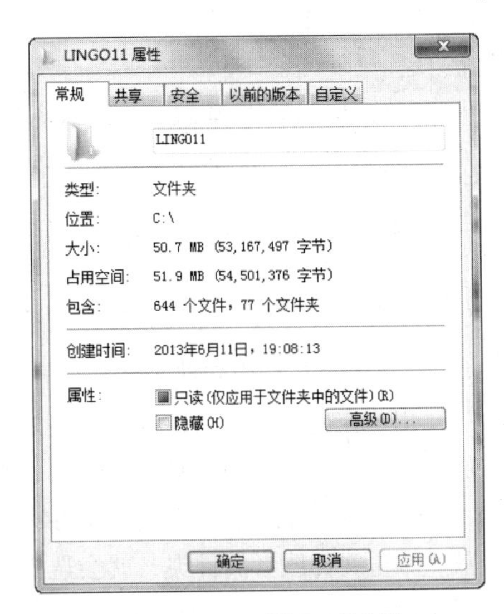

图 2-11　“属性”对话框

这时可以查看、设置文件或文件夹的属性。部分选项的含义如下：

① 常规：该选项卡用来标识文件或文件夹的类型、位置、大小、占用空间、包含的文件或文件夹的数量、创建时间、只读、隐藏等。

② 共享：设置网络上的其他用户对该文件夹的各种访问和操作权限。

③ 自定义：对于文件，允许用户添加和设置新的属性以描述该文件的有关信息。对于文件夹，允许用户更改在缩略图视图中出现在文件夹上的图片，更改文件夹图片并为文件夹选择新的模板。

④ 只读：设置该文件或文件夹只能被阅读，不能被修改或删除。

⑤ 隐藏：将该文件夹内的全部内容隐藏起来，如果不知道隐藏后的文件夹名，将无法查看隐藏的内容。

◎提示

要查看隐藏文件，在文件夹窗口的“工具”菜单中选择“文件夹选项”命令，弹出“文件夹选项”对话框。在“查看”选项卡的“高级设置”列表框中，选中“显示所有文件和文件夹”单选按钮。

2.3.2　文件和文件夹的管理

1. 新建文件和文件夹

用户可以创建自己的文件，通过文件夹来分类管理。创建文件可以通过运行应用程序来建立。例如，使用 Word 创建自己的文档，该文档的扩展名为.doc。使用应用程序建立的文件扩展名一般由系统默认指定，用户也可以不通过运行应用程序而直接建立文件，操作步骤如下：

① 打开要新建文件的“文件夹”窗口，在窗口的空白处右击，在弹出的快捷菜单中单击“新建”命令，从子菜单中选择要建立的文件类型。也可以选择“文件”菜单中的“新建”命令，选择要建立文件的类型。例如，选择“Microsoft Word 文档”选项，如图 2-12 所示。

图 2-12　“新建”子菜单

② 此时将在窗口中出现一个新建的文件，用户可以对文件进行重新命名，按【Enter】键确认。用同样的方法，选择“新建”菜单中的“文件夹”命令，可以创建一个文件夹。

◎提示

Windows 文件名的长度虽然多达 255 个字符，但有些程序不能解释长文件名，不支持长文件名的程序，仅限使用最多 8 个字符（或者 4 个汉字），并且文件名不能包含有“ /\ : * ? ” <>| ”字符。

用户要打开文件或文件夹，可先选中文件或文件夹，再选择“文件”菜单中的“打开”命令，也可以双击文件或文件夹，打开相应的文件或文件夹。

2. 选择文件和文件夹

用户在处理一个文件或文件夹之前，必须首先选中此文件或者文件夹。对于文件或者文件夹的处理工作，如移动、复制、删除、重命名等，将在稍后章节中介绍相关知识。

（1）选择单一的文件或者文件夹

单击文件或者文件夹，就会选中它。如果想取消选中操作，可以在离开文件或文件夹图标的区域单击。

（2）同时选中多个文件或者文件夹

在选中这些文件或文件夹之后，可以对它们进行同样的处理，就好像这些文件或者文件夹是一个一样。

（3）选中一组连续的文件或文件夹

① 单击第一个文件或文件夹。

② 按下【Shift】键，然后单击最后一个文件或文件夹。

③ 释放【Shift】键，所需文件或文件夹即可被选中。

（4）选择一组不连续的文件或文件夹

① 单击第一个文件或文件夹。

② 按下【Ctrl】键，然后逐个单击要选中的文件或文件夹。

③ 选择完后，释放【Ctrl】键。

3. 移动、复制或重命名文件和文件夹

移动、复制文件和文件夹是非常重要的操作，因此在 Windows 中完成这两种操作的方法有很多种，用户可以根据需要选择其中的一种。大体上说，有以下两类方法：

① 拖放：首先选中文件，然后用鼠标将文件拖到另一个位置。

② 复制（或者剪切）然后粘贴：首先选中文件，然后将文件剪切或者复制到“剪切板”中，接着打开相关的文件夹，使用“粘贴”命令将文件粘贴到这个文件夹中。

每一种方法都有一些变种，下面将详细介绍各种方法。

（1）使用拖放技术移动、复制

拖放技术是将文件从一个地方移动到另一个地方的简单方法，只需将文件拖到新位置即可。在拖放时，系统会根据下面的一些准则来判断是移动还是复制：

① 当从一个驱动器拖到另一个驱动器时，在默认的情况下，系统认为是将文件复制到新驱动器中，如果在拖放时，用户没有按下键盘上的功能键，那么系统就将这个文件复制到新驱动器中。

② 如果是在同一个驱动器上的不同文件夹之间拖放文件，那么在默认情况下，系统就将文

件移动到新的文件夹。如果在拖放的过程中用户没有按下任何键，那么系统就将文件移动到新位置。

③ 当拖放文件时，如果按下【Shift】键，那么系统将会把文件移动到新位置。

④ 当拖放文件时，如果按下【Ctrl】键，那么系统将会把文件复制到新位置。

⑤ 如果是用鼠标的右键拖动一个文件，那么当放下文件时，系统会显示一个快捷菜单，用户可以选择是复制、移动还是要创建一个快捷方式。

除了要熟记这些规则外，还有一点特别重要：起始位置和目的位置要显示在同一个屏幕上。在资源管理器中这并不成问题，因为“文件夹”窗格具有这样的功能。

用拖放技术在资源管理器中移动或者复制文件的操作步骤如下：

① 在资源管理器中，选中要移动或者复制的文件。

② 根据需要扩展“文件夹”中的目录树，以便可以看到目的地址。

③ 按下【Shift】键移动文件，按下【Ctrl】键复制文件。

④ 将鼠标拖到目的地址。

◎提示

根据鼠标的形状就可以知道 Windows 是在复制还是在移动文件。复制文件时，鼠标旁会显示一个加号。

那么在“我的电脑”、“我的文档”以及“网上邻居”中又该如何操作呢？在这些文件夹中，文件列表没有“文件夹”窗格。这样，原来的位置和目的位置就很难显示在一个窗口中。要在这样的文件夹中移动或者复制文件，可以打开“文件夹”窗格，方法是：单击工具栏中的“文件夹”按钮，或者在目的驱动器、文件夹中另外打开一个窗口。

（2）使用“剪贴板”移动或者复制

本章前面已经介绍过了，“剪贴板”是一个内存中临时性的区域，Windows 7 可以通过“剪贴板”移动和复制对象。这里的对象可以是文件、文件夹、文本、图形等任何选中的项目。

通过“剪贴板”复制或者移动内容的操作步骤如下：

① 选中要复制或者要移动的文件或者文件夹。

② 完成下面的一项：

- 如果要复制文件，打开“编辑”菜单，选择“复制”命令，或者按下【Ctrl+C】组合键，也可以右击文件并从快捷菜单中选择“复制”命令。
- 如果要移动文件，打开“编辑”菜单，选择“剪切”命令，或者按下【Ctrl+X】组合键，也可以右击文件并从快捷菜单中选择“剪切”命令。

③ 打开要保存文件的文件夹或者驱动器，可以进行下列任一项操作：

- 如果目的文件夹是当前文件夹或者驱动器中的一个，可用鼠标双击此文件夹。
- 如果目的文件夹在网络上，那么就打开“网上邻居”，寻找所需的计算机、驱动器或文件夹。
- 如果目的文件夹是当前驱动器中的一个文件夹，那么可单击“向上”按钮，直到窗口中显示出驱动器中的文件夹列表为止，然后双击要放置文件的文件夹。
- 打开“地址”下拉列表，选择所需的驱动器或者文件夹。

④ 当目的文件夹中的内容显示出来时，打开“编辑”菜单，然后选择“粘贴”命令，或者

按下【Ctrl+V】键，也可以右击文件并从快捷菜单中选择“粘贴”命令。

◎提示

将从网络上下载的MP3歌曲文件（夹）复制到自己的MP3或者U盘上。

提示：首先把计算机的USB接口通过USB连接线连接到MP3或者U盘；Windows系统会识别出MP3等USB设备，在资源管理器中显示为可移动磁盘；使用上面介绍的方法复制文件或文件夹。

（3）使用Windows菜单命令移动或者复制

Windows 7中新增加了一种方法可以移动或者复制文件和文件夹，具体操作步骤如下：

① 双击桌面上的“计算机”图标，再双击要复制文件或文件夹所在的磁盘盘符（如本地磁盘C），继续双击直到出现要复制文件或文件夹。

② 选中要复制或者要移动的文件、文件夹。

③ 选择菜单栏上的“编辑”|“复制到文件夹”或“移动到文件夹”命令，如图2-13所示。此时“复制项目”或“移动项目”对话框就会显示出来，如图2-14所示。

④ 找到要放置文件的文件夹，方法与资源管理器中“文件夹”窗格所使用的方法一样。

⑤ 单击“复制”或“移动”按钮。

◎试一试

① 创建文件夹：建立考生文件夹，在本地磁盘E上建立以学号为文件名的文件夹。

② 复制文件，改变文件名：按照选题单指定的题号，将题库中“DATA1”文件夹内相应的文件复制到学号文件夹中，并分别重命名为A1．A3．A4．A5．A6．A7．A8，扩展名不变。

图2-13　使用菜单命令移动或复制

图2-14　选择目的地

（4）重命名文件或文件夹

在文件操作过程中，有时需要对文件或文件夹进行重命名。重命名文件或文件夹的操作方法如下：

① 在“资源管理器”窗口中选定要重命名的文件或文件夹。

② 选择“文件”菜单中的“重命名”命令，或再一次单击该文件或文件夹名，使文件或文件夹名处于编辑状态。

③ 输入文件或文件夹名，然后按【Enter】键确认。

◎提示

在 Windows 7 中，可以一次对多个文件或文件夹进行重命名。选中多个要重命名的文件或文件夹，重命名其中的一个文件或文件夹，例如，将文件重命名为 music，按【Enter】键确认，其他文件名依次自动命名为 music(1)、music(2)等。

4．删除与恢复文件或文件夹

在计算机使用过程中，应及时删除不再使用的文件或文件夹，以释放磁盘空间，提供运行效率。

（1）删除文件或文件夹

删除文件或文件夹有很多种方法，常用的删除文件或文件夹的操作步骤如下：

① 选定要删除的文件或文件夹。

② 选择“文件”菜单中的“删除”命令，打开“确认文件夹删除”对话框，如图 2-15 所示。

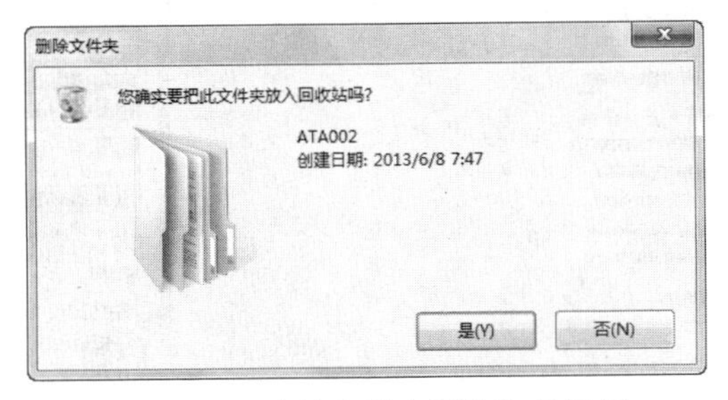

图 2-15 “确认文件夹删除”对话框

③ 确定删除后，单击“是”按钮，被删除的文件或文件夹放入“回收站”；否则单击“否”按钮，则取消删除操作。

另外，在删除文件或文件夹时，可以将选定的文件或文件夹直接拖放到桌面或资源管理器的回收站中，这时系统不给出任何提示信息。

◎提示

在 Windows 系统中安装的应用程序、游戏等组件，如果不再使用，需要删除，不能直接删除其中的文件或文件夹，应该使用应用程序的“卸载”命令或通过控制面板中的“添加或删除程序”进行删除操作。

（2）恢复文件或文件夹

在系统默认的状态下，删除的文件或文件夹被放到了回收站，并没有被真正删除，只有在清空回收站时，才能被彻底删除，释放磁盘空间。

如果用户发现错删了文件或文件夹，可以利用回收站来还原，这样可以挽救一些误删除的操作。还原文件或文件夹的操作步骤如下：

① 打开回收站，选择要还原的文件或文件夹。

② 选择“文件”菜单中的“还原”命令，或右击，并在弹出的快捷菜单中选择“还原”命令，即可将回收站中的文件或文件夹恢复到原来的位置。

◎提示

按下【Shift】键后再进行删除操作，系统将删除所选中的文件，而且不将其放入回收站，也不能将其恢复，这是一种简便快捷的物理删除操作。

5. 磁盘格式化

删除磁盘上的所有文件和文件夹，可以使用磁盘格式化命令。

磁盘格式化的步骤如下：

① 在资源管理器左侧的目录树窗口中，右击要格式化的磁盘，弹出快捷菜单如图 2-16 所示，选择“格式化”命令。

② 出现格式化设置对话框，如图 2-17 所示。在“文件系统”下拉列表框中，如果是 Windows 使用，选择“FAT32（硬盘可以使用 NTFS）”项；如果需要快速格式化，应选中“格式化选项”选项组中的“快速格式化”复选框。然后单击“开始”按钮。

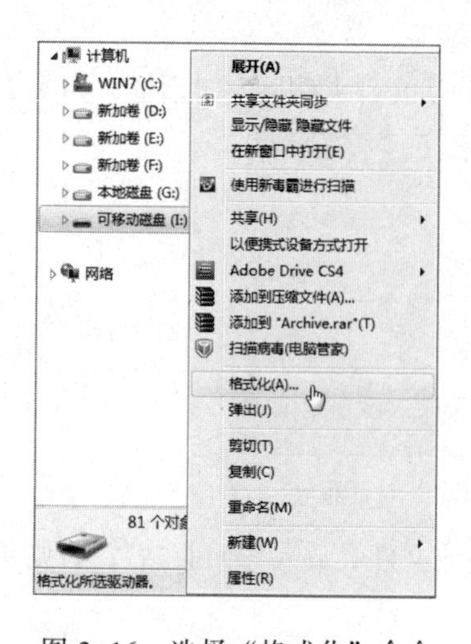

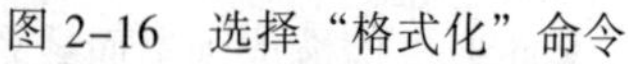
图 2-16 选择“格式化”命令

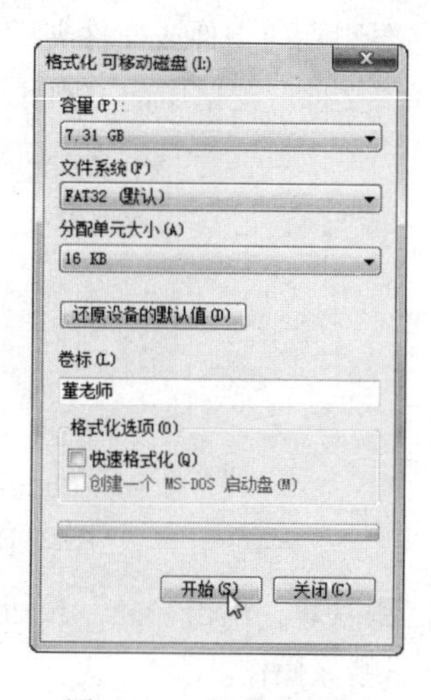

图 2-17 格式化设置

③ 这时将弹出一个“警告”提示框，如图 2-18 所示，提醒用户“格式化会删除磁盘上的所有数据”，单击“确定”按钮执行磁盘格式化；单击“取消”按钮会放弃格式化操作。

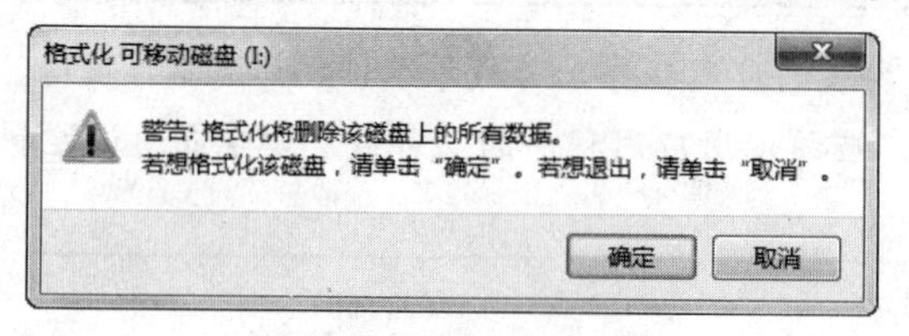

图 2-18 “警告”提示框

◎提示

当磁盘感染病毒时，比如最常见的是 U 盘感染病毒，可以使用“格式化”命令彻底清除病毒。

格式化磁盘之前应注意备份磁盘上的重要文件，一旦开始格式化，磁盘上的文件会全部丢失。虽然有一些软件可以恢复误格式的磁盘文件，但不能保证完全恢复。

6. 搜索文件或文件夹

如果用户要快速在文件、文件夹、计算机、网上用户或因特网上定位所需要的文件或文件夹，可以使用 Windows 7 系统“搜索文件或文件夹”功能。

打开“计算机”窗口，在“搜索”文本框中输入需要搜索的内容，此时系统可以开始搜索符合搜索条件的文件或文件夹；如图 2-19 所示为搜索 doc 文件的结果窗口。

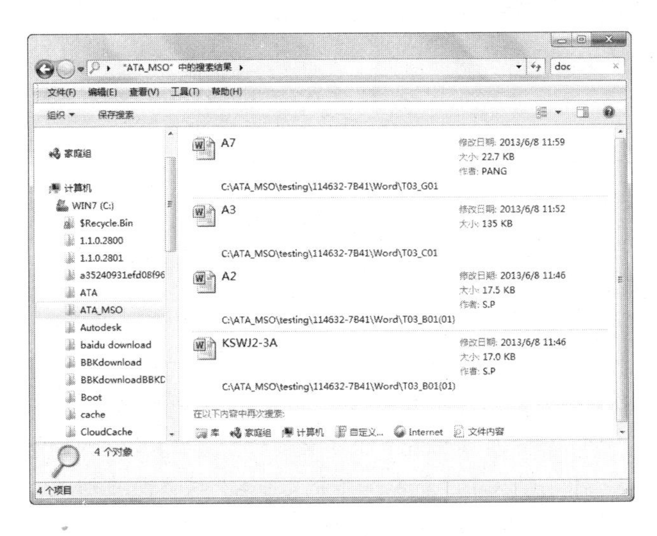

图 2-19 “搜索结果”窗口

搜索文件或者文件夹时，还可以按时间和大小配合搜索。在搜索框单击鼠标，会出现“添加搜索筛选器”的提示选项，如图 2-20 所示。如果选择“修改日期”，会出现“选择日期或日期范围”的选择框，如图 2-21 所示。可以选择一个日期或者范围，就会把时间作为筛选条件配合输入条件进行搜索。

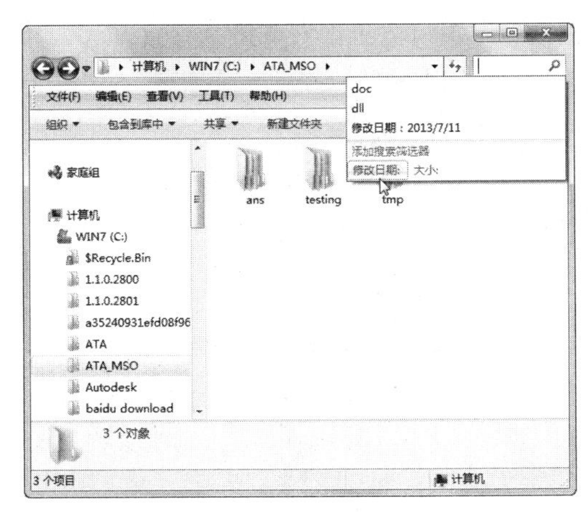

图 2-20 “添加搜索筛选器”窗口

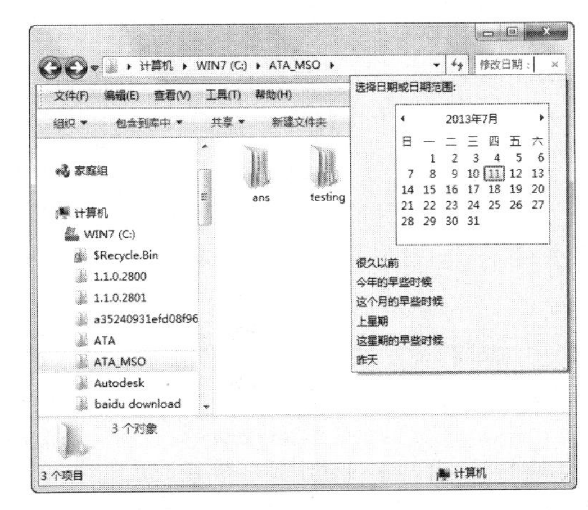

图 2-21 “选择日期或日期范围”的窗口

如果图 2-20 中选择“大小”作为筛选条件，会出现“文件大小范围”的选择框，如图 2-22 所示。用户可以选择一个数值范围，作为文件大小的限制条件，配合输入条件进行搜索。

图 2-23 是搜索条件为：大小——“中（100KB-1MB）”、修改日期——“今年的早些时候”、

文件名包含 doc 的文件，在 C:\ATA_MSO 文件夹中的搜索结果。

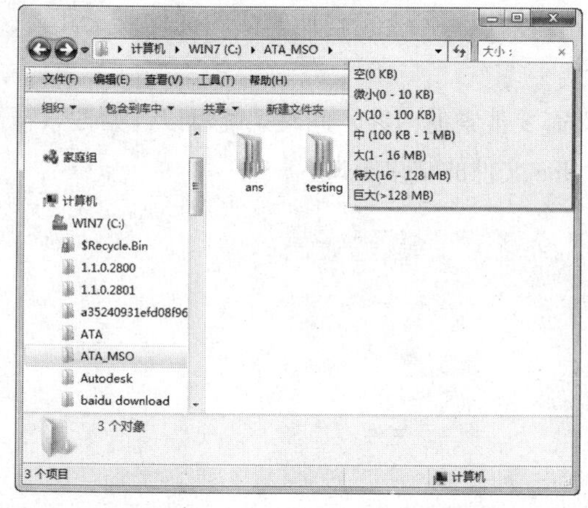

图 2-22 “文件大小范围”窗口

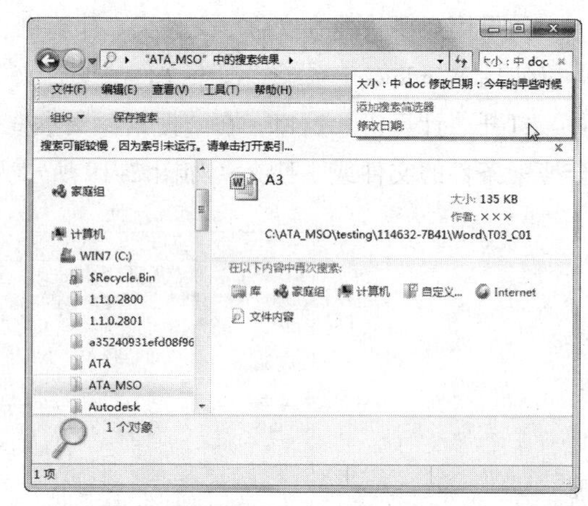

图 2-23 多条件的搜索结果窗口

> **◎提示**
>
> 有时候会忘记了自己保存的文件名称和保存位置，这时可以使用通配符查找，通常有两种通配符“*”或“?”，一个“*”可以代替多个字符，一个“?”可以代替一个字符。
>
> 例如，查找 Word 文件，可以在“全部或部分文件名”文本框中输入“*.doc”，再配合文件名中的关键字和文件保存的时间可以很快地搜索出文件来。

2.4 控制面板的设置

可以使用“控制面板”更改 Windows 的设置。这些设置几乎控制了有关 Windows 外观和工作方式的所有设置，并允许用户对 Windows 进行设置，使其适合用户的需要。

选择“开始”|“控制面板”命令，会打开“控制面板”窗口。单击右上角“查看方式”，设置为“小图标”。这样就能看到“所有控制面板项”，如图 2-24 所示。

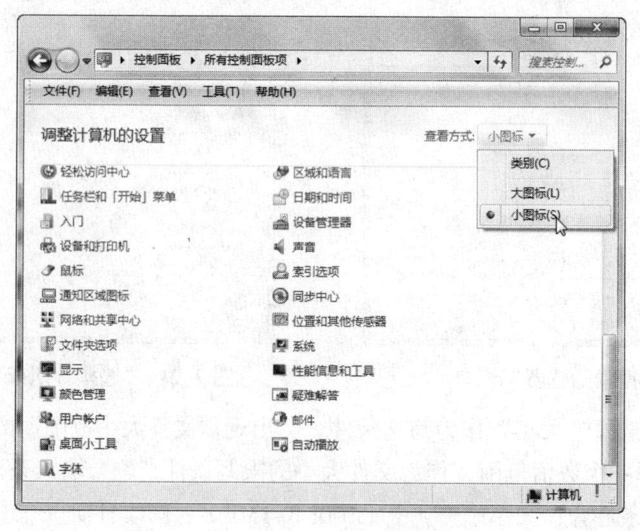

图 2-24 “所有控制面板项”窗口

2.4.1　设置日期、时间和区域

在安装 Windows 时，可以对显示的日期、时间和区域进行确认（如果有必要，也可以修改日期、时间和区域）。同时，也可以在以后任何时间更新日期、时间和区域（例如，如果到了另外一个时区，或者当计算机中内置的时钟不准确时）。有时，为了避免系统遭遇病毒的攻击，也需要对当前的系统日期做适当的调整。

1. 修改日期和时间

如果要打开“日期和时间”对话框（见图 2-25），可以双击“控制面板”中的“日期和时间”图标。根据需要设置日期和时间，具体步骤如下：

① 在弹出的“日期和时间”对话框中，选择“日期和时间”选项卡；在此用户可以设置时区、日期和时间。单击“更改日期和时间”按钮，弹出“日期和时间设置”对话框，如图 2-26 左图所示。

② 选择一个月份和日期就可以更改日期，在时钟下面的“时间”数值框输入或者微调可以修改时间。

③ 如果要更改时区，那么就单击“更改时区”按钮，并从下拉列表框中选择一个时区，如图 2-26 右图所示。

图 2-25　“日期和时间”对话框

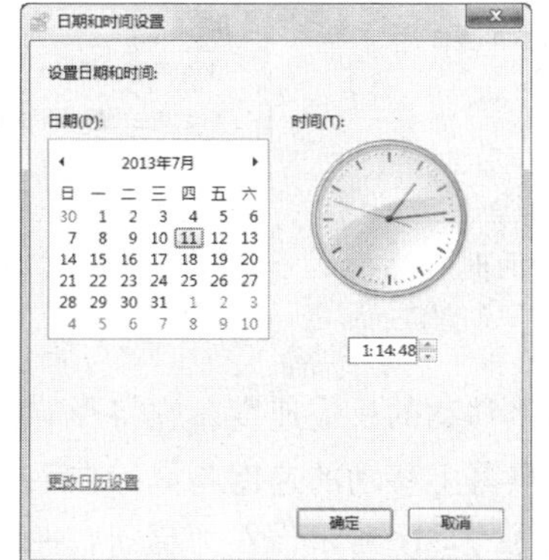

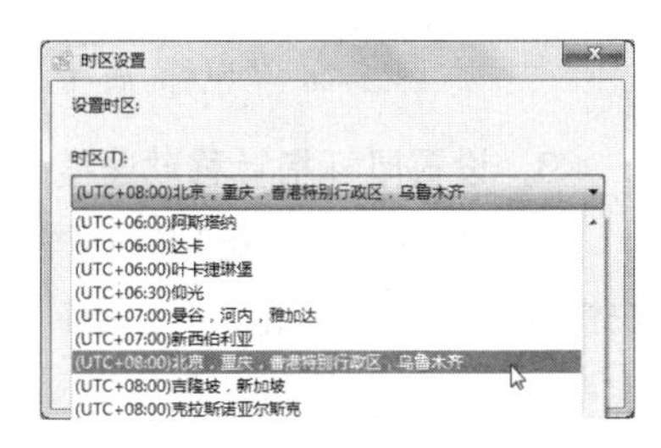

图 2-26　修改日期与时间、选择时区

2. 调整区域设置

在不同的国家/地区中，计量单位、货币以及日期的书写方式都是不一样的，选择了区域就可以对这些项目做相应的设置。

可以双击“控制面板”中的“区域和语言选项”图标，打开“区域和语言选项”对话框，如图 2-27 所示。

从“格式”选项卡“格式”下拉列表中选择一个区域和语言，系统会自动选择相应的格式。

图 2-27　选择区域

2.4.2　设置鼠标

鼠标和键盘是计算机操作中两个基本的输入设备，用户可以根据自己的习惯对其进行个性化的设置。

1. 设置鼠标键

设置鼠标属性通过“鼠标属性”对话框来操作，双击“控制面板”中“鼠标”图标，打开“鼠标 属性”对话框，如图 2-28 所示。在“鼠标键”选项卡中，可以设鼠标的左右键设置、双击速度、单击锁定等。

2．设置鼠标指针形状

鼠标在不同的工作状态下有不同的形状，如在正常情况下，它的形状是一个小箭头 ；运行某一程序时，它会变成沙漏形状 。Windows 7 提供了多种鼠标方案供用户选择，在“指针”选项卡中，可以对鼠标指针的形状进行设置，如图 2-29 所示。

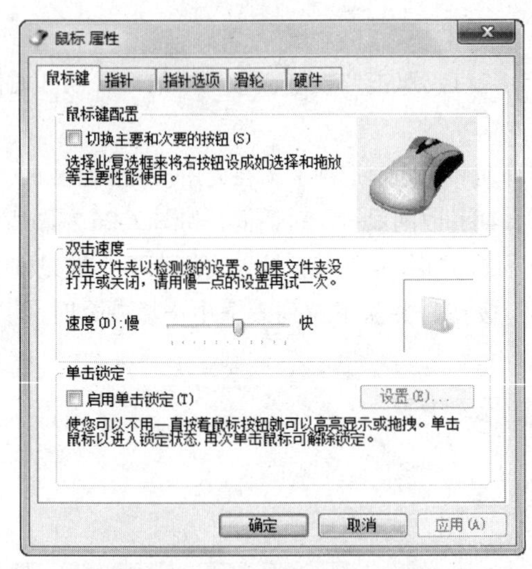

图 2-28 “鼠标 属性”对话框

图 2-29 “指针”选项卡

3．设置鼠标指针移动速度

鼠标指针速度是指指针在屏幕上移动的反应速度，它将影响指针对鼠标自身移动作出响应的快慢程度。在正常情况下，指针在屏幕上移动的速度与鼠标在手中移动的幅度相适应。

打开“指针选项”选项卡，如图 2-30 所示，在“移动”选项组中，拖动滑块可以改变指针的移动速度。选中“提高指针精确度”复选框，可以提高指针在移动时的精确度。

其他选项的功能如下：

- 显示指针踪迹：选中该复选框，指针在移动的过程中带有轨迹，拖动标尺滑块可以调整指针轨迹的长短。
- 在打字时隐藏指针：选中该复选框，当打字时指针便会自动隐藏起来。
- 当按下 Ctrl 键时显示指针的位置：选中该复选框，当按一下【Ctrl】键，便会出现一个以鼠标指针为圆心的动画圆，这样可以迅速确定鼠标指针的当前位置。

4．设置鼠标的滚轮

用户在进行文档的编辑或浏览网页时，经常使用鼠标的滚轮来滚动屏幕，快速地查看内容。滚轮的功能相当于窗口中的滚动条或滚动按钮。在“滑轮”选项卡中可以设置滚轮的滚动幅度，如图 2-31 所示。该选项卡含有“一次滚动下列行数”和“一次滚动一个屏幕”两个单选按钮，一次滚动是指滚动滚轮的一个齿，滚动的行数在 1～100 之间。

图 2-30　“指针选项”选项卡

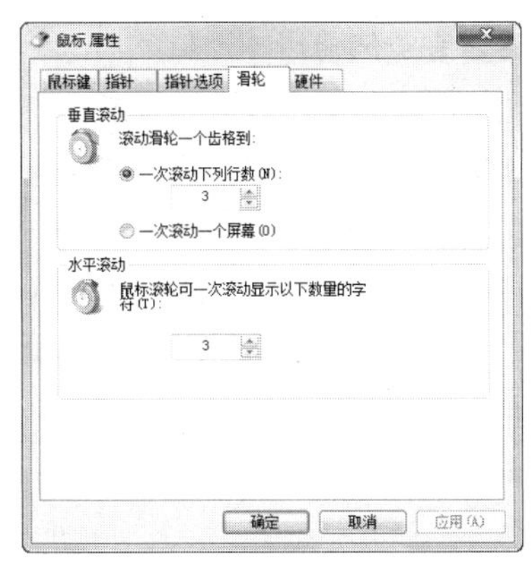

图 2-31　“滑轮”选项卡

2.4.3　设置多媒体声音

声音设置会影响到声音的输入/输出设备。大多数用户的系统中只有一个声音输出设备（声卡）和一个声音输入设备（麦克风）。但是，如果有多个声音输入或者输出设备，那么可以选择其中的一个，具体方法将在下面介绍。

1．设置扬声器音量

更改声音设置的步骤为：

① 在“控制面板”中，单击“声音”图标，弹出“声音”对话框，如图 2-32 所示。

② 在“播放”选项卡中，选择一个声卡设备，如图 2-32 中的“扬声器”，单击右下角的“属性”按钮。

③ 弹出的“扬声器属性”对话框，如图 2-33 所示。选择“级别”选项卡，拖动滑块就可以设置扬声器的音量大小。单击“确定”按钮确认。

单击任务栏右下角通知区域的小喇叭图标，拖动音量滑块可以快速调整音量，如图 2-34 所示。单击“合成器”链接，打开“音量合成器-扬声器”对话框，还可以设置系统音量。

图 2-32　“声音”对话框

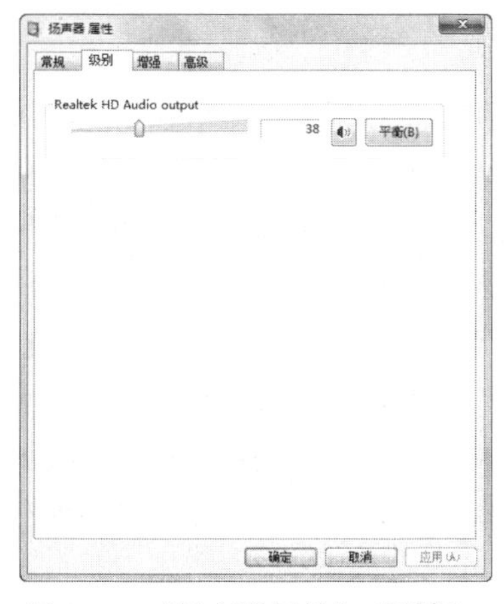

图 2-33　“扬声器属性”对话框

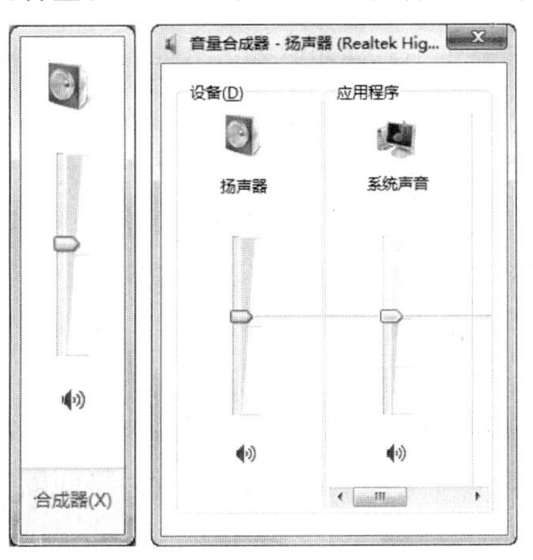

图 2-34“音量合成器”对话框

2. 设置麦克风音量

在图 2-32 所示的“声音”对话框中，选择“录制”选项卡，如图 2-35 所示。选择一个录音设备，如图选择“麦克风”，单击“属性”按钮。

弹出“麦克风属性”对话框，如图 3-26 所示。选择“级别”选项卡，拖动滑块就可以设置麦克风的音量大小。单击“确定”按钮确认。

图 2-35 “录制”选项卡

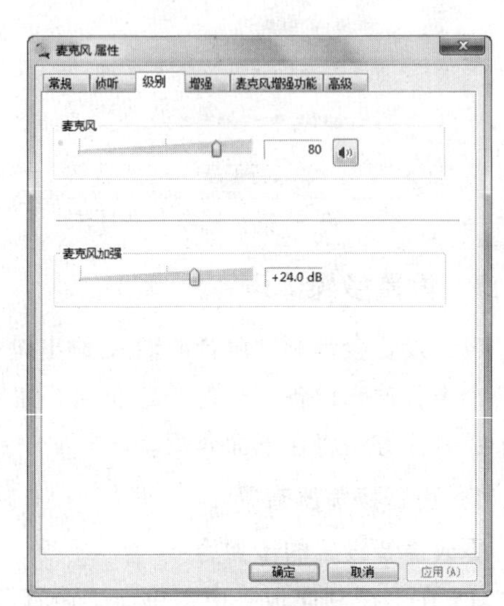

图 2-36 “麦克风属性”对话框

2.4.4 个性化桌面

一个美丽的桌面能给人一种美的感受，同时可以体现用户的个性。Windows 7 系统个性化的桌面能够使用户简捷、方便地进行操作，提高工作效率。Windows 7 系统自带了许多漂亮的图片，用户可以从中选择自己喜欢的图片作为桌面背景，除此之外，用户还可以把自己收藏的精美图片设置为桌面背景。

1. 设置桌面的主题和背景

设置桌面背景的具体操作步骤如下：

（1）在桌面的空白处右击，在弹出的快捷菜单中选择“个性化”菜单命令，如图 2-37 所示。

（2）弹出“个性化”窗口，选择“桌面背景”选项。

（3）弹出“桌面背景”窗口，如图 2-38 所示。在右侧的下拉列表中列出了系统默认的图片存放文件夹，选择不同的选项，系统将会列出相应文件夹包含的图片。例如选择“Windows 桌面背景”选项，此时下面的列表框会显示场景、风景、建筑、人物、中国和自然 6 个图片分组中的图片，单击其中一幅图片将其选中。

（4）单击窗口左下角的“图片位置”向下按钮，弹出背景显示方式，包括填充、适应、拉伸、平铺和居中，这里选择“适应”显示方式。

（5）如果用户想以幻灯片的方式显示桌面背景，可以单击“全选”按钮，在“更改图片时间间隔”下拉列表中选择桌面背景的替换间隔时间，选择“无序播放”复选框，单击“保存修改”按钮即可完成设置。

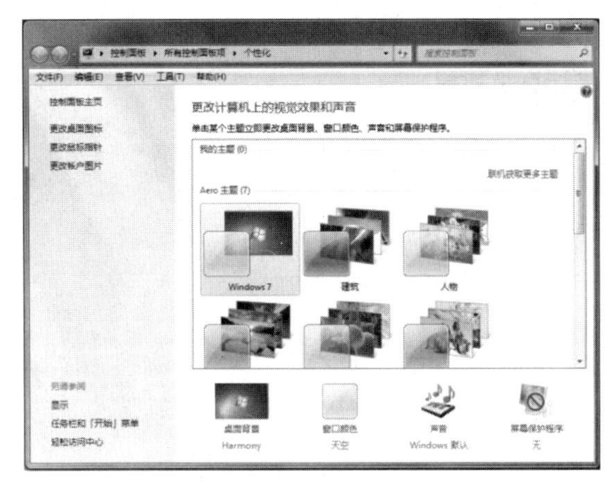

图 2-37 “个性化”窗口

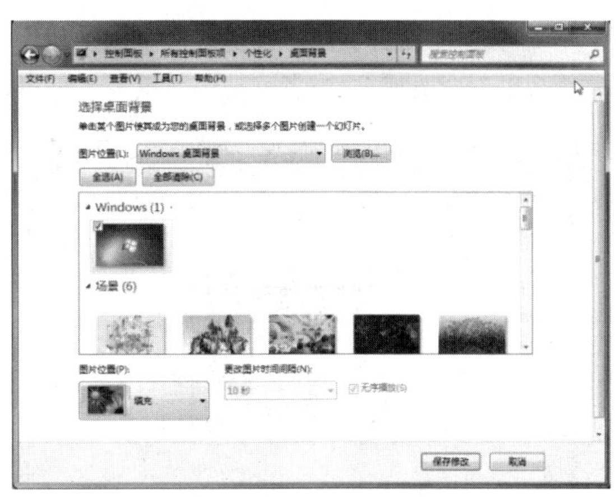

图 2-38 “桌面背景”窗口

（6）如果用户对系统自带的图片不满意，可以将自己保存的图片设置为桌面背景，在上一步中单击“浏览”按钮，弹出“浏览文件夹”对话框，选择图片所在的文件夹，单击“确定”按钮。

（7）选择的文件夹中的图片被加载到“图片位置”下面的列表框中，从列表框中选择一张图片作为桌面背景图片，单击“保存修改”按钮，返回到“桌面背景”窗口，在“我的主题”组合框中保存主题即可。

（8）返回到桌面，即可看到设置桌面背景后的效果。

2. 设置屏幕保护程序和外观

（1）设置屏幕保护程序

当在指定的一段时间内没有使用鼠标或键盘后，屏幕保护程序就会出现在计算机的屏幕上，此程序通常为移动的图片或图案。屏幕保护程序是最初用于保护较旧的单色显示器免遭损坏，但现在它主要是个性化计算机或通过提供密码保护来增强计算机安全性的一种方式。

设置屏幕保护程序的操作步骤如下：

① 右击桌面，然后选择“个性化”命令。

② 在“个性化”窗口中选择“屏幕保护程序”选项。

③ 弹出“屏幕保护程序设置”对话框，在“屏幕保护程序设置”下拉列表框中选择一个屏幕保护程序（如果不想使用屏幕保护程序，那么就选择“无”选项），如图 2-39 所示。

◎提示

如果还不能确定要使用哪一个屏幕保护程序，那么就选中其中的一个，然后单击“预览”按钮。这时，该屏幕保护程序就会显示在屏幕上，当移动鼠标或者按下一个键时就会停止显示。

④ 在“等待”微调框中设置等待时间，例如 5 分钟，选择“在恢复时显示登录屏幕”复选框，如果想详细设置屏幕保护程序的参数，单击“设置”按钮。

⑤ 弹出“三维文字设置”对话框，在“自定义文字”文本框中输入“认识 Windows 7 系统”，设置“旋转类型”为“蹦蹦板式”，用户也可以设置其他参数，设置完成后，单击“确定”按钮。

⑥ 返回到“屏幕保护程序设置”对话框，单击“确定”按钮，若用户在 5 分钟内没有对计算机进行任何操作，系统将自动启动屏幕保护程序，如图 2-40 所示。

⑦ 如果一个计算机正在运行屏幕保护程序，那么按下任一键（【Esc】键较好，因为按下该键后什么也不会改变），或者移动一下鼠标，都可以将计算机唤醒。

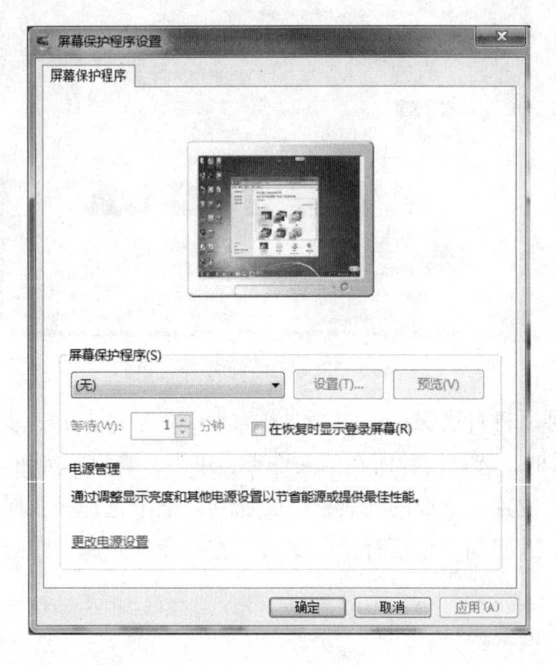

图 2-39 “屏幕保护程序设置”对话框

图 2-40 屏幕保护程序运行

◎提示

在播放电影时，经常会隔 20 分钟出现黑屏保护，需要单击一下鼠标继续观看，非常麻烦，如何去掉黑屏设置？可以在图 2-39 所示的对话框中，单击“更改电源设置”链接，在“电源选项”窗口中选择“更改计划设置”链接，如图 2-41 所示。激活“编辑计划设置”窗口，将关闭显示器设置为“从不”选项即可，如图 2-42 所示。

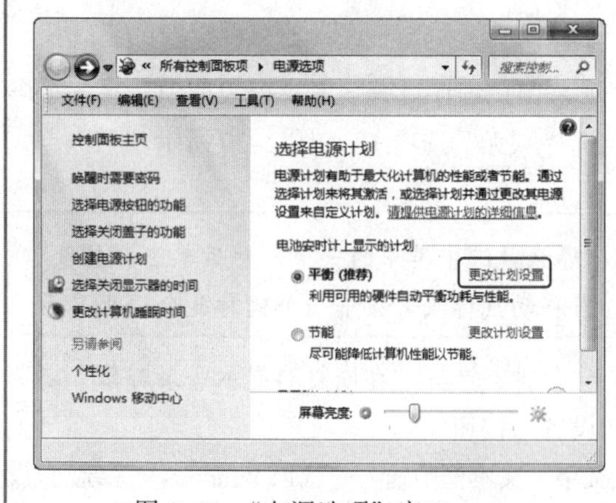

图 2-41 “电源选项”窗口

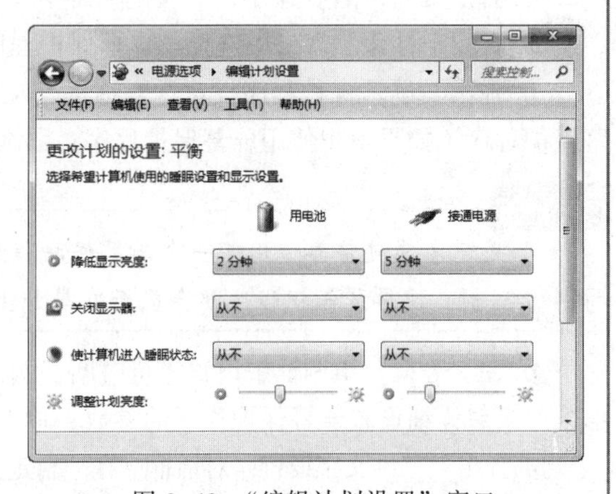

图 2-42 “编辑计划设置”窗口

（2）设置屏幕分辨率和颜色

屏幕分辨率是指屏幕上显示的文本和图像的清晰度。分辨率越高，项目越清晰，同时屏幕上的项目越小，因此屏幕可以容纳越多的项目。分辨率越低，在屏幕上显示的项目越少，但尺寸越大。设置适当的分辨率，有助于提高屏幕上图像的清晰度，具体操作步骤如下：

① 在桌面空白处右击，在弹出的快捷菜单中选择“屏幕分辨率”菜单命令。

② 弹出“屏幕分辨率”窗口，用户可以看到系统默认设置的分辨率和方向，如图 2-43 所示。

③ 单击“分辨率”右侧的下拉按钮，在弹出的列表中选择需要设置的分辨率即可。

④ 返回到“屏幕分辨率”窗口，单击“确定”按钮即可。

◎提示

更改屏幕分辨率会影响登录到此计算机上的所有用户，如果将显示器设置为它不支持的屏幕分辨率，那么该屏幕在几秒钟内将变为黑色，显示器则还原至原始分辨率。

（3）设置颜色质量

将显示器设置为 32 位色时，Windows 颜色和主题工作在最佳状态。可以将显示器设置为 24 位色，但将看不到所有的可视效果。如果将显示器设置为 16 位色，则图像将比较平滑，但不能正确显示。下面以设置颜色为 32 位真彩色为例进行讲解，具体操作步骤如下：

① 在桌面空白处右击，在弹出的快捷菜单中选择“屏幕分辨率”命令，单击“高级设置”按钮，如图 2-43 所示。

② 在弹出的对话框中选择“监视器”选项卡，然后在“颜色”下拉列表中选择“真彩色（32 位）”选项，单击“确定”按钮，如图 2-44 所示。

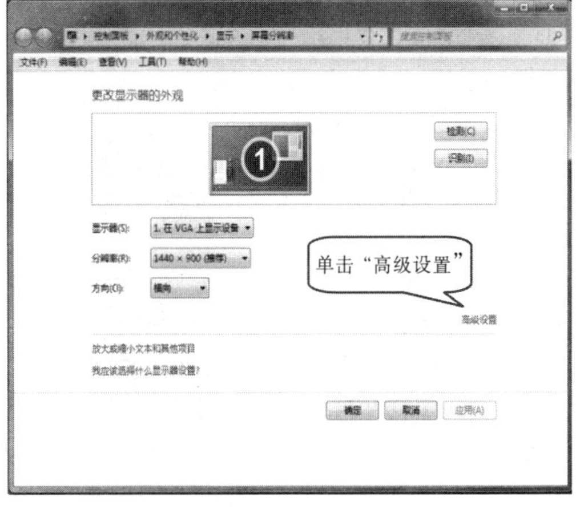

图 2-43　“屏幕分辨率”窗口

图 2-44　“监视器”选项卡

③ 返回到“屏幕分辨率”窗口，单击“确定”按钮。

◎提示

如果不能选择 32 位颜色，请检查分辨率是否已设为可能的最高值，然后再重新设置即可。

3. 自定义“开始”菜单

“开始”菜单中包含了用户标识、固定项目列表、常用程序列表、“所有程序”菜单、常用文件夹、常用系统命令以及“关机”按钮等项目，如图 2-45 所示。

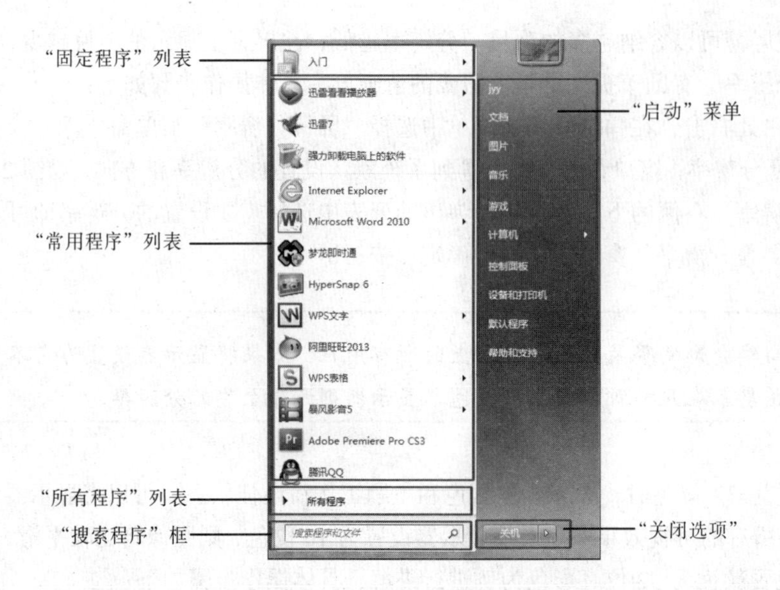

图 2-45　Windows 7 的"开始"菜单

与之前的操作系统不同，Windows 7 系统只有一种默认的"开始"菜单样式，不能更改，但是用户可以对其属性进行相应的设置。设置"开始"菜单属性的具体步骤如下：

① 在"开始"菜单按钮上右击，从弹出的快捷菜单中选择"属性"菜单项，弹出"任务栏和「开始」菜单属性"对话框，切换到"「开始」菜单"选项卡，如图 2-46 所示。

② 在"电源按钮操作"下拉列表中列出了 6 项按钮操作选项，用户可以选择其中的一项，例如选择"锁定"选项，"开始"菜单效果如图 2-47 所示。

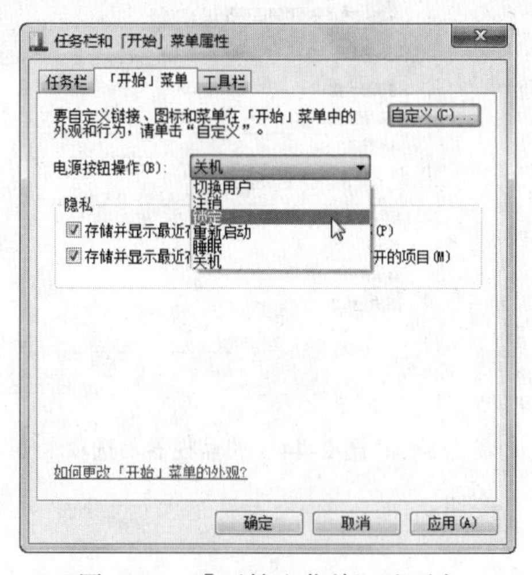

图 2-46　"「开始」菜单"选项卡

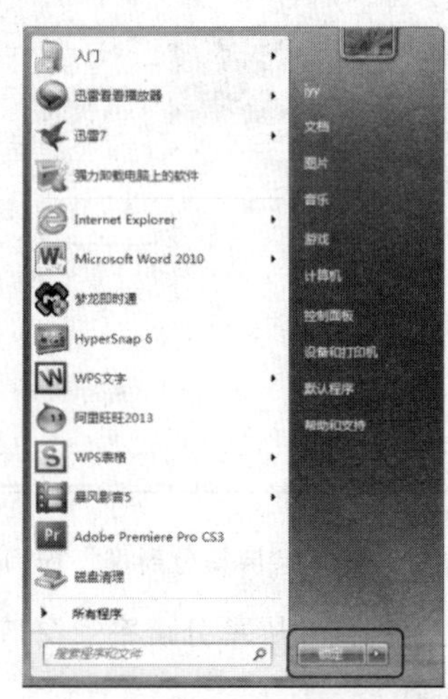

图 2-47　"开始"菜单效果图

③ 您还可以自定义"开始"菜单上的链接、图标以及菜单的外观和行为，单击图 2-46 中的"自定义"按钮，弹出 "自定义「开始」菜单"窗口，如图 2-48 所示。选中"计算机"选项下方的"显示为菜单"单选按钮。

④ 设置完毕后单击"确定"按钮，返回"任务栏和「开始」菜单属性"对话框，然后单击"确定"按钮即可。打开"开始"菜单，可以看到设置的地方已经发生了变化，如图 2-49 所示。

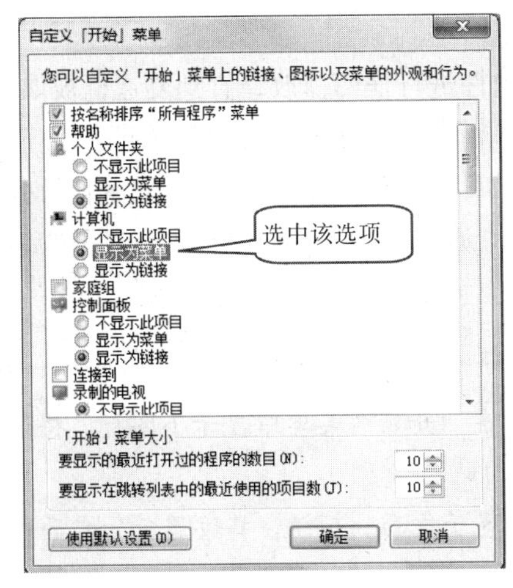

图 2-48　"自定义「开始」菜单"对话框

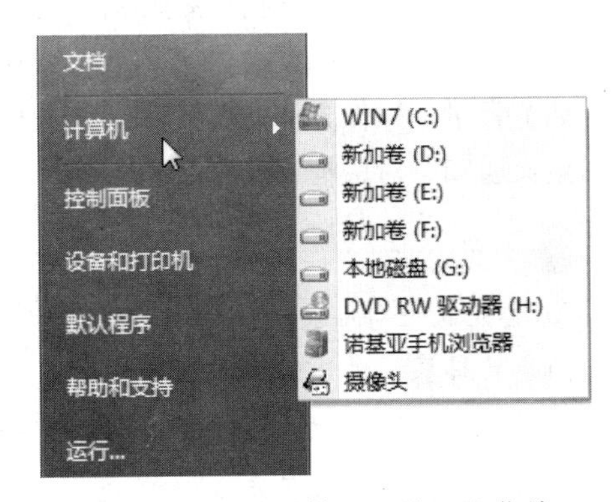

图 2-49　将"计算机"设置为菜单

4. 个性化任务栏

任务栏包含"开始"菜单按钮，在默认情况下是出现在桌面底部的一个长条区域，是 Windows 7 桌面的一个重要组成部分。通过任务栏，用户可以方便地管理应用程序。

（1）任务栏的组成

任务栏由"开始"菜单按钮、快速启动栏、打开的程序按钮、通知区域组成，如图 2-50 所示。

"开始"菜单按钮：单击该按钮打开"开始"菜单。

快速启动栏：用户可以把最常用的程序按钮添加到这里。

打开的程序按钮：以按钮的形式显示正在运行的程序，可以通过单击任务栏按钮在运行的程序之间切换。最小化的窗口在任务栏上也显示为按钮，而对话框则不显示为按钮。

通知区域：该区域通常用来设置和显示系统时间、杀毒软件、音量、网络状况等。

"开始"菜单按钮　打开的程序或者文件夹　通知区域

库　02 - Microsoft ...

快速启动栏

图 2-50　任务栏

任务栏除了出现在桌面底部外，可以将其移至桌面的两侧或顶部，甚至隐藏任务栏，还可以调节其高度和位置。将鼠标指针移动到任务栏的边框上，按住鼠标上下拖动，就可以改变任务栏的高度。按住鼠标左键，可以将任务栏拖动到其他位置。当锁定任务栏的位置时，不能将其移至桌面上的新位置。

（2）定制任务栏

用户通过任务栏的属性对话框可以自定义任务栏。操作方法是：右击"开始"按钮，单击"属性"命令，打开"任务栏和「开始」菜单属性"对话框，选择"任务栏"选项卡，如图 2-51 所示。

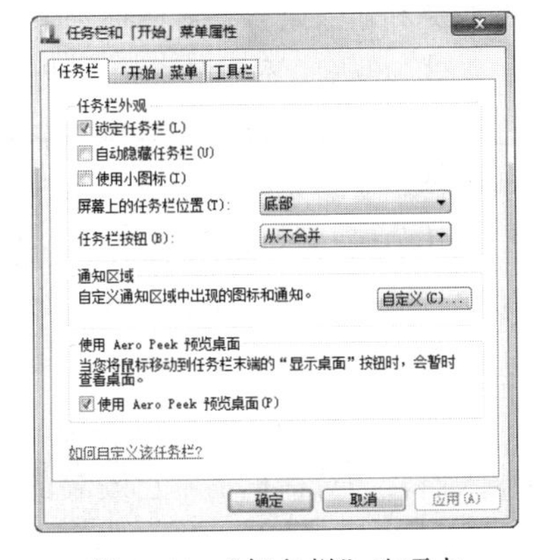

图 2-51　"任务栏"选项卡

各复选框含义如下：

① 锁定任务栏：选择该项后，用户不能对任务栏属性进行任何修改，直到复选框被取消。

② 自动隐藏任务栏：选择该项后，当鼠标离开任务栏之后，任务栏自动隐藏起来。

有时用户希望有些图标总是显示或隐藏在任务栏，如“扬声器”图标，始终显示在任务栏以便随时调节音量。操作方法是：单击“任务栏”选项卡“通知区域”后面的“自定义”按钮，打开“自定义通知”对话框，选择要更改的项目。

◎提示

① 自定义任务栏：设置任务栏为自动隐藏，并且在“开始”菜单中显示小图标，将设置前后的效果屏幕以图片的形式保存至指定文件夹。

② 在任务栏上添加“桌面”工具栏，并将任务栏置于桌面的顶端，将设置后的桌面以图片的形式保存至指定文件夹。

提示：捕捉活动桌面可以用【Print Screen SysRq】键，捕捉活动窗口可以用【Alt+Print Screen SysRq】键。

2.4.5 设置输入法

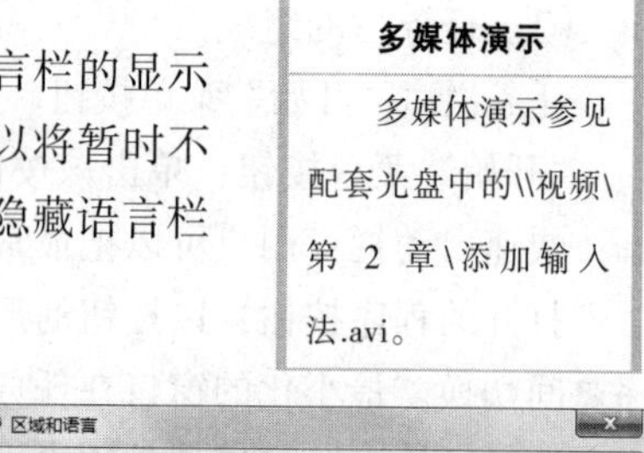

实讲实训

多媒体演示

多媒体演示参见配套光盘中的\\视频\第 2 章\添加输入法.avi。

用户如果要查看当前已经安装的汉字输入法，可以单击语言栏的显示按钮来查看。用户可以添加一个已经安装的中文输入法，也可以将暂时不用的输入法删除；还可以设置默认的输入法，在桌面上显示或隐藏语言栏和设置输入法的快捷键等。

（1）添加中文输入法

用户安装了一种输入法之后，如果没有在语言栏上显示出来，这时需要添加输入法。操作步骤如下：

① 打开“控制面板”，双击“区域和语言选项”按钮，弹出“区域和语言选项”对话框，选择“键盘和语言”选项卡，如图 2-52 所示。

② 单击“更改键盘”按钮，弹出如图 2-53 所示的“文本服务和输入语言”对话框。

③ 单击“添加”按钮，出现“添加输入语言”对话框，选择输入语言的种类为“中文（简体，中国）”，并选中一种中文输入法，如图 2-54 所示。

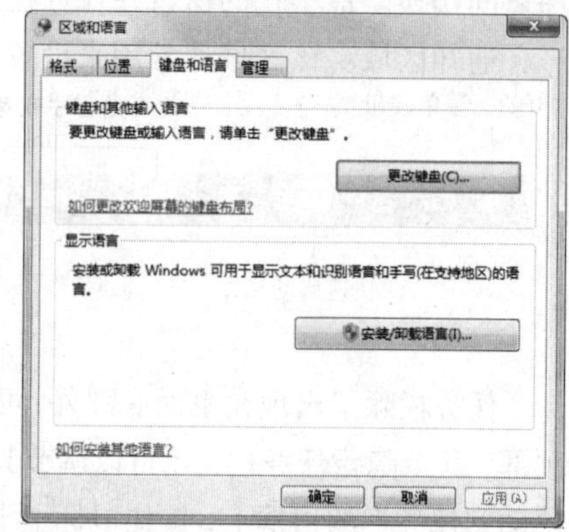

图 2-52 “语言”选项卡

④ 从“键盘布局/输入法”复选框下面的下拉列表框中选择一种所需的选项，单击“确定”按钮。返回上一级菜单，单击“确定”按钮，完成输入法的添加操作。

（2）删除中文输入法

如果一种输入法暂时不用，可以将它从语言栏中删除。具体操作方法是：在“文本服务和输入语言”对话框的“已安装的服务”列表框中选择一种输入法，然后单击“删除”按钮。

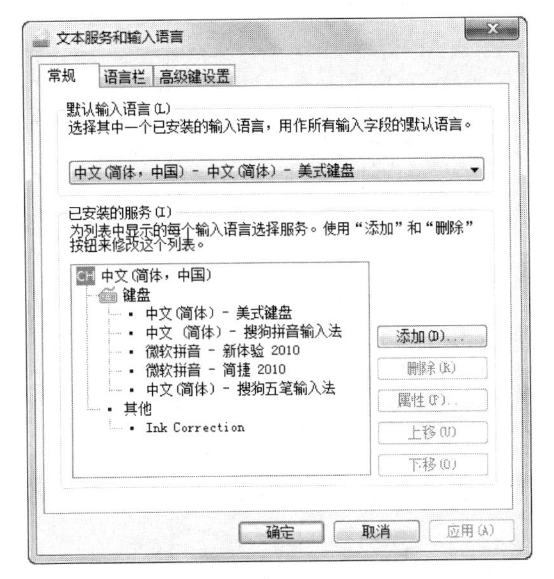

图 2-53　“文本服务和输入语言”对话框

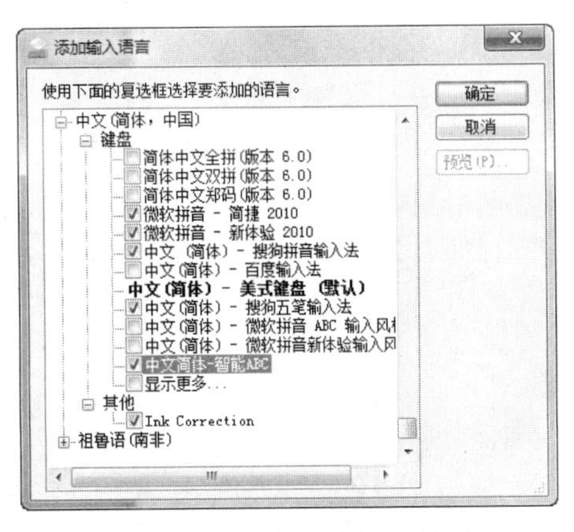

图 2-54　“添加输入语言”对话框

2.4.6　安装字体

1. 字体的安装

在安装 Windows 7 时，系统默认安装了一些字体，如宋体、楷体、黑体及一些英文字体等，这些字体能满足一般用户的要求，对于专业排版和有特殊需求的用户来说，仅有这些字体是不够的，还需要一些特殊的字体。安装字体的具体操作步骤如下：

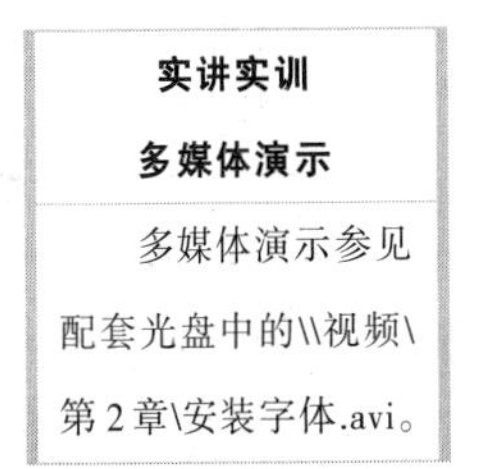

① 将所要添加的字体放在一个特定的文件夹中，然后右击，从弹出的快捷菜单中选择“安装”命令；或者选择“作为快捷方式安装”命令，选择该命令可以节省磁盘空间。例如需要安装“微软繁楷体”字体，在该字体上右击，弹出该字体相关设置的快捷菜单，如图 2-55 所示。

② 在此选择“安装”命令，弹出“正在安装字体”对话框，如图 2-56 所示。

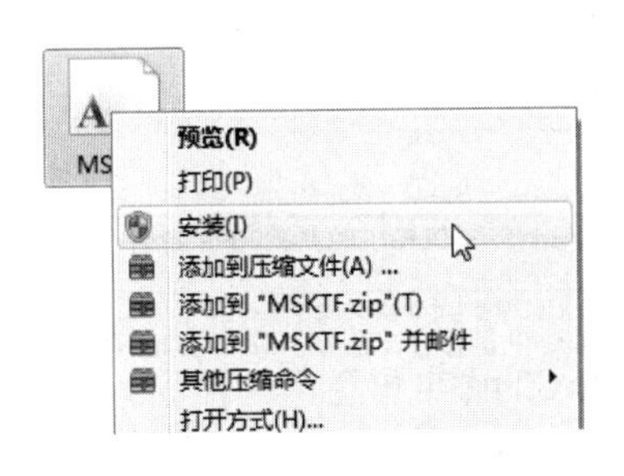

图 2-55　“安装”命令

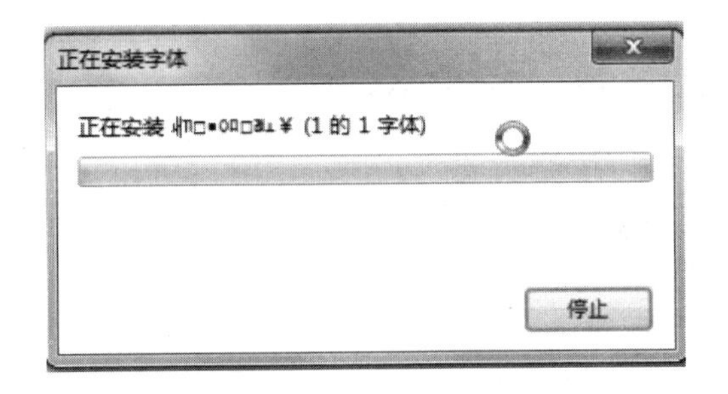

图 2-56　“正在安装字体”对话框

③ 安装完毕，“微软繁楷体”字体就会自动地添加到“字体”窗口中，如图 2-57 所示。

如果用户不再使用新安装的字体，可以对其进行删除。具体操作方法是：右击该字体上，在弹出的快捷菜单中选择“删除”命令即可。

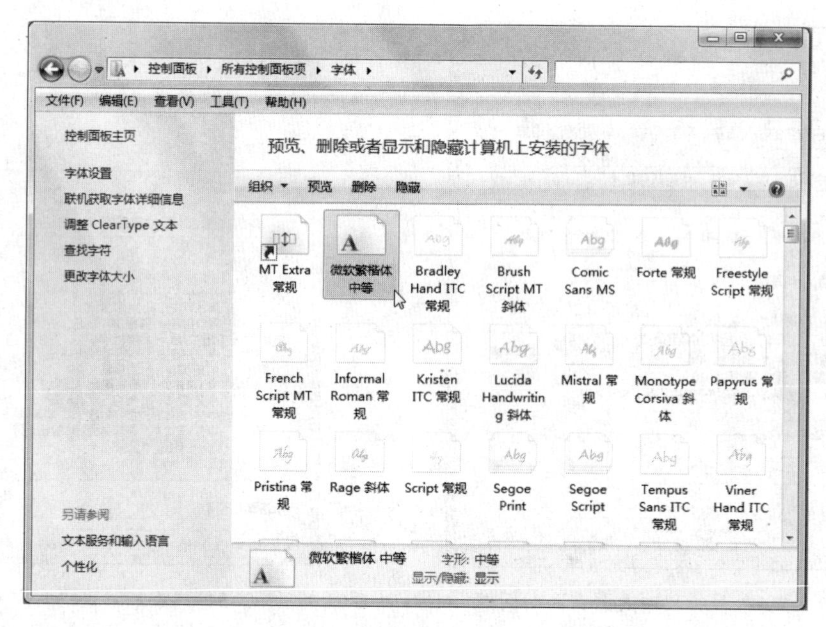

图 2-57　安装完成后的“字体”窗口

◎提示

打开“计算机”|“本地磁盘 C:”|“Windows”文件夹|“Fonts”文件夹窗口，可以将需要安装的字体文件直接复制到该文件夹中，就实现了字体的安装。

2. 查看、显示和隐藏字体

Windows 7 系统提供有字体预览、显示和隐藏等功能，便于用户了解各种字体。

（1）预览字体

① 打开“预览、删除或者显示和隐藏计算机上安装的字体”窗口。

② 单击窗口中的某个字体，就会在工具栏上显示“预览”、“删除”和“显示”或“隐藏”命令，选择“预览”命令，就会弹出预览该字体的窗口。也可以在字体上右击，从弹出的快捷菜单中选择“预览”命令打开预览窗口，如图 2-58 所示。

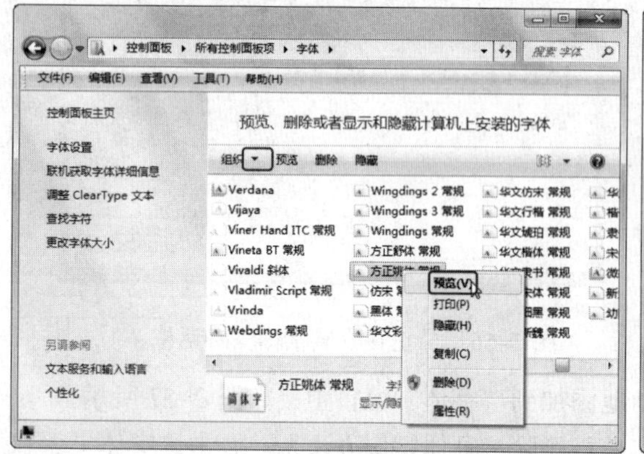

图 2-58　预览字体窗口

（2）显示和隐藏字体

在“预览、删除或者显示和隐藏计算机上安装的字体”窗口中可以看到里面有的字体图标是突出显示的，这样的字体是用户可以使用的字体；而有的字体图标是灰色的、隐藏起来的，这样的字体是不可用的；用户可以手动更改其显示或隐藏的方式，具体操作方法如下：

① 与前面预览字体的方法相同，若显示某一字体，在工具栏上单击显示命令按钮，或者通过右键菜单选择“显示”命令，例如显示 Times New Roman 字体，如图 2-59 所示。

② 单击显示命令按钮，即可将 Times New Roman 字体设置为显示。

③ 可以看到工具栏上的“显示”命令已经变成了“隐藏”命令，单击“隐藏”命令按钮，即可将刚才设置为显示的 Times New Roman 字体隐藏起来，如图 2-60 所示。

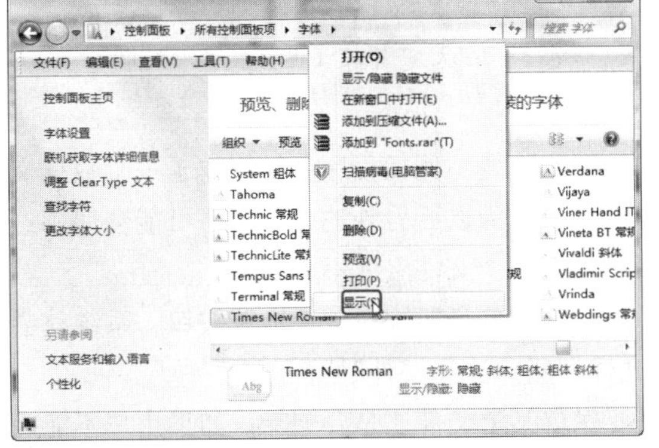
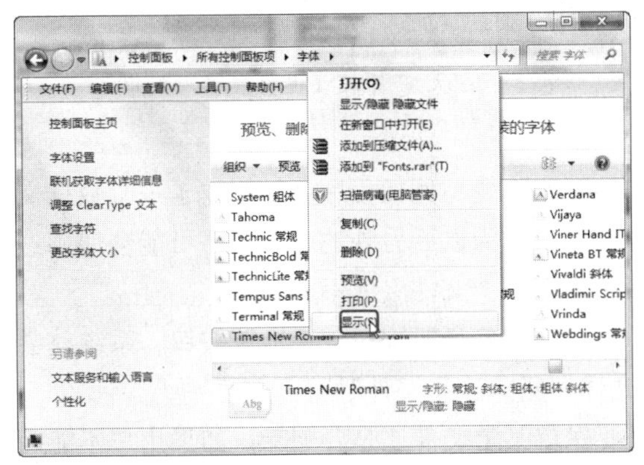

图 2-59　显示字体　　　图 2-60　隐藏字体

◎提示

① 添加字体：添加明细体和新明细体字体，并将添加前后的“字体”活动窗口界面，分别以 A1A 和 A1B 为文件名，保存到指定的文件夹。

② 添加输入法：添加微软全拼输入法，并将添加前后的“输入法”选项卡界面，分别以 A1C 和 A1D 为文件名保存到指定的文件夹。

2.4.7　卸载或更改应用程序

如果安装好的应用程序已过期或没有使用价值了，就需要卸载该程序。

（1）卸载程序

有些程序中内置了卸载功能，对于这样的程序，“卸载”命令通常显示在“开始”菜单的相关文件中。如果要删除该程序，只需从“开始”菜单的相关文件中选择“卸载”命令，然后按照提示操作即可。

如果没有卸载工具，可按下列操作方法进行程序的删除。具体步骤如下：

① 选择“开始”|“控制面板”命令，将打开“控制面板”窗口，如图 2-61 所示。

② 单击“卸载程序”图标，将打开“卸载或更改程序”窗口，如图 2-62 所示。

③ 在“卸载或更改程序”窗口中选择要卸载的应用程序，右击，选择“卸载/更改”命令，如图 2-62 所示，然后按照系统的提示进行操作，即可卸载或更改应用程序。

图 2-61 “控制面板”窗口

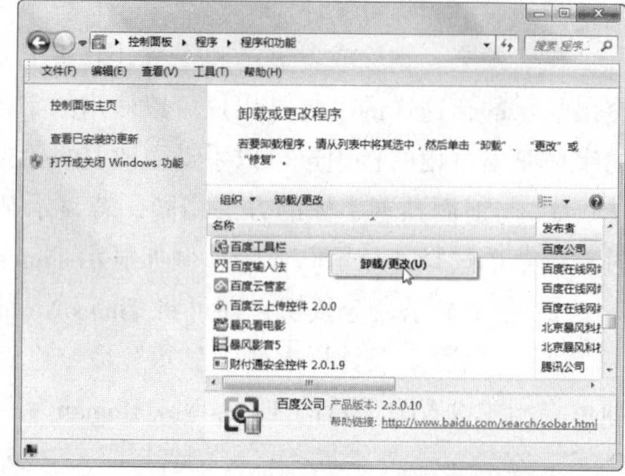

图 2-62 “卸载或更改程序”窗口

（2）删除剩余的程序元素

有时，安装程序不能把与此程序有关的所有文件都删除掉，例如程序如果创建了一个数据文件，那么卸载程序通常情况下都不会删除这些数据文件。因为以后另外的一个程序可能会使用这些数据文件，如果程序文件中的有些文件没有删除，那么这个文件夹就不能删除。

在卸载程序过程的最后一个窗口中，会显示一个“详细信息”按钮，单击该按钮，系统就会显示没有删除的文件的详细信息（名称及位置），这样在删除这些文件时就更方便一些。

有时系统会显示一个或者多个对话框，询问是要保留某个文件还是要删除。如果用户不能确定，那么就选择保留。如果删除了一个另外的程序要使用的文件，就会使此程序不能正常进行。同时，也很难确定到底是哪个程序在使用这个文件。

2.4.8 安装打印机

多数情况下，Windows 7 会有很多次自动检测到新打印机，或者至少在运行“添加硬件向导”时检测到有新打印机。但是如果系统检测不到打印机，可以用“添加打印机向导”来设置打印机。

设置本地打印机的步骤与设置网络打印机的步骤是不同的（网络打印机是指网络中共享的打印机，并没有直接连接在你的计算机上），现在首先来看一下本地打印机的设置。

添加本地打印机的方法如下：

① 打开“开始”菜单，然后单击打开“控制面板”窗口。

② 在“控制面板”中选择“硬件和声音”类别，单击“查看设备和打印机”图标。

③ 在打开的“设备和打印机”窗口中单击“添加打印机”按钮，弹出“添加打印机”对话框，如图 2-63 所示。

④ 选择“本地打印机”，向导要求选择打印机要使用的端口（大多数本地打印机都连接到 LPT1 端口上），如图 2-64 所示。然后单击“下一步”按钮。

⑤ 选择下面的一个操作，如图 2-65 所示。

- 从系统显示的列表中选择打印机的生产厂商和型号，然后单击“下一步”按钮。
- 插入生产厂商提供的安装盘，然后单击“从磁盘安装”按钮，再根据系统的提示选择型号。

⑥ 在“打印机名称”文本框中输入打印机名，名称最好是描述性的，如图 2-66 所示。

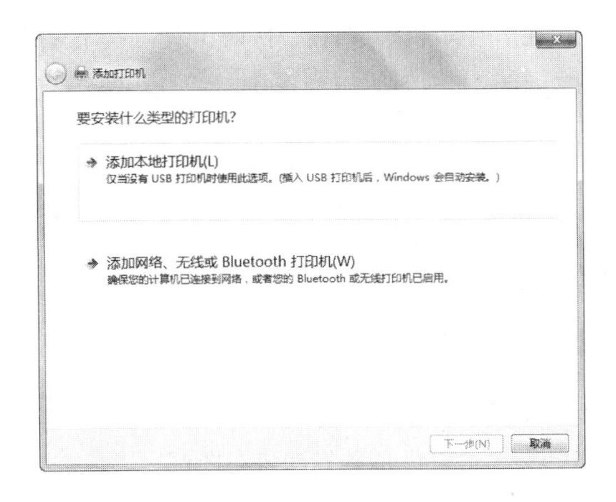

图 2-63 “添加打印机”对话框

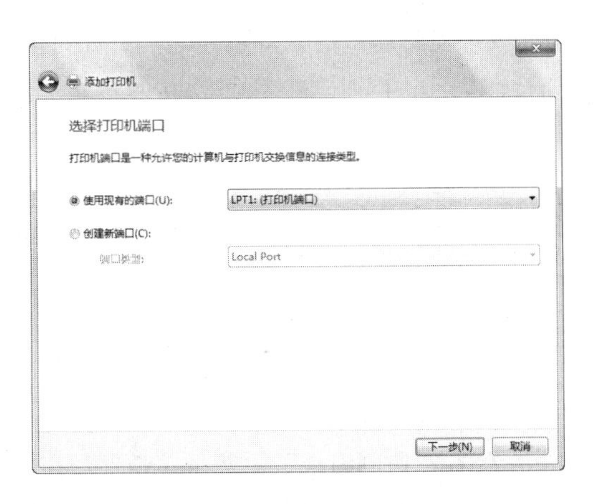

图 2-64 选择打印机端口

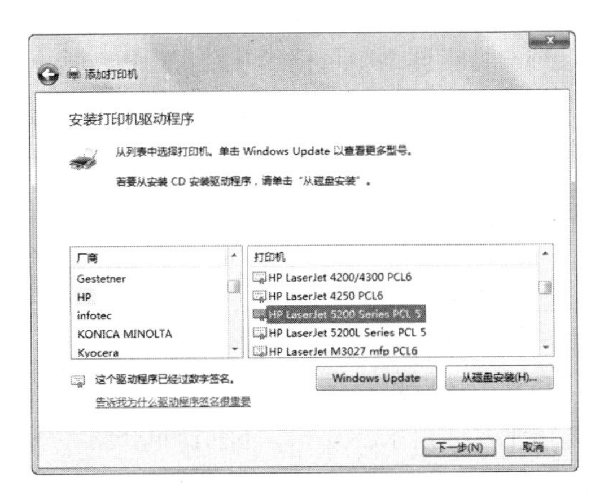

图 2-65 选择打印机厂商和型号

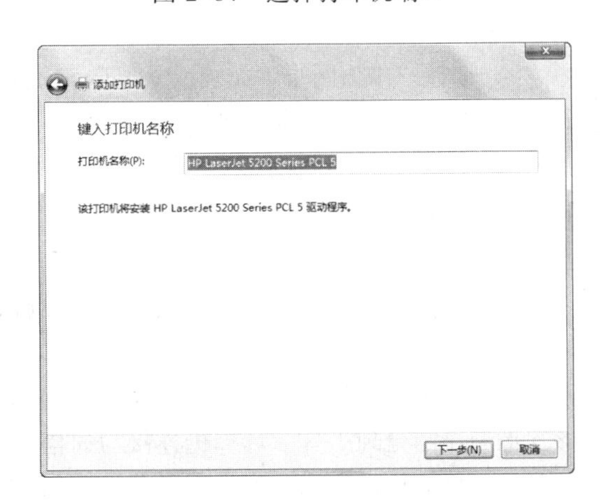

图 2-66 输入打印机名称

⑦ 如图 2-67 所示，根据具体情况确定是否共享这台打印机，如果共享，则必须提供共享名，单击“下一步”按钮。

⑧ 根据情况，可以把打印机设置为默认打印机，也可以不这样设置，单击“是”或者“否”按钮即可，然后单击“下一步”按钮。如果要打印测试页，可以单击“打印测试页”按钮。此时打印机的驱动程序就安装到系统中，如图 2-68 所示。

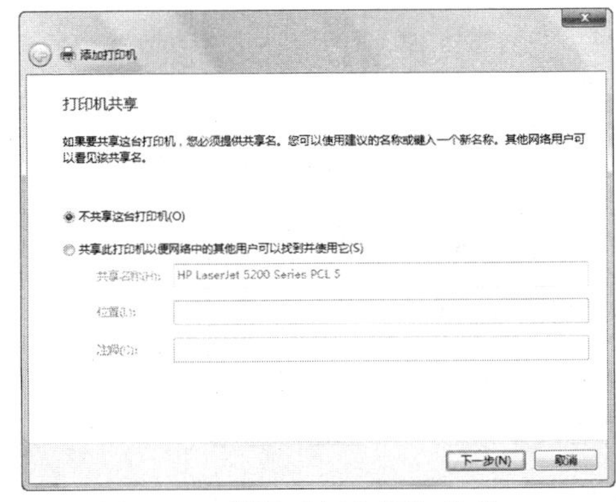

图 2-67 设置“打印机”共享

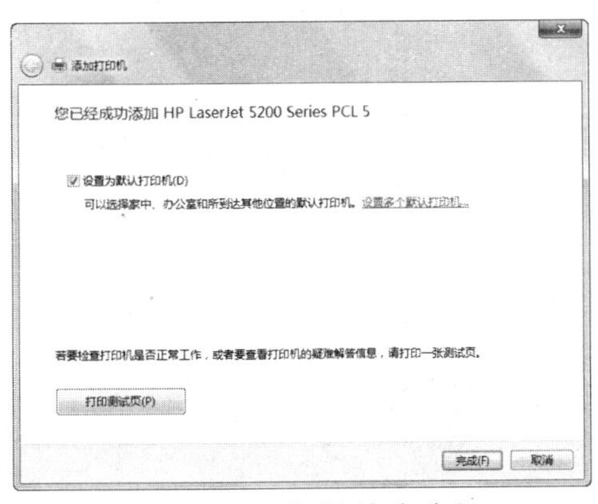

图 2-68 成功添加打印机

安装完打印机的驱动程序之后，此打印机就会显示在“打印机”文件夹中（“开始”|“设备和打印机”），同时这个打印机也会显示在全部打印机列表中（例如应用程序中的“打印机”对话框）。

如果是从网络上设置打印机（也就是说，打印机没有与你的计算机相连，而是与网络上的某台计算机相连），那么使用“添加打印机向导”就是最好的方法了，下面将介绍这种设置。在设置完一个网络打印机后，此打印机会显示在打印机列表中，这与本地打印机是一样的，而且其工作的方式也与本地打印机一样。

添加网络打印机的方法如下：

① 打开“开始”菜单，然后单击打开“控制面板”窗口。

② 在“控制面板”中选择“硬件和声音”类别，单击“查看设备和打印机”图标。

③ 在打开的“设备和打印机”窗口中单击“添加打印机”按钮，弹出“添加打印机”对话框，如图 2-63 所示。

④ 选择“添加网络、无线或 bluetooth 打印机”，系统会搜索网络中可用的共享打印机，搜索到后，选择列表中的打印机名称，单击“下一步”按钮。

⑤ 系统会安装打印机驱动程序，根据情况可以把打印机设置为默认打印机，如果要打印测试页，那么就单击“打印测试页”按钮。

2.5 Windows 7 附件

Windows 7 中自带了一些免费软件，非常实用。这些基本的应用程序包括文字处理程序、图形图像制作与处理工具、计算机连接与通信程序、多媒体工具和娱乐游戏等。下面简单介绍一下 Windows 7 附件中的几个常用软件，其他软件有兴趣的读者可自学。

2.5.1 写字板

“写字板”是 Windows 7 系统自带的一款用于创建和编辑文档的程序，使用它不仅可以进行简单的文本编辑，而且可以设置文本格式，还可以插入图形、图片，以及链接和嵌入对象等；“写字板”的窗口界面如图 2-69 所示。

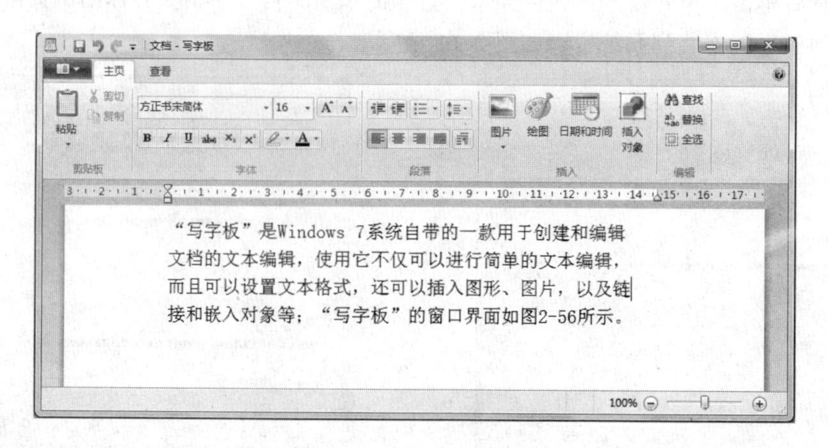

图 2-69 “写字板”窗口

利用“写字板”不但可以创建和编辑文本，还可以对文本进行格式化。“格式”工具栏中有一些按钮，这些按钮是快速格式化文本的快捷方式。有兴趣的同学可以参阅其他参考书。

◎提示

记事本也可以进行简单的文字处理。不过，在记事本中只能录入文字并对文字进行简单的编辑修改操作，不能够进行排版。用记事本只能生成含有文字而不带有任何格式的文本文件。

2.5.2 画图

“画图”程序是一个图形程序，可以用来创建简单的曲线和各种形状组成的图画。这个程序中并没有很多专业的程序所具有的功能，但如果要画简单的图画，这个程序已经足够了。

运行“画图”程序的方法为：选择“开始”|“所有程序”|“附件”|“画图”命令即可。

在这个程序中，屏幕就是一块空白的画布，可以在上面创建艺术作品。可以选择颜色、工具，还可以为所选择的工具设置各种属性（例如“刷子”的粗细）。在设置好后，就可以在这块画布上拖动“刷子”来创建艺术作品了。“画图”程序的界面如图 2-70 所示。

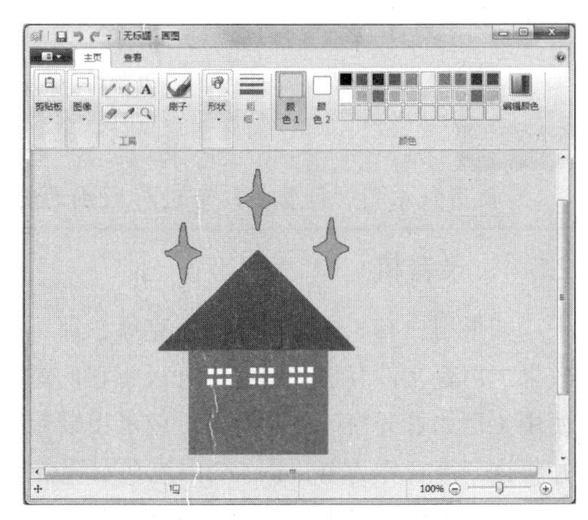

图 2-70 “画图”程序

在画图时，还可以使用两种颜色：一种是前景色，一种是背景色。要选择前景色，可以用鼠标左键单击一种颜色；要选择背景色，可以用鼠标右键选择另一种颜色。

◎提示

在“画图”程序中绘制一个矩形。

① 选择工具：在“画图”程序中，在“形状”组中单击选择“矩形”工具。

② 设置前景色：单击颜色 1，用鼠标单击一种颜色，绘制矩形的边线会使用该颜色。

③ 设置背景色：单击颜色 2，用鼠标单击一种颜色，填充封闭区域的颜色会使用该颜色。

④ 将鼠标移至中间绘画区，按下鼠标左键，然后拖动鼠标就可以画出一个矩形（若要画正方形，拖动鼠标时可按下【Shift】键）。

⑤ 释放鼠标，这时矩形就出现了。

2.5.3 计算器

Windows 7 系统自带的“计算器”程序不仅具有标准的计算器功能，而且集成了编程计算器、科学型计算器和统计信息计算器的高级功能。另外还附带了单位转换和工作表等功能，使计算器变得更加人性化。打开计算器的方法有以下两种：选择“开始”|“所有程序”|“附件”|“计算器”菜单项，即可弹出“计算器”窗口。计算器从类型上可分为标准型、科学型、程序员型和统计信息型 4 种。图 2-71 分别为标准型和科学型计算器。

图 2-71　标准型和科学型“计算器”

◎提示

使用科学型“计算器”可进行数制的转换。如将十进制数$(115)_{10}$转换成二进制数。

2.5.4　录音机

如果用户有“录音机”和麦克风，那么就可以自己创建一些在 Windows 7 系统中使用的音响效果。声音文件有很多用途，可以将它们添加到 PowerPoint 中，也可以在 Windows 7 系统事件中使用（例如打开窗口或菜单时，或者出现错误信息时）。例如，可以将某人所说的一句话录下来，并将这个声音作为 Windows 7 系统显示警告窗口时的音响效果。

下面列出了从麦克风或者从 Windows Media Player 中的“CD 播放器”录制声音的步骤：

① 选择“开始”|“所有程序”|“附件”|“录音机”命令。

② 如果想从麦克风录制声音，那么就要保证麦克风已经连接好；如果想从 CD 中录制声音，那么就要在 Windows Media Player 窗口中启动“CD 播放器”。在“CD 播放器”启动后，按下窗口中的“暂停”按钮。

③ 在“录音机”中，按下“录音”按钮，如图 2-72 所示；然后很快切换到 Windows Media Player 窗口，并按下“播放”按钮或者开始对麦克风说话。

图 2-72　正在录音

④ 当录音完成时，单击“录音机”中的“停止”按钮。

⑤ 打开“文件”菜单，选择“保存”命令将声音文件保存下来。

“录音机”所创建的文件是以 WAV 格式保存的（带有扩展名.wav）。可以在“录音机”中播放保存下来的文件，看是否正确。

◎提示

录音前首先要将麦克风插头插入声卡的相应插孔（标有麦克风图标，一般为红色），然后进行声卡的录音设置。

2.6　Windows Media Player

Windows 7 系统最吸引人的就是其外观和特效，同时在多媒体的表现上也很出色。Windows Media Player 12 是 Windows 操作系统附带的最新影音播放程序，其外观和功能都比以前的版本增强不少，可以播放视频、音乐及在线节目等，如图 2-73 所示。

1. 播放视频

Windows Media Player 播放视频的操作步骤如下：

① 打开 Windows Media Player，如图 2-73 所示，如果 Media Player 上方没有出现“文件”菜单，可以按一下【Alt】键，或者选择“组织”|“布局”|“显示菜单栏”命令。

② 进入到视频所在位置后，选择要播放的视频，单击“打开”按钮打开视频文件。

③ 在观赏视频的同时，可以在视频下方的工具条上对视频的音量、暂停、前进后退等进行操作。在视频上右击，可以选择“全屏”模式播放。

图 2-73　Windows Media Player

④ 在播放完视频后，可以选择“再次播放”与“转至媒体库”等选项。

2. 播放音乐

下面介绍利用 Windows Media Player 添加音乐播放列表的步骤。

① 选择“文件”|“打开”命令，再到音乐文件存放的位置选择音乐文件，单击“打开”按钮，即可播放音乐。

② 播放音乐的同时，可以切换至“播放”选项卡，为播放列表命名，并单击“保存列表”按钮，以后打开 Media Player 时，就可以直接从播放列表中打开这些音乐了。

3. 播放在线节目

Media Player 12 还可以播放在线节目，如在线电影和电视、在线音乐、在线广播等，下面以播放在线电视为例，介绍如何使用 Media Player 12 播放在线节目。

① 打开 Media Player，单击左下角下拉按钮标记，选择“Media Guide”选项即可。

② 搜索要观看的节目，然后单击节目链接，选择一段音频或视频进行播放。

◎说明

声音和视频文件格式非常多，如网络上经常见到的 RM（RMVB）、WMV、SWF 等，需要相应的音（视）频播放器才能播放。目前，比较流行的播放器是“暴风影音”，几乎可以播放各种格式的音（视）频文件，其界面如图 2-74 所示。

图 2-74　暴风影音播放器

2.7 磁盘管理

磁盘是用来存储计算机系统信息和用户信息的文件，由于用户频繁地复制、删除个人文件或安装、卸载应用程序文件，经过一段时间的操作后，在磁盘上会留下大量的碎片或临时文件，使计算机的性能下降，因此需要定期对计算机磁盘进行管理。磁盘管理是操作系统的一个重要组成部分，是用来管理磁盘和卷的图形化工具。

2.7.1 使用磁盘碎片整理程序

磁盘在经过很长时间的使用后，会产生很多零散的空间和磁盘碎片，一个文件包含在多个不连续的磁盘空间中。当某个磁盘包含大量碎片和文件夹时，Windows 访问它们的时间会很长，原因是 Windows 需要进行一些额外的磁盘驱动器读操作才能收集不同部分的内容。

查找与合并文件和文件夹碎片的过程称为碎片整理。磁盘碎片整理是指将计算机硬盘上的碎片文件和文件夹合并在一起，以便每一项在卷上分别占据单个和连续的空间。这样，系统就可以更有效地访问文件和文件夹，更有效地保存新的文件和文件夹。通过合并文件和文件夹，磁盘碎片整理程序还将合并卷上的可用空间，以减少新文件出现碎片的可能性。碎片整理花费的时间取决于多个因素，其中包括磁盘的大小、磁盘中的文件数、碎片数量和可用的本地系统资源。

2.7.2 使用磁盘清理程序

用户在进行 Windows 操作时，有时可能产生一些临时文件，这些临时文件保留在特定的文件夹中。另外，用户对于以前安装的 Windows 组件，以后可能不再使用，为了释放磁盘空间，在不损害任何程序的前提下，需要减少磁盘中的文件数而节省更多的磁盘空间。

使用磁盘清理程序能够释放硬盘驱动器空间，搜索用户计算机的驱动器，还可以列出临时文件、Internet 缓存文件和可以安全删除的不需要的程序文件，并删除这些文件。

使用 Windows 的磁盘清理向导可以完成以下任务：

① 删除临时 Internet 文件。

② 删除所有下载的程序文件（从 Internet 下载的 ActiveX 控件和 Java 小程序）。

③ 清空回收站。

④ 删除 Windows 临时文件。

⑤ 删除不再使用的 Windows 组件。

⑥ 删除不再使用的已安装程序。

2.8 课堂演练

本节将具体演示如何对 C 盘进行磁盘碎片整理和磁盘文件清理。

实讲实训 多媒体演示
多媒体演示参见配套光盘中的\\视频\第 2 章\磁盘碎片整理.avi。

2.8.1 对 C 盘进行磁盘碎片整理

操作步骤如下：

① 单击“开始”按钮，选择“所有程序”|“附件”|“系统工具”|“磁盘碎片整理程序”命令，打开“磁盘碎片整理程序”窗口，如图 2-75 所示。

图 2–75　“磁盘碎片整理程序”窗口

② 选择 C 盘。在进行碎片整理之前，一般要先进行分析，根据分析的结果决定是否进行碎片整理。如果要进行碎片整理，单击“磁盘碎片整理”按钮，开始整理磁盘。

磁盘碎片整理程序可以对使用 FAT、FAT32 和 NTFS 格式的卷进行碎片整理。

◎注释

对磁盘进行碎片整理，还可以在“计算机管理”中选择“磁盘碎片整理程序”选项来完成。

2.8.2　对 C 盘进行磁盘文件清理

操作步骤如下：

① 单击“开始”按钮，选择“所有程序”|“附件”|“系统工具”|“磁盘清理”命令，打开“选择驱动器”对话框，如图 2–76 所示。

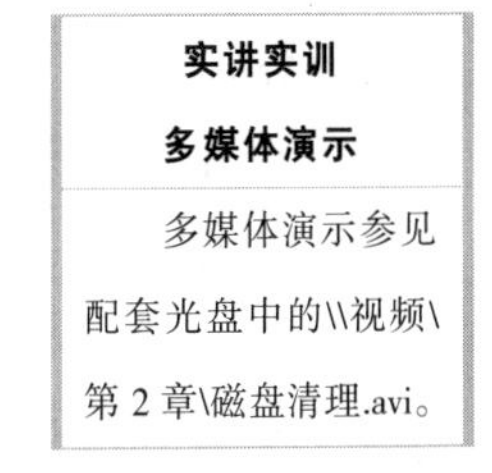

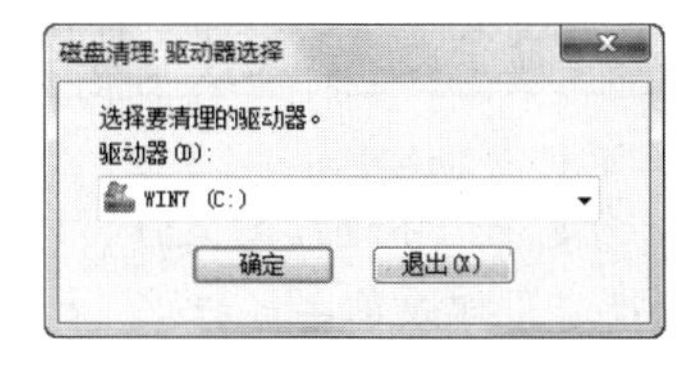

图 2–76　“选择驱动器”对话框

② 选择要清理的磁盘驱动器，如选择 C 驱动器。单击“确定”按钮，系统将进行先期计算，然后出现“磁盘清理”对话框，如图 2–77 所示。

③ 在“要删除的文件”列表框中列出了要删除的文件及字节数。如果要查看文件包含的项目，可以单击“查看文件”按钮来查看。选择要清理的选项后，单击“确定”按钮。

如果要删除 Windows 组件，选择“其他选项”选项卡，如图 2-78 所示，从中选择要清理的组件。

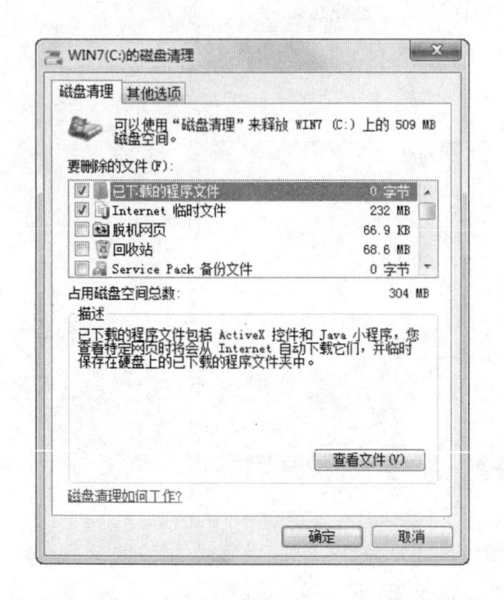

图 2-77 “磁盘清理”对话框

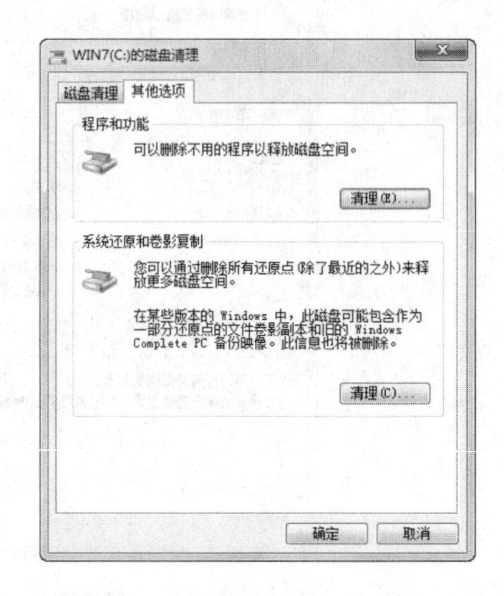

图 2-78 “其他选项”选项卡

◎试一试

使用磁盘碎片整理程序对 D 驱动器进行整理，在进行磁盘整理前应首先对磁盘进行分析，查看分析报告并将整个屏幕以图片的形式保存到考生文件夹（在本地磁盘 E 盘上建立）中，文件命名为 A1b。

习　题

一、填空题

1. Windows 7 为用户提供了________、________、________三种关机方式。
2. Windows 7 常见的桌面图标有“我的文档”、________、________和________等。
3. 在桌面上创建________，以达到快速访问某个常用项目的目的。
4. Windows 7 的“资源管理器”窗口中，为了显示文件或文件夹的详细信息，应使用窗口菜单栏中的________菜单。
5. 在 Windows 7 中，按住________，可以选定一组不连续的文件。
6. 当选定文件或文件夹后，要改变其属性设置，可以单击鼠标________键，然后在弹出的快捷菜单中选择________命令。
7. 要设置鼠标的双击速度，需要在鼠标的________选项卡中进行设置。
8. 任务栏由________、________、________和________等组成。
9. 安装打印机时，一般需要打开控制面板下的________窗口进行添加。
10. Windows 7 支持的分区格式有________、________、________。

二、判断题

1. 默认情况下，任务栏上显示着“快速启动”工具栏。 ( )

2. 任务栏是固定在桌面底部的，永远不能移动。 ( )

3. 退出程序的快捷键是【Alt+X】。 ( )

4. Windows 7 的系统文件默认情况下是隐藏起来的，不应该删除这样的文件。 ( )

5. 打开“我的文档”后，文件显示成很多的图标，这种显示方式是不能改变的。 ( )

6. 要最小化所有打开的窗口，最简单的方法是单击任务栏上的“显示桌面”图标。 ( )

7. 如果用户习惯于使用左手，应该在“桌面属性”对话框中设置鼠标。 ( )

8. 中文输入法在安装 Windows 7 时已经安装好了，今后是不能增删的。 ( )

9. 添加或删除 Windows 组件时，在每一个类别列表中，如果旁边的复选框中有对号，并且背景是灰色的，表示系统安装了此类别中的所有组件。 ( )

10. 一般将打印机的数据线连接到用户计算机的串行接口上。 ( )

三、能力测试

1. 建立个人账户，以姓名的拼音为用户名，并设置开机密码。

2. 安装紫光拼音输入法，并设置为默认输入法。

3. 在本地磁盘 E 盘上建立考生文件夹，文件名为学生学号；添加微软繁楷体字体，并将添加前后的字体界面以图片的形式保存到考生文件夹中，文件名分别为 A3A 和 A3B。

4. 查找 C 驱动器中所有扩展名为“.exe”的文件，查找完毕，将包含查找结果的当前屏幕以图片的形式保存到考生文件夹中，文件名为 A4A。

5. 设置显示器的刷新频率为 75Hz，并将设置对话框以图片的形式保存到考生文件夹中，文件名为 A5A。

6. 设置当前日期为 2009 年 8 月 8 日，时间为 8 点 0 分 0 秒，将设置后的“时间和日期”选项卡以图片的形式保存到考生文件夹中，文件名为 A6A，图片保存后，恢复原设置。

7. 添加虚拟打印机。

8. 将考生文件夹设置为共享，将设置前后的“共享”选项卡以图片的形式保存到考生文件夹中，文件命名为 A8A，图片保存之后，恢复原设置。

9. 更改系统声音“Windows 默认”方案中“退出 Windows”事件的声音（声音文件参阅题库），并将该方案另存为“新声音方案”。

10. 更改鼠标指针“Windows 默认”方案中鼠标的形状（鼠标形状方案文件参阅题库），并将该方案另存为“新鼠标方案”。

第 3 章 Word 2010 的应用

本章导读：

基础知识

- 文字的录入、编辑及格式设置
- 插入艺术字、图形、图像及公式

重点知识

- 制作表格
- 图文混排
- 进行长文档的排版

提高知识

- 页面设置和打印
- 邮件合并
- 模板宏

Word 2010 是微软 Office 办公系列组件之一，是目前最流行的文字处理软件，使用它可以编排出精美的文档、规整的工作报告、美观的书稿等。可以这么说，几乎所有的文字处理和编辑的工作，Word 都能出色地完成。

3.1 预备知识

1. Word 2010 启动与退出

（1）启动

选择“开始”|“所有程序”|“Microsoft Office”|“Microsoft Word 2010”命令，或者双击桌面上的“Microsoft Word 2010”图标。

（2）退出

① 单击 Word 2010 标题栏右端的“关闭”按钮。

② 选择“文件”|“退出”命令。

③ 按【Alt+F4】组合键。

2. 界面介绍

启动 Word 2010 后的界面如图 3-1 所示。

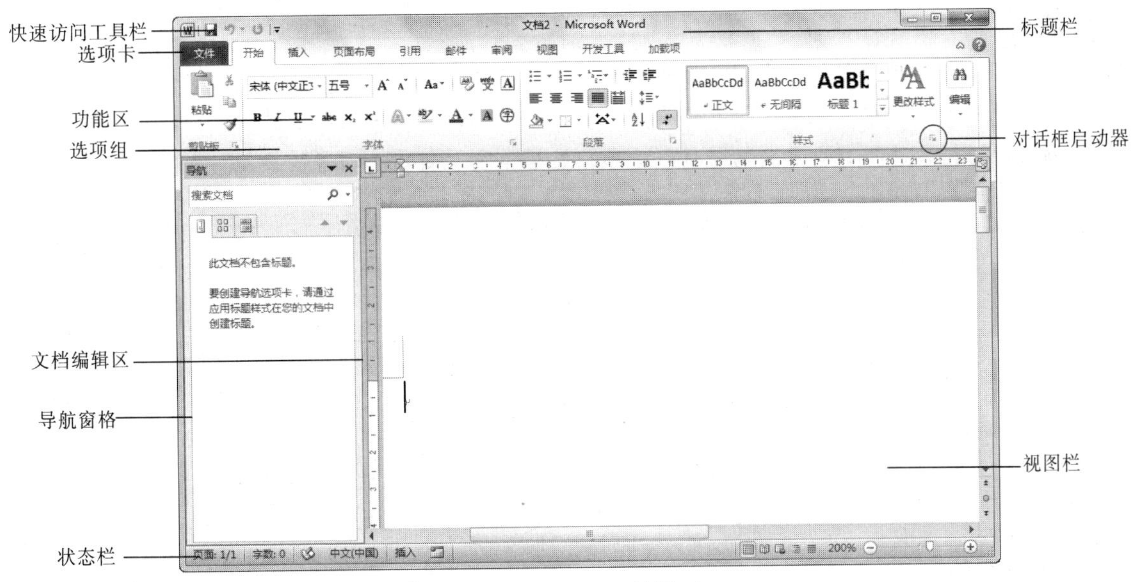

图 3-1　Word 2010 的界面

① “文件”选项卡：取代了 Word 2007 版本中的 Office 按钮，“文件”选项卡包含“保存”、“另存为”、“打开”、“关闭”、“信息”、“最近打开文件”、“新建”、“保存”、“帮助”和“退出”等选项。

② 快速访问工具栏：常用命令位于此处，例如保存、撤销、恢复、打印预览和打印等。单击右边的“自定义快速访问工具栏”按钮，在弹出的下拉列表中可以选择快速访问工具栏中显示的工具按钮。

③ 标题栏：显示了当前打开的文档的名称，还为用户提供了 3 个窗口控制按钮，分别为“最小化”、“最大化/还原”、“关闭”按钮。

④ 功能区：菜单和工具栏的主要显示区域，功能区首先将控件对象分为多个选项卡，然后在选项卡中将控件细化为不同的组。

⑤ 文档编辑区：用来实现文档、表格、图表和演示文稿等的显示和编辑。

⑥ 导航窗格：导航窗格的上方是搜索框，用于搜索文档中的内容。在下方的列表框中，通过单击 、 、 按钮，可以分别浏览文档中的标题、页面和搜索结果。

⑦ 状态栏：提供页码、字数统计、拼音、语法检查、改写、视图方式、显示比例和缩放滑块等辅助功能，以显示当前的各种编辑状态。

⑧ 视图栏：提供 5 种显示文档的方式，包括页面视图、阅读版式视图、Web 版式视图、大纲视图、草稿，还可以调整文档的缩放比例。

3．工具栏的调用和调整

如何关闭或显示选项卡？

在功能区右击，在快捷菜单中选择“自定义功能区”命令，打开“Word 选项”对话框，如图 3-2 所示。右侧“主选项卡”列表中，在已打钩的选项卡上取消勾选，就可以关闭该选项卡，再次单击勾选就又可以显示该选项卡。如图 3-2 所示，勾选了“开发工具”选项卡，主界面上方就多一个“开发工具”选项卡。

◎提示

如何根据用户使用习惯自定义选项卡？

在功能区的任意位置右击，在弹出的快捷菜单中选择“自定义功能区”命令，弹出“Word选项”对话框，选择“自定义功能区”选项，然后单击“新建选项卡”按钮。

图 3-2 “Word 选项”对话框

4. 保存文件

单击快速访问工具栏中的按钮或者选择菜单栏中的“文件”|“保存”命令，第一次保存时会弹出“另存为”对话框，如图 3-3 所示。在保存位置下拉列表框中设置保存的文件夹，在“文件名”文本框中输入一个合适的名称，单击“保存”按钮即可保存文档。

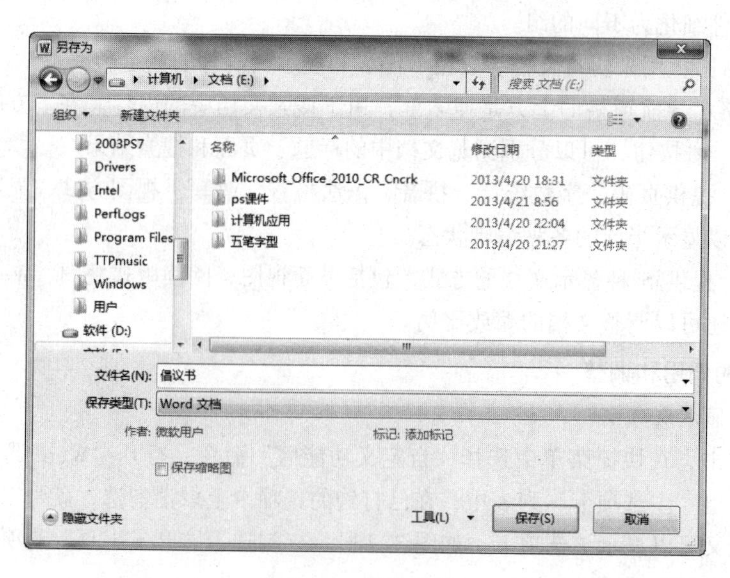

图 3-3 保存文件

◎提示

如果将文档保存为默认的.docx 文件格式，Microsoft Word 2003、Word 2002 和 Word 2000 等老版本的用户必须安装适用于 Word、Excel 和 PowerPoint Open XML 文件格式的 Microsoft Office 兼容包才能打开该文档。

也可以使用 Word 97-2003 文档的格式来保存文档：单击“文件”选项卡，选择“另存为”命令，在“保存类型”下拉列表中，选择“Word 97-2003 文档”。这样可将文件格式更改为 .doc。

◎技巧

如何在保存文件时设置密码？

在“文件”选项卡中，选择“信息”命令，在右侧新建信息窗口（见图 3-4）单击“保护文档”，选择“用密码进行加密”，保存后下次打开文件时，就必须要输入密码。

图 3-4　保护文档

3.2　制作一份通知

3.2.1　课堂演练——制作一份通知

本例将帮助用户制作一份简单的通知，效果如图 3-5 所示。

> **实讲实训**
>
> **多媒体演示**
>
> 多媒体演示参见配套光盘中的\\视频\第 3 章\制作一份通知.avi。

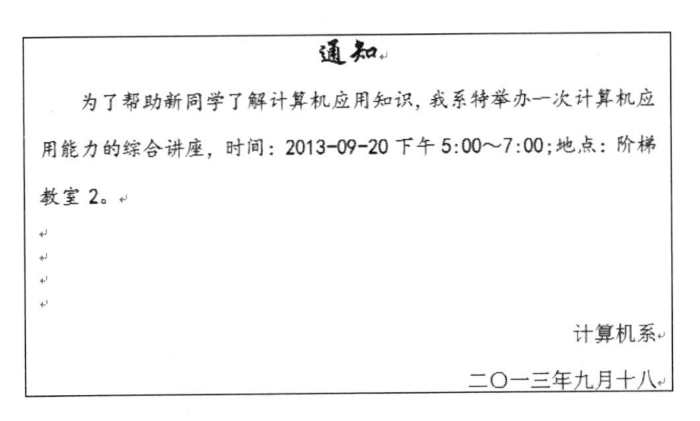

通知

为了帮助新同学了解计算机应用知识，我系特举办一次计算机应用能力的综合讲座，时间：2013-09-20 下午 5:00～7:00；地点：阶梯教室 2。

计算机系

二〇一三年九月十八

图 3-5　“通知”效果图

操作步骤如下：

① 启动 Word。选择“开始”|“所有程序”|“Microsoft Office”|“Microsoft Office Word 2010”或者双击桌面上的“Microsoft Office Word 2010”图标均可以启动 Word。

② 新建 Word 文档。启动 Word 2010 时会自动建立一个新的空白文档“文档 1”。若已在 Word 应用程序中，可在“快速访问”工具栏上单击“新建”按钮或按【Ctrl+N】组合键，也可以新建一个空白文档。

③ 选择一种自己熟悉的中文输入方法，在文档中录入文字，如图 3-6 所示。

a. 图中灰色箭头为段落标记，可使用键盘上的【Enter】（回车键）输入。显示段落标记有利于识别段落，段落标记不会打印，不影响美观。

b. 输入第二段文字“为了帮助新同学了解计算机应用知识，我系特举办一次计算机应用能力的综合讲座，时间：2013-9-20 日下午 5:00～7:00；地点：阶梯教室 2。”第一行输入到“时间：”位置切记不要输入回车，继续输入“2013-9-20”Word 会自动换行。

c. 输入日期“二〇一三年九月十八日”。单击“插入”|“文本”组|“日期和时间”按钮，弹出“日期和时间”对话框，选择大写格式，如图 3-7 所示，即可插入当前计算机日期，日期不正确还可以再修改。

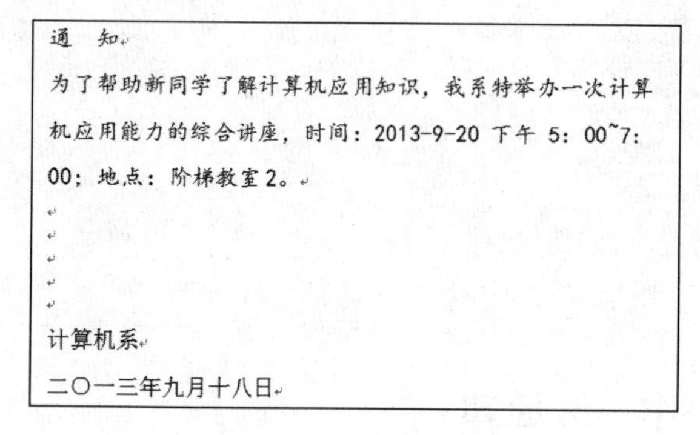

图 3-6 输入文字

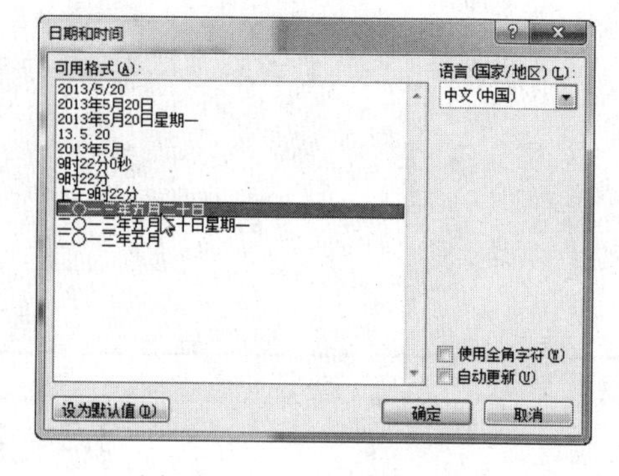

图 3-7 插入日期和时间

d. 文字的输入与编辑。文字输入错误后，需要修改。首先用鼠标在需要修改的文字前单击，活动光标就出现在那儿，然后按【Delete】键删除活动光标后面的文字（按【Backspace】键可以删除活动光标前面的字符），最后输入正确的文字即可。

◎技巧

① 如何输入生僻字？

单击“插入”|“符号”组|“符号”按钮，在弹出的列表中选择“其他符号”，打开“符号”对话框，字体选择“普通文本”，子集选择“CJK 统一汉字”，拖动右侧的垂直滚动条就可以看到汉字，是按照偏旁顺序排列的。找到需要的生僻字，单击下面的“插入”按钮。

② 如何撤销误操作？

用户有时候会对一些做过的修改感到后悔。如果再次调用相关的工具和对话框，更改以前的设置是一件很麻烦的事。

使用“快速访问”工具栏中的“撤销”（快捷键【Ctrl+Z】）和“重复”（快捷键【Ctrl+Y】）工具就可以很方便地撤销或者重做。

④ 设置字体、字号和对齐方式。在“通知”前单击，按住鼠标左键向右拖动选中“通知”两个字（呈现蓝底黑字的状态），在“开始”|“字体”组中的“字号”下拉列表框中选择“二号”，在“字体”下拉列表框中选择“华文行楷”，单击“段落”组|“居中”按钮，标题“通知”就准确定位到行的正中位置，如图 3-8 所示。

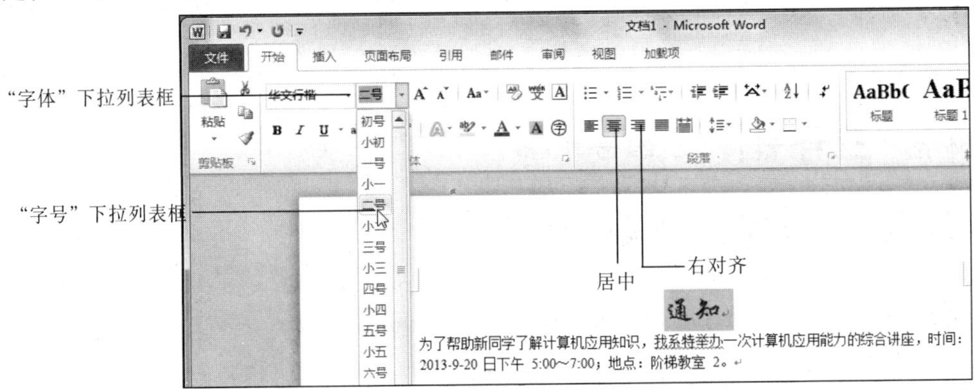

图 3-8　设置文字格式

用同样的方法选择第二段文字，设置字体为“楷体_GB2312”，字号为“三号”。单击“开始”|“段落”组|右下角的“对话框启动器”按钮，弹出“段落”对话框，将特殊格式设为“首行缩进”2 字符，如图 3-9 所示。

选择最后两行文字“计算机系”和“二〇一三年九月十八日”，设置格式为：四号，右对齐，最终效果如图 3-5 所示。

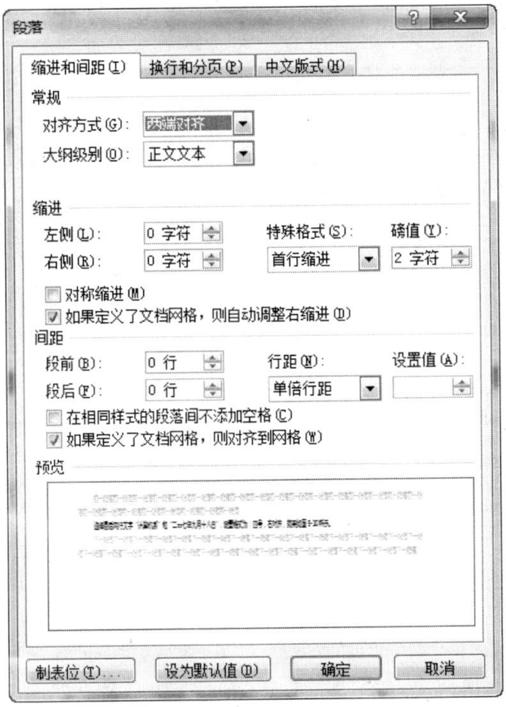

图 3-9　设置段落格式

◎提示

① 设置文字的字体、字号，必须首先选择文字。

② 除了使用“字体”选项组的工具设置字体、字号外，还可以单击“字体”组右下角的“对话框启动器”按钮，弹出“字体”对话框，如图 3-10 所示，在其中可以进行更多的文字效果设置。

下面是几种字符格式示例：

五号宋体字 **三号黑体** 四号隶书

宋体加粗 *倾斜* 加下画线 ~~删除线~~

波浪线 x^2 h_2 字 符 间 距 加 宽 字符间距紧缩 字符加底纹 字符加边框

字符提升 字符降低 字符缩 80% 放 200%

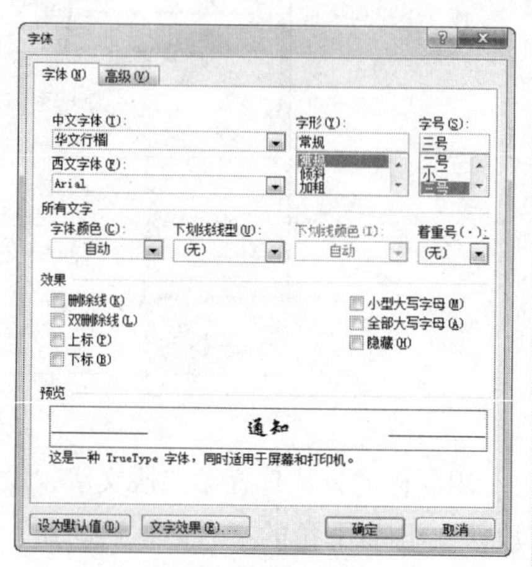

图 3-10 “字体”对话框

⑤ 保存文档：选择“文件”|“保存”命令，或在快速访问工具栏上单击“保存”按钮，设置文档保存的位置，如图 3-11 所示，输入文件名，单击“保存”按钮即可。

◎注意

如果是保存命名过的旧文档，单击快速访问工具栏中的“保存”按钮时，将以原文件名存盘，不会出现对话框；如果需要保留原来的备份，就可以选择“文件”|“另存为”命令，弹出如图 3-11 所示的“另存为”对话框时，另外起一个文件名保存。

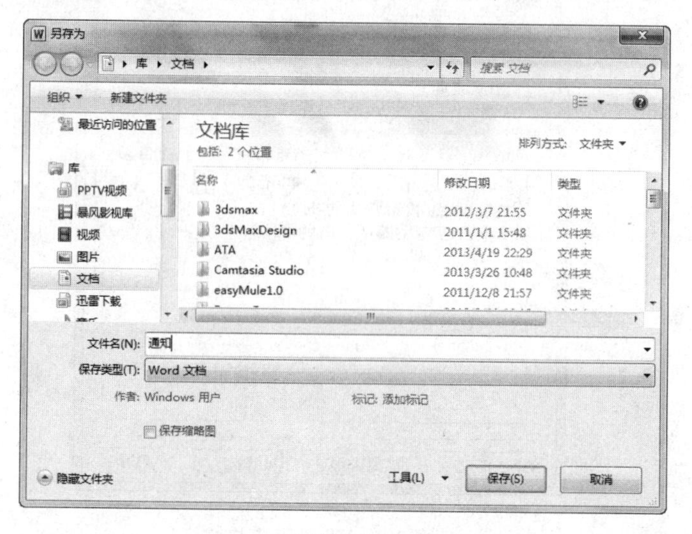

图 3-11“另存为”对话框

3.2.2　基本知识要点

1．文档的基本操作

① 选择“文件”|“新建”命令，在弹出的对话框中选择一个 Word 模板，单击右侧的“新建”按钮；或按快捷键【Ctrl+N】新建一个文档。

② 任选一种输入法录入文字，应用“开始”|“字体”组中的工具或右击在快捷菜单中选择“字体”命令，弹出“字体”对话框来设置文字的格式。

2．绘图工具的基本操作

① 单击“插入”|“插图”组|“形状”按钮，在弹出的列表框中选择需要的形状，拖动鼠标来绘制形状，如图 3-12 所示。

② 利用“形状样式”组中的工具设置线形和线条颜色、形状填充等，如图 3-12 所示。

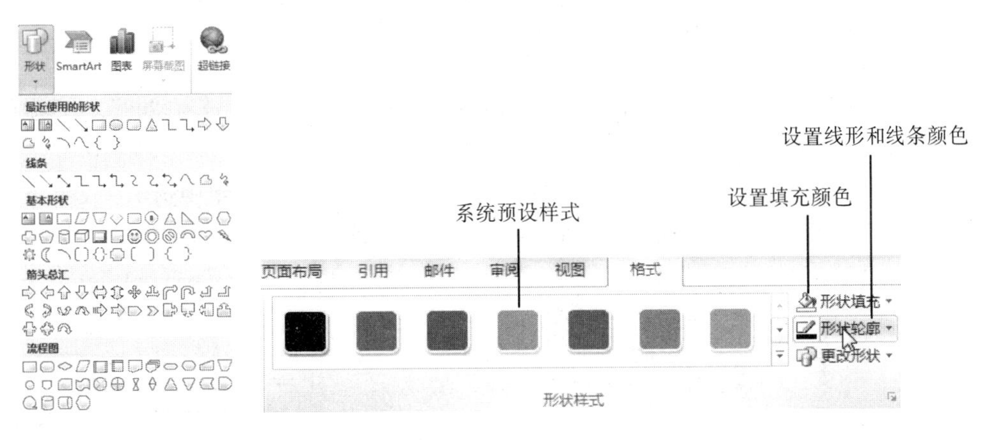

图 3-12　“绘图”工具栏

③ 插入艺术字：单击“插入”|“文本”组|“艺术字”按钮，在弹出的下拉列表框中选择一种艺术字样式，如图 3-13 所示，在文档中出现一个带有“请在此放置您的文字”字样的文本框，输入文字，如图 3-14 所示。

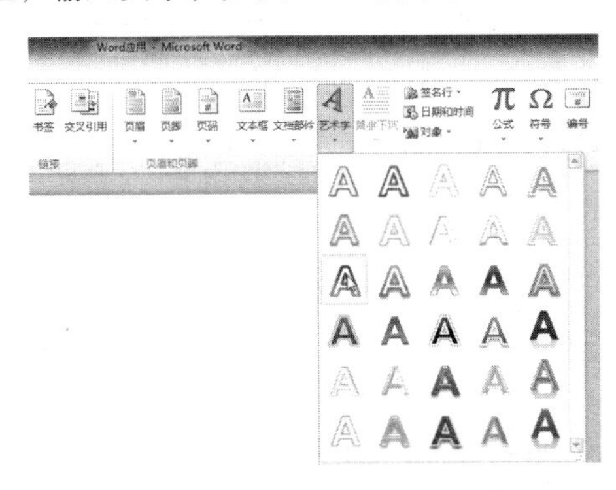

图 3-13　“艺术字”样式

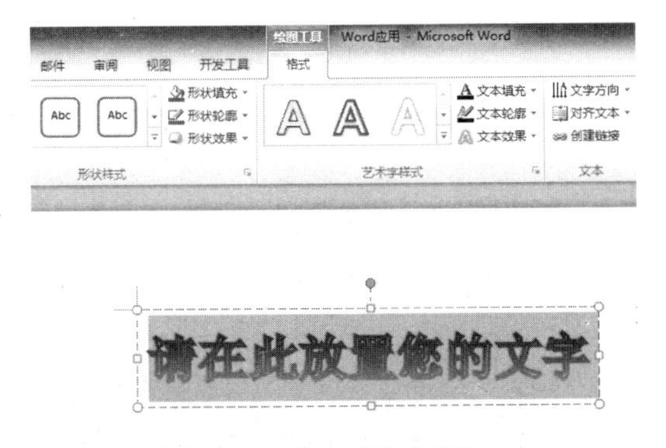

图 3-14　输入“艺术字”

3．组合图形

① 组合定义：当多个图形位置、大小一经固定就可以将它们视为一个整体，称为图形组合。

② 操作方法：

方法 1：

a. 选中一个图形对象，按住【Shift】键的同时，单击其他图形对象，直到选中所有需要组合在一起的图形。

b. 对准被选中的图形之一右击，在弹出的快捷菜单中选择“组合”|“组合”命令，即可将所有的图形组合为一个整体。

方法 2：

单击“开始”|“编辑”组|“选择”按钮，在列表框中单击“选择对象”（第二个）按钮，按住【Ctrl】键的同时，单击其他图形对象，直到选中所有需要组合在一起的图形。在选中的图形上右击，在弹出的快捷菜单中选择“组合 | 组合”命令即可。

3.2.3 案例进阶——制作请柬

效果如图 3-15 所示。

操作提示：

① 输入文档中的文字，设置“请柬”字体为“华文行楷”，字号为“48”，“尊敬的阁下”字体为“黑体”，字号为“二号”，其他文字为“宋体、五号”。

② 改变文字的方向。选中输入的文字右击，在弹出的快捷菜单中选中“文字方向”命令，弹出“文字方向”对话框，如图 3-16 所示，选择“竖排文字”后单击“确定”按钮。

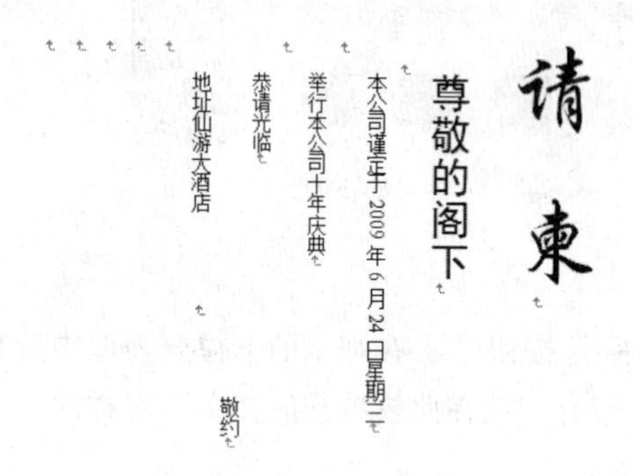

图 3-15 “请柬”效果图

图 3-16 “文字方向”对话框

3.3 名片的制作

3.3.1 课堂演练——名片的制作

本例将帮助用户制作一份简单的名片，效果如图 3-17 所示。

图 3-17 “名片”效果图

实讲实训 多媒体演示
多媒体演示参见配套光盘中的\\视频\第 3 章\名片的制作.avi。

操作步骤如下：

① 单击快速访问工具栏中“新建”按钮或按【Ctrl+N】组合键新建一个空白文档。

② 单击“页面布局”|“页面设置”组|“纸张大小”按钮，在下拉列表框中选择“其他页面大小”命令，弹出“页面设置”对话框。选择“页边距”选项卡，选择“纸张方向”为“横向”，将页边距都设置为 0.5 厘米，如图 3-18 所示。

③ 选择“纸张”选项卡，在“纸张大小”下拉列表框中选择“自定义大小”选项，将“高度”选项的值设置为 5.6 厘米，将“宽度”选项的值设置为 9 厘米，单击“确定”按钮，如图 3-19 所示。

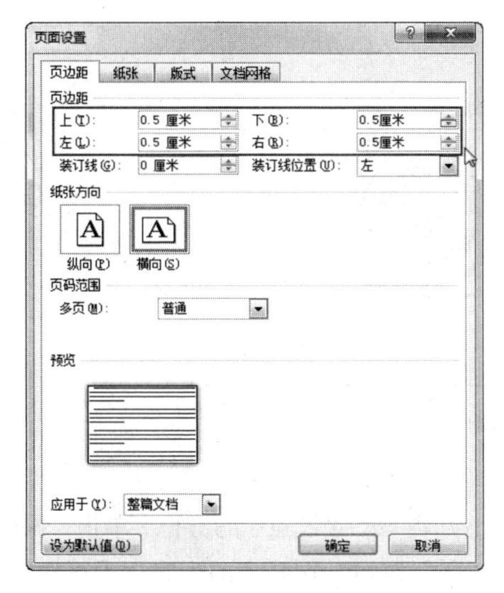

图 3-18　设置页面边距

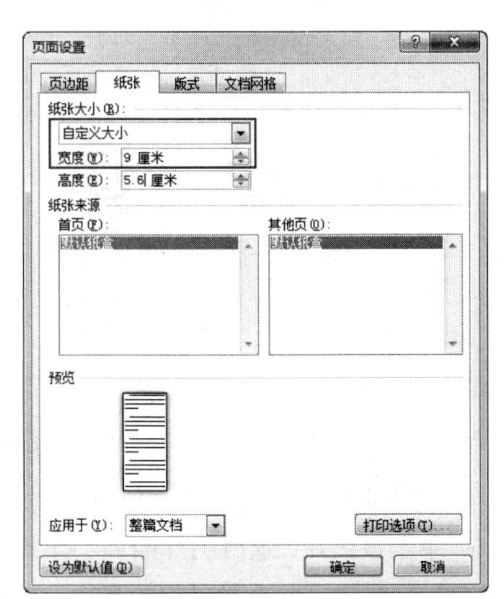

图 3-19　设置纸张的大小

④ 完成页面的设置后，效果如图 3-20 所示。

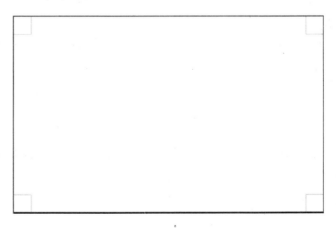

图 3-20　名片页面设置效果图

⑤ 插入剪贴画：

a. 将插入点定位到页面首位置。

b. 单击“插入”|“插图”组|“剪贴画”按钮，弹出“剪贴画”任务窗格。

c. 在“剪贴画”任务窗格上边的“搜索文字”文本框中输入图片的关键字，例如“动物”、“人”、“植物”等，这里输入“工业”。

d. 单击“搜索”按钮，在“图片”列表框中将显示出主题中包含该关键字的剪贴画或图片。

e. 拖动“图片”列表框中的滚动条，浏览想要插入的图片，找到后单击该图片，将图片插入到文档中，如图 3-21 所示。

图 3-21 插入剪贴画

⑥ 适当调整图片的大小和位置：

a. 单击该图片，这时图片四周会出现一个带有 8 个小方块（尺寸控点）的方框，单击“调整”组|“更正”按钮，可改善图片的亮度、对比度。单击“颜色”按钮，在弹出的列表框中可选择图片的颜色，在“图层样式”组中选择图片的样式，如图 3-22 所示。

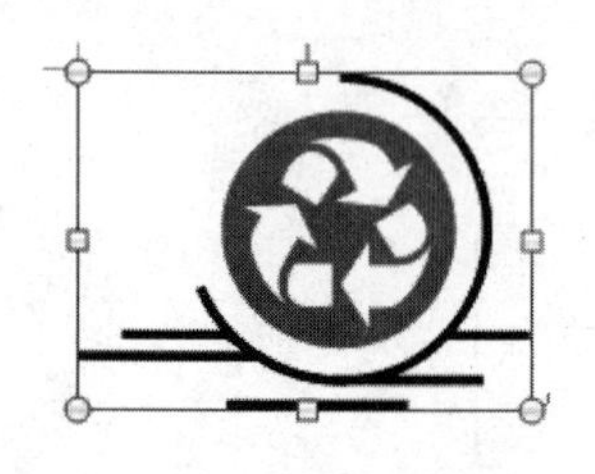

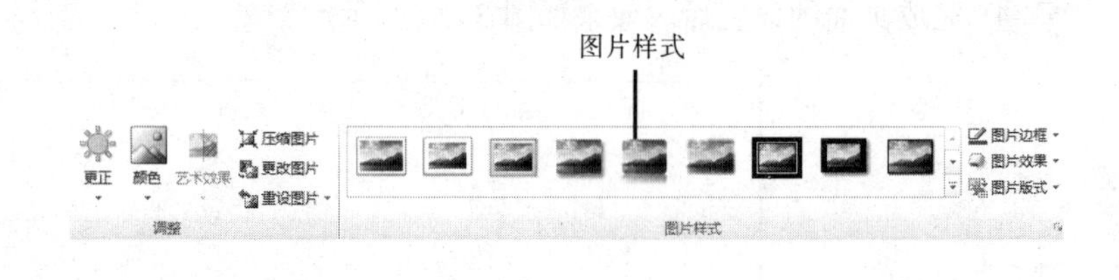

图 3-22 “图片”工具栏

b. 将光标移动到 4 个角的任意一个控制点上，当鼠标指针变为双向箭头后拖动控制点，将图片按比例缩小到合适的大小，如图 3-23 所示。

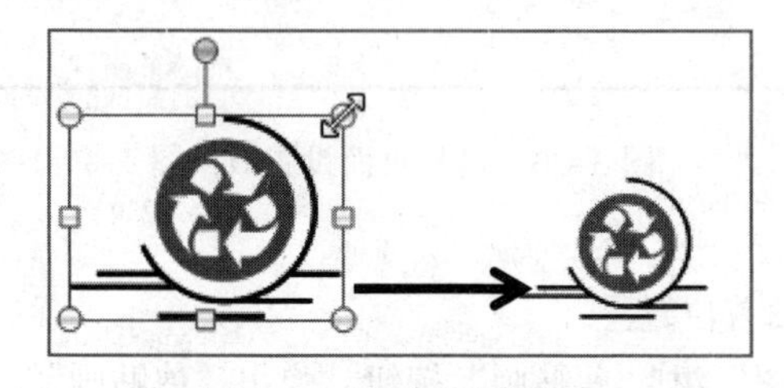

图 3-23 调整图片大小

c. 移动图片时，单击图片按下鼠标左键不放，拖动鼠标到合适位置后释放鼠标，即可将图片移到新的位置。

◎提示

移动图片也可以单击“剪贴板”组中的“剪切”按钮将图片剪切掉，再将光标置于移动图片的新位置，单击“剪贴板”组中的“粘贴”按钮即可。

⑦ 单击“插入”|“文本”组|“文本框”按钮，在弹出的列表框中单击“绘制文本框”命令，拖动鼠标绘制适当大小的文本框。

⑧ 设置文本框格式：将鼠标指针移动到文本框的边框上，当指针变为十字形时右击，在弹出的快捷菜单中选择“设置形状格式”命令，弹出“设置形状格式”对话框，选中左侧“填充”选项，右侧选中“无填充”单选按钮，同理选中“线条颜色”选项，设置“无颜色”，如图 3-24 所示。

图 3-24　设置文本框的格式

⑨ 将光标定位到文本框中，输入相关的文字，如图 3-25 所示。设置字体格式：选中文本框中的文字“世纪辉煌大酒店”，选择“字体”组中的工具字体，设置为“华文新魏”，字号为“三号”。

⑩ 利用步骤⑧中的方法，设置名片中其他各项的格式，效果如图 3-26 所示。

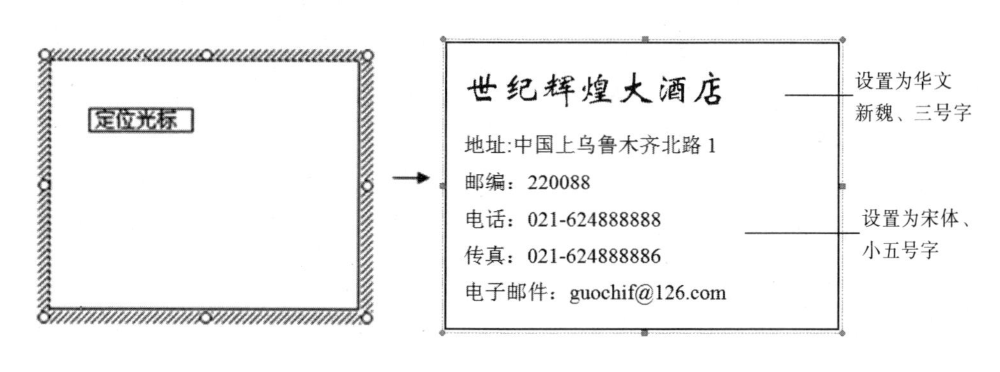

图 3-25　插入文本框　　　图 3-26　输入文字并设置字体

⑪ 按上述讲的插入文本框的方法插入一个文本框，输入相关的内容并设置字体格式。移动鼠标指针到文本框的边框，指针变为十字形时，用鼠标拖动到文档合适的位置，如图 3-27 所示。

◎注意

需要移动文本时，将鼠标指针移到文本框的边框，指针变为十字形时，单击拖动文本，文本框和文本框的内容一起移动，这也是文本框的最大特点。

⑫ 单击“页面布局”|“页面背景”组|“页面颜色”按钮，在弹出的列表中选择“填充效果”，

弹出“填充效果”对话框。选择“渐变”选项卡，在“颜色”选项栏中选择“单色”单选按钮。单击“颜色”下拉按钮，选中“水绿色，强调文字颜色 5，淡色 60%”选项，选中“底纹样式”列表中的“斜上”单选按钮，单击“确定”按钮，如图 3-28 所示。

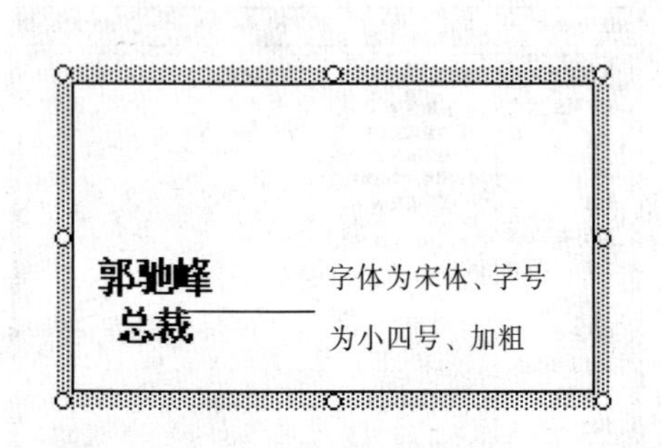

图 3-27 插入文本框并设置字体

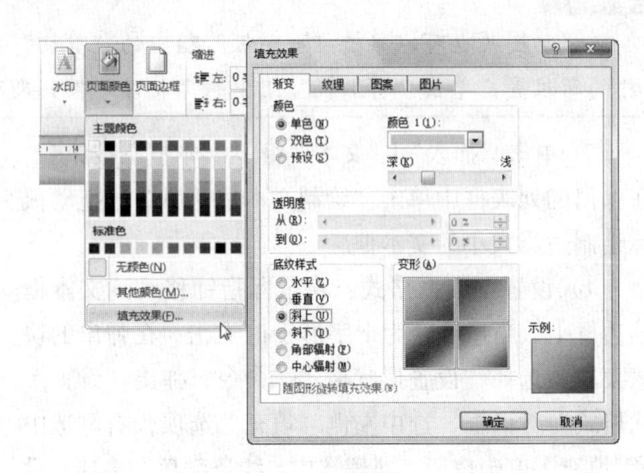

图 3-28 设置背景色

⑬ 单击“快速访问”工具栏中的“保存”按钮，保存文件。

3.3.2 基本知识要点

1. 页面设置

页面格式主要包括纸张规格、页面方向、页边距、页面的修饰（如设置页眉、页脚和页号）等。一般应在录入文档前进行页面设置，用户也可随时对页面重新进行设置。

单击“页面布局”|“页面设置”组右下角的“对话框启动器”按钮，弹出“页面设置”对话框设置页面格式。具体操作详见 3.3.1 节的课堂演练。

2. 文本框插入与编辑

单击“插入”|“文本”组|“文本框”按钮，在列表中单击“绘制文本框”按钮（或“绘制竖排文本框”按钮），拖动鼠标在文档中绘制适当大小的文本框并调整其大小和位置。

3. 插入图片

Word 自带了许多漂亮的剪贴画，单击“插入”|“插图”组|“剪贴画”按钮，弹出“剪贴画”任务窗格。在任务窗格上边的“搜索文字”文本框中输入图片的关键字，例如“花”、“动物”等，选择图片拖到文档中可调整其大小和位置。

同样也可将计算机的外部图片插入到文档中，方法为：单击“插入”|“插图”组|“图片”按钮，打开“插入图片”对话框，如图 3-29 所示，在“查找范围”下拉列表中选择文件夹，单击需要的图片后再单击“插入”按钮，可将图片插入到文档中。

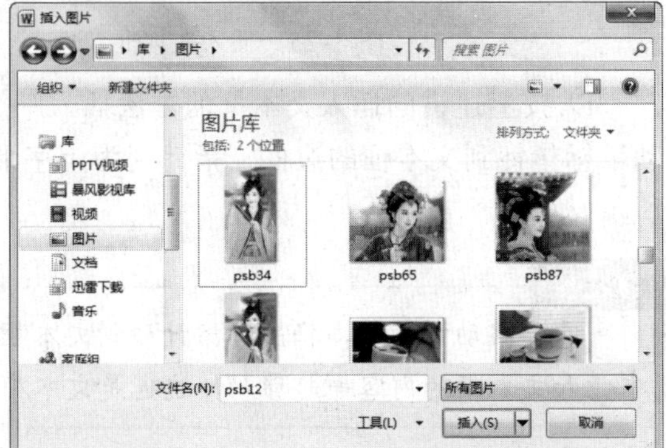

图 3-29 “插入图片”对话框

4. 设置页面背景

单击“页面布局”|“页面背景”组|“页面颜色”按钮，在列表中选择“填充效果”命令，弹出“填充效果”对话框，在该对话框中可设置颜色、透明度及底纹样式。

> **实讲实训**
> **多媒体演示**
> 多媒体演示参见配套光盘中的\\视频\第 3 章\绘制图形.avi。

3.3.3 案例进阶——绘制图形

在 Word 中使用绘图工具绘制太阳，并改变其形状样式和阴影；绘制笑脸，为其改变形状样式和映像，效果如图 3-30 所示。

图 3-30 “图形拓展”效果图

操作提示：

① 单击“插入”|“插图”组|“形状”按钮，在列表中选择“太阳形”形状，拖动鼠标在文档中绘制适当大小的图形。

② 选择“形状样式”组|“细微效果-蓝色，强调颜色 1”样式。同样方法选择“形状样式”组|“形状效果”|阴影|“向上偏移”。

③ 用同样方法单击“插入”|“插图”组|形状|“笑脸”形状，拖动鼠标在文档中绘制。选择“形状样式”组|“细微效果-红色，强调颜色 2”样式。同样方法选择“形状样式”组|“形状效果”|映像|映像变体|“半映像，接触”。

3.4 散文诗的排版

3.4.1 操作演练——散文诗的排版

本例将帮助用户学会段落的格式编排，效果如图 3-31 所示。

> **实讲实训**
> **多媒体演示**
> 多媒体演示参见配套光盘中的\\视频\第 3 章\散文诗的排版.avi。

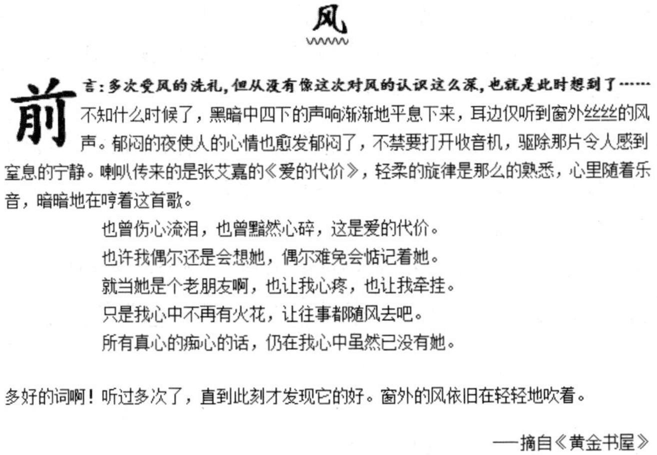

风

前言：多次受风的洗礼，但从没有像这次对风的认识这么深，也就是此时想到了……不知什么时候了，黑暗中四下的声响渐渐地平息下来，耳边仅听到窗外丝丝的风声。郁闷的夜使人的心情也愈发郁闷了，不禁要打开收音机，驱除那片令人感到窒息的宁静。喇叭传来的是张艾嘉的《爱的代价》，轻柔的旋律是那么的熟悉，心里随着乐音，暗暗地在哼着这首歌。

也曾伤心流泪，也曾黯然心碎，这是爱的代价。
也许我偶尔还是会想她，偶尔难免会惦记着她。
就当她是个老朋友啊，也让我心疼，也让我牵挂。
只是我心中不再有火花，让往事都随风去吧。
所有真心的痴心的话，仍在我心中虽然已没有她。

多好的词啊！听过多次了，直到此刻才发现它的好。窗外的风依旧在轻轻地吹着。

——摘自《黄金书屋》

图 3-31 散文诗排版效果图

操作步骤如下：

① 打开素材“3.3 风.doc”来编排文档的格式。

② 设置字体、字号和对齐方式：将鼠标指针移动到标题左侧，当鼠标指针变为↗时单击选中“风”这个字（呈现蓝底黑字的状态），单击“开始”|“字体”组，设置“字号”为一号”，“字体”为“华文新魏”，单击“加粗”按钮**B**，单击“段落”组|“居中”按钮，如图3-32所示。

◎小技巧

按快捷键【Ctrl+E】，使所选文本居中对齐。

③ 选中“风”字，单击“开始”|“字体”组|“下画线”按钮**U**，在列表中选择“波浪线”，即可给“风”加上下画线，如图3-33所示。

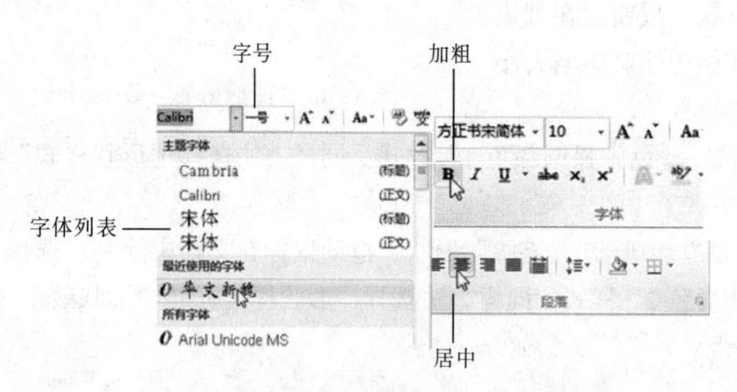

图3-32 “设置”文字工具栏

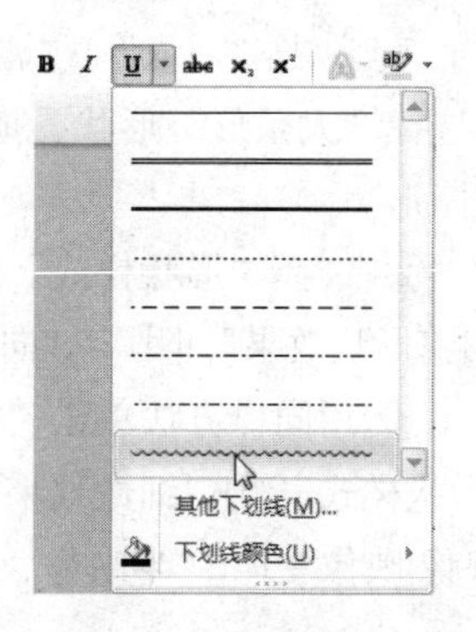

图3-33 文字加下画线

④ 将鼠标指针移动到“前言”行左端，当鼠标指针变为↗时单击选中此行，在“字体”组中设置“字体”为“楷体_GB2312”，并单击“加粗”按钮**B**。

用同样的方法选中文档中的文字“——摘自《黄金书屋》”，单击“段落”组|“右对齐”按钮，或按【Ctrl+R】键使选中的文本右对齐。

⑤ 设置段落缩进：拖动鼠标选中正文“也曾伤心流泪”至“仍在我心中虽然已没有她”，右击，在快捷菜单中选择“段落”命令，在缩进区域“左侧”和“右侧”微调框中直接输入6，单击“确定”按钮，如图3-34所示。

⑥ 设置行（段落）间距：选中第一行文字“风”，右击选择“段落”命令，在间距选项中将“段前”和“段后”设置为0.5行，单击“确定”按钮，如图3-35所示。

用同样方法选中正文最后2行，设置段前、段后各1行。

⑦ 拖动鼠标选中正文“前言”至“仍在我心中虽然已没有她”，右击，在快捷菜单中选择“段落”命令，在“行距”下拉列表框中选择“固定值”，在“设置值”微调框中选择18磅，单击“确定”按钮，如图3-36所示。

⑧ 首字下沉：

a. 选中要下沉的字符“前”，或把光标定位到本段中。

b. 单击“插入”|“文本”组|“首字下沉”按钮，在列表中选择“首字下沉选项”命令，弹出“首字下沉”对话框，如图3-37所示。

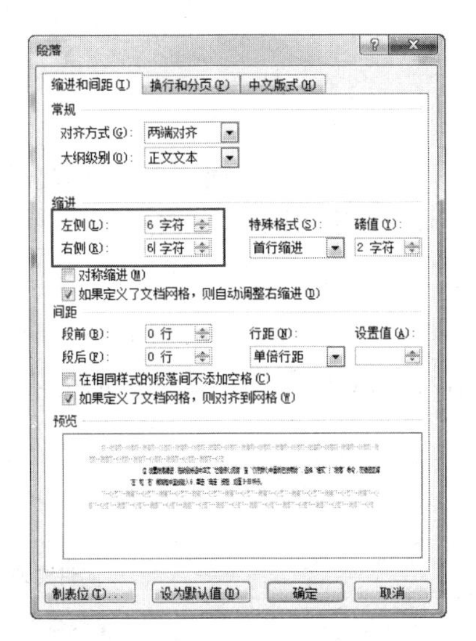

图 3-34 段落的缩进设置

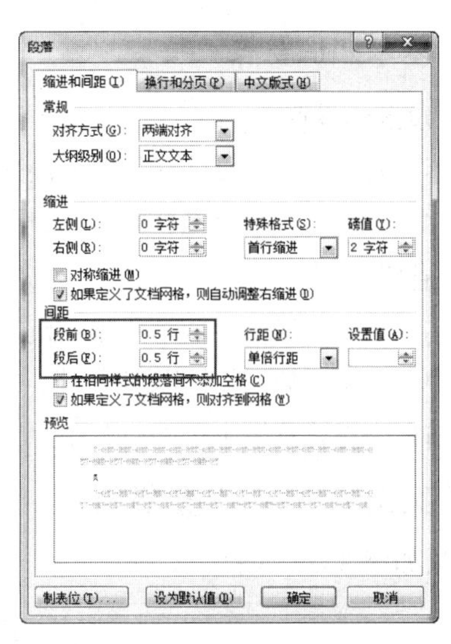

图 3-35 段落的间距设置

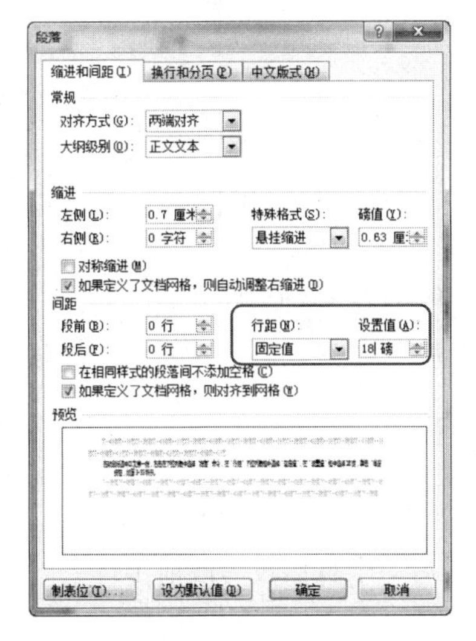

图 3-36 段落行距设置

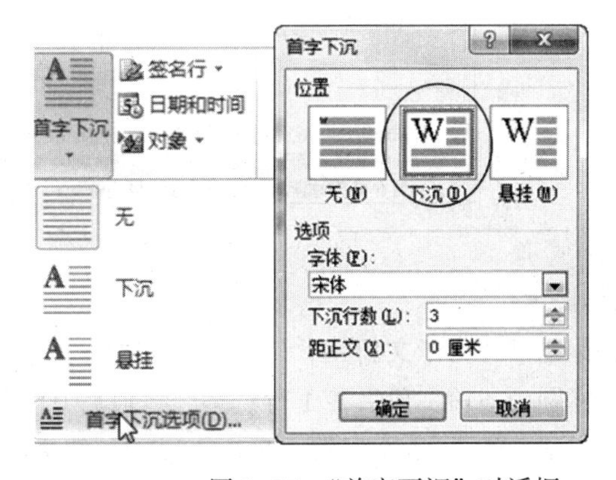

图 3-37 “首字下沉”对话框

c. 在对话框的“位置”选项区域中选择“下沉”。

d. 在“选项”选项区域的“字体”下拉列表框中选择下沉字符的字体为宋体。

e. 在“下沉行数”微调框中设置首字下沉时所占用的行数为 3。

f. 单击“确定”按钮，效果如图 3-38 所示。

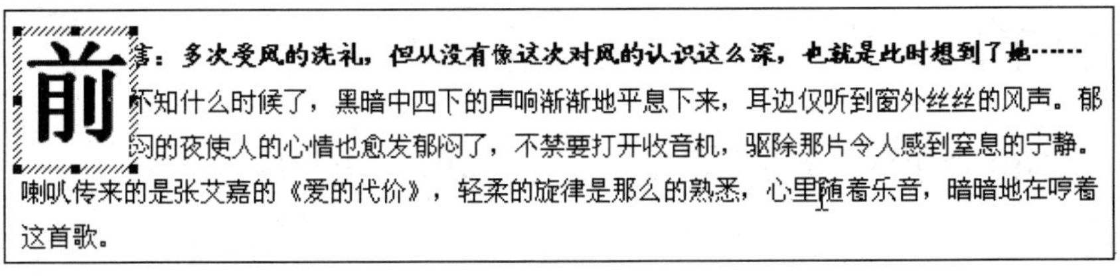

前言：多次受风的洗礼，但从没有像这次对风的认识这么深，也就是此时想到了她……
不知什么时候了，黑暗中四下的声响渐渐地平息下来，耳边仅听到窗外丝丝的风声。郁闷的夜使人的心情也愈发郁闷了，不禁要打开收音机，驱除那片令人感到窒息的宁静。喇叭传来的是张艾嘉的《爱的代价》，轻柔的旋律是那么的熟悉，心里随着乐音，暗暗地在哼着这首歌。

图 3-38 首字下沉效果

3.4.2 基本知识要点

1. 段落的设置

段落格式的设置，可从行间距、段落间距、对齐方式、缩进这几个方面入手，单击“开始”|“段落”组右下角“对话框启动器”按钮，在“段落”对话框中更改段落的格式。

2. 首字下沉

首字下沉是使段落中的第一字下沉若干行，以起到醒目的作用。设置首字下沉时，将光标定到段落中，单击“插入”|“文本”组|“首字下沉”按钮，在列表中选择“首字下沉选项”，在弹出的对话框中设置首字下沉的行数与正文的距离等。

3.4.3 案例进阶——诗歌赏析

效果如图 3-39 所示。

实讲实训 多媒体演示
多媒体演示参见配套光盘中的\\视频\第 3 章\诗歌欣赏.avi。

再别康桥

徐志摩

轻轻的我走了，
正如我轻轻的来；
我轻轻的招手，
作别西天的云彩。
那河畔的金柳，
是夕阳中的新娘；

徐志摩现代诗人、散文家。名章垿，笔名南湖、云中鹤等。浙江海宁人。1915 年毕业于杭州一中,先后就读于上海沪江大学、天津北洋大学和北京大学。1918 年赴美国学习银行学。1921 年赴英国留学，入伦敦剑桥大学当特别生，研究政治经济学。

图 3-39 “诗歌”效果

操作提示：

① 标题字体为华文新魏、一号，正文为华文楷体、四号，标题和作者姓名居中。

② 标题为段前、段后各 1 行；第二行段后 0.5 行；最后一个自然段为段前 1 行。

③ 正文左缩进 16 个字符，最后一段首行缩进 2 个字符。

附加案例——文字加拼音

设置中文版式为“夜来风雨声，花落知多少”加上拼音，拼音的字号设置为 14 磅。

yèláifēngyǔshēng huāluòzhīduōshǎo
（1）夜来风雨声，花落知多少。

（2）夜来风雨声(y è l á if ē ngy ǔ sh ē ng)，
花(hu ā)落(lu ò)知(zh ī)多(du ō)少(sh ǎ o)

实讲实训 多媒体演示
多媒体演示参见配套光盘中的\\视频\第 3 章\文字加拼音.avi。

操作提示：

在 Word 文档中输入文字，单击“开始”|“字体”组|“拼音指南”按钮，弹出“拼音指南”对话框设置字体、字号，单击“组合”按钮，再单击“确定”按钮，如图 3-40 所示。

接下来，把得到的注音文字“yèláifēngyǔshēng 夜来风雨声”选中，右击在快捷菜单中选择“复制”命令，将它们复制到剪切板上。再打开 Windows 系统自带的记事本程序窗口，将其粘贴到该记事本窗口，就得到了拼音排到汉字的右侧这种形式。

在记事本窗口中查看拼音无误后，将其复制并粘贴回 Word 窗口中需要的位置，随后将字体、字号等元素设置成所需要的形式。让其与其他的文字格式相同，这样汉字拼音就自动排在所需要的地方。效果如图 3-41 所示。

图 3-40　“拼音指南”与结果

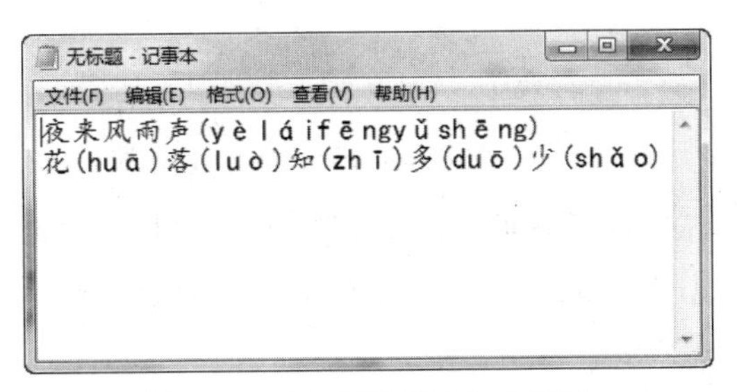

图 3-41　“文字注拼音”效果图

3.5　制作企业章程

3.5.1　课堂演练——制作企业章程

效果图如图 3-42 所示。

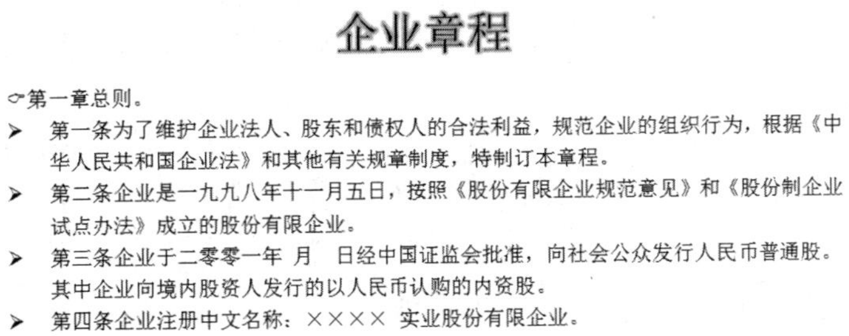

实讲实训

多媒体演示

多媒体演示参见配套光盘中的\\视频\第 3 章\制作企业章程.avi。

企业章程

第一章总则。

- 第一条为了维护企业法人、股东和债权人的合法利益，规范企业的组织行为，根据《中华人民共和国企业法》和其他有关规章制度，特制订本章程。
- 第二条企业是一九九八年十一月五日，按照《股份有限企业规范意见》和《股份制企业试点办法》成立的股份有限企业。
- 第三条企业于二零零一年 月 日经中国证监会批准，向社会公众发行人民币普通股。其中企业向境内股资人发行的以人民币认购的内资股。
- 第四条企业注册中文名称：×××× 实业股份有限企业。

图 3-42　“企业章程”效果图

操作步骤如下：

① 打开素材中的文档“3.4 公司章程.doc”。

② 选中标题“公司章程”，单击“开始”|“段落”组|“居中”按钮，在“字体”组中设置字号为“二号”。

③ 制作文字发光和柔化边缘：选中文字，单击“字体”组|右下角“对话框启动器”按钮，弹出“字体”对话框，单击“文字效果”按钮，弹出“设置文本效果格式”对话框，选择“发光和柔化边缘”选项，在右侧预设列表选中一种“预设样式”（红色，5pt 发光，强调文字颜色 2），如图 3-43 所示。单击“关闭”按钮，再单击“确定”按钮，效果如图 3-44 所示。

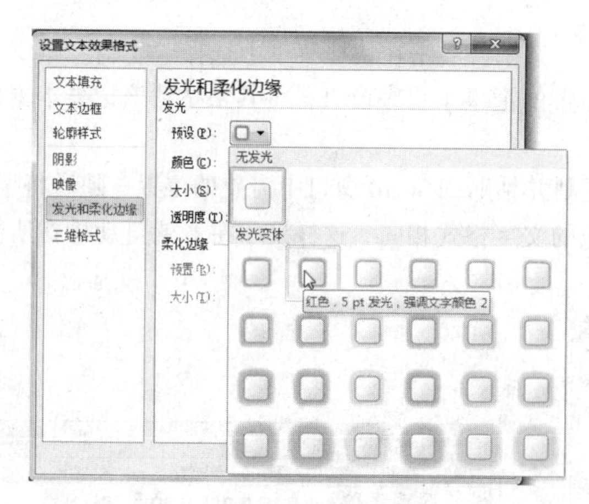

图 3-43　动态字体设置

公司章程

图 3-44　标题效果

④ 设置项目符号或编号：用鼠标选中除标题和第一章总则外的文本。单击“开始”|“段落”组|“项目符号”右侧按钮，在列表中选择“项目符号库”中符号➢即可，如图 3-45 所示。

◎提示

如果用户不满意系统提供的项目符号，可以自己定义编号样式。方法是：在“项目符号库”中选择“定义新项目符号”命令，打开“定义新项目符号”对话框，定义自己喜欢的项目符号。

⑤ 插入特殊符号：首先定位插入点在第一章总则前，单击“插入”|“符号”组|“符号”按钮Ω|“其他符号”，弹出“符号”对话框。在“字体”列表框中选择 Wingdings 2，并单击效果图中需要的字符☞，单击“插入”按钮，如图 3-46 所示。

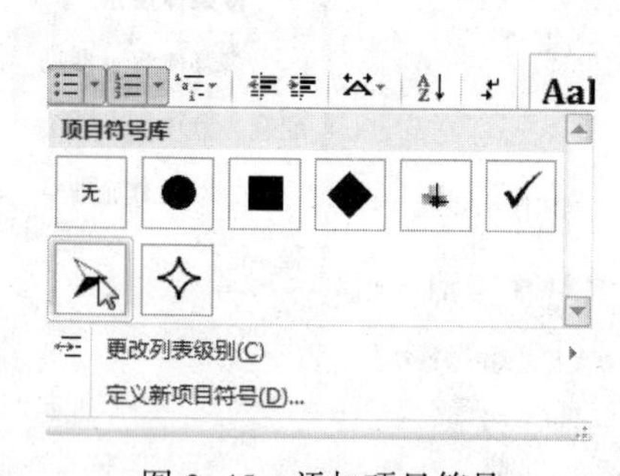

图 3-45　添加项目符号

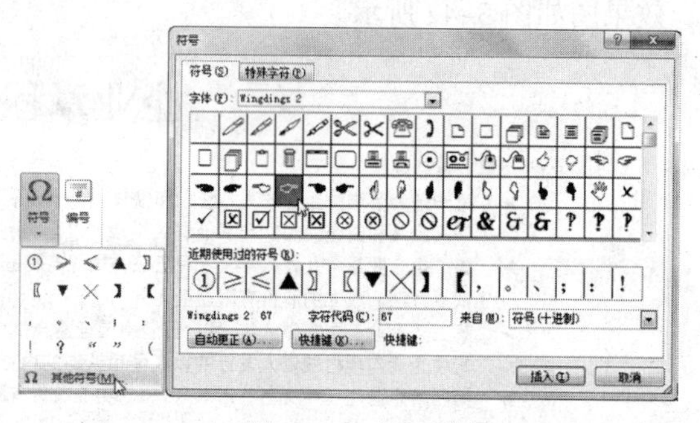

图 3-46　插入符号

⑥ 查找与替换文本：

a. 将插入点置于文档的开始位置。

b. 单击“开始”|“编辑”组|“查找”按钮 替换，弹出“查找和替换”对话框，如图 3-47 所示。

c. 在“查找内容”中输入要查找的内容“公司”。

d. 在“替换为”中输入要替换的内容“企业”。

e. 单击“全部替换”按钮，会弹出提示框，如图 3-48 所示，单击“确定”按钮。系统将自动搜索文档中所有的“公司”，并将其替换为“企业”。

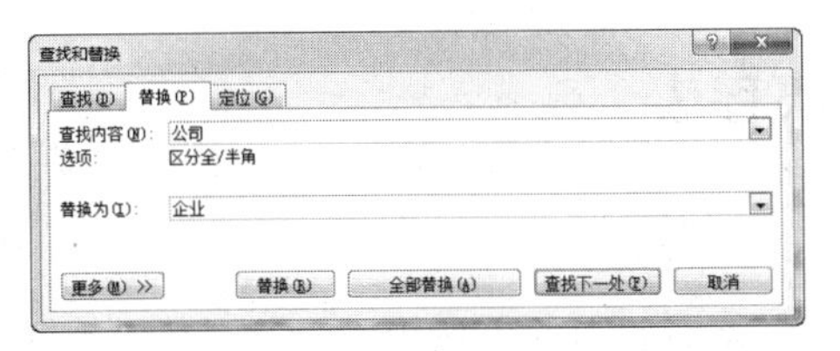

图 3-47　“查找和替换”对话框

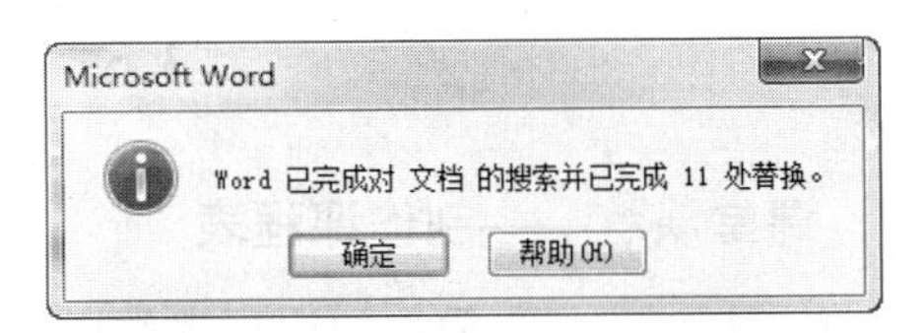

图 3-48　提示框

◎小技巧

如何使用通配符模糊查找?

例如，在“查找”对话框中输入“? 员”，Word 程序就可以找到类似“党员”、“团员”、“人员”之类的目标文件。

3.5.2　基本知识要点

1. 项目符号和编号

项目符号和编号适合于文档中的列表信息。为了突出文档要点，使文档易于浏览和理解，可以在要点前添加编号和项目符号。操作方法为：选中要添加项目符号或编号的内容右击，选择“项目符号”|“定义新项目符号”命令，弹出“项目符号和编号”对话框，为文档设置项目符号。

2. 插入特殊符号

若需要输入键盘上没有的特殊符号，操作方法为：首先定位光标在文档中的适当位置，单击“插入”|“符号”组|“符号”按钮Ω|“其他符号”，弹出“符号”对话框，选择需要的符号插入到文档中。

3. 查找与替换

对于文档中错误内容的修改，“查找和替换”是一种效率较高的方法，尤其是对多次出现在一个较长文档的内容的修改。操作方法为：单击“开始”|“编辑”组|“替换”按钮，弹出“查找和替换”对话框，具体操作详见“课堂演练——制作企业章程”实例。

3.5.3　案例进阶——制作报纸广告

效果如图 3-49 所示。

添加水印背景，操作方法为：打开素材“3.4 报名.docx”文档，单击“页面布局”|“页面背景”组|“水印”按钮，在列表中单击“自定义水印”命令，弹出“水印”对话框，如图 3-50 所示。在其中选中“文字水印”单选按钮，在“文字”文本框中输入“中国人民大学”，根据文档的大小设置字号、颜色、字体等选项。

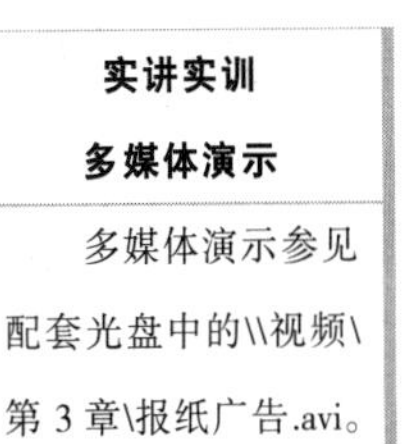

中国人民大学

网上学历教育 随时报名，按月入学、开课

国内知名网上大学，网络业余学习

专业、专科长本科 2-5 年：本科 4-7 年

按月进行入学测试、录取、开课，选课制和预约考试制

中国人民大学毕业证书、学位证书、国家承认学历

专业：金融、会讲、国际贸易、工商企业管理、市场营销、财政税收、法学、公共事业管理和汉语言文学

报名地址：中国人民大学网络教育重庆电视大学教育服务中心

地址：重庆市朝阳区建设路 15 号（3540041）

电话：023-8645334　023-8645336

网络教育咨询电话：010-86666134

图 3-49　“报纸广告”效果图

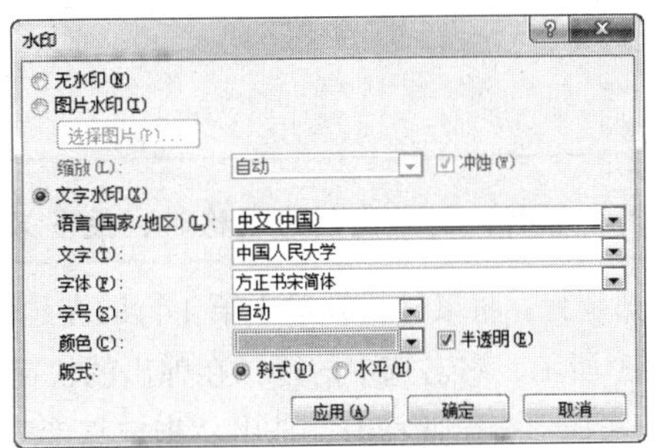

图 3-50　“水印”对话框

3.6 制作课程表

3.6.1 课堂演练——制作课程表

本例通过制作一份简单的课程表教用户学会简单表格的制作，效果如图 3-51 所示。

> **实讲实训**
>
> **多媒体演示**
>
> 多媒体演示参见配套光盘中的\\视频\第 3 章\制作课程表.avi。

课程表

星期 节次	星期一	星期二	星期三	星期四	星期五
上午					
1，2 节	高数	物理	英语	计算机	英语
3，4 节	英语	制图	高数	物理	高数
下午					
5，6 节	计算机	体育	计算机	制图	高数

图 3-51 “课程表”效果图

本实例的操作思路为：先插入一个规范的表格；再制作一些特殊的线；输入表中的文字；调整文字的位置；添加边框与底纹。

操作步骤如下：

① 启动 Word 2010 文档，并创建一个新文档，保存文件为“课程表.docx”。

② 选择自己习惯的输入法，在文档窗口的第 1 行输入表格标题文本“课程表”。单击“开始”|“字体”组，设置字体为“楷体_GB2312“、字号为“三号”加粗，单击“段落”组|“居中”按钮。

③ 单击“插入”|“表格”组|“表格”按钮，将鼠标指针指向网格，向右下方移动鼠标，鼠标指针经过的单元格就会高亮显示，在网格顶部的提示栏中显示行数和列数为“6×6 表格”时，单击即可在文档产生 6 行 6 列表格，如图 3-52 所示。

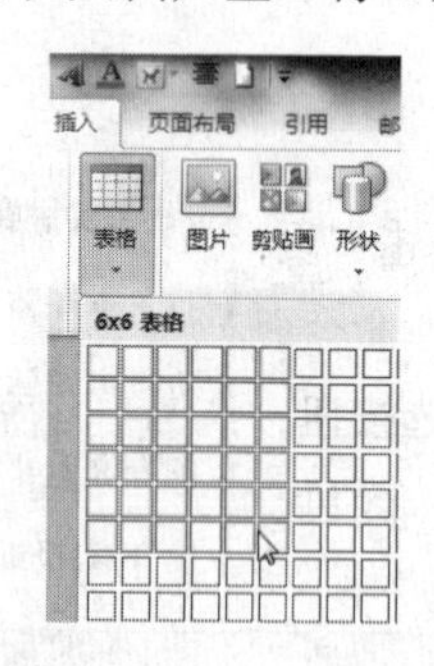

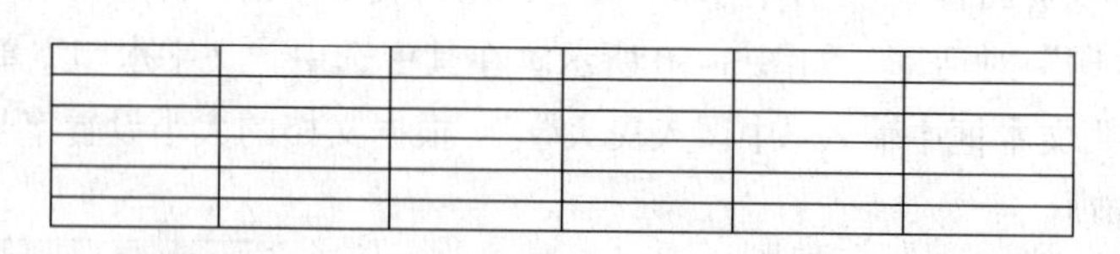

图 3-52 插入 6 行 6 列表格

◎说明

使用内置行、列功能创建表格时，最多只能创建 10×8 的表格，即 10 列 8 行的表格。

④ 选定行：将鼠标指针置于第 1 行的左边缘，当鼠标指针变成↗形状时，单击可以选定该行。如图 3-53 所示，右击选中的行，在弹出的快捷菜单中选择“表格属性”命令，弹出“表格属性”对话框，选择“行”选择卡，选中“指定高度”复选框，设置为 1.54 厘米，如图 3-54 所示。

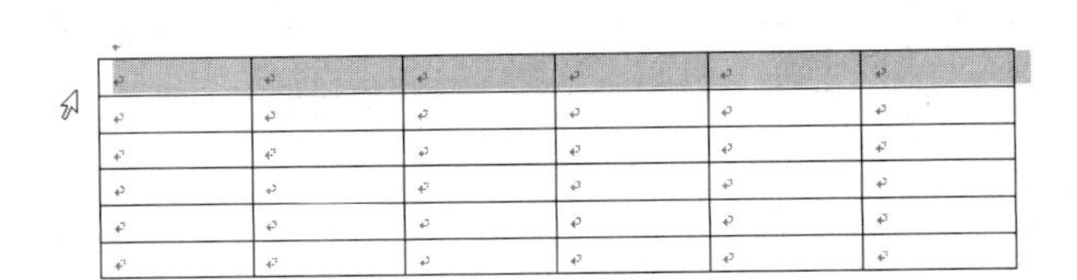

图 3-53 选定行

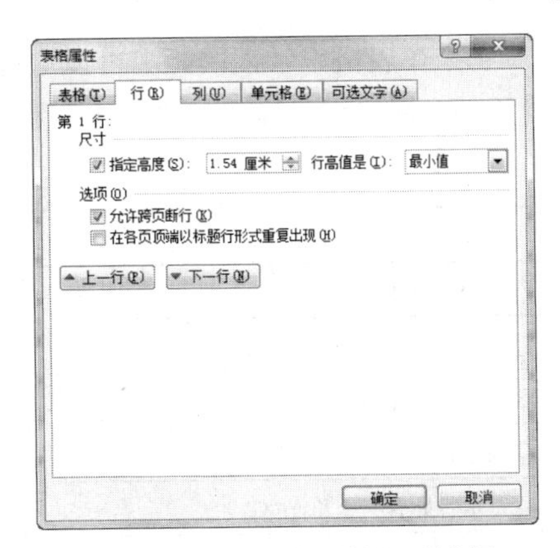

图 3-54 “表格属性”对话框

◎注意

当行高与列宽不需要明确定值时，可以用手工拖动鼠标来实现。将鼠标指针放在表格列框线或行框线上，当鼠标指针变为双向箭头时，拖动鼠标改变列宽或行高到需要的宽度或高度，然后松开鼠标即可。

如果表格中各行的高度不一样，或各列的宽度不一样，可以选中整个表格，右击并在弹出的快捷菜单中选择“平均分布各行”或“平均分布各列”命令。

⑤ 合并单元格：选择第 2 行右击，在弹出的快捷菜单中选择“合并单元格”命令，即可把第 2 行的多个单元格合并成一个单元格，结果如图 3-55 所示。

用同样的方法选定第 5 行进行合并。

⑥ 绘制表头斜分线：

a. 单击第 1 行第 1 个单元格，按【Enter】键两次变换成 2 行，在第 1 行输入星期设为“右对齐”，在第 2 行输入“节次”设为“左对齐”。

b. 将光标定位于表格第 1 个单元格中，单击“开始”|“段落”组|“斜下框线” 按钮，如图 3-56 所示。

图 3-55 合并单元格

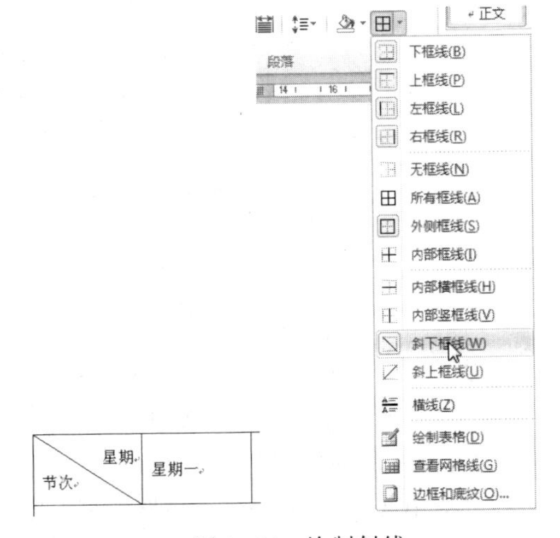

图 3-56 绘制斜线

⑦ 在表格中录入字符。可以通过鼠标的单击移动光标到需要录入的单元格。也可以通过键盘移动光标，键盘操作如表 3-1 所示。

表 3-1　用键盘移动光标

目　　的	按　　键
移至上一行或下一行	【↑】或【↓】
移至下一单元格	【Tab】
移至前一单元格	【Shift+Tab】
移到本行第一个单元格	【Alt+Home】
移至本行最后一个单元格	【Alt+End】
移到本列第一个单元格	【Alt+Page Up】
移到本列最后一个单元格	【Alt+Page Down】
在一个单元格中开始新的录入字符的段落	【Enter】

光标移到某一个单元格里，就可以在这个单元格录入字符。

◎注意

① 当字符超过单元格时，表格的行高会自动进行调整以使字符都能放在此单元内。

② 若输入错误想要删除表中的内容，而不删除表格框架，只需选中要删除的行、列或单元格，按【Delete】键即可。

⑧ 表格文字的对齐方式：用鼠标选中除第一单元格外的所有单元格右击，在弹出的快捷菜单中单击“单元格对齐方式”|“中部居中”按钮，如图 3-57 所示（将第 1 行第 1 列的“星期”设为“右对齐”，“节次”设为“左对齐”）。

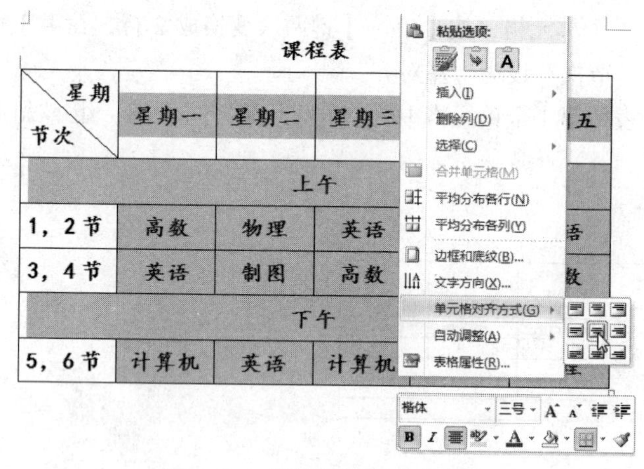

图 3-57　设置单元格对齐方式

⑨ 给表格加边框：将鼠标指针放在表格的左上角，当其变为⊞时单击选中整个表格，单击“布局”|“表”组|“属性”按钮，弹出“表格属性”对话框，选择“表格”选项卡，单击“边框与底纹”按钮，弹出“边框与底纹”对话框，选择“设置”选项中的“自定义”选项。在“样式”下拉列表中选择“细实线”，设置线形宽度为“1.5 磅”，颜色为“深蓝，文字 2”，分别双击“预览”窗口中的⊞、⊞、⊞、⊞4 个按钮，单击“确定”按钮，如图 3-58 所示。

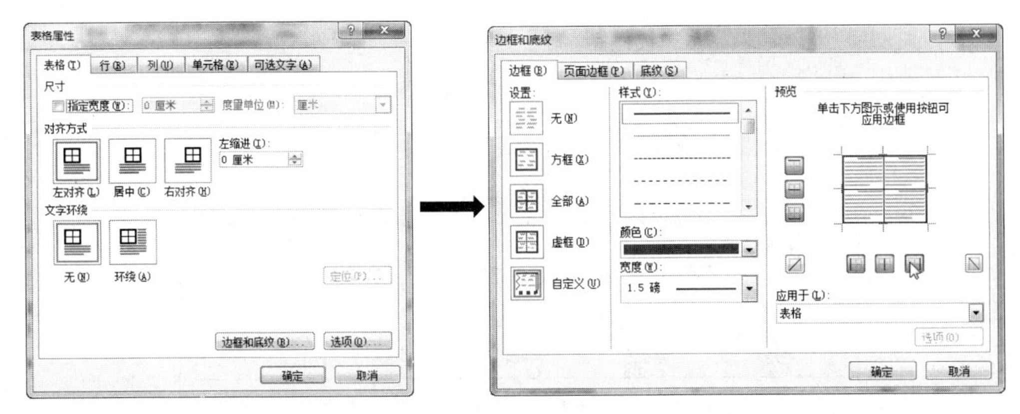

图 3-58　设置表格的“框线”

⑩ 添加底纹：选择表格第 2 行，按住【Ctrl】键加选第 5 行，如图 3-59 所示。右击选中的行，在弹出的快捷菜单中选择“边框和底纹”命令，弹出“边框和底纹”对话框，选择“底纹”选项卡，在“图案”选项组的“样式”下拉列表框中选择“20%灰色”，再选择填充颜色为“水绿色，强调文字颜色 5，淡色 80%”，单击“确定”按钮（见图 3-60），效果如图 3-61 所示。

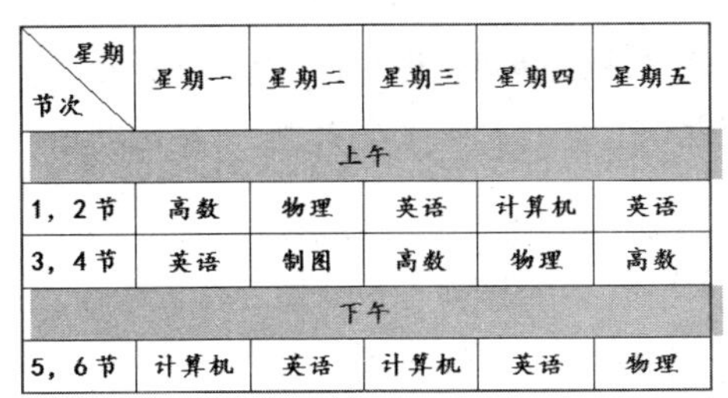

星期 / 节次	星期一	星期二	星期三	星期四	星期五
上午					
1，2 节	高数	物理	英语	计算机	英语
3，4 节	英语	制图	高数	物理	高数
下午					
5，6 节	计算机	英语	计算机	英语	物理

图 3-59　选择多行

图 3-60　“底纹”选项卡

星期 / 节次	星期一	星期二	星期三	星期四	星期五
上午					
1，2 节	高数	物理	英语	计算机	英语
3，4 节	英语	制图	高数	物理	高数
下午					
5，6 节	计算机	英语	计算机	英语	物理

图 3-61　底纹效果

⑪ 选择表格第 2 行，选择“表格工具设计”|“绘图边框”组|“笔样式”，选中“双实线”，再从“笔画粗细”下拉列表框中选择框线的宽度为“0.5 磅”，在“笔颜色”列表框中选择“红色，强调文字颜色 2”，单击“表格样式”组|“上框线”按钮，效果如图 3-62 所示。

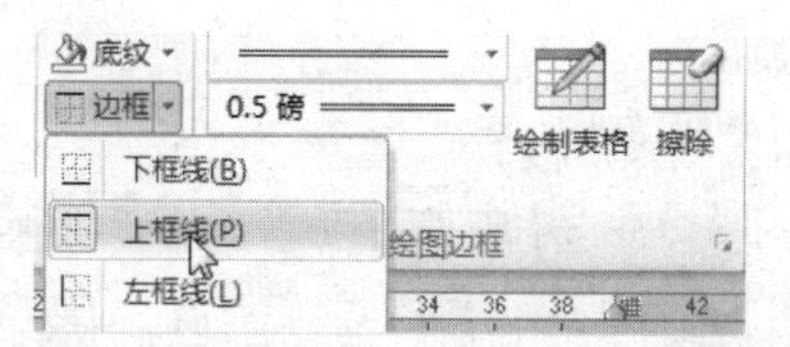

课程表

星期 节次	星期一	星期二	星期三	星期四	星期五
上午					
1，2节	高数	物理	英语	计算机	英语
3，4节	英语	制图	高数	物理	高数
下午					
5，6节	计算机	英语	计算机	英语	物理

图 3-62　添加上边框线效果

◎小技巧

如何给占几页的长表格自动添加表头？

如果用 Word 制作了一个很长的表格，占用好几页，能不能在打印时，采用同一个表头呢？选中需要作为自动表头的一行或几行，然后右击，在快捷菜单中选择“表格属性”选项，弹出“表格属性”对话框，选择“行”选项卡，勾选在“各页顶端以标题行形式重复出现”，会发现每一页的表格都自动加上了相同的表头。

用同样的方法选定第 5 行，设置底框线的宽度为“0.5 磅”，颜色为“粉红色”。

3.6.2　基本知识要点

1．创建表格

创建表格通常有两种方法：

① 单击“插入”|“表格”组|“表格”按钮，可以快速创建表格。

② 单击“插入”|“表格”组|“插入表格”命令，在“插入表格”对话框中可以设置创建表格的列数、行数以及固定列宽等。

2．编辑表格

① 绘制斜线表头：将光标定位到单元格中，单击“表格工具设计”|“表格样式”组|“边框”按钮，在列表中选择“斜下框线”选项，如图 3-63 所示，设置字体的大小，输入文字，效果如图 3-64 所示。

② 合并单元格：就是将选定的两个以上的单元格合并成一个大单元格。方法为：选中需要合并的单元格右击，在弹出的快捷菜单中选择“合并单元格”命令或单击“表格工具布局”|“合并”组|“合并单元格”按钮 。

③ 设置单元格的对齐方式：选中要对齐的文字右击，在弹出的快捷菜单中选择“单元格对

齐方式”命令，在展开的面板中单击相应的对齐按钮，或通过“表格工具布局”|“对齐方式”组中按钮来设置对齐方式。

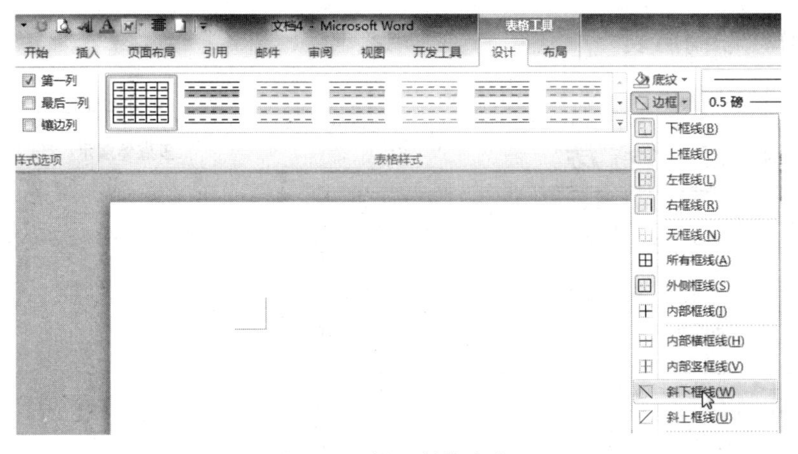

图 3-63　插入斜线表头

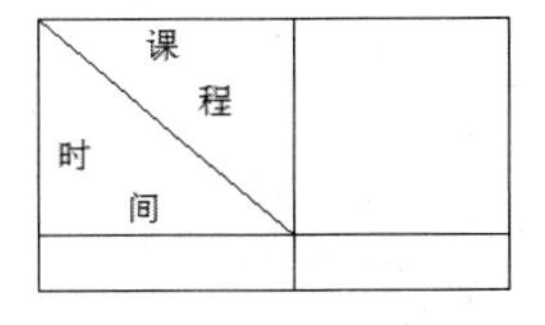

图 3-64　插入斜线效果

3. 设置表格的边框和底纹

有以下两种常用方法：

① 右击表格，在弹出的快捷菜单中选择“表格和边框”命令或单击“表格工具设计”|“绘图边框”组|右下角“对话框启动器”按钮，弹出“边框与底纹”对话框，选中表格或单元格，在“边框与底纹”对话框中设置单元格的边框与底纹。

② 通过“表格工具设计”选项卡中的“表格样式”组和“绘图边框”组中工具来设置单元格的边框与底纹。

3.6.3 案例进阶——应用公式

利用公式添加表中总分和各科平均值的基本数据，效果图如图 3-65 所示。

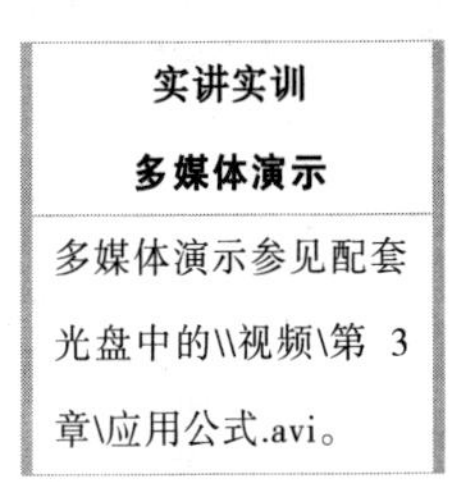
实讲实训

多媒体演示

多媒体演示参见配套光盘中的\\视频\第 3 章\应用公式.avi。

交通职专计算机专业期末考试成绩表

姓名	班级	图像处理	数据库	C语言	英语	总分
张军	一班	80	68	61	71	280
刘红	二班	90	58	84	76	308
王燕	三班	76	64	76	79	295
李四军	二班	65	65	74	80	284
刘海	三班	78	89	86	90	343
范娟	二班	80	74	85	86	325
刘湖	一班	90	80	70	71	311
时方瑞	三班	78	80	74	76	308
李玉杰	二班	72	60	75	76	283
韩雪	二班	63	78	80	87	308
各科平均分		77.2	71.6	76.5	79.2	304.5

图 3-65　“公式应用”效果图

操作提示：

① 将光标定位于“总分”下面单元格中,单击“布局”|“数据”组|“公式”按钮，弹出“公式”对话框，在公式文本框中输入求和公式“=SUM（LEFT）”，单击“确定”按钮。

② 同样方法将光标定位于“各科平均分”的右边的单元格中，单击“布局”|“数据”组|“公式”按钮，弹出“公式”对话框，在公式文本框中输入求平均值公式“=AVERAGE（ABOVE）”，单击“确定”按钮。

3.7 制作求职简历表

3.7.1 课堂演练——制作求职简历表

本例将帮助用户制作一份个人简历表，效果如图 3-66 所示。

> **实讲实训**
> **多媒体演示**
>
> 多媒体演示参见配套光盘中的\\视频\第3章\制作求职简历表.avi。

求 职 简 历

<table>
<tr><td>姓名</td><td>朱磊</td><td>性别</td><td>男</td><td>民族</td><td>汉</td><td rowspan="4">贴
照
片</td></tr>
<tr><td>曾用名</td><td colspan="2">朱小磊</td><td colspan="2">出生年月</td><td>1979 年 8 月 12 日</td></tr>
<tr><td>政治面貌</td><td colspan="2">党员</td><td colspan="2">最后学历</td><td>大学本科</td></tr>
<tr><td>家庭住址</td><td colspan="5">陕西省咸阳市三原县城关镇</td></tr>
<tr><td colspan="7">主要经历</td></tr>
<tr><td>年 月到 年 月</td><td colspan="5">在何地区何部门</td><td>证明人</td></tr>
<tr><td>1988.9—1992.7</td><td colspan="5">陕西省咸阳市三原西关小学</td><td>刘燕</td></tr>
<tr><td>1988.9—1992.7</td><td colspan="5">陕西省咸阳市三原西关中学</td><td>王红</td></tr>
<tr><td>1988.9—1992.7</td><td colspan="5">西安交通大学计算机系</td><td>张平</td></tr>
<tr><td>1988.9—至今</td><td colspan="5">西安交通大学计算机系</td><td>李飞</td></tr>
<tr><td>有何特长</td><td colspan="5">计算机操作与应用</td><td></td></tr>
</table>

图 3-66 “求职简历”效果图

操作步骤如下：

① 新建一个文档，输入表头“求职简历”。选择标题“求职简历”，将字体设为“隶体”、字号设为“二号”，单击“开始”|“字体”组|“加粗”按钮，单击“段落”组|“居中”按钮。将光标置于输入的文字之间，按空格键适当调整字符之间的间距。

② 按【Enter】键将光标定位到第 2 行，单击“插入”|“表格”组|“表格”按钮，在列表框中单击“插入表格”命令，弹出“插入表格”对话框，在“列数”中输入“3”，“行数”中输入“11”，如图 3-67(a)所示，单击“确定”按钮，产生一个 11 行 3 列的表格，如图 3-67(b)所示。

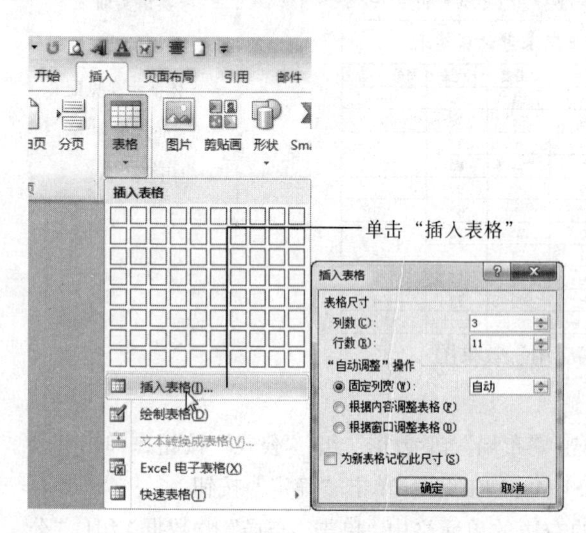

（a）设置表格行列数

求职简历

（b）产生 11 行 3 列表格

图 3-67 创建表格

③ 将鼠标指针移到第 2 列和第 3 列的分隔线上，当其变为✢形状时，向右拖动，使第 3 列的宽度大致为一张一寸照片的宽度，松开鼠标即可，如图 3-68 所示。

④ 选中第 3 列的前 4 行单元格并右击，在弹出的快捷菜单中选择“合并单元格”命令，将选中的部分合并成一个单元格。选中第 6 行右击，在弹出的快捷菜单中选择“合并单元格”命令，合并成一个单元格，效果如图 3-69 所示。

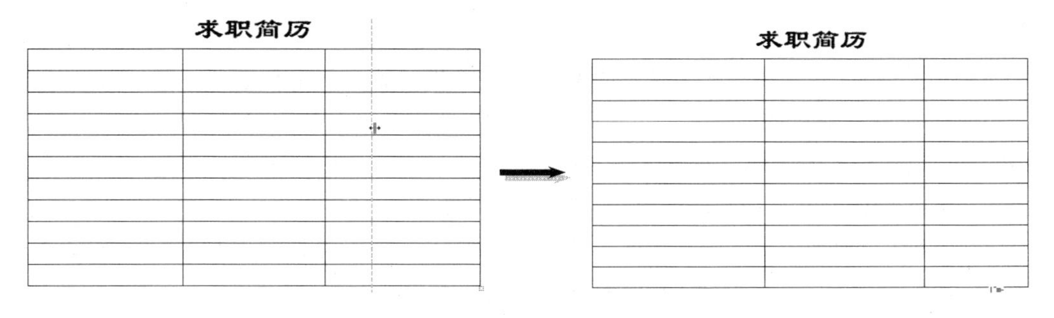

图 3-68 调整列宽

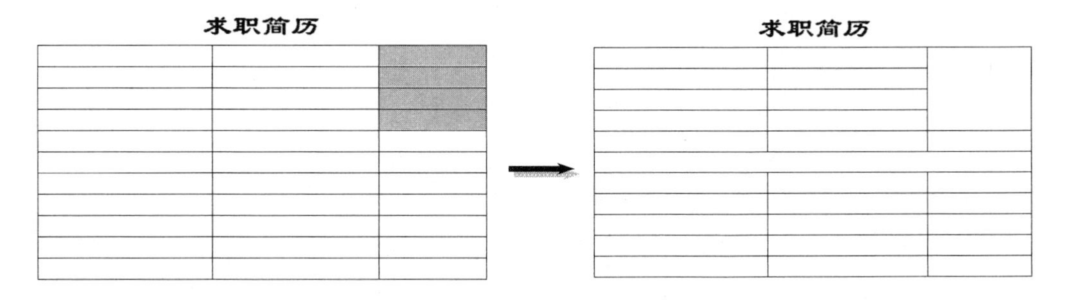

图 3-69　合并单元格

⑤ 选择第 2 列第 1 个单元格右击，在弹出的快捷菜单中选择“拆分单元格”命令，弹出“拆分单元格”对话框，在“列数”微调框中输入“5”，如图 3-70 所示。用同样的方法分选中第 2 列第 2 个和第 3 个单元格并将其拆分成 1 行 3 列。

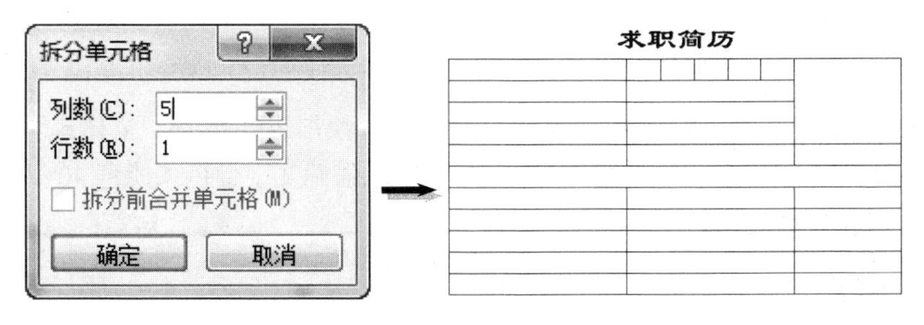

图 3-70　拆分单元格

⑥ 设置单个单元格的列宽。选中第 2 列第 3 个单格中第 1 单元格，将鼠标指针定位到右边的边线上当其变为✢形状时，向右拖动来改变本单元格的列宽，只影响本行右边单元格的列宽，不会影响其他行的列宽，如图 3-71 所示，同样方法可调整其他单元格的列宽。

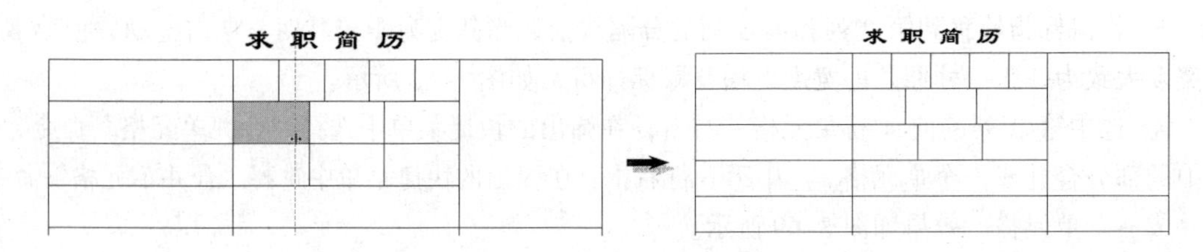

图 3-71 调整选中单元格的列宽

⑦ 输入表格中的文字。单击表格中的第 1 个单元格，输入“姓名”。按【Tab】键使光标移动到右方的单元格，输入名字，依次完成其他内容的输入。

⑧ 选中要居中的单元格右击，在弹出的快捷菜单中选择“单元格对齐方式”命令，在展开的列表中单击“中部居中”按钮，如图 3-72 所示。

⑨ 选定行：选择第 5 行，在“表格工具设计”|“绘图边框”组|“笔样式”下拉列表中选择“双实线”，在“笔画粗细”下拉列表中选择框线的宽度为“0.5 磅”，在“笔颜色”列表中选择“橙色，强调文字颜色为 6，深色 25%”，单击“表格样式”组|“下框线”按钮，如图 3-73 所示。

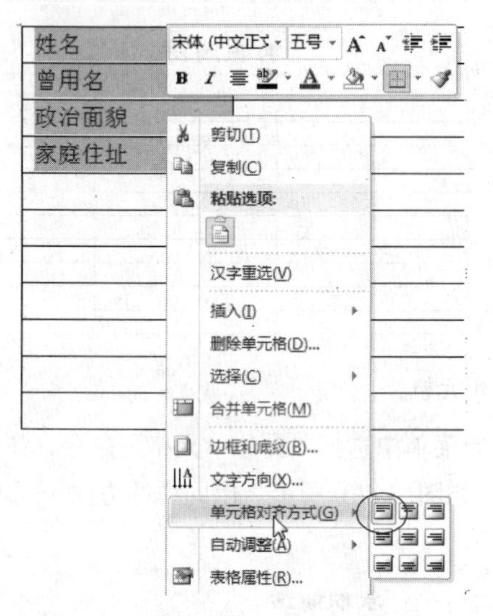

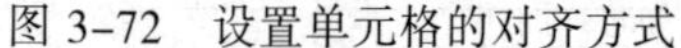

图 3-72 设置单元格的对齐方式

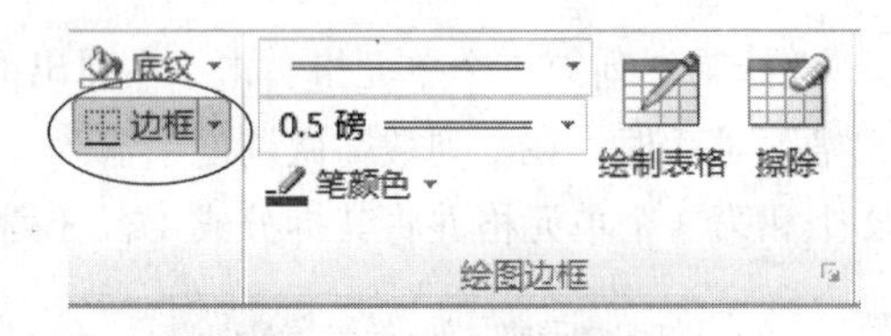

图 3-73 设置下框线

用同样的方法选定第 10 行，在“表格工具设计”|“绘图边框”组|“笔样式”下拉列表中选中“双实线”，设置线的宽度为“0.5 磅”，颜色为“紫色,强调文字颜色 4,淡色 40%”。设置外框线为“双实线”，宽度为“1.5 磅”，颜色为“黑色”。

3.7.2 基本知识要点

① 拆分单元格：拆分单元格就是将一个单元格拆分成多个等宽的小单元格。操作方法为：选定要拆分的单元格，用“表格工具布局”|“合并”组中的工具来拆分单元格。或右击在弹出的快捷菜单中选择“拆分单元格”命令，弹出“拆分单元格”对话框，在“列数”和“行数”微调框中输入要拆分的数目，单击“确定”按钮。

② 调整表格整列整行的行高和列宽：将鼠标指针移动到要调整的表格的边框线上，待鼠标指针变为双向箭头时，可手工拖动以改变表格的列宽和行高。

③ 指定表格中单元格的列宽：只要先选中要调整列宽所在的行的单元格，然后再调整列宽，就不会改变其他行的列宽，如图 3-74 所示。

图 3-74　调整指定单元格的列宽

3.7.3　案例进阶——制作支出证明单

效果如图 3-75 所示。

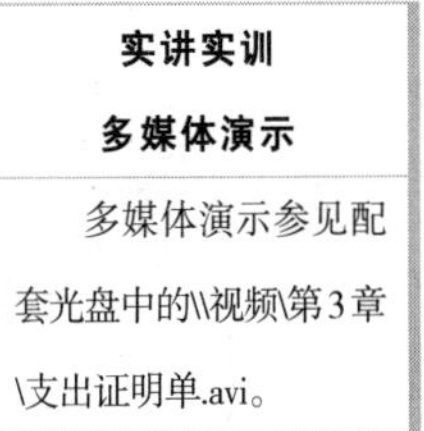
实讲实训

多媒体演示

多媒体演示参见配套光盘中的\\视频\第 3 章\支出证明单.avi。

支 出 证 明 单

采购人：输入您的姓名	所属部门：研发部	申请日期：2013/7/6
科　目	单击此处输入文字。	
事　由	单击此处输入文字。	
不能取得单据的原因	单击此处输入文字。	
金　额	人　民　币　¥　零　万零　仟零　佰零　拾　零　元整	
经理：	合计	经手人：

管理部
业务部
研发部

图 3-75　“支出证明单”效果图

1．在表格中制作文本内容控件

选择“开发工具”选项卡中的“控件”选项组，调出“控件”工具，如图 3-76 所示。

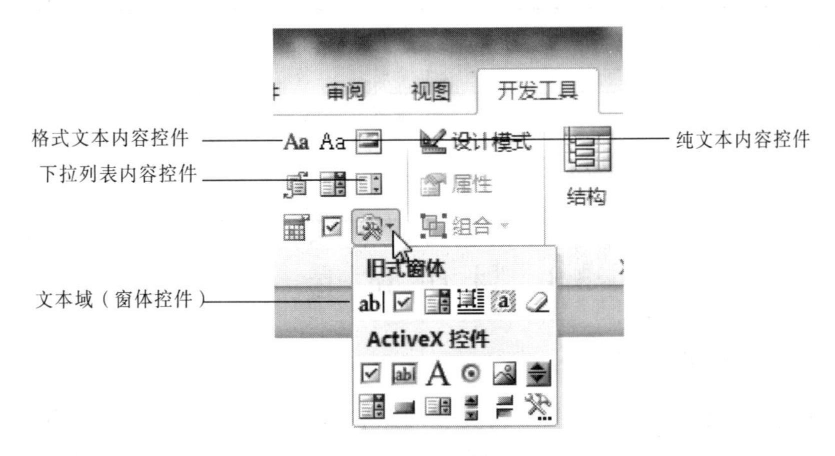

图 3-76　“控体”工具

将光标定位到“采购人”后，单击“开发工具”|“控件”组|“纯文本内容控件”按钮，再单

击“控件”组|“属性”按钮，弹出“内容控件属性”对话框，在“标题”文本框中输入“输入您的姓名”，单击“确定”按钮，如图 3-77 所示。

2. 在表格中制作下拉列表内容控件

将光标定位到“所属部门”后，单击“开发工具”|“控件”组|“下拉列表内容控件”按钮。再单击“控件”组|“属性”按钮，弹出“内容控件属性”对话框，在“标题”文本框中输入“所属部门”，在“下拉列表属性”选项组中单击“添加”按钮，在“添加选项”窗口输入“管理部”，单击“确定”按钮。按相同的方式将公司“业务部”、“研发部”输入完毕，单击“确定”按钮关闭对话框，如图 3-78 所示。

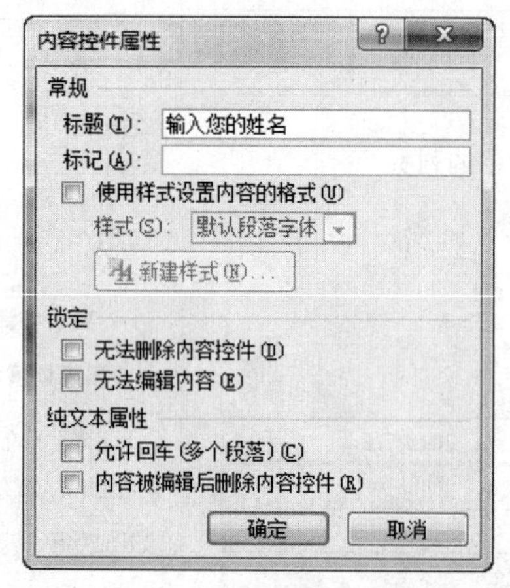

图 3-77 “纯文本内容控件”属性设置

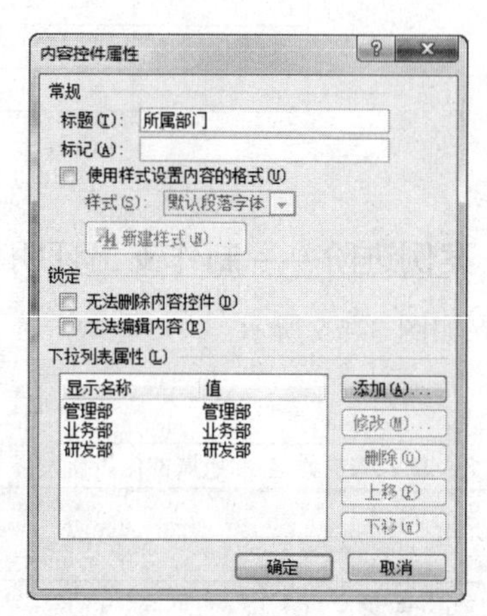

图 3-78 “下拉列表内容控件”属性设置

按要求添加控件，方法同上，具体内容如表 3-2 所示。

表 3-2 添加窗体域

标题名称	域名称	域选项
采购人	文字型窗体域	输入您的姓名
所属部门	下拉型窗体域	管理部、业务部、研发部
申请日期	文字型窗体域	日期类型
科目	文字型窗体域	常规文字；长度无限制 <||||||/>
事由	文字型窗体域	常规文字；长度无限制
不能取得单据的原因	文字型窗体域	常规文字；长度无限制
金额	下拉型窗体域	零、壹、贰、叁、肆、伍、陆、柒、捌、玖

3.8 制作试卷

3.8.1 课堂演练——制作试卷

在这个实例中用户将学习如何制作一份完整的试卷，效果如图 3-79 所示。

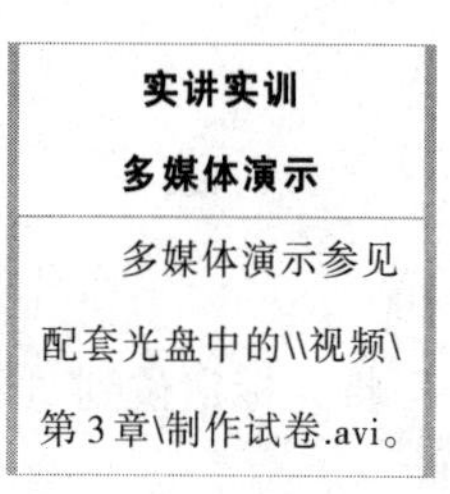

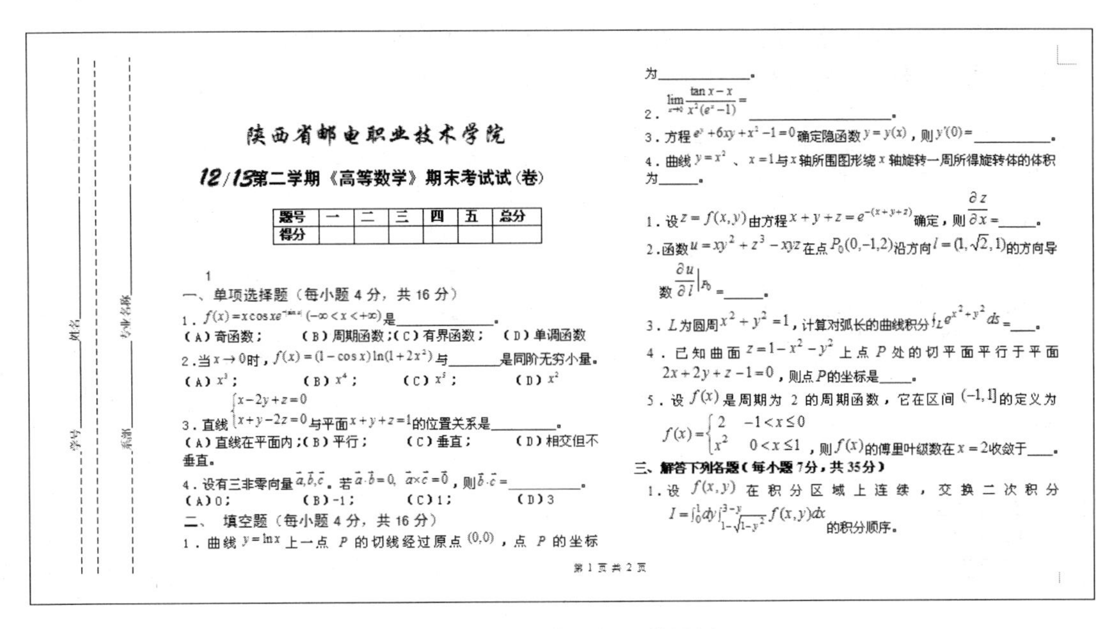

姓名＿＿＿＿　学号＿＿＿＿　专业名称＿＿＿＿　系部＿＿＿＿

陕西省邮电职业技术学院

12/13第二学期《高等数学》期末考试试(卷)

题号	一	二	三	四	五	总分
得分						

1

一、单项选择题（每小题 4 分，共 16 分）

1．$f(x)=x\cos x e^{\sin x}\ (-\infty<x<+\infty)$是＿＿＿＿＿＿。

（A）奇函数；（B）周期函数；（C）有界函数；（D）单调函数

2．当$x\to 0$时，$f(x)=(1-\cos x)\ln(1+2x^2)$与＿＿＿＿是同阶无穷小量。

（A）x^3；（B）x^4；（C）x^5；（D）x^2

3．直线$\begin{cases}x-2y+z=0\\x+y-2z=0\end{cases}$与平面$x+y+z=1$的位置关系是＿＿＿＿＿。

（A）直线在平面内；（B）平行；（C）垂直；（D）相交但不垂直。

4．设有三非零向量$\vec{a},\vec{b},\vec{c}$。若$\vec{a}\cdot\vec{b}=0,\ \vec{a}\times\vec{c}=\vec{0}$，则$\vec{b}\cdot\vec{c}=$＿＿＿＿＿。

（A）0；（B）-1；（C）1；（D）3

二、填空题（每小题 4 分，共 16 分）

1．曲线$y=\ln x$上一点 P 的切线经过原点$(0,0)$，点 P 的坐标为＿＿＿＿＿。

2．$\lim\limits_{x\to 0}\dfrac{\tan x-x}{x^2(e^x-1)}=$＿＿＿＿＿＿＿＿。

3．方程$e^y+6xy+x^2-1=0$确定隐函数$y=y(x)$，则$y'(0)=$＿＿＿＿＿。

4．曲线$y=x^2$、$x=1$与x轴所围图形绕x轴旋转一周所得旋转体的体积为＿＿＿。

1．设$z=f(x,y)$由方程$x+y+z=e^{-(x+y+z)}$确定，则$\dfrac{\partial z}{\partial x}=$＿＿＿。

2．函数$u=xy^2+z^3-xyz$在点$P_0(0,-1,2)$沿方向$l=(1,\sqrt{2},1)$的方向导数$\dfrac{\partial u}{\partial l}\Big|_{P_0}=$＿＿＿。

3．L为圆周$x^2+y^2=1$，计算对弧长的曲线积分$\int_L e^{x^2+y^2}ds=$＿＿。

4．已知曲面$z=1-x^2-y^2$上点P处的切平面平行于平面$2x+2y+z-1=0$，则点P的坐标是＿＿＿。

5．设$f(x)$是周期为 2 的周期函数，它在区间$(-1,1]$的定义为$f(x)=\begin{cases}2 & -1<x\le 0\\x^2 & 0<x\le 1\end{cases}$，则$f(x)$的傅里叶级数在$x=2$收敛于＿＿。

三、解答下列各题（每小题 7分，共 35分）

1．设$f(x,y)$在积分区域上连续，交换二次积分$I=\int_0^1 dy\int_{1-\sqrt{1-y^2}}^{3-y}f(x,y)dx$的积分顺序。

第 1 页 共 2 页

图 3-79 “制作试卷”效果图

操作步骤如下：

① 在“快速访问”工具栏上单击“新建”按钮或按【Ctrl+N】组合键，新建一篇空白文档。

② 单击“页面布局”|“页面设置”组|右下角“对话框启动器”按钮，打开“页面设置”对话框，设置页边距“上、下、左、右”为 2 厘米，设置装订线位置为“左”，距离为“3 厘米”，纸张方向选择“横向”，如图 3-80 所示。

③ 在“页面设置”对话框中选择“纸张”选项卡，在“纸张大小”下拉列表框中选择“B4”或选择“自定义大小”选项，设置宽度为“36.4 厘米”，高度设置为“25.7 厘米”，如图 3-81 所示。

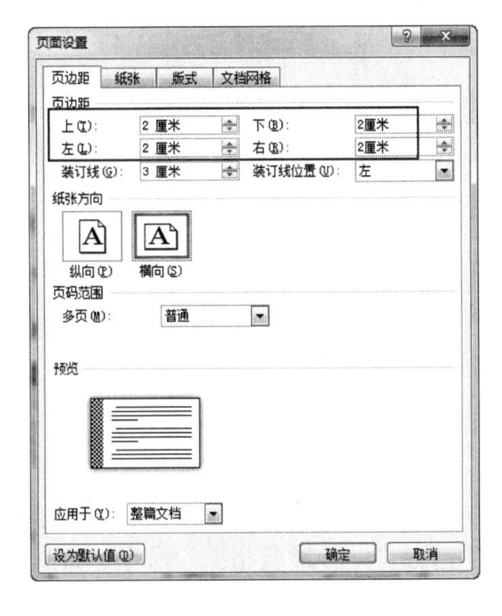

图 3-80 “页面设置” 对话框

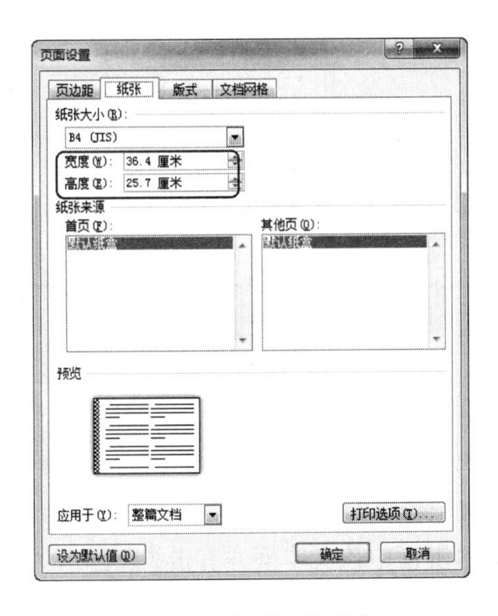

图 3-81 “纸张”选项卡

④ 切换到“文档网格”选项卡，在“栏数”微调框中选择 2，如图 3-82 所示。

⑤ 切换到“版式”选项卡，如图 3-83 所示，单击“边框”按钮。

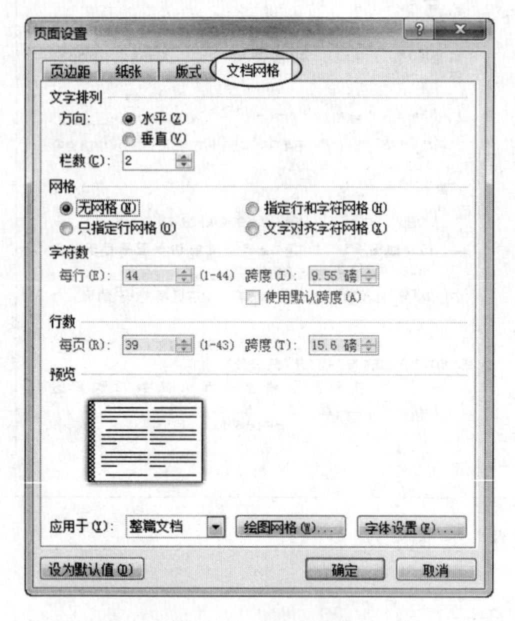

图 3-82 设置栏数

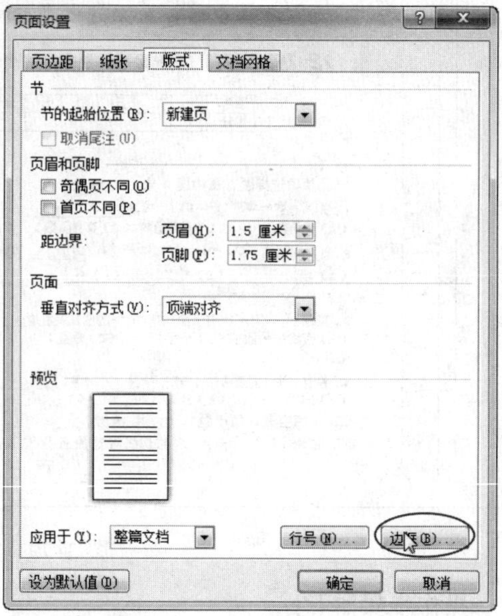

图 3-83 “版式”选项卡

⑥ 打开如图 3-84 所示的“边框和底纹”对话框，在“设置”选项组中选择“方框”选项后，单击“确定”按钮。

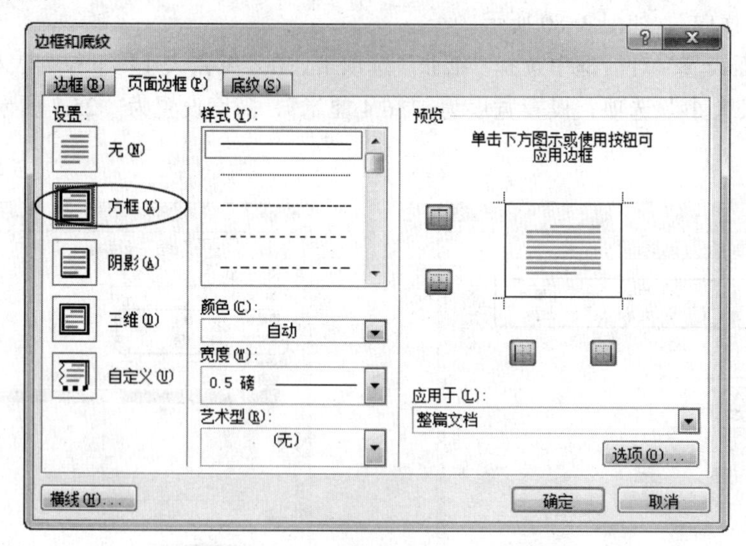

图 3-84 “边框和底纹”对话框

⑦ 单击“插入”|“文本”组|“文本框”按钮，在列表框中选择“绘制竖排文本框”命令，鼠标指针变成十字形，拖动鼠标在页面中绘制一个大小合适的竖排文本框，在文本框边框上单击选中该文本框并右击，在弹出的快捷菜单中选择“设置形状格式”命令，如图 3-85 所示。

⑧ 打开“设置形状格式”对话框，在 “填充”选项组中选择“无填充”单选按钮，在“线条颜色”选项组中选择“无线条”单选按钮，如图 3-86 所示，

◎说明

也可选中该文本框，单击“绘图工具的格式”|“形状样式”组，在“形状填充”下拉列表中选择“无填充颜色”命令，在“形状轮廓”下拉列表中选择“无轮廓”命令。

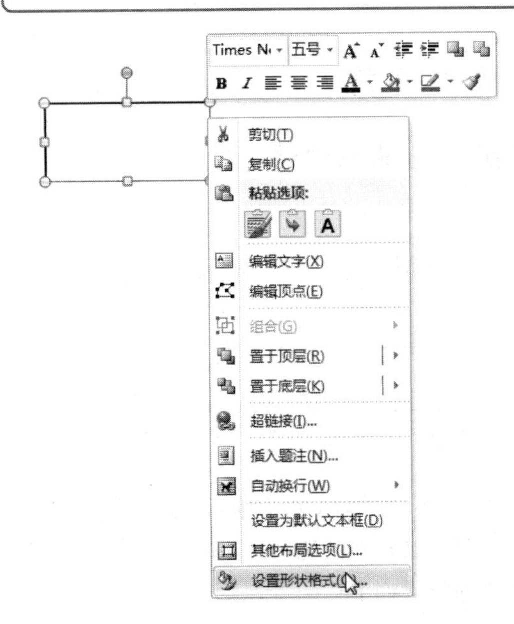

图 3-85 “设置形状格式”命令

图 3-86 “设置形状格式”对话框

⑨ 将光标定位在文本框中右击，选择“文字方向”命令，打开“文字方向-文本框”对话框，选择逆向文字排列顺序，如图 3-87 所示，单击“确定”按钮。在文本框中输入相关的文字，效果如图 3-88 所示。

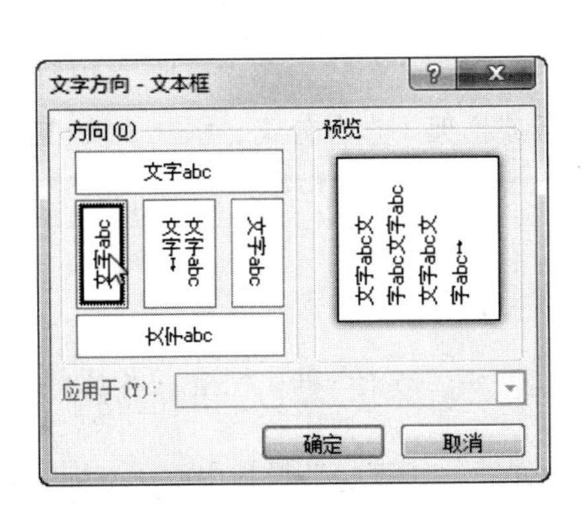

图 3-87 “文字方向-文本框”对话框

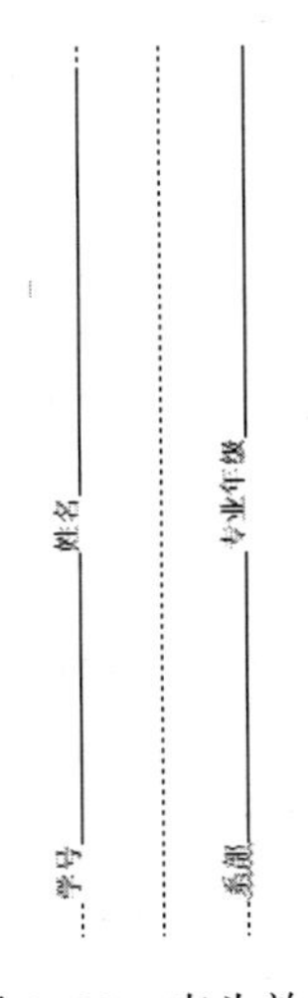

图 3-88 表头效果

⑩ 在文档的首行输入试卷的标题文字“陕西邮电职业技术学院”，选中所输入的标题文字，

设置其字体为“华文行楷”，字号为“二号”，单击“开始”|“段落”组|“居中”按钮，使文字居中显示。按【Enter】键换行，输入试卷副标题文字“12/13 第二学期《计算机应用基础》期末考试试（卷）”，设置其字体为黑体，字号为三号。

⑪ 将光标定位于第 2 行标题中并右击，在弹出的快捷菜单中选择“段落”命令，设置段前 0.5 行，段后 0.5 行，以便将标题与正文文字区别开来，单击“确定”按钮，效果如图 3-89 所示。

陕西邮电职业技术学院

12/13 第二学期《计算机应用基础》期末考试试（卷）

图 3-89　标题效果

⑫ 按【Enter】键换行，制作表格，如图 3-90 所示。选中表格，设置字体为“宋体”，字号为“五号”。

题号	一	二	三	四	五	总分
得分						

图 3-90　制作试卷头效果

⑬ 定位光标在表格下方，输入第一题的题目“一、单项选择题（每小题 4 分，共 16 分）”，选中输入的文字，设置其字体为“黑体”，字号为“小三”。试卷中其他部分的内容只需录入。

下面重点介绍公式的输入。在文档中插入数学公式的步骤如下：

a. 单击要插入公式的位置。

b. 单击“插入”|“符号”组|“公式”按钮，在功能区显示一些常用的数学公式，利用“公式”工具栏中的符号、结构即可完成复杂公式的编制，如图 3-91 所示，

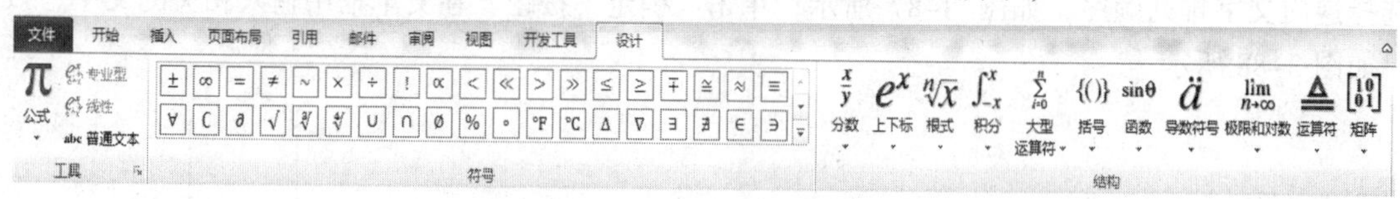

图 3-91　“公式”工具栏

从“公式”工具栏上选择符号，输入变量和数字，以创建公式。在“符号”功能区有众多数学符号可进行选择。在“结构”功能区有众多的样板或框架（包含分式、积分及求和符号等）可进行选择。

若要返 Microsoft Word，则单击 Word 文档。

下面举例说明公式的输入。

执行上述操作步骤后，在“在此处键入公式。”处输入 $f(x)=$，然后单击“结构”组|“分数”模板中的 $\frac{\square}{\square}$，此时公式变为 $f(x)=\frac{\square}{\square}$，在分子单击定位光标在分子上，单击“上下标”模板中的“上标” $\square^{\square}$，此时公式变为 $f(x)=\frac{\square^{\square}}{\square}$，在上下两个虚框中分别输入 a 和 x，此时公式变为 $f(x)=\frac{a^x}{\square}$， 将插入点置于分母内，

依照同样的方法输入 a^x+，此时公式变为 $f(x)=\frac{a^x}{a^x+}$，单击“根式”模板中 $\sqrt{\square}$，并输入 a，完成公式 $f(x)=\frac{a^x}{a^x+\sqrt{a}}$ 的输入。

◎小技巧

如何编辑已有的数学公式？单击需要编辑的数学公式，利用公式工具“设计”选项卡中的符号、结构等功能按钮来添加、删除或更改公式中的元素。

⑭ 在页脚处插入页码：单击“插入”|“页眉和页脚”组|“页脚”列表|“编辑页脚”命令，在页脚中输入“第页共页”4 个字，将光标定位在“第”的后面，单击“插入”|“文本”组|“文档部件”列表|“域”命令，弹出“域”对话框中，在“全部”类别中选择“Page”(表示页码)，在“格式”列表框中选择“数字”格式，单击“确定”按钮。

同理将光标定位在“共”的后面，在“域”对话框中，在“全部”类别中选择“NumPages”(表示文档的总页码)，在“格式”列表框中选择“数字”格式，单击“确定”按钮。如图 3-92 所示，单击“段落”组|“居中”按钮。

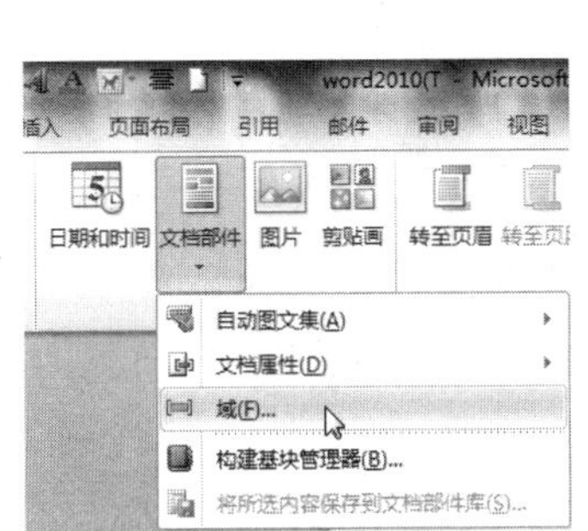

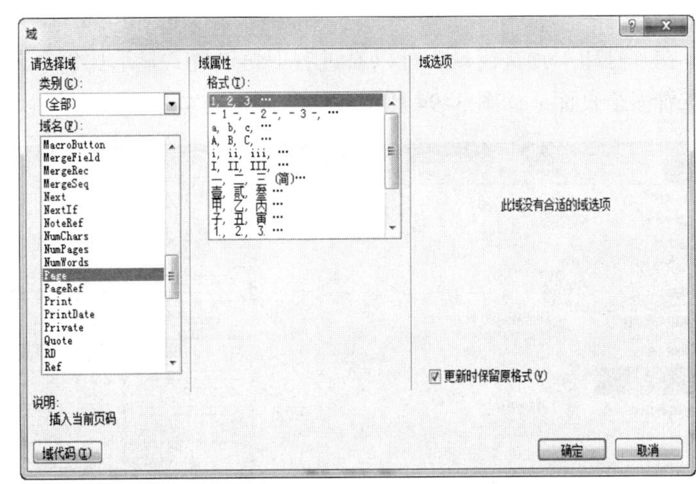

图 3-92　在页脚处插入页码

删除页码：进入页眉和页脚的编辑状态，选中页码后按【Del】键删除页码即可。

◎小技巧

如何给文章的奇偶页插入不同的页眉？

单击“页面设置”|“页面设置”组|右下角“对话框启动器”按钮，打开“页面设置”对话框，在页眉和页脚框中选择“奇偶页不同”来设置。

⑮ 打印文档

a. 打印预览。

打印预览可以显示文档的实际打印效果，单击“快速访问”工具栏中的“打印预览和打印”按钮或选择菜单栏中的“文件”|“打印”命令，可以打开“打印预览”窗口，如图 3-93 所示。

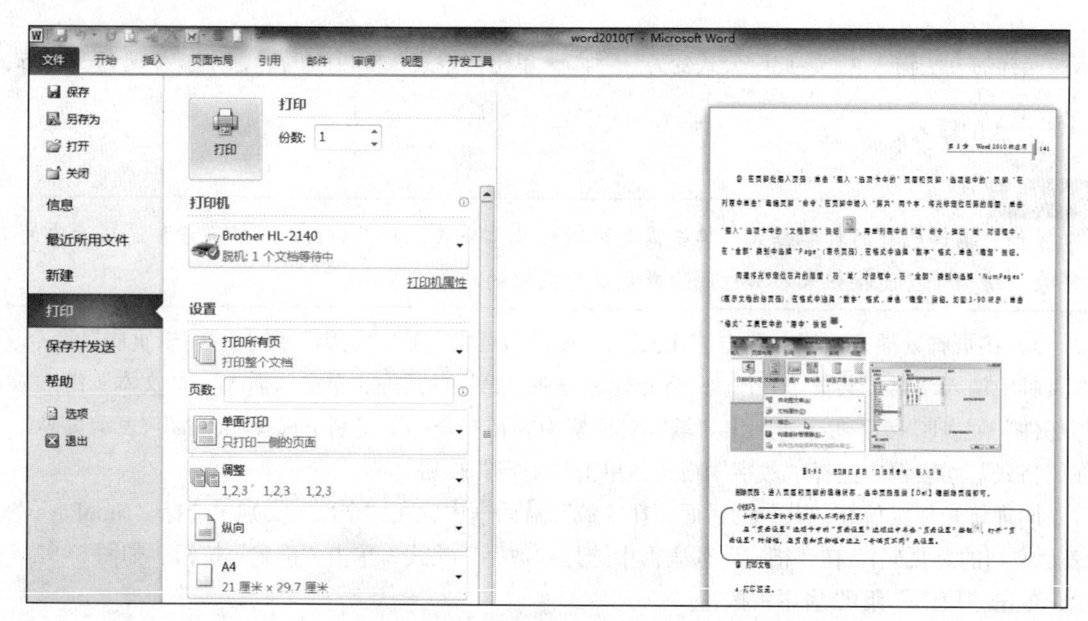

图 3–93 “打印预览”窗口

在“打印”预览窗口，可以通过右下角设置“显示比例”来放大、缩小文档，当缩小页面时可查看多个页面，如图 3–94 所示。

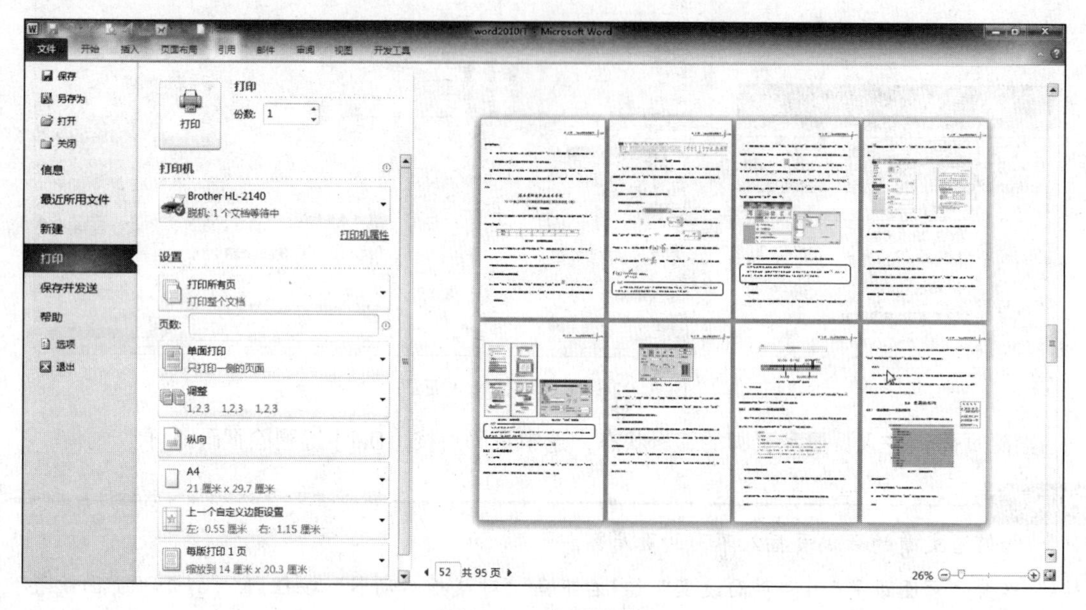

图 3–94 多页预览

b. 打印。

在“打印”窗口单击“打印”按钮，可以直接用打印机的默认配置打印当前文档的全部内容。

如果要打印部分文档或多份副本，通过“打印”对话框设置打印选项，选择合适的打印机、打印份数和打印范围等，如图 3–95 所示。设置完成后单击“打印”按钮即可进行打印。

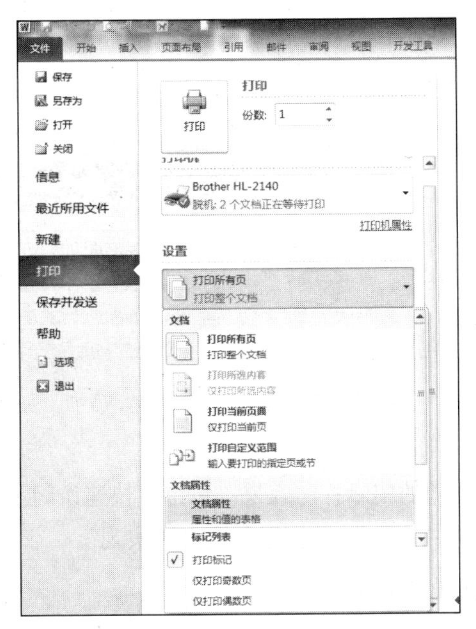

图 3-95 “打印”对话框

◎小技巧

如何进行双面打印？

要进行双面打印，可在图 3-95 所示“设置”列表框中选择“仅打印奇数页”，打印完成后把纸翻过来，选择“仅打印偶数页”。

⑯ 选择“文件”|“保存”命令，或单击“快速访问”工具栏中“保存”按钮 。

3.8.2 基本知识要点

1. 分栏

将光标定位于某段落中或选中要分栏的段落，单击“页面布局”|“页面设置”组|“分栏”按钮，在列表框中选择“更多分栏”命令，打开“分栏”对话框，如图 3-96 所示，可预设栏数、栏间的分隔线、栏宽、间距。

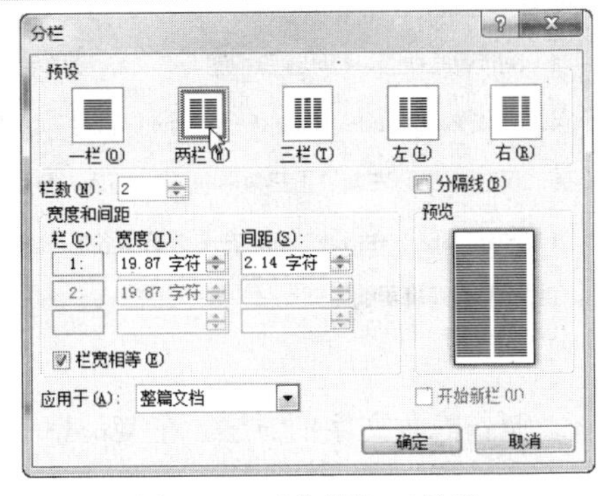

图 3-96 “分栏”工具栏

2. 公式编辑器

双击“插入”|“符号”组|“公式”按钮 π，在功能区有一些常用的数学公式，利用“公式”工具栏中的符号、结构即可完成复杂公式的编制。

3. 设置页眉和页脚

页眉和页脚是打印在文档每页上边距和下边距的位置上，用简洁文字标出文章的题目、页码、日期或图案等。页眉和页脚的内容不是随文档一起输入，只有启动“页眉和页脚”工具才能编辑。

单击“插入”|“页眉和页脚”组|“页眉”按钮，在列表框中选择“编辑页眉”命令，此时会显示一个虚线，同时弹出“页眉和页脚工具设计”选项卡，在页眉区域输入页眉，如图 3-97 所示。

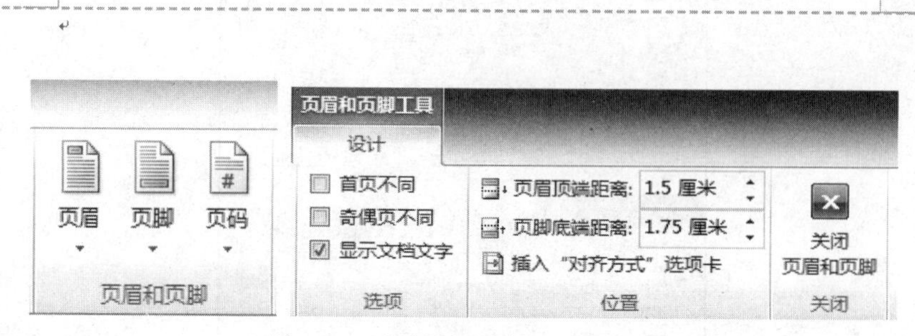

图 3-97 “页眉和页脚工具”选项

4. 打印预览

通过打印预览可以显示文档的实际打印效果。单击“快速访问”工具栏中的“打印预览和打印”按钮或选择菜单栏中的“文件”|“打印”命令来实现。

3.8.3 案例进阶——隐藏试题答案

文档中有些内容是希望只显示在屏幕上而不打印出来的，比如试卷编辑中的试题答案如图 3-98 所示，我们可以借助格式中的“隐藏文字”格式达到目的。

实讲实训

多媒体演示

多媒体演示参见配套光盘中的\\视频\第 3 章\隐藏试题答案.avi。

试题答案

一、单选题　1-5 BCAAC　6-10 BBACA

二、填空题

1. 阅读版式视图、打印预览视图　2. 菜单栏、状态栏　3. Ctrl+N、Ctrl+O、Ctrl+S、Ctrl+P

4. Ctrl+F、Ctrl+H、Ctrl+G　5. 插入、符号　6. 整个段落　7. 移到下页顶端　8. 格式、字体

9. 双击　10. 左端、正三角形　11. 插入、分隔符　12. 页面、页眉和页脚　13. .dot、.wiz

14. Ctrl+Shift+Enter　15. 在一个单元格中　16. 嵌入　17. Ctrl+F9、Shift++F9

18. 用 VB 编辑器编写

图 3-98 试题答案

制作隐藏文字的方法：在 Word 中隐藏 Word 文档文字内容，可以考虑设置字体颜色从而达到保密的目的。

方法 1：

文字与背景一色。在 Word 文档中将文字颜色与背景颜色设置成同样的颜色。

方法 2：

自动“隐藏文字”。选中要保密的文字，右击并在弹出的快捷菜单中选择“字体”命令，在“字体”对话框中勾选“隐藏”复选框后单击“确定”按钮即可。

方法 3：

先在文档中按【Ctrl+F9】键插入一个空域，然后将欲隐藏的内容剪切到此域中，按【Alt+F9】组合键，那么这些内容就会“隐藏”得无影无踪了。再次按【Alt+F9】组合键，文字可显示出来，选中从域中拖出则可打印出来。

3.9　目录的制作

3.9.1　课堂演练——目录的制作

最终效果如图 3-99 所示（目录较长，这里只列出了第一章的目录内容）。

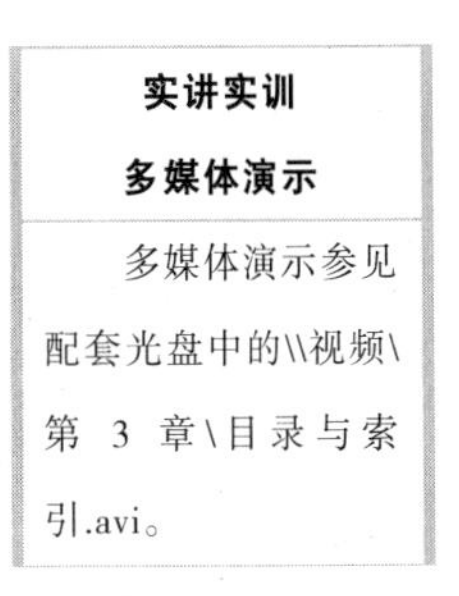

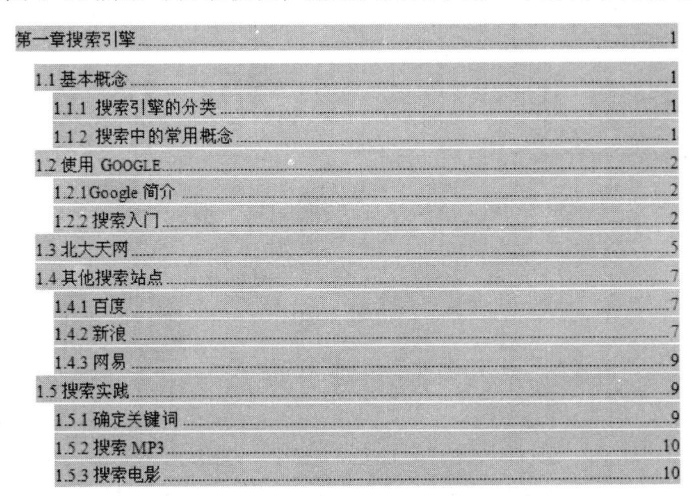

图 3-99　创建目录示例

操作步骤如下：

① 打开素材中的文档“3.9.1 目录与索引.docx”。

② 利用“样式”设置标题格式。

a. 单击“开始”|“样式”组|右下角“对话框启动器”按钮，则编辑窗口出现“样式”任务窗格。在样式任务窗格，选择“标题 1”样式，如图 3-100 所示。

b. 右击标题 1 样式，在弹出的快捷菜单中选择“修改”命令，如图 3-101 所示，打开“修改样式”对话框，在“字体”下拉列表框中选择“宋体”，在“字号”下拉列表框中选择“二号”，单击“居中”按钮。如图 3-102 所示，修改之后单击“确定”按钮。

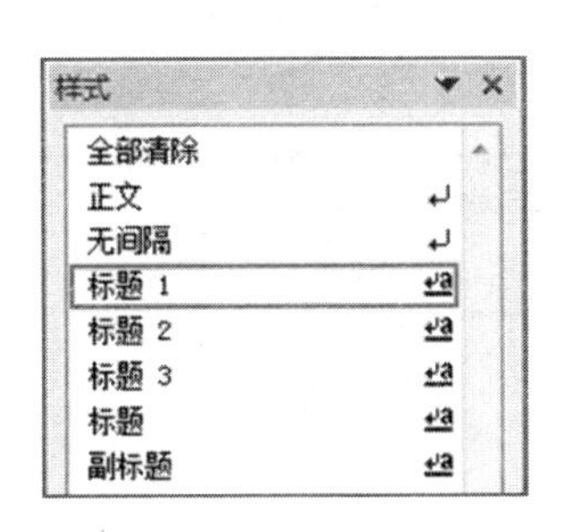

图 3-100　“样式”任务窗格

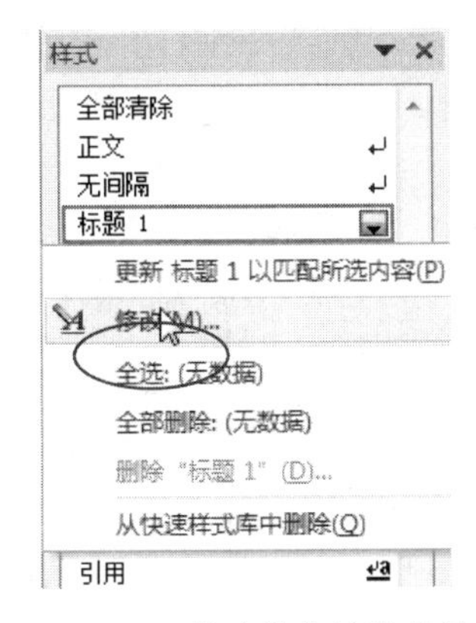

图 3-101　样式操作快捷菜单

c. 将光标定位于文档窗口的第 1 行文档标题“第一章 搜索引擎”中。

d. 在弹出样式任务窗格，单击“标题 1”样式，即可将标题行设置为“标题 1”样式，效果如图 3-103 所示。

图 3-102　修改样式

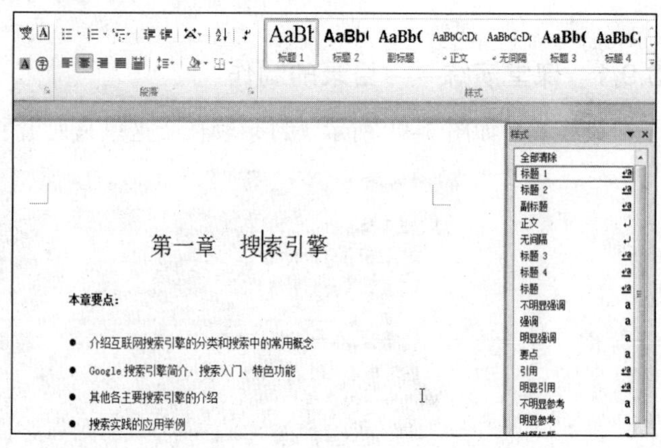

图 3-103　应用“标题 1”样式后的标题效

③ 利用“样式”及“格式刷”工具设置二级标题的格式。

a. 将光标定位在文档窗口的“1.1 基本概念”行。

b. 单击“开始”|“样式”组|右下角“对话框启动器”按钮，弹出“样式”任务窗格。在样式任务窗格，单击“标题 2”样式，即可将标题行设置为“标题 2”样式。

c. 双击“开始”|“剪贴板”组|“格式刷”按钮，然后将鼠标移动至其他每个需要设置为“标题 2”格式的文本前，并单击一下鼠标，即可将“标题 2”预设好的格式应用到所有被单击的文本行。

d. 再次单击“剪贴板“中的格式刷”按钮，或按【Esc】键释放“格式刷”工具。

④ 利用“样式”及“格式刷”工具将三级标题的设置为“标题 3”格式，方法同设置二级标题的方法一样。

◎小技巧

可用【Ctrl】键选择多个不连续的文本一次设置格式。

⑤ 单击状态栏“大纲视图”按钮，在“大纲”工具栏的“显示级别”下拉列表框中选择“3 级”，如图 3-104 所示，可看到设置标题样式的效果，如图 3-105 所示。

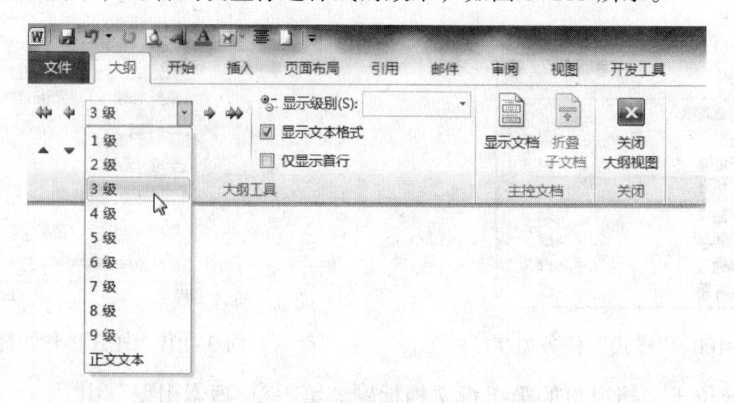

图 3-104　切换到大纲视图显示级别

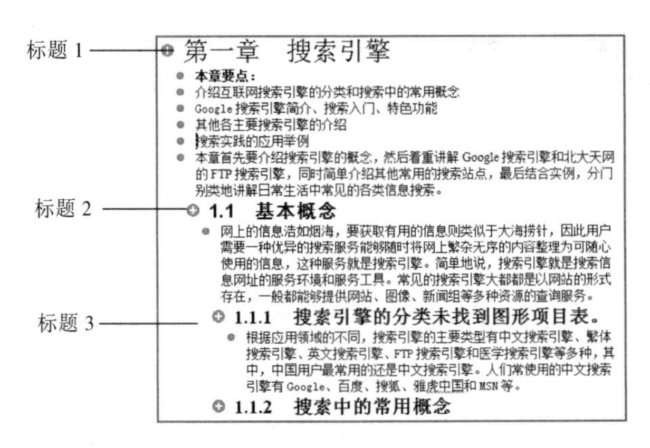

图 3-105　设置多级标题后的效果

⑥ 为文档插入目录，并修改其样式。单击状态栏右下角的“页面视图”按钮，切回到页面视图。

a. 按下快捷键【Ctrl+Home】，将光标定位到文档的起始位置。

b. 单击“页面布局”|“页面设置”组|“分隔符”按钮，在弹出的列表框中单击“分节符中“下一页”命令，如图 3-106 所示，即可在文档的起始位置插入一个分隔符，这样可以保证将目录与正文分隔开。

⑦ 为文档插入页码，并设置其格式。

单击“插入”|“页眉和页脚”组|“页码”按钮，在弹出的列表中选择“页面底部”|“普通数字 3”选项，即可在页面中加入页码，图 3-107 所示。

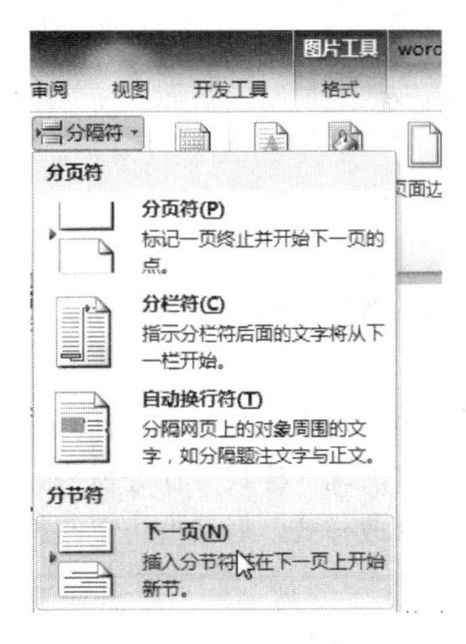

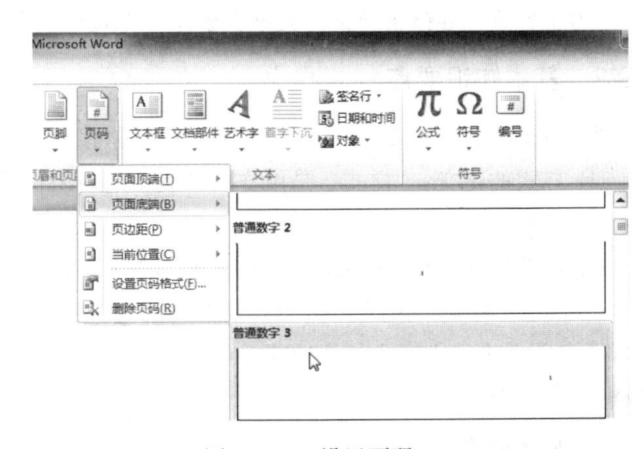

图 3-106　插入分节符　　图 3-107　设置页码

⑧ 按【Ctrl+Home】快捷键，将光标定位于制作目录的起始位置。单击“引用”|“目录”组|“目录”按钮，在弹出的列表中选择“插入目录”命令，如图 3-108 所示，打开“目录”对话框，选择“目录”选项卡，选中“显示页码”复选框和“页码右对齐”复选框。在“制表符前导符”下拉列表框中选择“.......”符号，在“格式”下拉列表框中选择“正式”格式，在“显示级别”微调框中设置“3”，单击“确定”按钮（见图 3-109），目录收集完毕。即可在文档起始位置插入一个具有三级标题的目录，效果如图 3-99 所示。

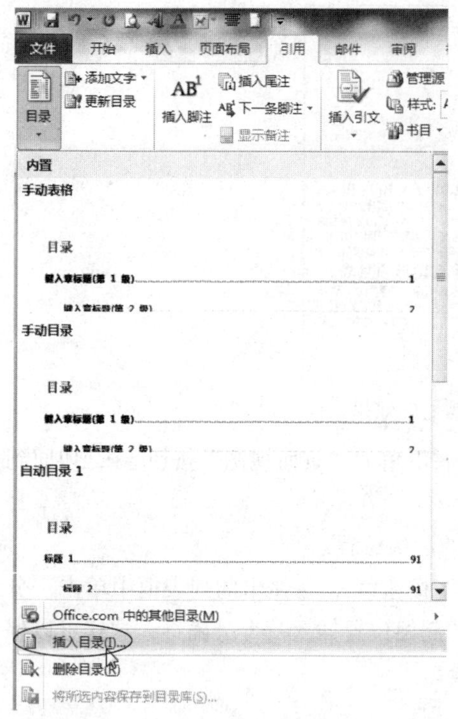

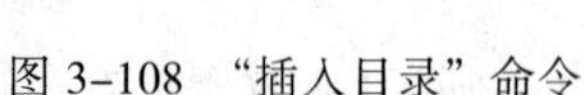

图 3–108 “插入目录”命令

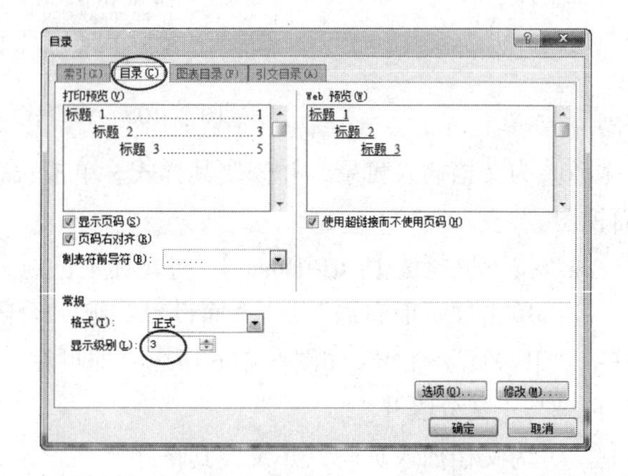

图 3–109 “目录”对话框

◎小技巧

当文档标题和页码发生变化时如何更改目录？

右击目录，在弹出的快捷菜单中选择“更新域”命令以更新目录。

3.9.2 基本知识要点

1. 样式定义与更改

① 样式的定义：“样式”是由样式名表示的一组格式，就现成的各种格式，它可以在文档中直接被选用。

② 更改样式：Word 系统内部样式不能删除，也不能重命名，但可以更改它包含的样式。单击“开始”|“样式”组|右下角“对话框启动器”按钮 ,在编辑窗口出现“样式”任务窗格，选中样式名并右击，在弹出的快捷菜单中选择“修改”命令，打开“修改样式”对话框可更改样式的格式。

2. 应用样式

选择要应用的样式文本，单击任务窗格中的样式名可一次性应用整组的格式。

3. 索引和目录

每一本书前面总要有一个目录，学生写的长篇论文也必须要有目录。编排目录是编辑长文档的一项非常重要的工作，其作用是列出文档中各级标题以及每个标题所在的页码。通过目录可把握全文的总体结构，也可利用目录快速定位到需浏览或编辑的文本位置。

方法如下：

① 首先将文档章、节、小节的标题分别应用样式“标题 1”、“标题 2”、“标题 3”。

② 将光标定位在文档的第一章开始前。单击“引用”|“目录”组|“目录”按钮，在列表中选择“插入目录”命令，打开“目录”对话框。具体操作详见“目录的制作”课堂演练。

4. 插入页码

单击“插入”|“页眉和页脚”组|“页码”按钮，在列表中选择一种“页码格式”即可在页面中插入页码。

5. 添加书签

为文档添加书签，首先选中要指定对象的书签对象，单击“插入”|“链接”组|“书签”命令，具体操作详见案例进阶中的操作方法。

6. 插入批注

在文档中插入批注，首先要选择插入批注的对象，单击“审阅”|“批注”组|“新建批注”按钮，即可为所选择的对象插入批注并进行编辑。

3.9.3 案例进阶——书签与批注的应用

效果如图 3-110 所示。

在电子文档中审阅和校对文档是常用的操作，目录和索引为查找带来了方便，书签也可定位所检查的位置。

> **实讲实训**
> **多媒体演示**
>
> 多媒体演示参见配套光盘中的\\视频\第 3 章\书签与批注的应用.avi。

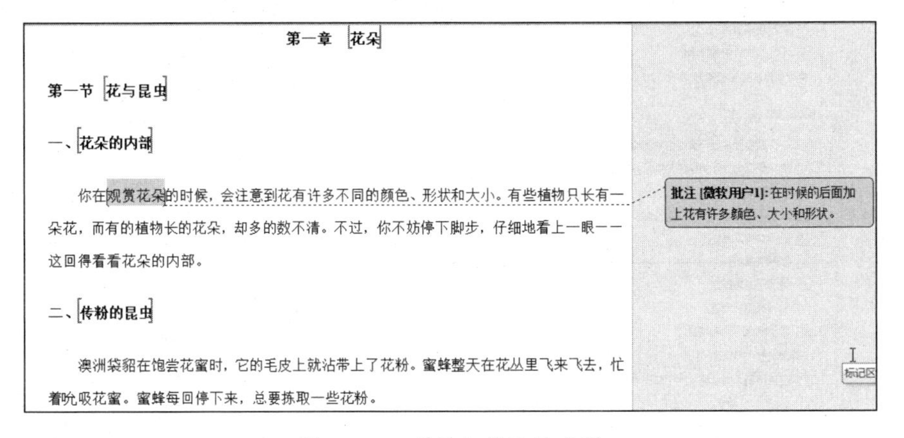

图 3-110　书签与批注的应用

操作提示：

1. 书签的应用

（1）添加书签

打开素材文档“3.9.3 书签.docx”，选中要指定对象的书签“花朵”，单击“插入”|“链接”组|“书签”按钮，弹出“书签”对话框。在“书签名”文本框中输入当前添加书签的名称“花朵”，（注意：书签名必须以字母和文字开头，可包含数字但不能有空格。不过，可以用下画线来分隔文字），单击“添加”按钮，如图 3-111 所示，即可为所选对象添加一个书签。

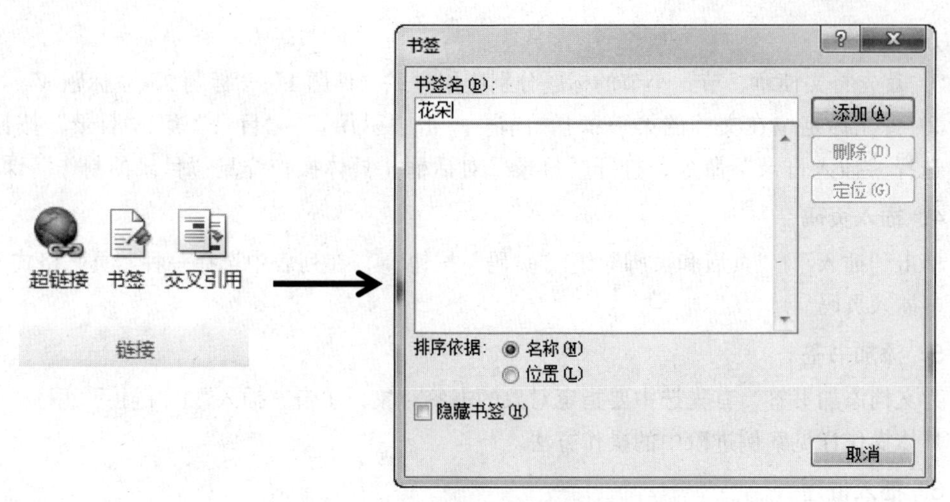

图 3-111 “书签”对话框

文档中“花与昆虫、花朵的内部、传粉的昆虫”等书签的制作方法同上。

（2）显示书签

选择“文件”|“选项”命令，打开“Word 选项”对话框，选择“高级”选项，在右侧选中“显示文档内容”中的“显示书签”复选框，单击“确定”，按钮，如图 3-112 所示，当前文档中所插入所有书签便会显示出来。

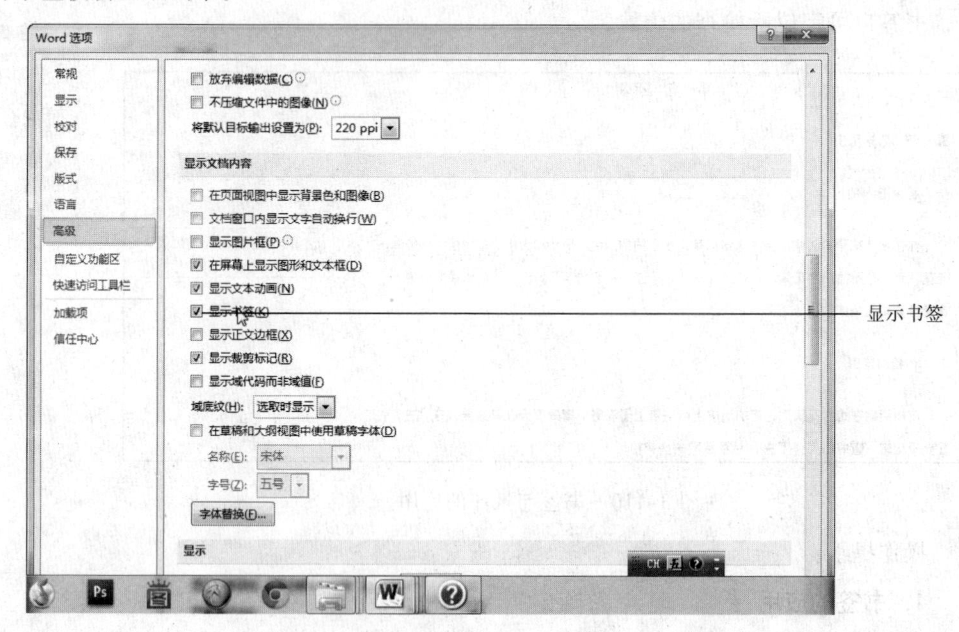

图 3-112 设置“显示书签”选项

（3）定位书签

单击“插入”|“链接”组|“书签”按钮，在弹出的“书签”对话框的“书签名”列表框中选择目标书签（如“花朵的内部”），然后单击“定位”按钮，如图 3-113 所示，即可返回到文档中添加该书签的位置。

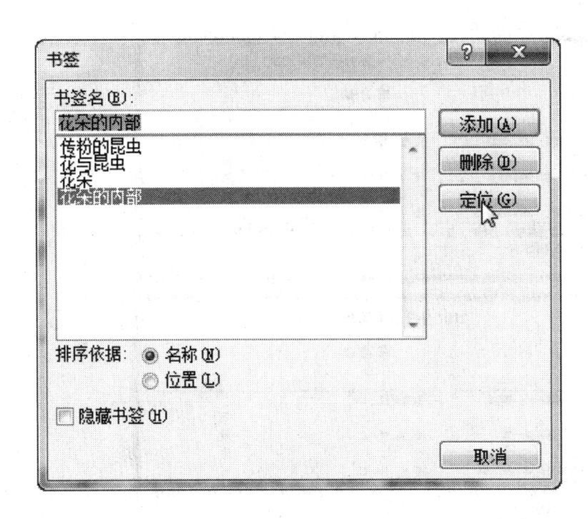

图 3-113 定位书签

2. 批注的应用

首先选择要插入批注的对象，如文中的“观赏花朵”，单击“审阅”|“批注”组|“新建批注”按钮，即可为所选择的对象插入批注并进行编辑，如图 3-114 所示。

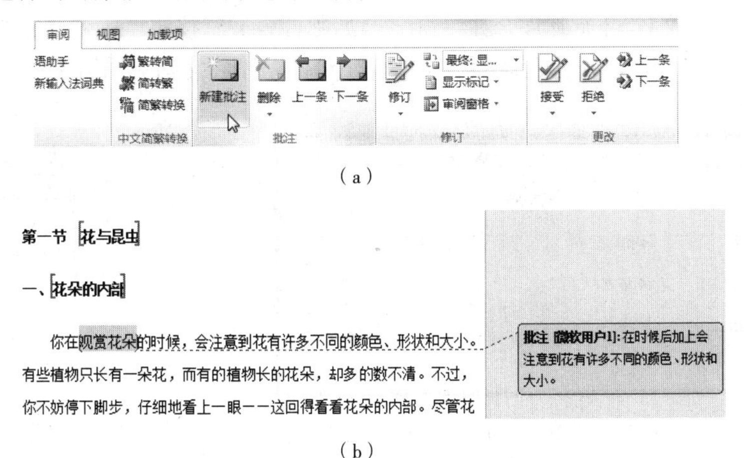

（a）

（b）

图 3-114 插入批注并编辑

3. 逐项审阅文档中的修订

单击“审阅”|“更改”组|“拒绝”按钮，可将插入的批注撤销，单击“接受”按钮，可将“修订”内容接纳进来。

3.10 邮 件 合 并

3.10.1 课堂演练——制作“准考证”

本例使用邮件合并功能，快速完成大量考生全国职称英语考试准考证的制作，效果如图 3-115 所示。

实讲实训 多媒体演示
多媒体演示参见配套光盘中\\视频\第 3 章\制作准考证.avi。

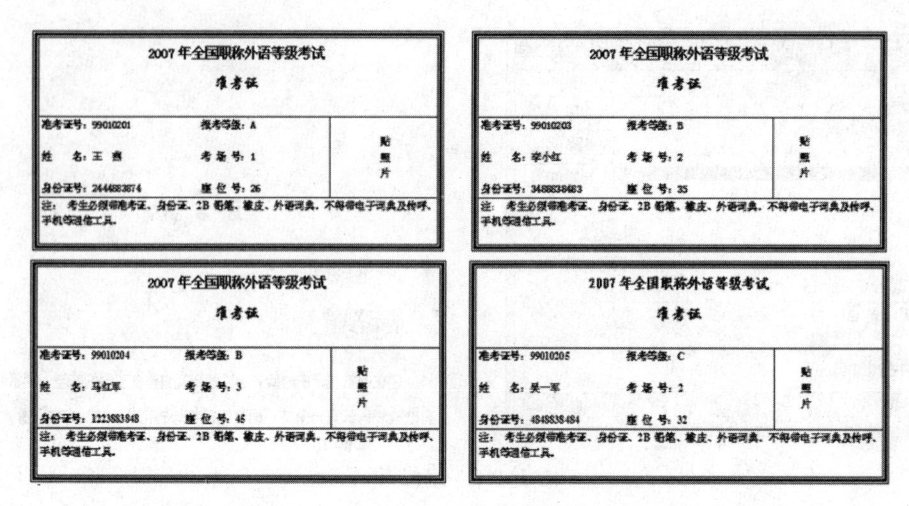

图 3-115 “邮件合并”效果

操作步骤如下：

① 打开素材中的主文档“3.10.1 准考证.docx”或自己建立一个主文档，如图 3-116 所示。

② 单击“邮件”|“开始邮件合并”组|“开始邮件合并”按钮，在弹出的列表中单击“信函”选项高亮显示，表示当前编辑的主文档类型为信函 Word 文档，如图 3-117 所示。

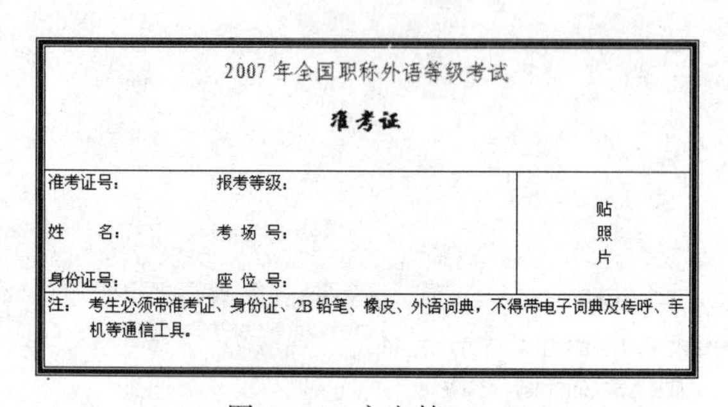

图 3-116 主文档

图 3-117 设置主文档类型

③ 单击“开始邮件合并”组|“选择收件人”按钮，在弹出的列表中单击“使用现有列表”选项，弹出“打开”对话框，选择素材中的“考生数据源.docx”，双击打开数据源，如图 3-118 所示，或自制一个表格添加相关内容，数据源文档如图 3-119 所示。

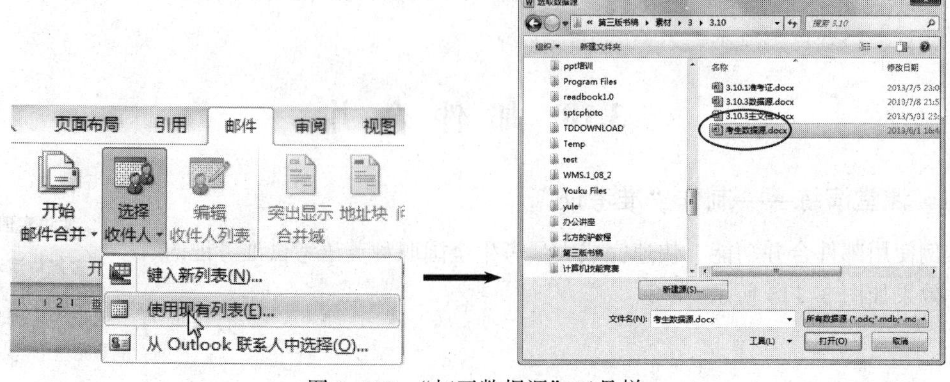

图 3-118 “打开数据源”工具栏

准考证号	姓名	身份证号	报考等级	考场号	座位号
99010201	王燕	2444883874	A	1	26
99010203	李小红	3488838483	B	2	35
99010204	马红军	1223883848	B	3	45
99010205	吴一军	4848838484	C	2	32
99010206	李平	8878888887	A	3	27
99010207	张力	3349499499	C	2	29
99010207	程丽	3884883883	C	1	30

图 3–119　数据源

④ 将光标定位在主文档“准考证号”冒号后的位置，如图 3–120(a)所示。单击“邮件”|“开始邮件合并”组|“插入合并域”按钮，在弹出的列表中选择“准考证号”选项，如图 3–120(b)所示。按同样的方法依次将“报考等级域”、“姓名域”、“身份证号域”、“考场号域”及“座位号域”插入到相应位置，插入完合并域后，效果如图 3–121 所示。

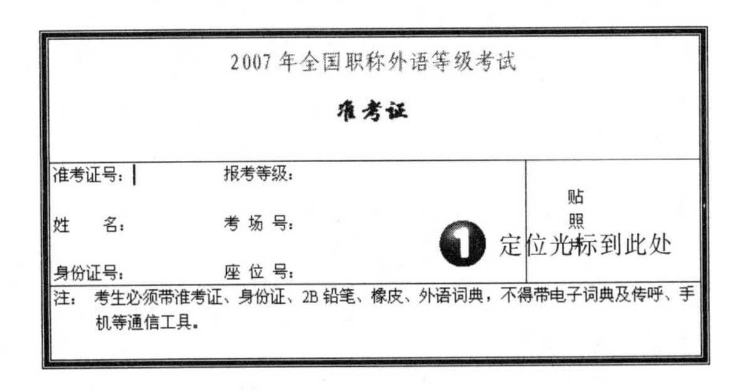

（a）定位光标

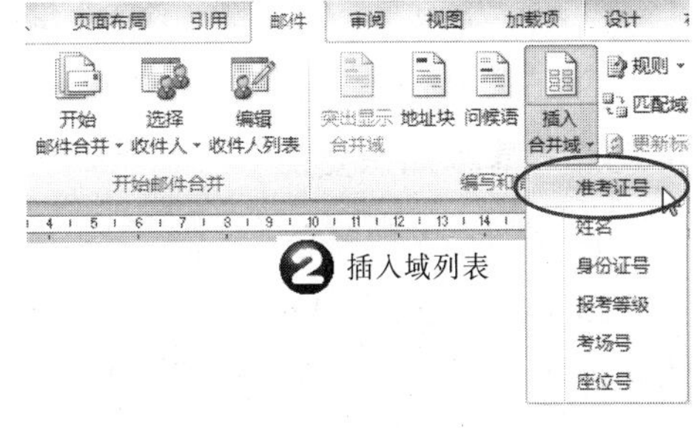

（b）插入域示意图

图 3–120　插入域

⑤ 单击“邮件”|“预览结果”组|“预览结果”按钮，此时将显示合并后的第一位准考证的效果，如图 3–122 所示。通过单击首记录按钮、上一条记录按钮、下一条记录按钮、尾记录按钮，可以浏览每个准考证。

2007 年全国职称外语等级考试
准考证
准考证号：«准考证号»　报考等级：«报考等级»
姓　名：«姓名»　考 场 号：«考场号»
身份证号：«身份证号»　座 位 号：«座位号»
贴照片
注：考生必须带准考证、身份证、2B 铅笔、橡皮、外语词典，不得带电子词典及传呼、手机等通信工具。

图 3–121　在主文档中完成了合并域的插入

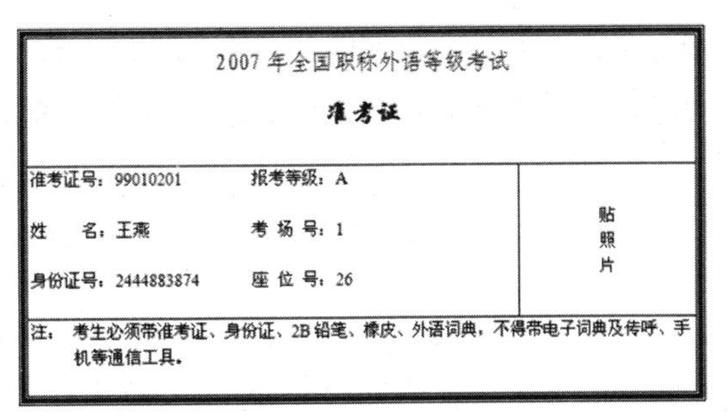

图 3–122　预览文档效果

⑥ 单击“邮件”|“完成”组|“完成并合并”按钮，在弹出的列表中选择“编辑单个文档”命令，弹出“合并到新文档”对话框，如图 3–123 所示，选中“全部”单选按钮，单击“确定”按钮即可生成新文档。

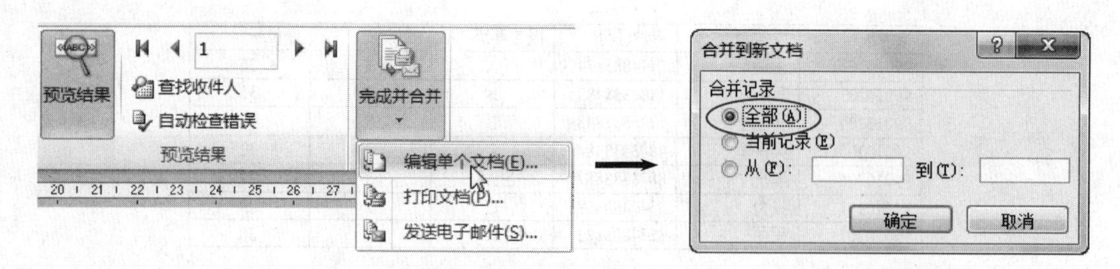

图 3-123　合并到新文档

◎小技巧

页面视图中邮件合并后每个准考证分页显示。在状态栏单击“Web 版式视图”按钮，或单击“大纲视图”按钮，即可显示文档中生成的全部内容。

合并的新文档打印时一页纸只能打印一个准考证，太浪费纸张。设置方法如下：

选择“页面布局”|“页面设置”组，在“版式”选项卡下，节的起始位置选择“接续本页”，应用于“整篇文档”。

3.10.2　基本知识要点

1. 邮件合并的概念

邮件合并是使用 Word 在定制的格式中，引用不同的数据，完成制式文档编排的操作过程。用它可以完成对一个文档或数据库中的数据进行过程完全一致的操作。

2. 邮件合并的方法

在“邮件”选项卡中的，通过选项组中的按钮进行邮件合并，具体操作详见课堂演练——制作“准考证”。

3.10.3　案例进阶——制作“卡通宠物卡片”

打开素材中的“3.10.3 主文档.docx”，选择“信函”文档类型，使用素材中的“3.10.3 数据源.docx”（光盘：\素材\第 3 章\3.10\3.10.3 数据源.docx）作为数据源，进行邮件合并，效果如图 3-124 所示。

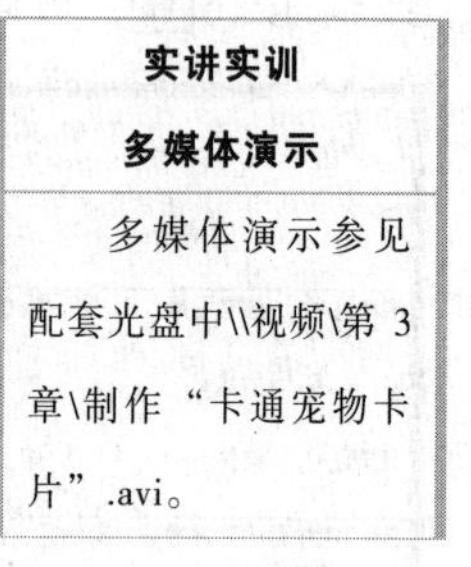

儿童宠物卡片

什么动物：	小狗	它叫什么：	都都	看它长的样子：	
它喜欢什么：	跑步	它的主人是谁：	小明		

儿童宠物卡片

什么动物：	小猴	它叫什么：	淘淘	看它长的样子：	
它喜欢什么：	上树	它的主人是谁：	小红		

儿童宠物卡片

什么动物：	小兔	它叫什么：	青青	看它长的样子：	
它喜欢什么：	跳跃	它的主人是谁：	小玲		

儿童宠物卡片

什么动物：	小猫	它叫什么：	咪咪	看它长的样子：	
它喜欢什么：	睡觉	它的主人是谁：	小萍		

图 3-124　卡通宠物卡片

3.11　制 作 日 历

3.11.1　课堂演练——制作日历

本例将使用 Word 模板教用户制作一份 2013 年的日历，效果如图 3-125 所示。

实讲实训

多媒体演示

多媒体演示参见配套光盘中\\视频\第 3 章\制作日历.avi。

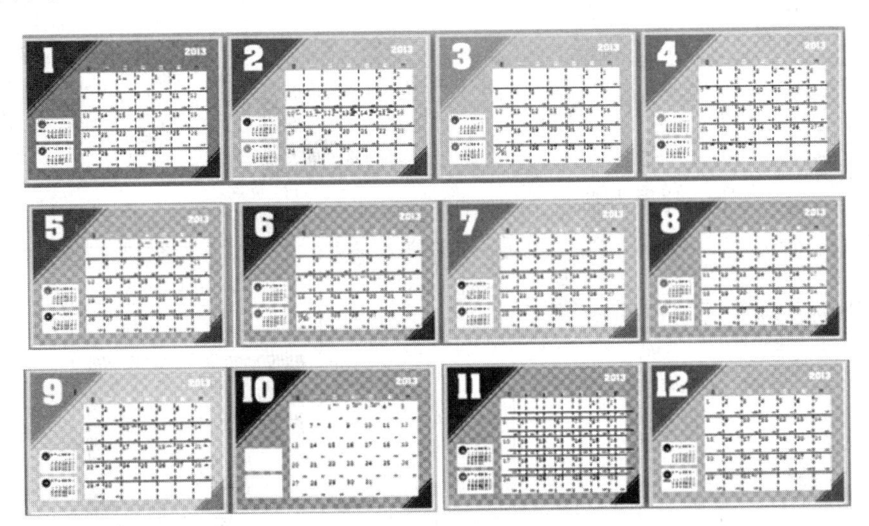

图 3-125　日历效果图

操作步骤如下：

① 选择“文件”|“新建”命令，右边窗口弹出“可用模板”窗格，在“Office.com 模板”文本框中输入“2013 日历”，如图 3-126 所示。

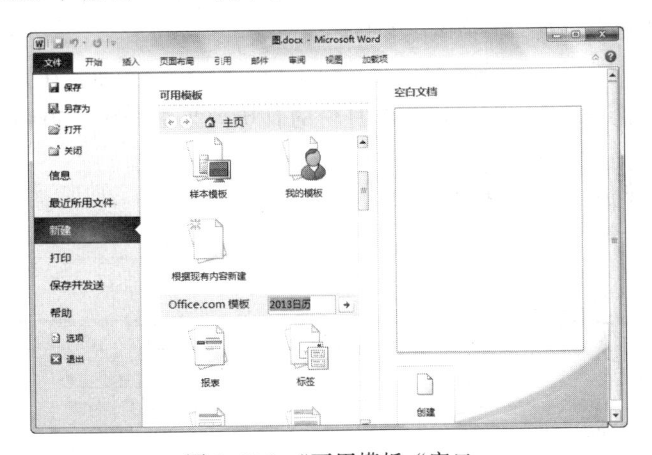

图 3-126　“可用模板“窗口

② 单击“开始搜索”按钮，系统开始从官方网站下载日历模板,如图 3-127 所示。

③ 搜索结束，弹出搜索成功的“2013 日历”模板，如图 3-128 所示。

④ 选中要应用的模板单击“下载“按钮，如图 3-129 所示。

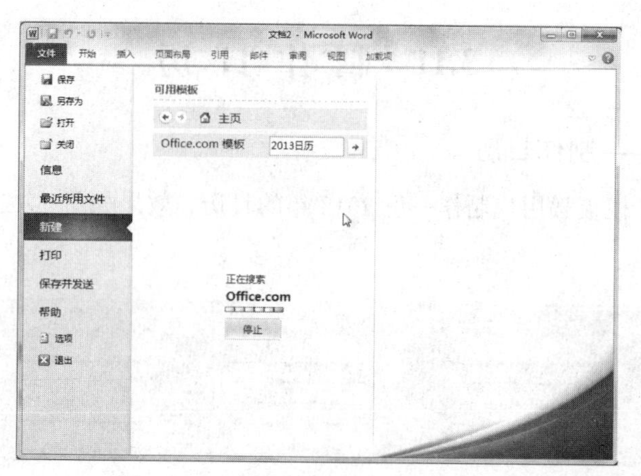

图 3–127 “搜索 2013 年日历“窗口

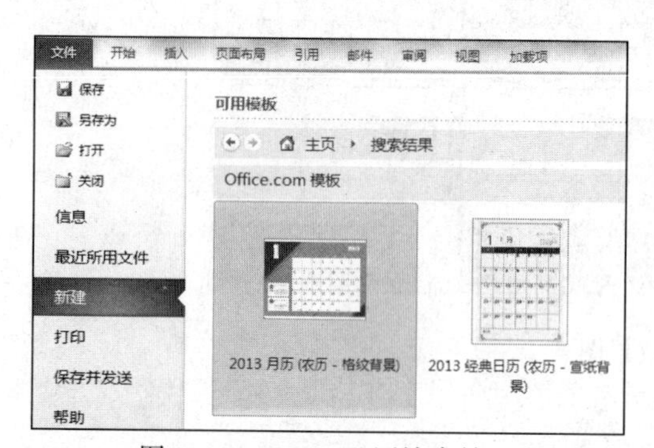

图 3–128 2013 日历搜索结果

图 3–129 下载 2013 年日历模板

⑤ 日历模板下载完毕，Word 2010 会创建一个新文档，自动生成“2013 年 1 月到 12 月的日历”文档，每月日历单独一页，方便编辑和打印。

⑥ 修饰背景。单击“页面布局|“页面背景”|“页面颜色”按钮，在弹出的列表中选择“黄色”就可以将页面设置为黄色。制作好的 9 月份的日历效果如图 3–130 所示。

图 3–130 制作好的日历

3.11.2　基本知识要点

1. 模板的定义

模板是一种特殊的文档，它决定了文档的基本结构和文档的设置。

2. 模板的应用

在办公应用中如果需要制作诸如报告、备忘录、信函、传真等专业型的文档，可以使用 Word 提供的专业模板，选择“文件”|“新建”命令，弹出“可用模板”对话框，在“样本模板”列表中选择用户需要的模板来创建文档，在这些模板中已经创建好了相应的格式与固定的内容，用户只需根据实际需要补充或更改部分内容即可。

3.11.3　案例进阶——制作信封模板

通过日历的制作，掌握模板的应用，我们还可自己创建模板，以备后用，制作一个信封模板的效果如图 3-131 所示。

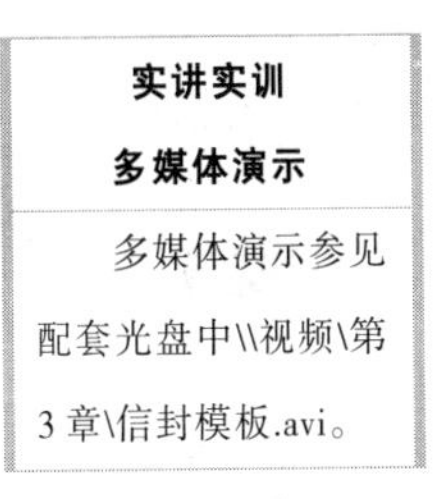

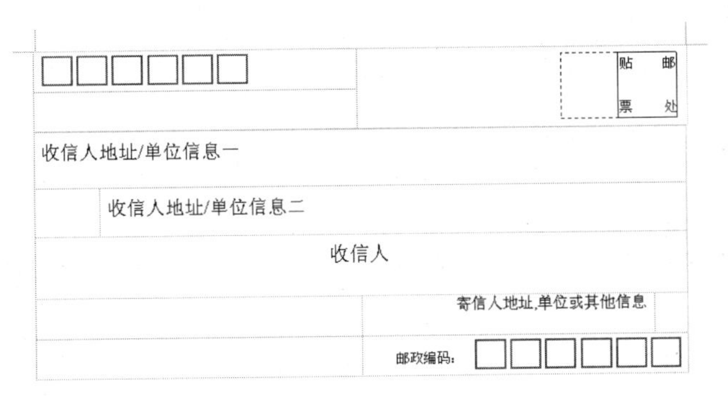

图 3-131　信封模板的效果图

操作提示：

打开 Word 文档，选择“文件”|“新建”命令，在“可用模板”列表中，选择“样本模板”选项，在预览效果图下选中“模板”单选按钮，再单击“创建”按钮，如图 3-132 所示。在文档中用绘图矩形和文本框工具等来制作模板。

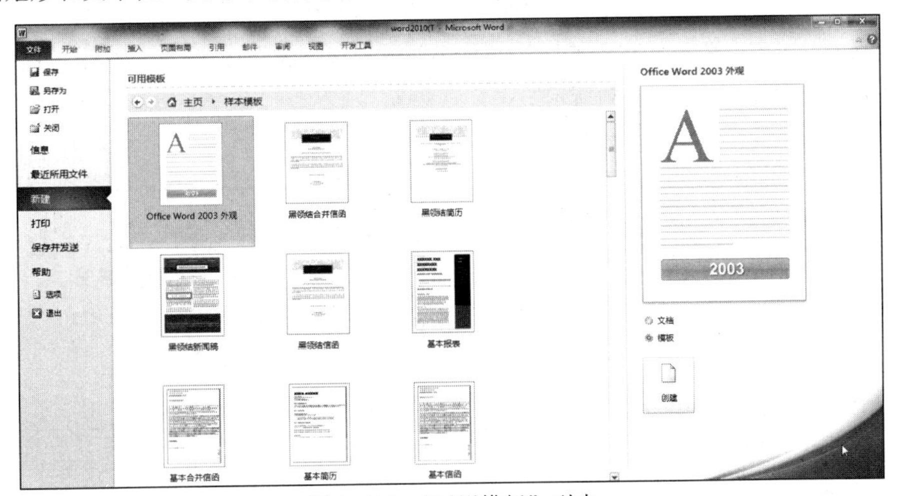

图 3-132　“可用模板”列表

3.12 Word 宏

3.12.1 课堂演练——使用宏更改文字格式

下面通过实例来讲解宏的相关操作。

操作要求：在 Word 中新建一个名为“A3-A.doc”的文件，在该文件中创建一个为 A3A 的宏，将宏保存在“A3-A”文档中，用【Ctrl+Shift+W】作为快捷键，功能为将选定的文字设置为隶书、三号、加粗。

> **实讲实训**
> **多媒体演示**
>
> 多媒体演示参见配套光盘中\\视频\第3章\使用宏更改文字格式.avi。

操作步骤如下：

① 单击“快速访问”工具栏上的“新建”按钮，创建一个空白文档，录入文字并选定第1行文字（一定要选择文字，这一点很重要，宏在录制时鼠标就不能选择文字了），如图 3-133 所示，保存为 A3-A.doc。

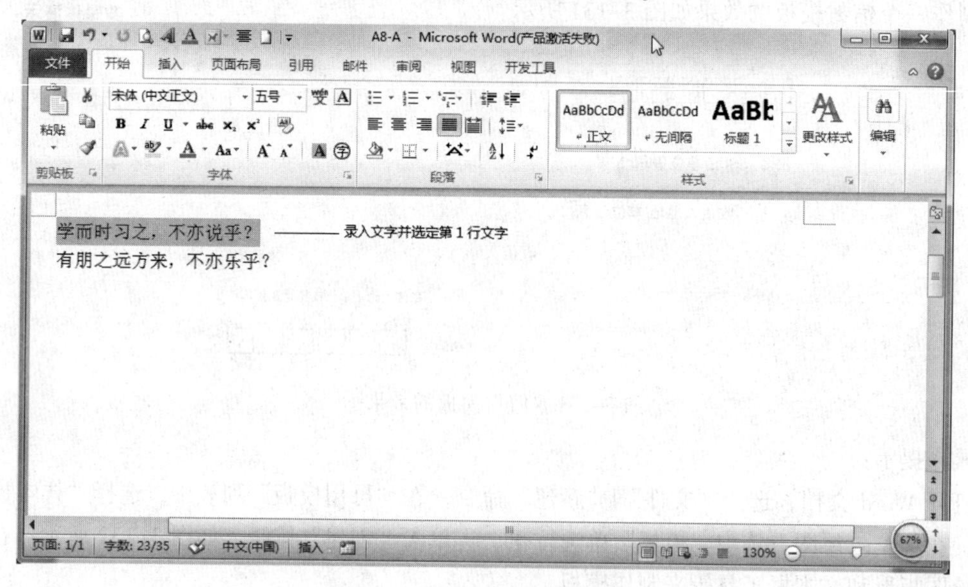

图 3-133 录入与选定文字

② 录制宏的过程：单击“开发工具”|“代码”组|“录制宏”按钮，如图 3-134 所示，弹出“录制宏”对话框，如图 3-135 所示。

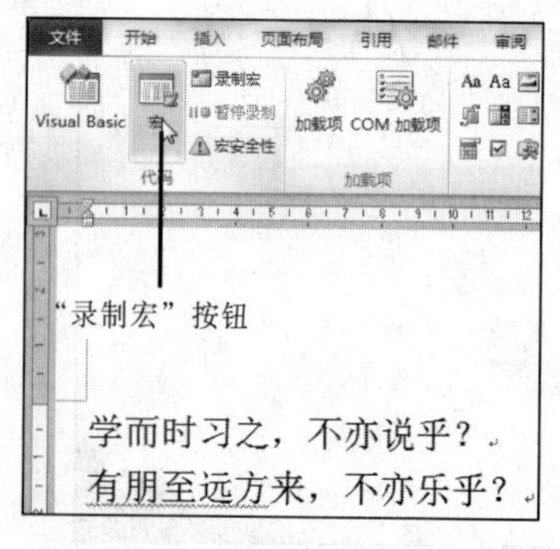

图 3-134 “宏”工具栏

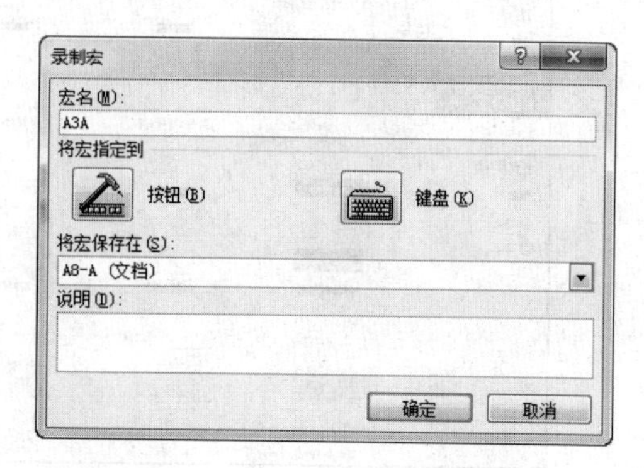

图 3-135 “录制宏”对话框

③ 在“宏名”文本框中输入宏的名称“A3A”(宏名只能包含字母和下画线，且必须以一个字母开头，如果输入错误码，则会弹出错误提示框显示“无效的过程名”)。

④ 在“将宏保存在”下拉列表框中选择当前文档“A3-A（文档）”。

◎注意

如希望将这个宏用于所有文档，则应在“将宏保存在”下拉列表框中选择“所有文档 Normal.dot”。

⑤ 在“说明”文本框中输入宏的说明，这个说明会添加为宏起始处的注释。所以最好能够写一个有明确意义的说明，这样可以方便了解宏的功能。

要为宏指定快捷键，可单击“键盘”图标，打开“自定义键盘”对话框，如图 3-136 所示，在“命令”列表框中单击正在录制的宏，在“请按新快捷键”文本框中输入所需的快捷键，注意不要与系统使用的快捷键和 Word 使用的快捷键冲突，这里使用【Ctrl+Shift+W】，然后单击“指定”按钮，单击“关闭”按钮即可开始录制宏。鼠标指针变为形时，这个时候在“代码”组上出现两个命令按钮“停止录制”按钮和“暂停录制”按钮。

⑥ 本例中，用户需要执行如下操作：

a. 在“开始”|“字体”组中，设置文字为隶书、三号、加粗。

b. 停止录制：单击“开发工具”|“代码”组|“停止录制”按钮。

⑦ 运行宏：选定第 2 段文字，按键盘上的快捷键【Ctrl+Shift+W】直接运行宏，或单击“代码”组|“宏”按钮，打开“宏”对话框。在“宏名”列表框中选择要运行的宏的名称，再单击“运行”按钮，如图 3-137 所示。运行完后，宏就把录制的格式自动应用到第 2 段文字。

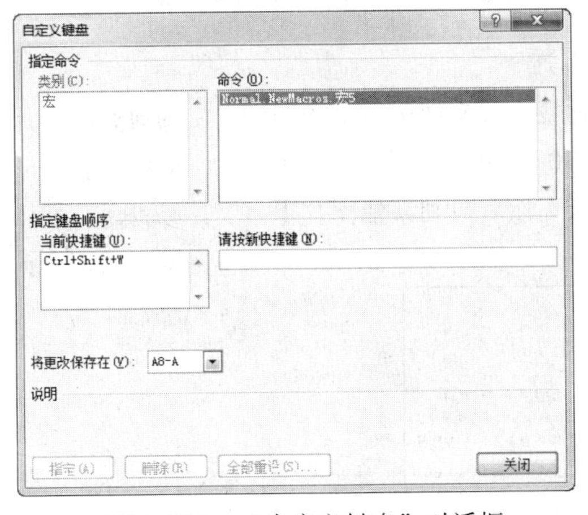

图 3-136　“自定义键盘”对话框

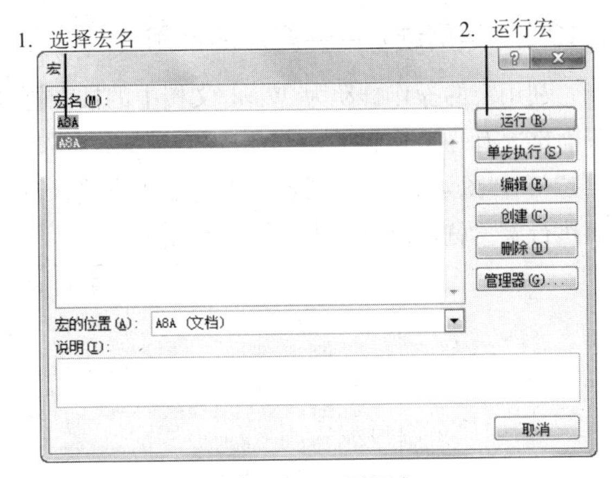

图 3-137　运行宏

◎注意

宏的安全性：如果希望文档包含要用到的宏，可以启用宏；如果不希望文档中包含宏，或者不能确定文档是否可靠，可以禁止用宏。单击“开发工具”|“代码”组|“宏安全性”按钮，打开“信任中心”对话框，选择“启用所有宏”单选按钮，如图 3-138 所示，否则选择“禁用所有宏，并发出通知”单选按钮，如图 3-139 所示，则宏被禁止。

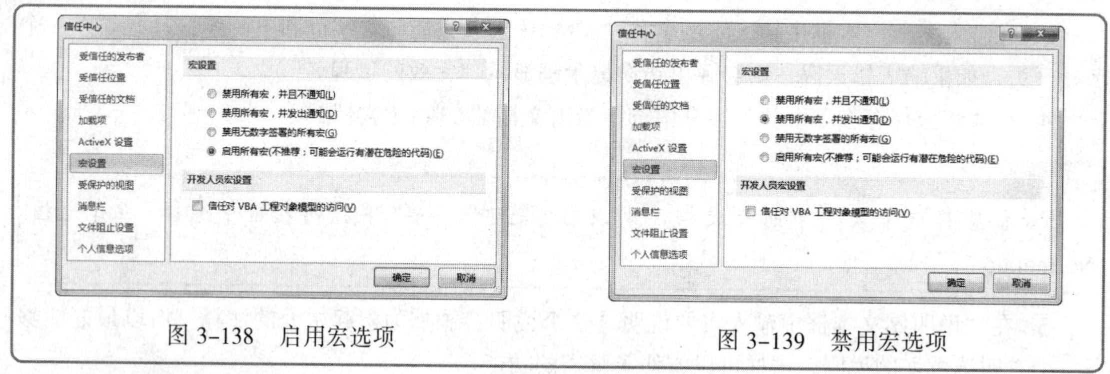

图 3-138　启用宏选项　　图 3-139　禁用宏选项

3.12.2　基本知识要点

1．宏的概念

在 Word 中还可以将一系列操作和指令组合在一起，形成一个单独的命令，将该命令保存起来，以后执行该命令时将自动进行设定的一系列操作，这个命令就是宏。

在文档的编辑过程中，经常有某项工作要多次重复，这时可以利用 Word 的宏功能来使其自动执行，以提高效率。通过录制宏可以将一些操作记录下来，然后到另外一个位置执行宏就可以将录制的宏自动执行一次。

2．宏的操作——录制、执行和编辑

宏的录制：选择“开发工具”选项卡中的“代码”组中“录制宏”命令。

宏的执行：选择“开发工具”选项卡中的“代码”组中“宏”命令。

宏的编辑：选择“开发工具”选项卡中的“代码”组中“Visual Basic 编辑器”命令。

3.12.3　案例进阶——题注的使用

利用宏的操作自动为 Word 文档中的插图添加标签。长文档中每个插图下面都要有一个标签，Word 中称为题注，如图 3-140 中两幅图下面的“图 4-1”和“图 4-2”等。我们可以将插入题注录制为宏，然后再到其他图片下面执行宏，就可以自动为其插入题注了。

> **实讲实训**
>
> **多媒体演示**
>
> 多媒体演示参见配套光盘中\\视频\第 3 章\题注.avi。

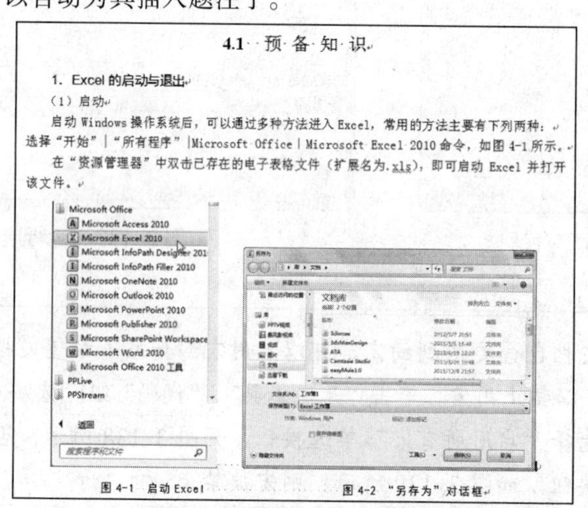

4.1　预备知识

1．Excel 的启动与退出

（1）启动

启动 Windows 操作系统后，可以通过多种方法进入 Excel，常用的方法主要有下列两种：

选择“开始”|“所有程序”|Microsoft Office|Microsoft Excel 2010 命令，如图 4-1 所示。

在“资源管理器”中双击已存在的电子表格文件（扩展名为.xls），即可启动 Excel 并打开该文件。

图 4-1　启动 Excel　　图 4-2　“另存为”对话框

图 3-140　“题注”效果图

操作提示：

将光标定位到第一幅图的下方，单击“引用”|“题注”组|“插入题注”按钮，弹出“题注”对话框，如图 3-141 所示，单击“新建标签”按钮，弹出的对话框如图 3-142 所示，输入“图 4-”后单击“确定”按钮。即可在第一幅图下方生成标签“图 4-1”，将光标移到第二幅图下方，运行宏将自动生成“图 4-2”标签。

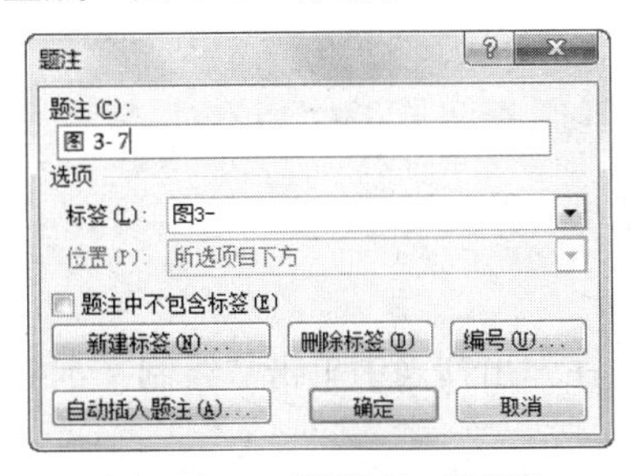

图 3-141　“题注”对话框

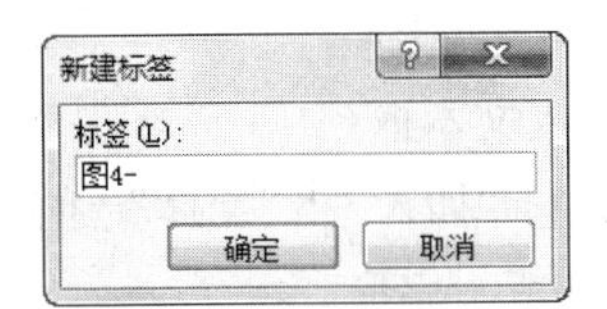

图 3-142　“新建标签”对话框

3.13　制作电子小报

3.13.1　课堂演练——制作电子小报

本例通过电子小报的制作学习 Word 的排版技巧。制作的电子小报如图 3-143 所示。

> **实讲实训**
> **多媒体演示**
> 多媒体演示参见配套光盘中\\视频\第 3 章\电子小报.avi。

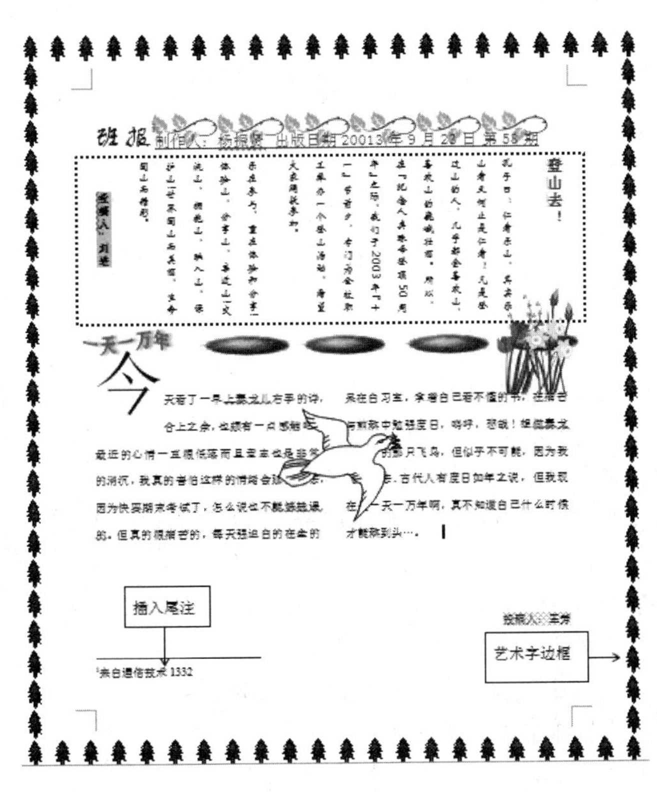

图 3-143　“电子班报”效果图

操作步骤如下：

① 新建一篇空白文档，在第一行输入文字“班报”，单击“开始”|“字体”组，设置文字字体为“方正舒体”，字号为“一号”。

② 输入文字“制作人：杨振贤　出版日期：2013 年 9 月 23 日第 58 期”，设置文字字体为“宋体”，字号为“五号”，颜色为“红色”，加下画线，效果如图 3-144 所示。

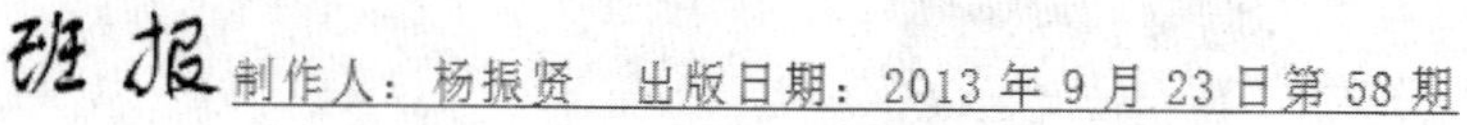

班报 制作人：杨振贤　出版日期：2013 年 9 月 23 日第 58 期

图 3-144　文字效果

③ 插入文本框：

a. 单击“插入”|“文体”组|“文本框”按钮，在弹出列表中单击“绘制文本框”命令，鼠标指针变成十字形。

b. 在要创建文本框的位置处拖动鼠标，出现一个虚线框，当到达所需大小后释放鼠标即可绘制出文本框，如图 3-145 所示。

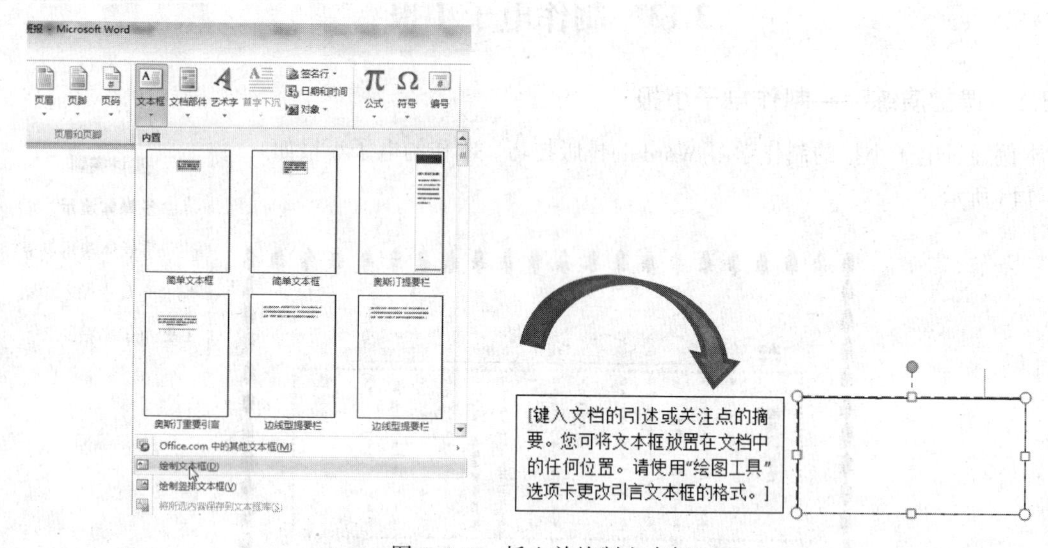

图 3-145　插入并绘制文本框

c. 选中“文本框”右击，在快捷菜单中选择“设置形状格式”命令，弹出“设置形状格式”对话框，选择“线型”选项，在右侧窗口中的“短划线类型”下拉列表中选择“方点”选项，单击“宽度”微调按钮，将值设置为“3 磅”，如图 3-146 所示。

图 3-146　设置文本框的格式

d. 直接打开文档“登山去.docx”。按【Ctrl+A】组合键或用鼠标拖动选中整个文档，按【Ctrl+C】组合键复制。将光标定位在文本框中，按【Ctrl+V】组合键粘贴。选中文字“登山去!”，右击在快捷菜单中选择“字体“命令，打开“字体”对话框（见图 3-147），设置字体为“宋体”，颜色为“红色”，字号为“四号”。单击“文字效果”按钮，打开“设置文字效果格式”对话框，选中“映像”选项，在右边预设列表中选择“紧密映像，接触”选项，最终效果如图 3-148 所示。

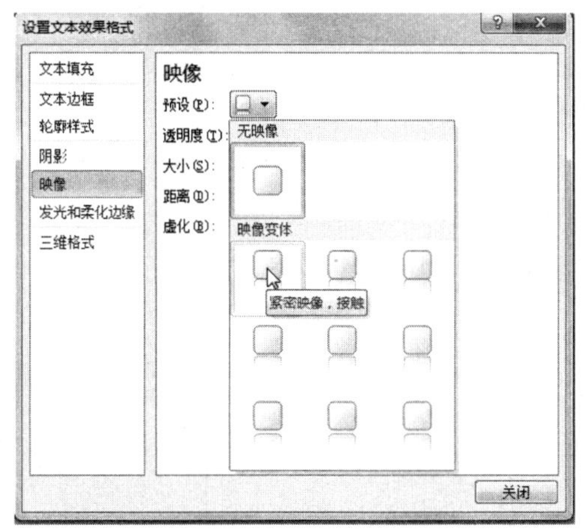

图 3-147　字体、映像设置

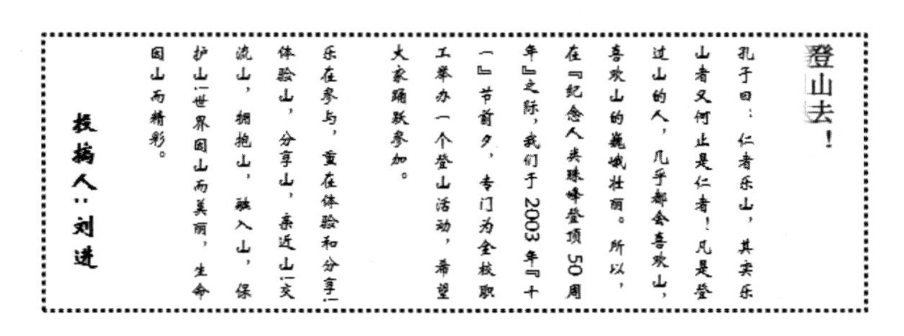

图 3-148　在文本框中粘贴文字

e. 选中文字“投稿人：刘进”，设置其字体为仿宋体、5 号，单击“页面布局”|“页面背景”组|“页面边框”按钮，打开 “边框与底纹”对话框，在“底纹”选项卡中的图案“样式”下拉列表中选择“浅色棚架”选项，如图 3-149 所示。

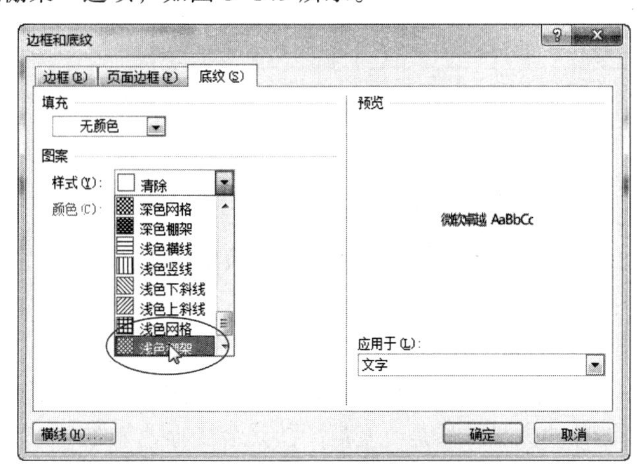

图 3-149　底纹的设置

④ 在第一行处插入图片“Leaves3.wmf”，并复制 5 个，将这 6 个图片按样文摆放并进行组合，文字环绕方式设置为“衬于文字下方”。

a. 插入图片：单击“插入”|“插图”组|“图片”按钮，打开“插入图片”对话框，打开素材中的 Leaves3.wmf 文件（光盘：\素材\第 3 章\3.13\Leaves3.wmf），选中要插入的图片后单击“插入”按钮即可。

b.设置图片环绕方式：选中“图片”右击，在快捷菜单中选择“大小和位置”命令，打开“布局”对话框，选择“文字环绕”选项卡，单击“环绕方式”中的“衬于文字下方”按钮，单击“确定”按钮，如图 3-150 所示。

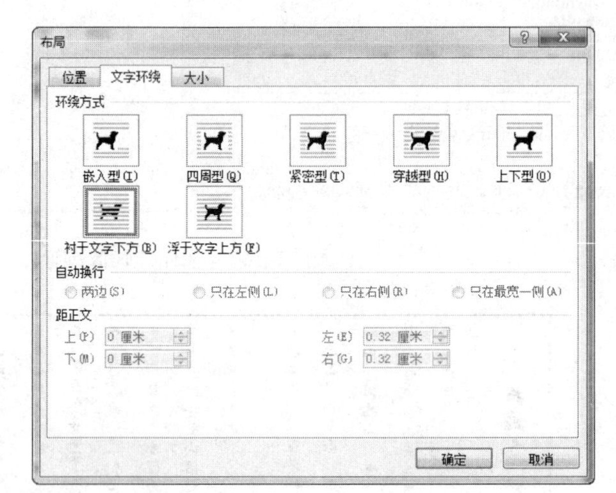

图 3-150　设置文字的环绕方式

按住【Ctrl】键拖动 5 次，复制 5 个同样的图片，如图 3-151 所示。

图 3-151　复制图片

◎小技巧

Ctrl 键的妙用：

① 进行复制图片。选择图片，按住【Ctrl】键，每拖动 1 次图片复制一个。

② 缓慢移动图片。选择图片，按住【Ctrl】键使用键盘上的方向箭即可。

c. 单击“开始”|“编辑”组|“选择”按钮，在列表中单击“选择对象”命令，按下【Ctrl】键不放分别单击这 6 个独立的图像，将这 6 个图片选中，右击选中的图形，在弹出的快捷菜单中选择“组合”|“组合”命令，如图 3-152 所示。

d. 改变图片大小：将鼠标指针移到图片四边的任意一个控制点上，当鼠标指针变成↔形状时拖动鼠标，也可改变图片的大小，只是改变后的图片会变形，如图 3-153 所示。

e. 选中组合后的图片，当鼠标指针变成✥形时按住左键拖动到样文所示的位置，如图 3-154 所示。

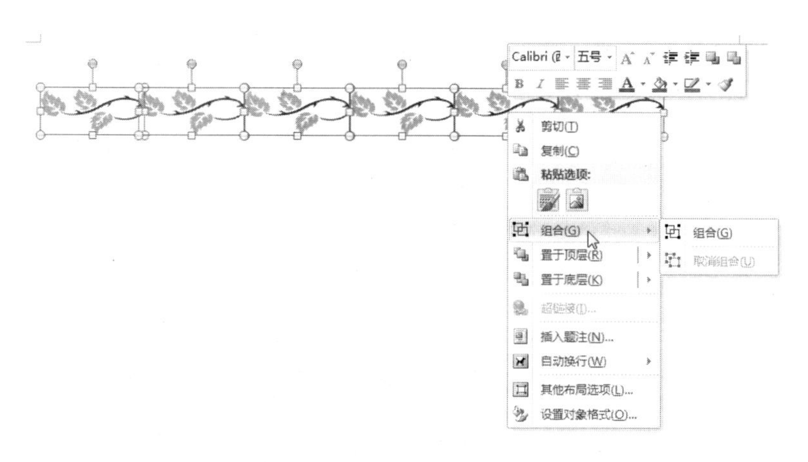

图 3-152　组合图片

图 3-153　改变图片大小

图 3-154　移动图片

⑤ 直接打开素材“一天一万年.docx”，按【Ctrl+A】组合键或用鼠标拖动选中整个文档，按【Ctrl+C】组合键复制。定位光标插入点，按【Ctrl+V】组合键粘贴到文档中来。

⑥ 艺术字：将标题“一天一万年”设置为艺术字，艺术字样式为“渐变填充-蓝色，强调文字颜色 1”；字体为“宋体”；形状为“波形 2”；阴影为“向右偏移”；环绕方式为“四周型”。

设置艺术字形状的方法如下：

a. 选择艺术字“一天一万年”设置字体为“宋体”。

b. 单击“插入”|“文本”组|“艺术字”按钮，在列表中选择艺术字样式为第 3 行第 4 列字体，如图 3-155 所示。

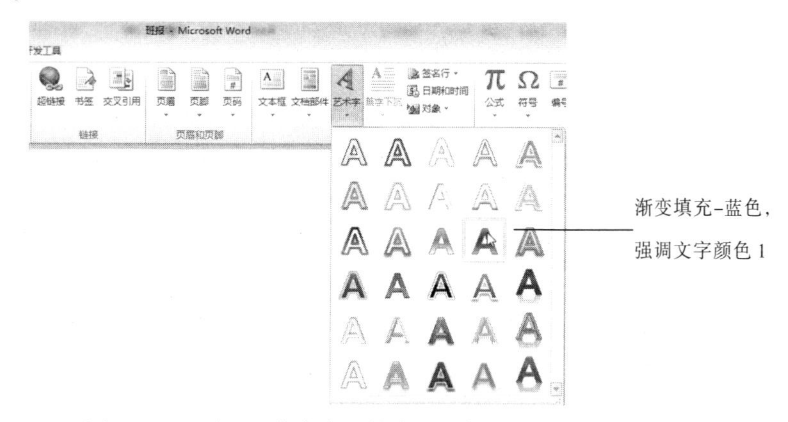

图 3-155　设置“艺术字的样式”示意图

⑦ 单击“艺术字样式”组|“文本效果”按钮，指向“转换”选项，在列表中提供了多种形状可供选择，如图 3-156 所示，单击“弯曲”选项中的“波形 2”即可。

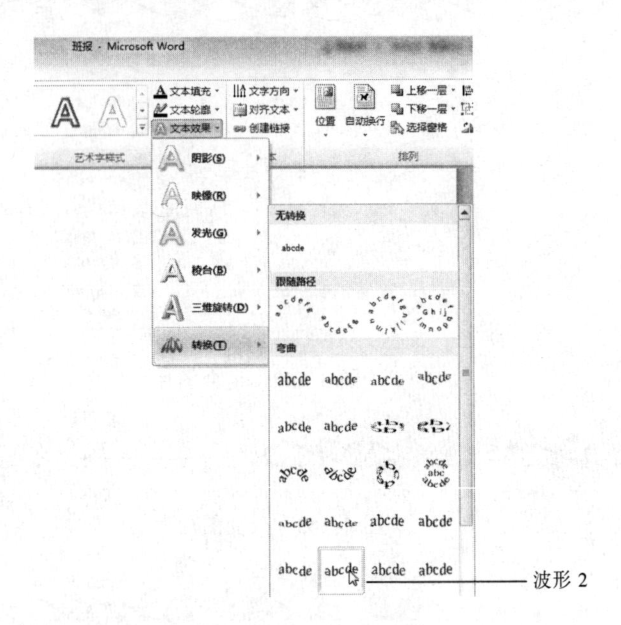

图 3-156 “艺术字形状”示意图

◎说明

选定艺术字时周围出现一系列控点以及一个绿球和粉的小菱形，拖动这个绿球可以对艺术字进行旋转，拖动粉的小菱形可以对艺术字的形状进行修改。拖动周围的控点可以修改艺术字的大小。

设置艺术字阴影样式的方法如下：

a. 选择艺术字“一天一万年”。

b. 单击“形状样式”组|“形状效果”按钮，在列表中选中“阴影”，单击外部“向右偏移”按钮即可，如图 3-157 所示，效果如图 3-158 所示

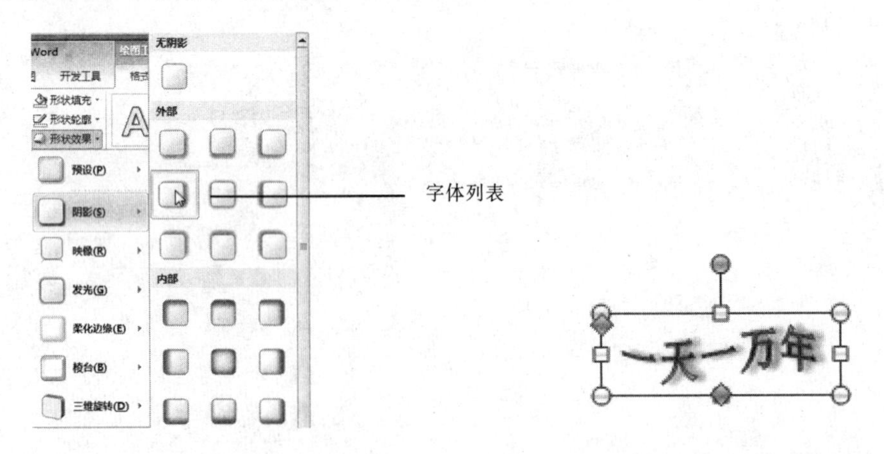

图 3-157 设置阴影

图 3-158 设置艺术字阴影后的效果图

设置艺术字环绕方式的方法如下：

a. 选择艺术字“一天一万年”。

b. 右击在下拉列表中选择“其他布局选项”命令，打开“布局”对话框，选中“文字环绕”选项，环绕方式选中“四周型”单击“确定”按钮，如图 3-159 所示。

⑧ 分栏：单击“页面布局”|“页面设置”组|“分栏”按钮，在列表中单击“更多选项”命令，打开“分栏”对话框，单击“两栏”按钮，如图 3-160 所示。将选中的文本分成两栏，单击“确定”按钮后，效果如图 3-161 所示。

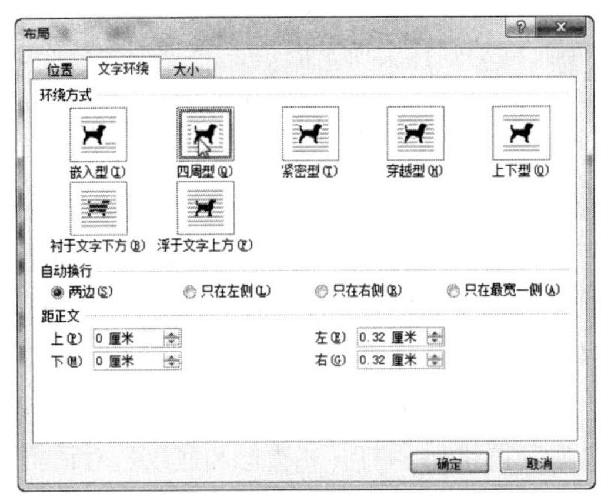

布局
位置
文字环绕
大小
环绕方式
嵌入型(I)
四周型(Q)
紧密型(T)
穿越型(H)
上下型(O)
衬于文字下方(B)
浮于文字上方(F)
自动换行
两边(S)
只在左侧(L)
只在右侧(R)
只在最宽一侧(A)
距正文
上(P)
下(M)
左(E)
右(G)
确定
取消

图 3-159　“文字环绕”方式

分栏
预设
一栏(O)
两栏(W)
三栏(T)
左(L)
右(R)
栏数(N): 2
分隔线(B)
宽度和间距
预览
栏(C): 宽度(I): 间距(S):
1: 18.76 字符 2.02 字符
2: 18.76 字符
栏宽相等(E)
应用于(A): 本节
开始新栏(U)
确定
取消

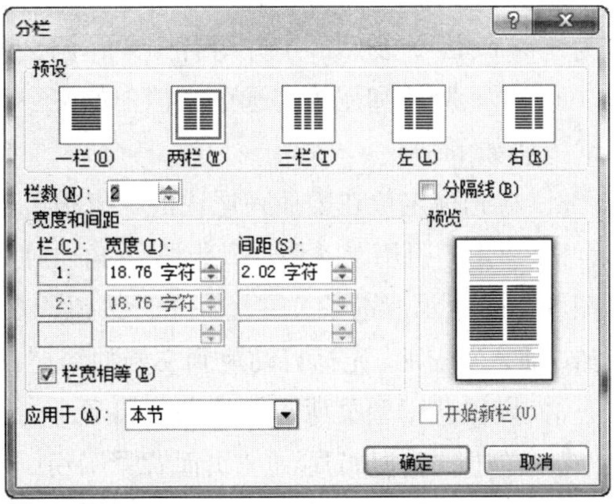

图 3-160　“分栏”对话框

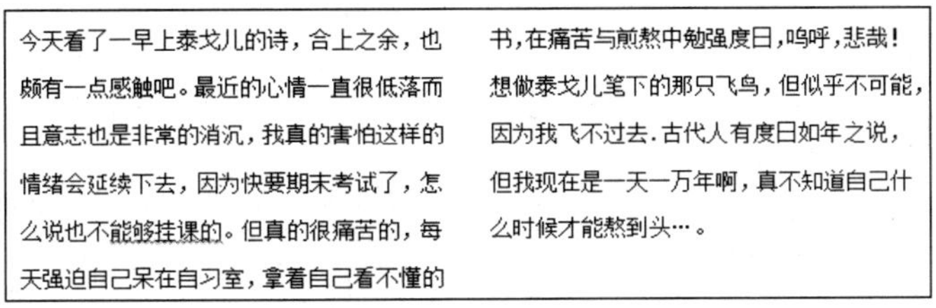

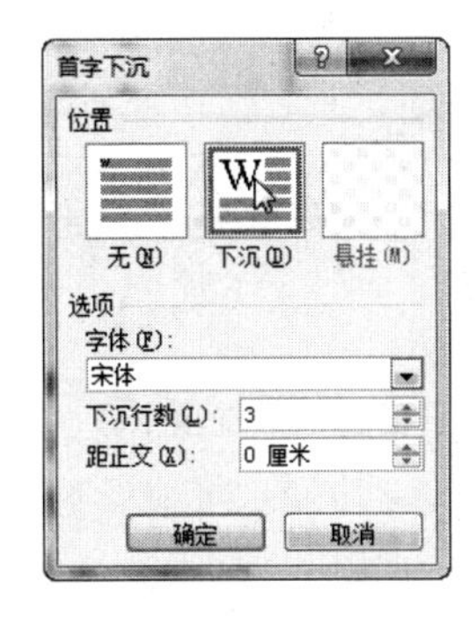

今天看了一早上泰戈儿的诗，合上之余，也颇有一点感触吧。最近的心情一直很低落而且意志也是非常的消沉，我真的害怕这样的情绪会延续下去，因为快要期末考试了，怎么说也不能够挂课的。但真的很痛苦的，每天强迫自己呆在自习室，拿着自己看不懂的书，在痛苦与煎熬中勉强度日，呜呼，悲哉！想做泰戈儿笔下的那只飞鸟，但似乎不可能，因为我飞不过去.古代人有度日如年之说，但我现在是一天一万年啊，真不知道自己什么时候才能熬到头…。

图 3-161　分栏后的效果

⑨ 设置首字下沉，将光标定位在“今天看…..”这一段中，单击“插入”|“文本”组|“首字下沉”按钮，在列表中单击“首字下沉选项”命令，打开“首字下沉”对话框，选中“下沉”选项，单击“确定”按钮，效果如图 3-162 所示。

首字下沉
位置
无(N)
下沉(D)
悬挂(M)
选项
字体(F):
宋体
下沉行数(L): 3
距正文(X): 0 厘米
确定
取消
今天看了一早上泰戈儿的诗，合上之余，也颇有一点感触吧。最近的心情一直很低落而且意志也是非常的消沉，我真的害怕这样的情绪会延续下去，因为快要期末考试了，怎么说也不能够挂课的。但真的很痛苦的，每天强迫自己呆在自习室，拿着自己看不懂的书，在痛苦与煎熬中勉强度日，呜呼，悲哉！想做泰戈儿笔下的那只飞鸟，但似乎不可能，因为我飞不过去.古代人有度日如年之说，但我现在是一天一万年啊，真不知道自己什么时候才能熬到头…。

图 3-162　设置首字下沉和下沉效果图

◎注意

当此段既要首字下沉又要分栏时一定要先分栏再进行首字下沉设置。

⑩ 在文本框处插入图片“Flowers5.wmf”，设置图片环绕方式为“浮于文字上方”，按住【Ctrl】键拖动复制一个，调整图片大小，鼠标指针变成十字形时按住左键拖动到样文所示的位置。

⑪ 在“一天一万年”文章内容处插入图片“Dove.wmf”，设置图片环绕方式为“衬于文字下方”，调整图片的大小后移至样文所示的位置。

⑫ 在“一天一万年”艺术字后插入图片“Harvbull.gif”，将该图拉长一些，设置图片环绕方式为“四周型”，复制 3 个并组合图片，调整图片大小，移动到样文所示的位置。

⑬ 插入脚注和尾注：选中文档中的文字“班报”，插入尾注“来自通信技术 1332。”

方法如下：

a. 将光标定位在要插入尾注的“班报”文字后面。

b. 单击“引用”|“脚注”组|右下角“对话框启动器”按钮，打开“脚注和尾注”对话框，如图 3-163 所示。选中“尾注”单选按钮，在“编号格式”下拉列表框中选择“i，ii，iii，…”，单击“插入”按钮。光标自动跳到文档的结尾，在编号后面输入注释的内容“来自通信技术 1332。”

⑭ 设置艺术型页面边框的方法如下：

a. 单击“页面布局”|“页面背景”组|“页面边框”按钮，打开“边框和底纹”对话框。

b. 单击“页面边框”选项卡。

c. 在“艺术型”下拉列表框中选择“大树”选项，“应用于”选择“整篇文档”，单击“确定”按钮，如图 3-164 所示。

⑮ 选择“文件”|“保存”命令，或单击“快速访问”工具栏上的“保存”按钮。

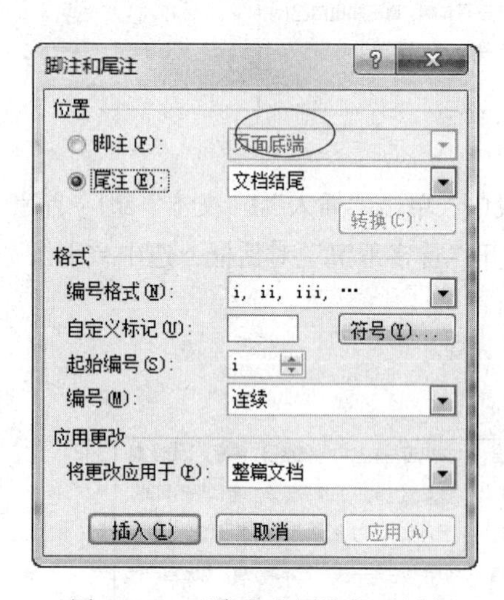

图 3-163 “脚注和尾注”对话框

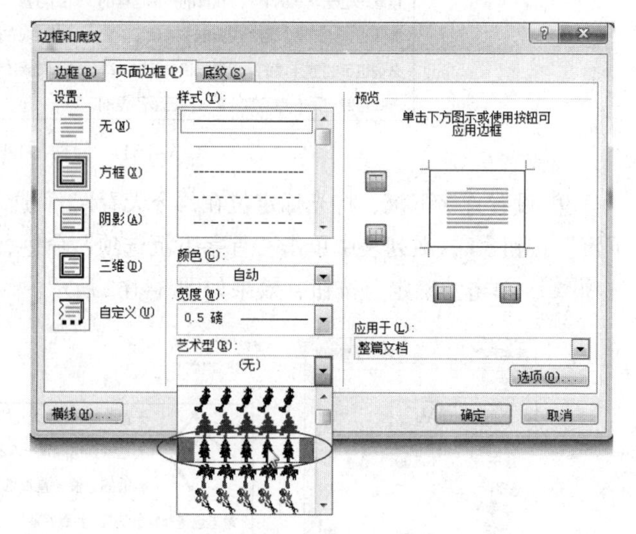

图 3-164 “页面边框”选项卡

3.13.2 基本知识要点

1. 脚注和尾注

① 脚注和尾注的定义：“脚注”和“尾注”是 Word 提供的两种常用的注释方式。通常情况

下，脚注是对当页的字和词加以解释，所以写在当前页面的下方便于及时浏览，而尾注是对某些文档注释其来源和出处，故尾注一般写在文档的末尾。

② 插入脚注和尾注：首先将光标定位在要插入文字的后面，单击“引用”|“脚注”组|“插入脚注”或“插入尾注“按钮，即可在文档中输入脚注和尾注的信息。

2．设置艺术型页边框

单击“页面布局”|“页面背景”组|“页面边框”按钮，打开“边框与底纹”对话框，选择“页面边框”选项卡，在“艺术型”下拉列表框中选择艺术边框后单击“确定”按钮即可给文档加上艺术型边框。

习　　题

1．制作一份倡议书

效果如图 3-165 所示。

倡议书

“争做奥运天使，共筑世纪长城，为祖国争光，为奥运添彩”，就要求我们从身边小事做起，在工作、学习和生活中还要成为“奥运精神的宣传员、文明公德的监督员、全民健身的辅导员”。以更高、更快、更强的奥林匹克精神把健康和快乐送到千家万户。

来吧，朋友们、同学们，让我们手拉手，心连心，为祖国歌唱、为奥运欢呼，在“十亿人民迎奥运、规模空前震苍穹、奥运精神传天下，神州盛开文明花”的宏伟诗篇中，畅想民族复兴，畅想世界和平。

图 3-165　“倡议书”效果图

操作说明：

① 标题：华文行楷 2 号；正文：楷体 3 号。

② 通过“插入”选项卡中的“插图”和“文本”选项组的功能绘制图形、编辑艺术字制作出效果图中几个印章。方形图章中每个字均为艺术字，“祝福祖国”字体为华文新魏；“添彩奥运”为华文姚体。

2．制作求职简历封面

利用素材中的图片（bj.jpg、tu.jpg）结合“插图”组工具、艺术字使用方法来制作简历封面，效果如图 3-166 所示。

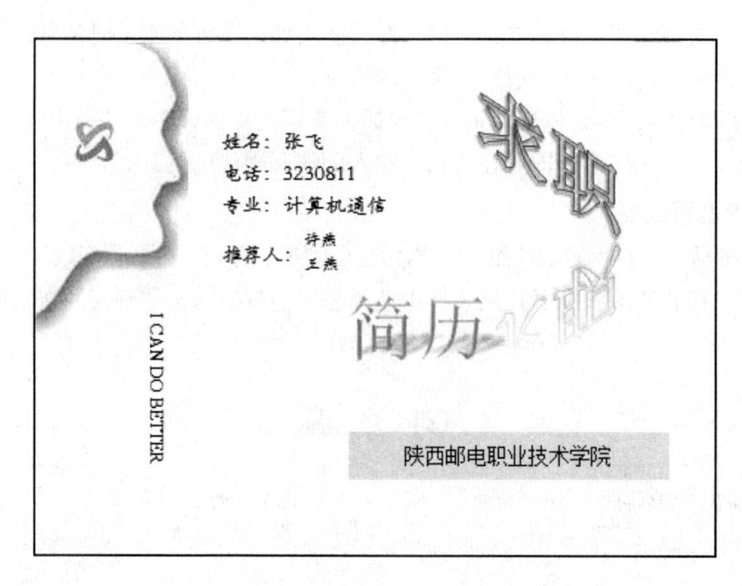

图 3-166 “求职简历”封面的效果

3. 制作表格并应用公式

效果如图 3-167 所示。

三湘科技股份有限公司采购单

采购人：张珊　　部门：物资采购部　　申请日期：2011 年 5 月 3 日

<table>
<tr><th>批次</th><th colspan="2">产品名称</th><th>采购单号</th><th>规格</th><th>单价</th><th>数量</th><th>金额</th></tr>
<tr><td>1</td><td colspan="2">硬盘（希捷 酷鱼 7200.7 ATA 100/2MB）</td><td>2005040301</td><td>块（80GB）</td><td>500</td><td>10</td><td>5,000</td></tr>
<tr><td>2</td><td colspan="2">硬盘（希捷 酷鱼 7200.7 ATA 100/2MB）</td><td>2005042802</td><td>块（120GB）</td><td>650</td><td>5</td><td>3,250</td></tr>
<tr><td>3</td><td colspan="2">硬盘（希捷 酷鱼 7200.7 ATA 100/8MB）</td><td>2005060201</td><td>块（120GB）</td><td>690</td><td>8</td><td>5,520</td></tr>
<tr><td>4</td><td colspan="2">硬盘（希捷 酷鱼 7200.7 ATA 150/8MB）</td><td>2005072103</td><td>块（160GB）</td><td>870</td><td>6</td><td>5,220</td></tr>
<tr><td>品种数量</td><td>4</td><td>合计数量</td><td>29</td><td>平均单价</td><td>677.5</td><td>总金额</td><td>¥18,990.00</td></tr>
</table>

总经理：　　复核：　　会计：　　出纳：　　主管：

图 3-167 “用户资料表”的效果

4. 邮件合并

操作要求：

打开素材中的主文档 A4-1.docx，选择“信函”文档类型，使用素材中 A4-2 文件为数据源，进行邮件合并，效果如图 3-168 所示。

考生选题单

考生编号	第 1 单元	第 2 单元	第 3 单元	第 4 单元	第 5 单元	第 6 单元
200401	15	15	3	12	10	17

考生选题单

考生编号	第 1 单元	第 2 单元	第 3 单元	第 4 单元	第 5 单元	第 6 单元
2004032	12	12	5	13	8	15

图 3-168 “邮件合并”效果

5. 打开素材中 A1.docx 文档，将文本转换为表格。效果如图 3-169 所示。

2003 年居民消费价格分类指数

项目名称	城市	农村
副食	99.26	99.24
衣着	97.6	98.5
交通和通信	96.8	96.6
医疗保健	98	100
娱乐休闲	95.2	95.0

图 3-169　文本转换为表格效果

6. 打开素材中的 A2.docx 文档，按要求编排文档的版面，效果如图 3-170 所示。

黄山风光

黄山简介

富有诗情画意的黄山，绵亘三百余里，风景七十二峰，[illegible]；奇形巧石，[illegible]；古松多姿，[illegible]；云海起伏，[illegible]，飞瀑流泉，[illegible]其间……黄山集名山胜景于一身，有泰山之伟，衡山之烟云，庐山之飞瀑，峨嵋之清凉。

黄山以奇松、怪石、云海、温泉“四绝”著称于世，与埃及金字塔、百慕大三角洲同处于神秘的北纬三十度线上，雄峻瑰奇，奇中见雄、奇中藏幽、奇中怀秀、奇中有险。景区内奇峰耸立，有 36 大峰、36 小峰，其中莲花峰、天都峰、光明顶三大主峰，海拔均在 1800 米以上。明代大旅行家徐霞客二游黄山，叹曰：“薄海内外无如徽之黄山，登黄山天下无山观止矣。”

黄山以变取胜，一年四季景各异，山上山下不同天。独特的花岗岩峰林，遍布的峰壑，千姿百态的黄山松，惟肖的怪石，变幻莫测的云海，构成了黄山静中有动，动中有静的巨幅画卷。这幅画卷风采神奇、魅力无穷、灵性永恒。前人有道：岂有此理，说也不信；真正妙绝，到此方知。

目前，黄山的开发建设已具相当的规模，旅游基础设施及配套设施日臻完善。景区内已先后开通云谷索道、玉屏索道和太平索道，拥有旅游宾馆 20 余家，其中三星级宾馆 4 家。黄山 1985 年被评为中国十大风景名胜之一，1990 年 12 月被联合国教科文组织正式列入“世界自然与文化遗产”名录。[1]

[1] 黄山：位于中国安徽省南部，横亘在黄山区、徽州区、黟县和休宁县之间。

图 3-170　样文效果图

操作要求：

① 对文档进行页面设置，插入艺术字及编辑艺术字。（艺术字阴影为：左下角透视）。

② 为正文第 1 段设置底纹。

③ 插入图片（素材 pic1.jpg）并编辑图片。

④ 为正文第一段“黄山”两个字添加双下画线，并插入尾注。（尾注内容：黄山：位于中国安徽省南部，横亘在黄山区、徽州区、黟县和休宁县之间。）

第 4 章 Excel 2010 的应用

本章导读：

基础知识

- 工作簿、工作表的概念
- 列标、行号及单元格的概念

重点知识

- 工作表的建立及编辑
- 函数及公式的应用
- 数据处理
- 数据的图表化

提高知识

宏的录制及运行

模版的应用

Excel 是美国 Microsoft 公司开发的，在 Windows 系统下使用的一种电子表格软件，它是 Office 的主要组件之一。它集文字、数据、图形、图表及其他多媒体对象于一体，是目前世界上公认的功能最强大、技术最先进、使用最方便、最受欢迎的电子表格软件。它的功能主要有三方面：电子表格、数据处理和制作图表。

4.1 预 备 知 识

1. Excel 的启动与退出

（1）启动

启动 Windows 操作系统后，可以通过多种方法进入 Excel，常用的方法主要有下列两种：

① 选择“开始”|“所有程序”|“Microsoft Office” | “Microsoft Excel 2010”命令，如图 4-1 所示。

② 在“资源管理器”中双击已存在的电子表格文件（扩展名为.xls），即可启动 Excel 并打开该文件。

（2）退出

可以通过以下三种方式退出 Excel：

① 单击 Excel 标题栏右端的“关闭”按钮 ✕。

② 在“文件”菜单中选择“退出”命令。

③ 按【Alt+F4】组合键。

（3）保存

① 单击"快速访问"工具栏中的"保存"按钮保存文件。

② 在"文件"菜单中选择"保存"命令保存文件。

◎注意

若使用以上两种方法第一次保存文件，会弹出如图 4-2 所示的"另存为"对话框，设置"保存位置"、"文件名"和文件类型，单击"保存"按钮即可。

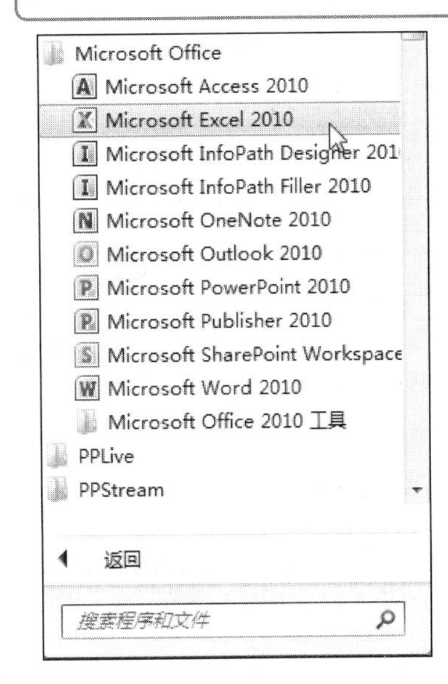

图 4-1　启动 Excel

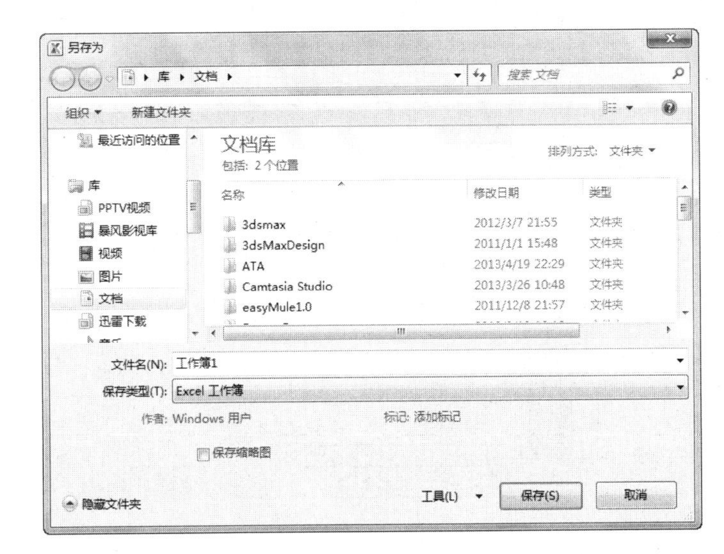

图 4-2　"另存为"对话框

若要改变文件的存放位置或者换一个名称保存文件，也可以使用"文件"选项卡中"另存为"命令，弹出如图 4-2 所示的"另存为"对话框，选择存放位置后，单击"保存"按钮。

2. 界面介绍

本节主要介绍 Excel 的用户界面和一些基本概念。了解这些基本概念，对后续的学习会很有帮助。Excel 窗口如图 4-3 所示。

（1）工作簿

Excel 工作簿是包含一个或多个工作表的文件，该文件可用来组织各种相关信息。可同时在多张工作表上输入并编辑数据，并且可以对多张工作表的数据进行汇总计算。

（2）工作表

工作表主要由单元格组成。工作表总是存储在工作簿中，每张工作表最多可以有 1 048 576 行、16 384 列。

（3）工作表标签

工作表标签用于显示工作表的名称，单击标签即可激活相应的工作表。还可以用不同颜色来标记工作表标签，使其更容易识别。活动工作表的标签将按所选颜色加下画线；非活动工作表的标签将被所选颜色全部填充。

（4）列标、行号及单元格

列标在每列的顶端显示，用英文字母表示，从 A～XFD 列，行号在每行的左端显示，从 1～1 048 576 行，单元格所在列号和行号组合在一起就是单元格的地址，如 A1、D3、C6；Excel 中最小的单位是单元格。单元格区域是指一组被选中的单元格，它们可以是相邻的，也可以是彼此分离的。

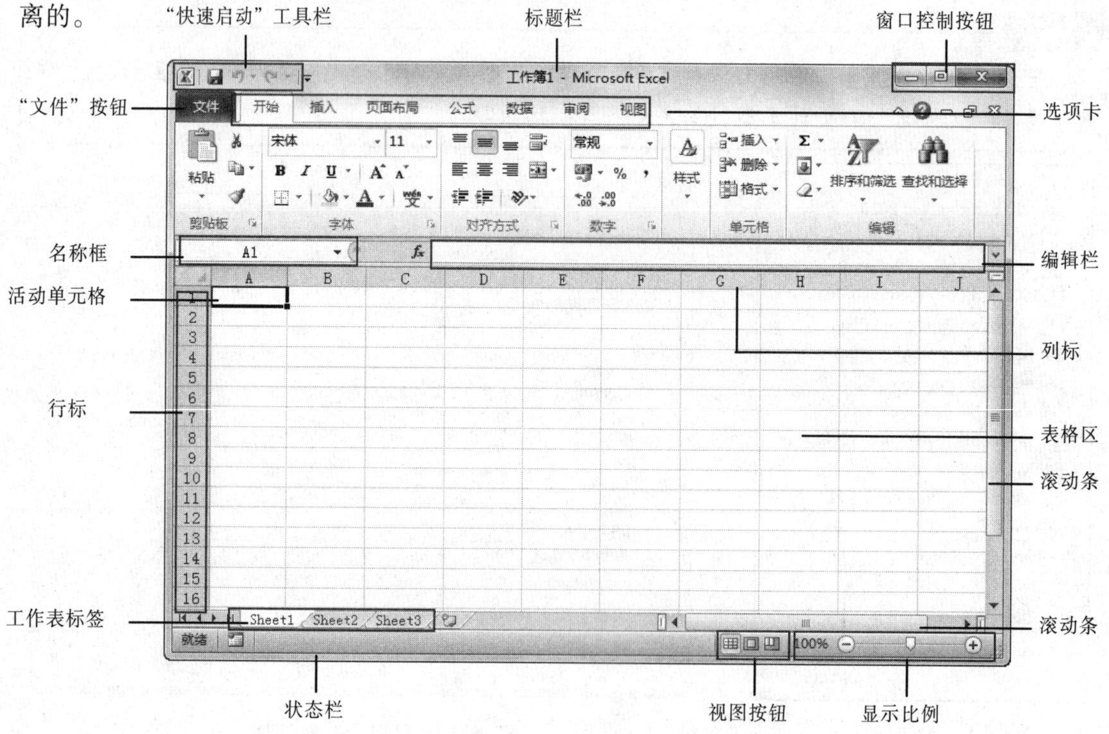

图 4-3　Excel 窗口组成

（5）单元格地址的引用

单元格地址的引用方法如表 4-1 所示。

表 4-1　单元格地址的引用

引　用	引　用　说　明
A10	A 列和 10 行交叉的单元格
A10:A15	在 A 列 10 ~ 15 行之间的单元格区域
C12:E12	在 12 行的，C ~ E 列之间的单元格区域
6:6	第 6 行中的全部单元格
5:10	第 5 ~ 10 行中的全部单元格
J:J	J 列的全部单元格
H:J	H ~ J 列之间的全部单元格
A2:E10	A 列 2 行 ~ E 列 10 行之间的单元格区域的相对地址
$A$2:$E$10	A 列 2 行 ~ E 列 10 行之间的单元格区域的绝对地址（公式计算中使用）
$A2:$E10；A$2: E$10；$A2: E$10；$A2: $E10	A 列 2 行 ~ E 列 10 行之间的单元格区域的混合地址（公式计算中使用）

（6）名称框

显示或定义单元格或单元格区域的名称。

（7）编辑框

用于显示活动单元格的内容，还可以在此输入单元格的内容并进行编辑修改。

4.2　制作一份成绩表

4.2.1　案例制作

本例帮助用户制作一份 Excel 成绩表，效果如图 4-4 所示。

实讲实训

多媒体演示

多媒体演示参见配套光盘中的\\视频\第 4 章\制作一份成绩表.avi。

陕西邮电职业技术学院98届毕业生成绩表						
学号	姓名	班级	数学	语文	地理	历史
98D001	张立平	（二）班	78	80	85	90
98D002	王老五	（一）班	65	69	76	95
98D003	李正三	（三）班	89	86	90	80
98D004	王淼	（三）班	90	88	95	68
98D005	刘畅	（一）班	92	68	70	80
98D006	赵龙	（三）班	86	65	78	85
98D007	张虎	（二）班	78	67	75	69
98D008	秦雪	（二）班	72	60	73	80

图 4-4　“成绩表”效果图

1. 操作要求

① 按照图 4-5 所示的成绩表输入相应内容。

② 在标题行下方插入一行。

③ 设置单元格格式：

- 将单元格区域 B2:H3 合并及居中；设置字体为“华文行楷”，字号为“18”，字体颜色为“红色”；设置为“水绿色，淡色 60%”。
- 将单元格区域 B4:H4 的对齐方式设置为“水平居中”，底纹为“橙色”。
- 为单元格区域 B5:H12 设置为“深蓝色，淡色 40%”底纹。

④ 设置表格的边框线：将单元格区域 B4:H11 的上下边框设置为“浅绿色粗实线”，内边框设置为“红色虚线”。

⑤ 插入批注：为 H7 单元格插入批注“>=95 被评为优秀”。

⑥ 重命名工作表：将当前工作表重命名为“陕西邮电职院成绩单”。

⑦ 插入分页线：在行号为 10 的上方插入分页线。

⑧ 设置打印标题：设置表格的标题为打印标题。

2. 操作步骤

① 启动 Excel。

② 输入数据：按照图 4-5 所示为成绩表输入相应内容。

	A	B	C	D	E	F	G	H
1								
2		陕西邮电职业技术学院98届毕业生成绩表						
3		学号	姓名	班级	数学	语文	地理	历史
4		98D001	张立平	（二）班	78	80	85	90
5		98D002	王老五	（一）班	65	69	76	80
6		98D003	李正三	（三）班	89	86	90	95
7		98D004	王淼	（三）班	90	88	95	68
8		98D005	刘畅	（一）班	92	68	70	80
9		98D006	赵龙	（三）班	86	65	78	85
10		98D007	张虎	（二）班	78	67	75	69
11		98D008	秦雪	（二）班	72	60	73	80

图 4-5　成绩表

◎技巧

如果输入有规律的数据，例如连续的“学号”，可以考虑使用 Excel 的数据自动输入功能，它可以方便快捷地输入等差、等比直至预定义的数据，填充序列操作方法如下：

① 在需要填充的单元格区域中选择第一个单元格，为此序列输入初始值。在下一个单元格中输入序列的第二个值。

② 选中这两个单元格，移动光标到选中单元格右下角的填充柄位置，如图 4-6 所示，当鼠标指针变成“+”时，按住鼠标的左键拖动填充柄经过待填充的区域。

③ 插入行：选中“学号”所在行，选择“开始”|“单元格”组|“插入”|“插入工作表行”命令。

④ 标题行合并单元格：选中 B2:H3 单元格，选择“开始”|“对齐方式”组|“合并后居中”命令，如图 4-7 所示。

陕西邮电职业技术学院98届毕业生成绩表						
学号	姓名	班级	数学	语文	地理	历史
98D001	张立平	（二）班	85	80	78	90
98D002	王老五	（一）班	76	69	65	80
	李正三	（三）班	90	86	89	95
	王淼	（三）班	95	88	90	68
	刘畅	（一）班	70	68	92	80
	赵龙	（三）班	78	65	86	85
	张虎	（二）班	75	67	78	69
	秦雪	（二）班	73	60	72	80

图 4-6　学号填充示意图

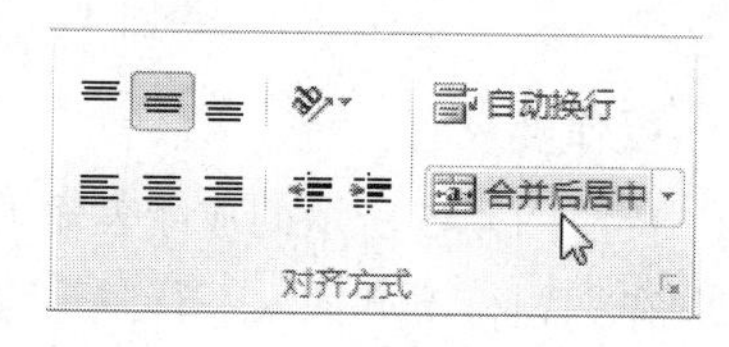

图 4-7　“合并后居中”命令

⑤ 设置单元格格式：选中 B2:H3 单元格，选择“开始”|“字体”组，设置字体为“华文行楷”，字号为“18”，单击 的下拉按钮选择字体颜色为“红色”；单击 中的下拉按钮选择底纹颜色　“水绿色、淡色 60%”。也可右击选择“设置单元格格式”|“字体”或“填充”选项卡设置以上内容，如图 4-8 所示。

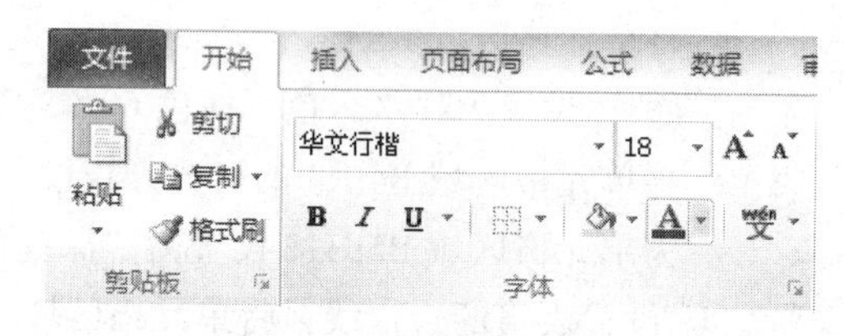

图 4-8　设置文字格式

⑥ 选中单元格区域 B4:H4，右击选择“设置单元格格式”|“对齐”|“文本对齐方式”命令，在“水平对齐”下拉列表框中选择“居中”，选择“设置单元格格式”|“填充”|“背景色”，选择“橙色”。

⑦ 选中单元格区域 B5:H12，选择“开始”|“字体”组命令，单击 中的下拉按钮，选择“深蓝色，淡色 40%”。

⑧ 选中单元格区域 B5:H12，选择“开始”|“字体”组命令，单击“边框” 中的下拉按钮选择“线条颜色”为“标准色”中的“浅绿”，“线型”为“粗实线”，分别选择“上下边框”。

⑨ 选择“开始”|“字体”组命令，单击 中的下拉按钮，选择“其他边框”，打开“设置单元格格式”对话框，在“样式”列表框中选择“虚线”；“颜色”下拉列表框中选择“红色”，在

“边框”列表框中选择纵横“内边框”，单击“确定”按钮，如图 4-9 所示。

⑩ 插入批注：选中 H7 单元格，选择“审阅”|“批注”组|“新建批注”命令，在批注框中输入“>=95 被评为优秀”。

⑪ 重命名工作表：右击当前工作表标签，选择“重命名”命令，如图 4-10 所示，输入“陕西邮电职院成绩单”。

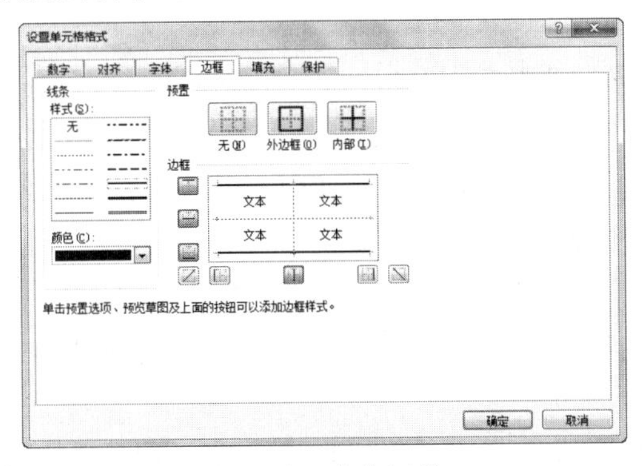

图 4-9　设置表格框线

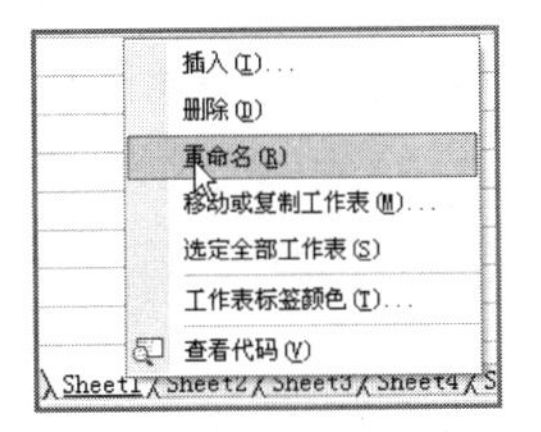

图 4-10　重命名工作表

⑫ 插入分页线：在行号为 10 的上方插入分页线。单击行号 10，选定第 10 行，执行“页面布局”|“分隔符”|“分页符”命令。

⑬ 设置打印标题：选择要打印的工作表“页面布局”|“页面设置”组|“打印标题”命令，选择“工作表”选项卡，在“打印标题”选项组中“顶端标题行”文本框中输入标题所在位置（这里为$2:$3），“页面设置”对话框如图 4-11 所示。其作用是将第 2 行和第 3 行的内容作为行标题，在打印的每一页都会出现。

（a）“页面设置”组中“打印标题”按钮

（b）“页面设置”对话框

图 4-11　设置打印标题

4.2.2　相关知识

建立工作表是 Excel 的最基本的操作之一，通过本节的学习用户可以熟练地掌握工作表的创建和编辑的全过程。

1. 数据输入

在工作表中用户可以输入两种数据——常量和公式，两者的区别在于单元格的内容是否以等号（=）开头。

（1）输入常量数据

常量数据类型分为文本型、数值型、日期时间型等。

① 输入文本。Excel 文本包括汉字、英文字母、数字、空格及其他键盘能输入的符号。文本输入时默认左对齐，有些数字（如电话号码、邮政编码、身份证号码等）常常当成字符处理，此时只需在输入数字前加上一个单引号。

② 输入数值。数值包括正数、负数、整数、小数等，可以对它们进行算术运算。

负数的输入：可按常规方法在数值前加负号，也可对数值加括号，例如–123 或（123）。

分数的输入：先输入整数或 0 和一个空格，再输入分数部分，例如 1 1/3 和 0 1/4。

百分数的输入：在数值后直接输入百分号，例如 29%。

系统默认数值型数据在单元格中右对齐。

③ 输入日期时间数据。Excel 内置了一些日期时间的格式，当输入的数据与这些相匹配时，Excel 将识别它们。

在输入时间型数据时，用冒号“:”分隔时间的时、分、秒，如果按 12 小时制输入时间，须在时间数字后空一格，并输入字母 a（上午）或 p（下午），例如 8:00 p，缺少空格将被当成字符数据处理。

④ 自动输入数据。如果输入有规律的数据，可以考虑使用 Excel 的数据自动输入功能，它可以方便快捷地输入等差、等比或预定义的数据填充序列。操作方法如下：

a. 在需要填充的单元格区域中选择第一个单元格，为此序列输入初始值。在下一个单元格中输入序列的第 2 个值。

b. 选中这两个单元格，移动光标到选中单元格的右下角，当鼠标指针变成“+”时，按住鼠标的左键拖动填充柄经过待填充的区域。

（2）输入公式

公式可以用来执行各种运算，如加、减、乘、除及函数等，在输入公式时总是以等号“=”开头。在一个公式中可以包含有各种数学运算符号、常量、变量、函数以及单元格的引用等。在单元格中输入公式的方法如下：

① 选择需要输入公式的单元格。

② 输入等号及表达式。

2. 工作表的格式化

在工作簿内，工作表行、列、单元格格式的设置，设置表格边框线，插入批注，重命名工作表，设置打印标题，这些都称之为工作表的格式化。工作表建立和编辑后，就可以对工作表中各单元格的数据格式化，使工作表的外观更漂亮，排列更整齐，重点更突出。

① 单元格格式主要包括下列设置：数字格式、对齐格式、字体格式、边框线、填充和单元格保护设置。操作方法为：选中单元格，右击选择“设置单元格格式”命令，选择相应选项卡按要求操作。

② 添加批注：选中单元格，选择“审阅”|“批注”组|“新建批注”命令，输入内容。

③ 重命名工作表：右击当前工作表标签选择“重命名”命令，输入工作表名。

④ 设置打印标题：选择要打印的工作表，选择“页面布局”|“页面设置”组|“打印标题”命令，在“工作表”选项卡中设置“打印标题”，输入或者选择标题行。

如果工作表跨越多页，则可以在每一页上打印行和列标题或标签（也称作打印标题），以帮助确保可以正确地标记数据。打印标题有行标题和列标题两种，像一般的表头设置为行标题，其内容在打印时每页的顶端都会出现，而左侧列表头设置为列标题，其内容在打印时每页的左侧都会出现。

4.2.3　案例进阶

1．操作要求

打开 4.2.3.xls 工作簿进行以下操作，效果图如图 4-12 所示。

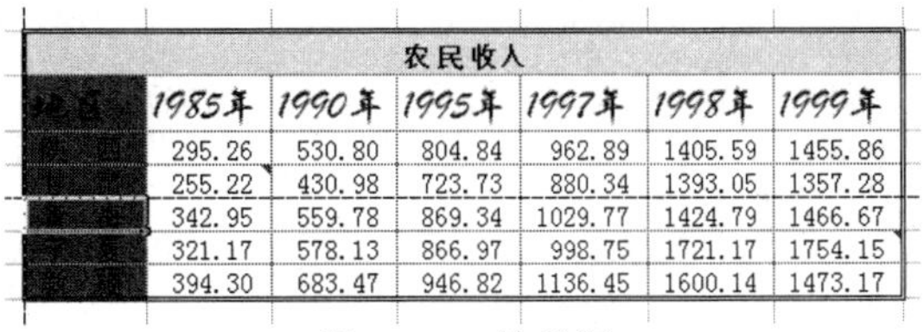

农民收入						
地区	1985年	1990年	1995年	1997年	1998年	1999年
[illegible]	295.26	530.80	804.84	962.89	1405.59	1455.86
[illegible]	255.22	430.98	723.73	880.34	1393.05	1357.28
[illegible]	342.95	559.78	869.34	1029.77	1424.79	1466.67
[illegible]	321.17	578.13	866.97	998.75	1721.17	1754.15
[illegible]	394.30	683.47	946.82	1136.45	1600.14	1473.17

图 4-12　效果图

① 设置工作表：

a. 在 Sheet1 工作表的表格上面和左侧分别插入一行、一列。

b. 将 Sheet1 工作表的表格的标题单元格命名为“农民收入”。

② 设置单元格格式：

a. 将单元格区域 B2:H2 合并及居中；将表格的标题字体设置为“华文行楷”，字号为“18”，将表格的表头行字体设置为“华文细黑、加粗”，字号为“12”。

b. 在 Sheet1 工作区域设置为“保留两位小数”。

c. 为标题单元格填充“黄色”底纹，为“地区”一列填充“绿色”底纹；将表头行“1985年～1999 年”设置为蓝色字体。

③ 设置表格边框线：在 Sheet1 工作表中将表格的外边框设置为“双线”，将表格的内边框设置为“虚线”。

④ 插入批注：为“255.22”所在单元格插入批注“最低”，为“1754.15”所在单元格插入批注“最高”。

⑤ 插入分页线：在“青海”所在单元格的上面和左侧同时插入分页线。

⑥ 设置打印标题：设置表格的标题为打印标题。

2．操作提示

① 单元格命名：选中标题单元格，在编辑栏左侧的名称框中输入“农民收入”，按【Enter】键，或右击选择“定义名称”命令，在“名称”文本框中输入内容，范围中选择相应命令，单击“确定”按钮。

② 保留两位小数：选中 Sheet1 工作区域，右击选择“设置单元格格式”|“数字”命令。

③ 在“分类”列表框中选择“数值”选项，在“小数位数”文本框中选择或输入“2”，单击“确定”按钮。

④ 插入分页线：选中“青海”所在的单元格，选择“页面布局”|“页面设置”组|“分隔符”|“分页符”命令。

4.3　成 绩 计 算

4.3.1　案例制作

本例将利用常用的几个函数帮助用户完成成绩表的相关计算，效果如图 4-13 所示。

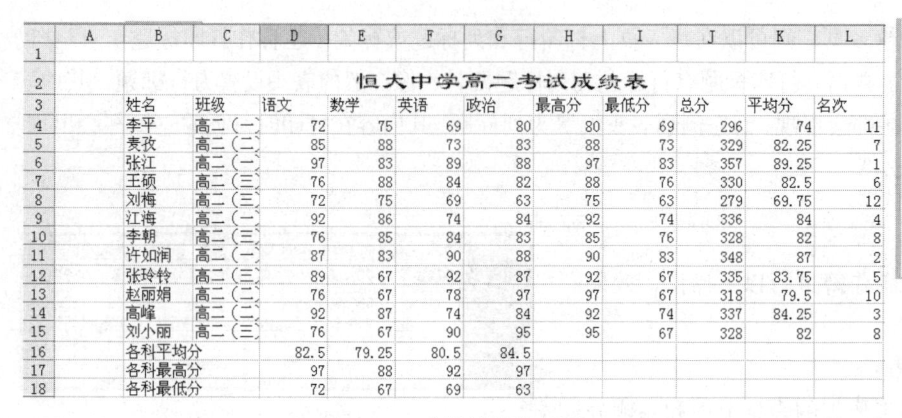

	A	B	C	D	E	F	G	H	I	J	K	L
1												
2		恒大中学高二考试成绩表										
3		姓名	班级	语文	数学	英语	政治	最高分	最低分	总分	平均分	名次
4		李平	高二（一	72	75	69	80	80	69	296	74	11
5		麦孜	高二（二	85	88	73	83	88	73	329	82.25	7
6		张江	高二（一	97	83	89	88	97	83	357	89.25	1
7		王硕	高二（三	76	88	84	82	88	76	330	82.5	6
8		刘梅	高二（三	72	75	69	63	75	63	279	69.75	12
9		江海	高二（一	92	86	74	84	92	74	336	84	4
10		李朝	高二（三	76	85	84	83	85	76	328	82	8
11		许如润	高二（一	87	83	90	88	90	83	348	87	2
12		张玲铃	高二（三	89	67	92	87	92	67	335	83.75	5
13		赵丽娟	高二（二	76	67	78	97	97	67	318	79.5	10
14		高峰	高二（二	92	87	74	84	92	74	337	84.25	3
15		刘小丽	高二（三	76	67	90	95	95	67	328	82	8
16		各科平均分		82.5	79.25	80.5	84.5					
17		各科最高分		97	88	92	97					
18		各科最低分		72	67	69	63					

图 4-13 成绩计算效果图

实讲实训

多媒体演示

多媒体演示参见配套光盘中的\\视频\第 4 章\成绩计算案例进阶.avi。

1. 操作要求

① 利用函数求出成绩表中的最高分、最低分、总分、平均分、各科平均分、各科最高分及各科最低分。

② 利用 RANK.EQ()函数计算个人总分在全班中的名次。

③ 把各科成绩>=90 的用红色字体标出来。

2. 操作步骤

① 求最高分：打开 4.3.1.xls 工作簿，在原始表 1 中选中“最高分”所在列的第一个单元格（H4），单击“插入函数”按钮 f_x 或者选择“公式”|“函数库”组|“插入函数”命令，弹出如图 4-14 所示的“插入函数”对话框，在“或选择类别”下拉列表框中选择“统计函数”，在“选择函数”列表框中选择 MAX，单击“确定”按钮，即可打开如图 4-15 所示的“函数参数”对话框。

◎注意

求“最高分”时，系统默认的数据区域是活动单元格前面（或者上面）连续多个数据单元格。在常用函数列表中找不到所需函数时，可以切换到“全部函数”类别寻找。

② 单击“确定”按钮。

③ 将鼠标指针放在 H4 单元格的右下角，当鼠标指针变成“+”时向下拖动填充柄，完成求最高分的运算。

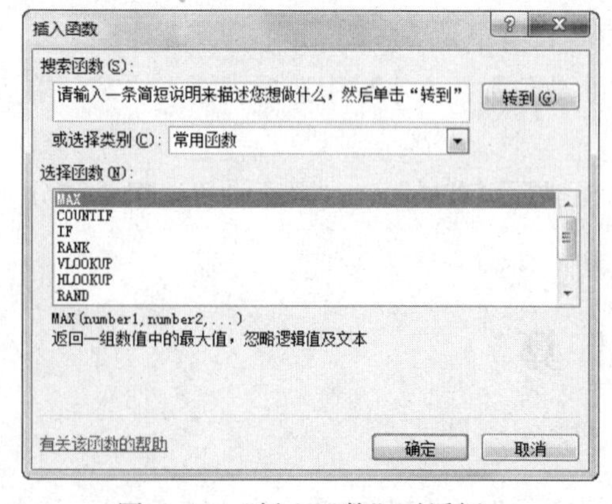

图 4-14 “插入函数”对话框

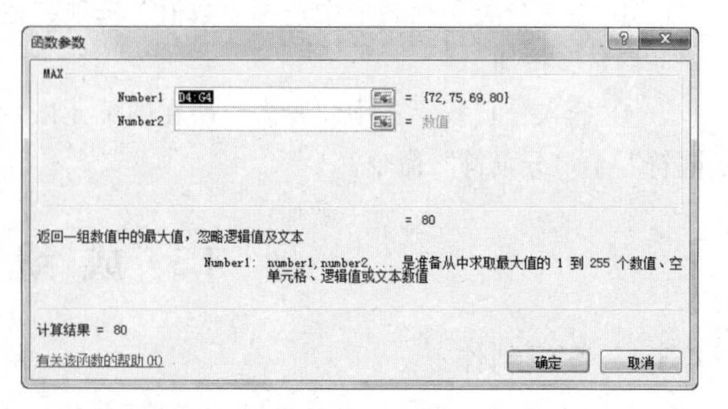

图 4-15 “函数参数”对话框

④ 求最低分：选中“最低分”所在列的第一个单元格（I4），单击“插入函数”按钮或者选择“公式”|“函数库”组|“插入函数”命令，弹出如图 4-14 所示的“插入函数”对话框，在“或选择类别”下拉列表框中选择“统计函数”，在“选择函数”列表框中选择 MIN（也可在“搜索函数”文本框中输入 MIN），单击“确定”按钮，即可打开如图 4-15 所示的“函数参数”对话框。

⑤ 在“函数参数”对话框的“Number1”文本框中，系统默认数据区域是 D4:H4，用鼠标选择数据区域为 D4:G4，如图 4-16 所示。单击“确定”按钮，使用填充柄完成求最低分的运算。

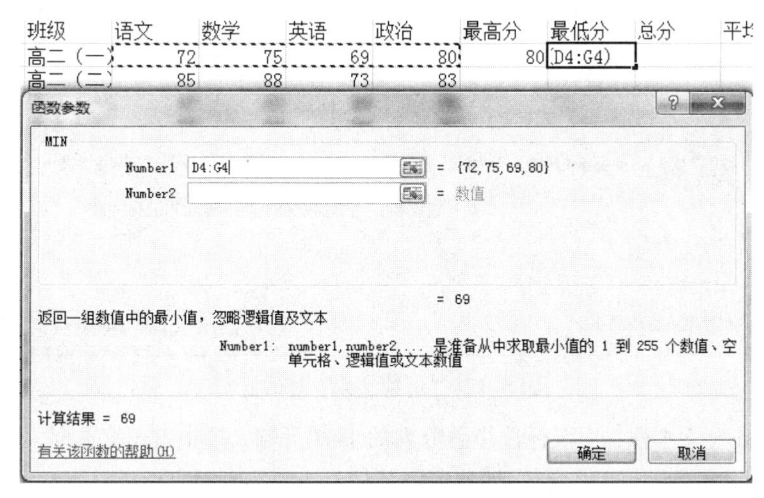

图 4-16　计算最低分示意图

⑥ 求总分：选中“总分”所在列的第一个单元格（J4），单击“插入函数”按钮，选择函数 SUM，单击“确定”按钮。用鼠标重新选择数据区域为 D4:G4 并确定。使用填充柄完成求其他总分值的运算。

⑦ 求平均分：选中“平均分”所在列的第一个单元格（K4），单击“插入函数”按钮，选择函数 AVERAGE，单击“确定”按钮。用鼠标重新选择数据区域为 D4:G4 并确定。使用填充柄完成求其他平均值的运算。

◎注意

求最低分、总分、平均分、各科最高分、各科最低分时不能使用系统默认数据区域，要用鼠标重新选择数据区域。

⑧ 求各科平均值：选中“各科平均分”行与“语文”列交叉的单元格（D16），单击“插入函数”按钮，选择函数 AVERAGE，单击“确定”按钮，打开“函数参数”对话框。

⑨ 单击“确定”按钮。

⑩ 将鼠标指针放在此单元格的右下角，当鼠标指针变成“+”时向右拖动填充柄，完成求其他各科平均值的运算。

⑪ 求各科最高分：选中“各科最高分”行与“语文”列交叉的单元格（D17），单击“插入函数”按钮，选择函数 MAX，单击“确定”按钮。打开“函数参数”对话框，用鼠标重新选择数据区域为 D4:D15，单击“确定”按钮。重复步骤⑩完成求其他各科最高分的运算。

⑫ 求各科最低分：选中“各科最低分”行与“语文”列交叉的单元格（D18），单击“插入

函数”按钮，选择函数 MIN，单击“确定”按钮。打开“函数参数”对话框，用鼠标重新选择数据区域为 D4:D15。重复步骤⑩完成求其他各科最低分的运算。

⑬ 选中 L4 单元格，单击“插入函数”按钮，在“选择类别”下拉列表框中选择“统计”，在“选择函数”列表框中选择 RANK.EQ，单击“确定”按钮。打开如图 4-17 所示的“函数参数”对话框。

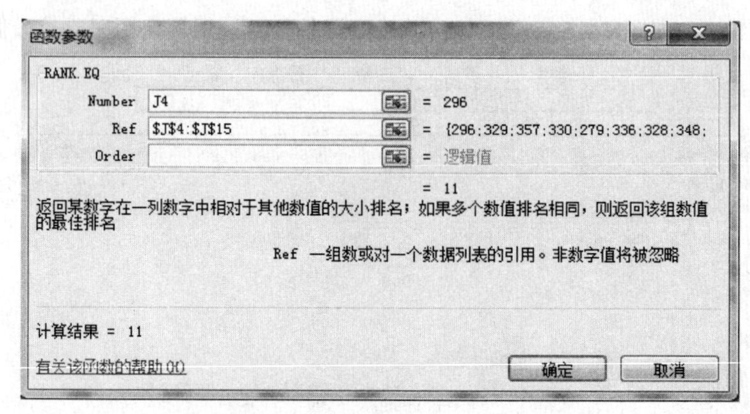

图 4-17 “函数参数”对话框

⑭ 选中 Number 文本框，用鼠标选择总分列的 J4 单元格，选中 Ref 文本框，用鼠标选择总分列 J4:J15 区域，将 J4:J15 转换成绝对引用$J$4:$J$15（选中按【F4】键可以自动调整），单击“确定”按钮。

◎注意

在 Ref 文本框应使用绝对引用，此例中应输入$J$4:$J$15。

Excel 中公式默认的单元格区域为相对引用，如 D4:G4，相对引用单元格在公式复制时会根据位置自动调节公式中引用单元格的地址。

在行号和列号前均加上“$”符号，则表示绝对引用。当公式复制时，绝对引用单元格在公式复制时使用绝对地址，不随公式位置而发生变化。

在行号或列号前加上“$”符号，则表示混合引用。

选中引用地址按【F4】键可以进行在相对引用、绝对引用和混合引用之间相互转换。

⑮ 将鼠标指针放在 L4 单元格的右下角，当鼠标指针变成“+”时向下拖动填充柄，完成求其他个人总分在全班的名次。

⑯ 选种所需数据区，在菜单栏中选择“开始”|“样式”组|“条件格式”|“突出显示单元格规则”|“其他规则”命令，打开“新建格式规则”对话框。

⑰ 在“只为满足以下条件的单元格设置格式”下拉列表框中，选择“单元格值”选项，并在后面的下拉列表中选择“大与或等于”，最后的文本框中输入“90”，如图 4-18 所示

⑱ 单击“格式”按钮，打开“设置单元格格式”对话框，在“字体”选项卡中选择“红色”，单击“确定”按钮，返回“条件格式”对话框。

⑲ 单击“确定”按钮，完成条件格式设置，如图 4-19 所示。

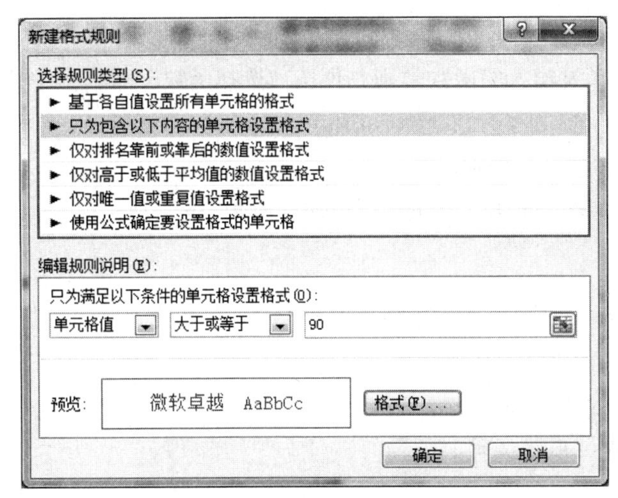

图 4-18　“新建格式规则”对话框

语文	数学	英语	政治
72	75	69	80
85	88	73	83
97	83	89	88
76	88	84	82
72	75	69	63
92	86	74	84
76	85	84	83
87	83	90	88
89	67	92	87
76	67	78	97
92	87	74	84
76	67	90	95

图 4-19　设置单元格成绩最终显示效果图

◎注意

Excel 在“开始”选项卡“编辑”分组中提供了自动计算功能，利用它可以计算选定单元格的求和、平均值、最大值、最小值等，使计算操作更加方便快捷。操作方法如下：

① 选中放置结果的单元格，单击“开始”中“自动求和”按钮右侧的下拉按钮 Σ ▾，弹出如图 4-20 所示的列表框，选择相应的函数。

② 选择如图 4-21 所示的数据区域，函数输入完成后，单击“输入”按钮 ✓。

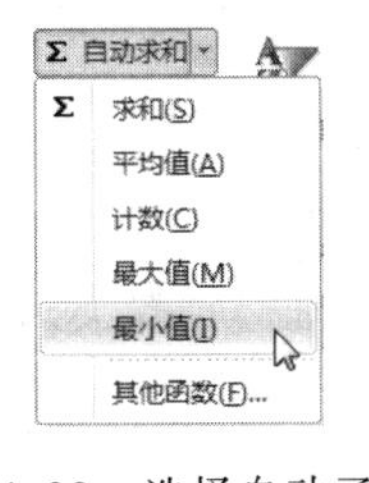

图 4-20　选择自动函数的方法

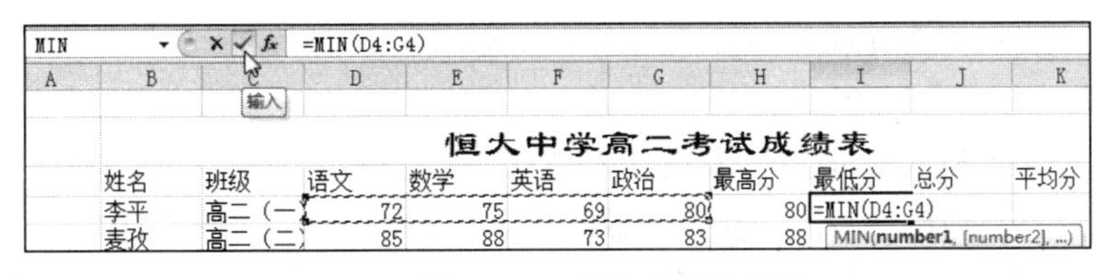

图 4-21　求最小值示意图

4.3.2　相关知识

在大型数据报表中，计算统计工作是不可避免的，Excel 的强大功能正是体现在计算上，通过在单元格中输入函数，可以对表中数据进行求和、求平均值、求最大值、求最小值和排序。

1. 函数的语法

函数由函数名和参数组成，其形式为：函数名(参数 1,参数 2,…)。

① 函数名可以大写也可以小写，当有两个以上的参数时，参数之间要用逗号隔开。

② 参数可以是数字、文本、逻辑值、数组或单元格引用。

2. 插入函数

由于 Excel 有几百个函数，记住函数的所有参数难度很大。为此，Excel 使用插入函数，引导用户正确输入函数。步骤如下：

① 选定要输入函数的单元格。

② 选择“公式”|“函数库”组|“插入函数”命令（或单击“插入函数”按钮 fx ），将弹出

“插入函数”对话框。

③ 从“选择类别”下拉列表框中选择要输入的函数类别，再从“选择函数”列表框中选择所需要的函数。

④ 单击“确定”按钮，弹出“函数参数”对话框。

⑤ 在对话框中输入所选函数要求的参数，单击“确定”按钮完成插入函数。

4.3.3 案例进阶

1．操作要求

① 打开素材 4.3.3.xls，使用函数的计算方法，计算出个人总分。

② 使用 RANK.EQ 函数，按“总分”求每个人的“名次”。

③ 使用 COUNTIF 函数求出各科成绩>=90 的人数。

2．操作提示

① 个人总分：在原始表 1 中选中“总分”所在列的第一个单元格（H4），单击“插入函数”按钮或者选择“公式”|“函数库”组|“插入函数”命令，弹出“插入函数”对话框，在“选择类别”下拉列表框中选择“常用函数”，在“选择函数”列表框中选择 SUM，单击“确定”按钮。

② 选中 I4 单元格，单击“插入函数”按钮，在“选择类别”下拉列表框中选择“统计”，在“选择函数”列表中选择 RANK.EQ，单击“确定”按钮。打开 “函数参数”对话框。

③ 选中 Number 文本框，用鼠标选择总分列的 H4 单元格，选中 Ref 文本框，用鼠标选择总分列 H4:H15 区域，将 H4:H15 转换成绝对引用$H$4:$H$15（选中按【F4】键可以自动调整），单击“确定”按钮。

① 将鼠标指针放在 I4 单元格的右下角，当鼠标指针变成“+”时向下拖动填充柄，完成求其他个人总分在全班的名次。

② 求各科成绩>=90 的人数。选中 D16 单元格，单击“插入函数”按钮，在“选择类别”下拉列表框中选择“统计”，在“选择函数”列表框中选择 COUNTIF 函数，单击“确定”按钮。打开 “函数参数”对话框。

③ 选中 Range 文本框，用鼠标选择语文列 D4：D15 单元格，选中 Criteria 文本框，输入“>=90”，单击“确定”按钮。如图 4-22 所示。

④ 将鼠标指针放在 D16 单元格的右下角，当鼠标指针变成“+”时向右拖动填充柄，完成求其他科目人数的运算。

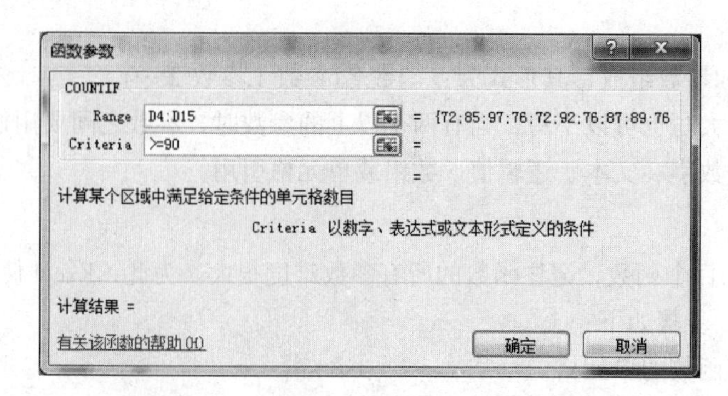

图 4-22 求各科成绩>=90 的人数参数图

4.4　函数和公式的高级应用

在 Excel 2010 中，除了常用的函数外，还提供了许多内置函数，为用户对数据进行运算和分析带来了极大的方便。这些函数的涵盖范围包括财务、日期与时间、数据与三角函数、统计、查找与引用、数据库、文本、逻辑、信息等。

4.4.1　案例制作

案例一 ——计算年龄

1. 操作要求

按照图 4-23 所示求出 2007 年各位同学的年龄。

> **实讲实训**
>
> **多媒体演示**
>
> 多媒体演示参见配套光盘中的\\视频\第 4 章\计算年龄.avi。

	A	B	C	D	E	F	G
1							
2		陕西邮电职业技术学院98届毕业生年龄统计					
3		学号	姓名	性别	班级	出生日期	年龄
4		98D008	秦雪	女	（二）班	1973年12月3日	34
5		98D007	张虎	男	（二）班	1974年4月6日	33
6		98D002	王老五	男	（一）班	1975年6月6日	32
7		98D005	刘畅	男	（一）班	1975年9月20日	32
8		98D006	赵龙	男	（三）班	1974年12月10日	33
9		98D001	张立平	女	（二）班	1973年11月5日	34
10		98D004	王淼	女	（三）班	1975年5月24日	32
11		98D003	李正三	男	（三）班	1973年9月13日	34

图 4-23　98 届毕业生年龄统计表

2. 操作步骤

① 打开图 4-23 所在的工作表，在工作表中选中 G4 单元格，输入“=2007-YEAR(F4)”，单击“确定”按钮，如图 4-24 所示。

> **◎说明**
>
> 公式可以用来执行各种运算，如加、减、乘、除、乘方等，在输入公式时总是以等号“=”开头。在一个公式中可以包含有各种数学运算符号、常量、变量、函数以及单元格的引用。
>
> YEAR() 返回一个日期的年份值。如果计算今年的年龄，G4 中可以输入“=YEAR(NOW())-YEAR(F4)”，NOW()表示计算机当前日期，当然系统日期必须设置正确。

② 选中 G4 单元格，右击并选择快捷菜单中的“设置单元格格式”命令，打开“设置单元格格式”对话框。

③ 选中“数字”选项卡，在“分类”列表框中选择“常规”选项，单击“确定”按钮。

④ 将鼠标放在 G4 单元格的右下角填充柄位置，当鼠标变成“+”时向下拖动，填充其他年龄。

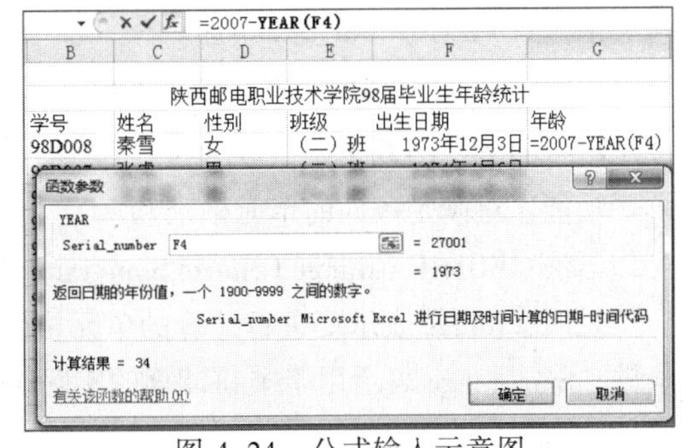

图 4-24　公式输入示意图

案例二 ——逻辑判断函数 IF 的使用

按条件运用 IF 函数将学生的分数转化为相应的等级。

1．操作要求

将“各科成绩表”中的成绩在60分以上的，在“各科等级表”中的对应位置设置为“及格”，否则为“不及格”。

2．操作步骤

① 在“各科等级表”工作表中，选择目标单元格D2。

② 单击“插入函数”按钮或者选择“公式”|“函数库”组|“插入函数”命令，打开“插入函数”对话框，选择"逻辑"类别中的“IF”函数。

③ 单击“确定”按钮，打开“函数参数”对话框。

④ 将光标定位在“logical_test”编辑框中，鼠标单击“各科成绩表”标签，选中D2单元格，输入“>=60”(或直接输入“各科成绩表!D2>=60”)。

⑤ 在“value_if_true”编辑框中输入“及格”。

⑥ 在“value_if_false”编辑框中输入“不及格”，如图4-25所示。

⑦ 单击“确定”按钮。

⑧ 鼠标指针指向D2单元格右下角的填充柄，当鼠标指针变成+时，按住鼠标向右拖动填充至行目标单元格的最后。

⑨ 选中第一行目标单元格（D2:G2），鼠标指针指向最后一个目标单元格（G2）右下角的填充柄，当鼠标指针变成+时，按住鼠标向下拖动填充至列目标单元格的最后，如图4-26所示

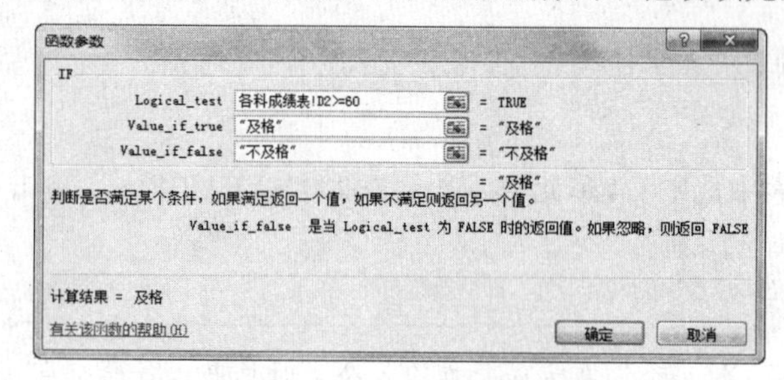

图4-25 IF插入函数对话框

学号	姓名	性别	英语	计算机应用	数学	写作
04302101	秦雪	女	及格	及格	及格	及格
04302102	张虎	男				
04302103	王老五	男				
04302104	刘畅	男				
04302105	赵龙	男				
04302106	张立平	女				
04302107	王淼	女				
04302108	李正三	男				
04302109	李平安	男				
04302110	孙娜	女				
04302111	何军	男				
04302112	赵宝玉	男				
04302113	郑淑贤	女				
04302114	青草	女				

图4-26 填充

4.4.2 相关知识

1．年份函数YEAR(日期与时间类)

功能：返回某日期对应的年份。返回值为1900～9999之间的整数。

语法：YEAR(serial_number)

说明：serial_number 为一个日期值，其中包含要查找年份的日期。

2．SUMIF函数()

功能：对满足条件的单元格求和。

语法：SUMIF（Range,Criteria,Sum_range）

说明：Range表示要进行计算的单元格区域；Criteria表示以数字、表达式或文本形式定义的条件；Sum_range表示用于求和计算的实际单元格。如果省略，将使用区域中的单元格。

3．逻辑判断函数IF

功能：判断给出的条件是否满足，如果满足返回一个值，如果不满足则返回另外一个值。

语法：IF（logical_test,value_if_true,value_if_false）

说明：logical_test 指逻辑判断表达式；value_if_true 指表达式为真时返回的值；value_if_false 指表达式为假时返回的值。

4．条件统计函数 COUNTIF

功能：统计指定区域内满足给定条件的单元格数目。

语法：COUNTIF（Range,Criteria）

说明：参数 Range 表示指定单元格区域，Criteria 表示指定条件表达式，表达式的形式可以为数字、表达式或文本。

4.4.3 案例进阶

案例一 ——运用 SUMIF 函数

1．操作要求

运用 SUMIF 函数，求出职工工资表中“生产”部门实发工资总额，结果如图 4-27 所示。

> **实讲实训**
> **多媒体演示**
> 多媒体演示参见配套光盘中的\\视频\第 4 章\SUMIF 函数.avi。

某车间第一班组职工工资情况表		
姓名	部门	实发工资（元）
王惠民	生产	2050
李素馨	行政	1915
张鑫宁	财务	2290
程璐	销售	2100
李孝丽	生产	2200
高博	财务	2330
刘彻	生产	2058
秦岚	生产	1730
周希媛	销售	1930
陈强	行政	1900
刘倩	行政	2100
姚雪晨	销售	1952
生产部门工资总额		8038

图 4-27　计算“生产”部门实发工资总额

◎说明

SUMIF 函数是对满足条件的单元格求和。其参数说明如下：

Range：要进行计算的单元格区域。

Criteria：以数字、表达式或文本形式定义的条件。

Sum-range：用于求和计算的实际单元格。如果省略，将使用区域中的单元格。

2．操作提示

① 打开 4.4.3.xls 工作簿，在职工工资表中选中 C15 单元格，单击“插入函数”按钮或者选择“公式”|“函数库”组|“插入函数”命令，打开“插入函数”对话框，选择类别为“数学与三角函数”，选中 SUMIF 函数。

② 单击 “确定”按钮，打开“函数参数”对话框。如图 4-28 所示。

③ 将光标定位在“Range”编辑框中，选择 B3:B14 单元格区域。

④ 在“Criteria”编辑框中，输入“生产”。

⑤ 将光标定位在“Sum-range”编辑框中，选择 C3:C14 单元格区域，单击“确定“按钮，如图 4-29 所示。

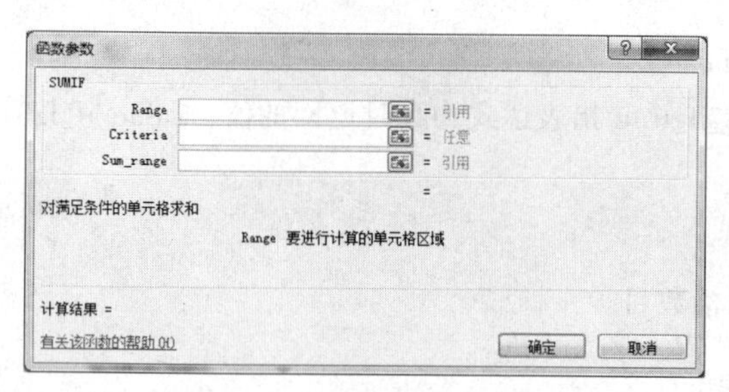

图 4-28 “函数参数”对话框

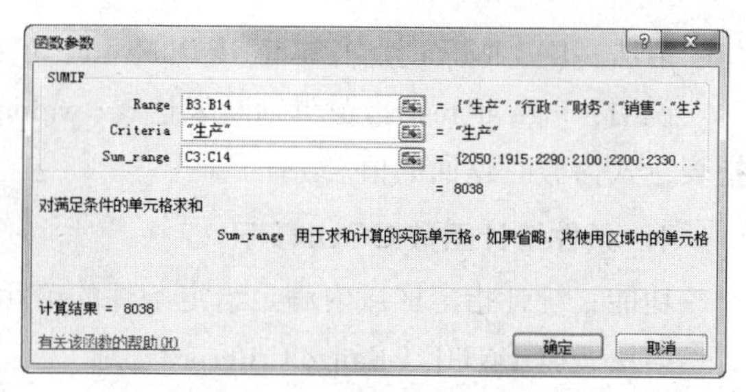

图 4-29 选择区域示意图

◎说明

在默认情况下，数据通常是以“常规”类型输入。要想改变数据格式，可以使用“设置单元格格式”对话框中的“数字”选项卡，如图 4-30 所示。对话框左边的“分类”列表框分类列出了数字格式的类型，右边显示了该类型的格式，用户可以直接选择系统已定义好的格式，也可以修改格式，如小数位数及负数的形式。“自定义”格式类型可以自己设置所需的格式。

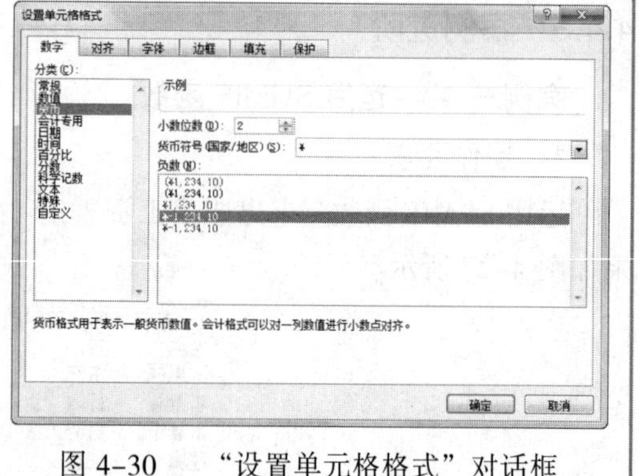

图 4-30 “设置单元格格式”对话框

案例二 ——条件统计函数 COUNTIF 的使用

1. 操作要求

用函数 COUNTIF，将“各科成绩表”中各门功课的缺考人数统计出来，结果放到“缺考人数”工作表中的相应单元格。

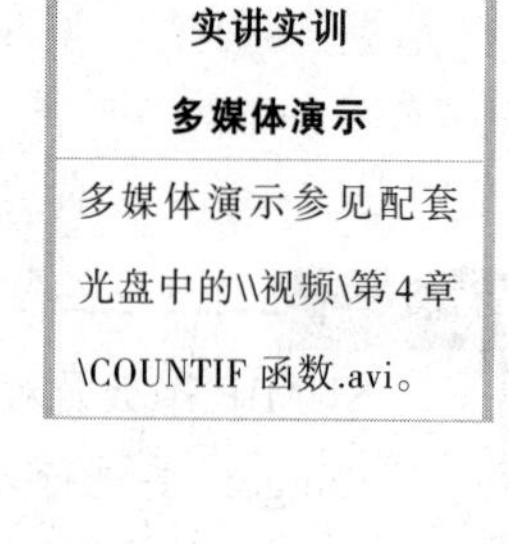

实讲实训

多媒体演示

多媒体演示参见配套光盘中的\\视频\第 4 章\COUNTIF 函数.avi。

2. 操作提示

① 打开 4.4.4.xls 工作簿，在“缺考人数”工作表中，选择目标单元格 B3。

② 单击“插入函数”按钮或者选择“公式”|“函数库”组|“插入函数”命令，打开“插入函数”对话框，选择“统计”类别中的 COUNTIF 函数。

③ 单击 “确定”按钮，打开“函数参数”对话框，如图 4-31 所示。

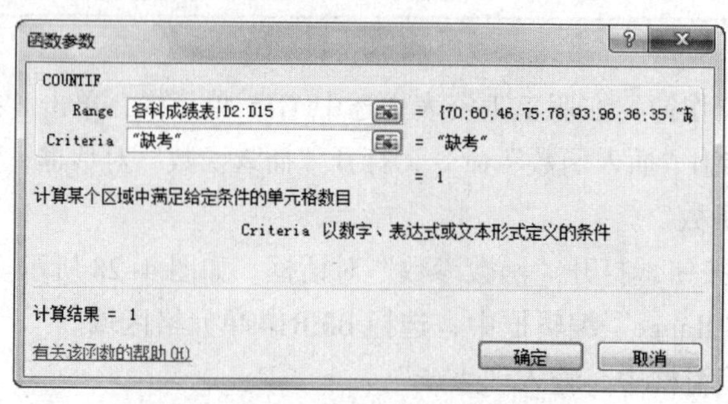

图 4-31 COUNTIF 函数对话框

④ 将光标定位在 Range 编辑框中，鼠标单击“各科成绩表”标签，选中 D2:D15 区域。

⑤ 将光标定位在 Criteria 编辑框中，输入统计条件“缺考”，如图 4-31 所示。单击“确定”按钮，统计出了“英语”的缺考人数。

⑥ 选中目标单元格（B3），鼠标指针指向其右下角的填充柄，当鼠标指针变成+时，按住鼠标向右拖动填充至目标单元格的最后。

4.5 数 据 处 理

Excel 不仅具有简单数据计算处理的能力，还具有数据库管理的一些功能，更可贵的是，Excel 在制表、作图等数据分析方面的能力比一般数据库更胜一筹，淋漓尽致地发挥了在表处理方面的优势，这就是 Excel 的数据处理功能。它可以对数据进行排序、筛选、分类汇总等操作。

> **实讲实训**
>
> **多媒体演示**
>
> 多媒体演示参见配套光盘中的\\视频\第 4 章\数据处理.avi。

4.5.1 案例制作

素材如图 4-32 所示，按下列要求进行相应的操作。

陕西邮电职业技术学院98届毕业生成绩表							
学号	姓名	班级	数学	语文	地理	历史	总分
98D001	张立平	（二）班	85	80	78	90	333
98D002	王老五	（一）班	76	69	65	80	290
98D003	李正三	（三）班	90	86	89	95	360
98D004	王淼	（三）班	95	88	90	68	341
98D005	刘畅	（一）班	70	68	92	80	310
98D006	赵龙	（三）班	78	65	86	85	314
98D007	张虎	（二）班	75	67	78	69	289
98D008	秦雪	（二）班	73	60	72	80	285
各科平均分			80.25	72.875	81.25	80.875	

图 4-32 毕业生成绩

1. 操作要求

① 数据排序：在 Sheet1 中以“总分”为主关键字排序，排序结果如图 4-33 所示。

陕西邮电职业技术学院98届毕业生成绩表							
学号	姓名	班级	数学	语文	地理	历史	总分
98D008	秦雪	（二）班	73	60	72	80	285
98D007	张虎	（二）班	75	67	78	69	289
98D002	王老五	（一）班	76	69	65	80	290
98D005	刘畅	（一）班	70	68	92	80	310
98D006	赵龙	（三）班	78	65	86	85	314
98D001	张立平	（二）班	85	80	78	90	333
98D004	王淼	（三）班	95	88	90	68	341
98D003	李正三	（三）班	90	86	89	95	360
各科平均分			80.25	72.875	81.25	80.875	

图 4-33 排序结果

② 数据筛选：在 Sheet1 中筛选出各科分数均大于等于 80 的记录，筛选结果如图 4-34 所示。

③ 数据合并计算：在 Sheet2 中进行“平均值”合并计算，标题为“各班各科平均成绩表”，合并结果与原数据在同一工作表中，合并计算结果如图 4-35 所示。

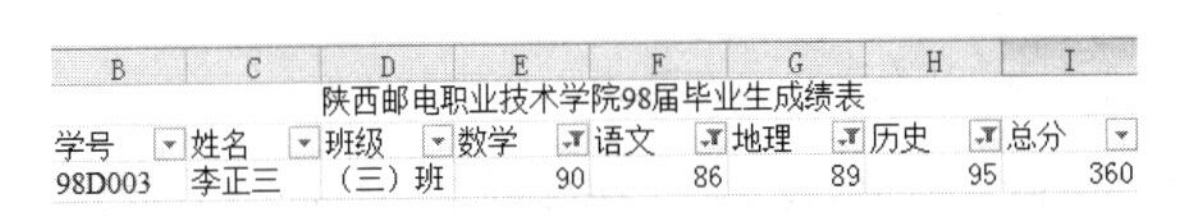

B	C	D	E	F	G	H	I
陕西邮电职业技术学院98届毕业生成绩表							
学号	姓名	班级	数学	语文	地理	历史	总分
98D003	李正三	（三）班	90	86	89	95	360

图 4-34 筛选结果

各班各科平均成绩表				
班级	数学	语文	地理	历史
（二）班	77.66667	69	76	79.66667
（一）班	73	68.5	78.5	80
（三）班	87.66667	79.66667	88.33333	82.66667

图 4-35 合并计算结果

④ 数据分类汇总：在 Sheet3 中以“班级”为分类字段，将各科成绩进行“平均值”分类汇总，分类汇总结果如图 4-36 所示。

	A	B	C	D	E	F	G	H	I
1									
2				陕西邮电职业技术学院98届毕业生成绩表					
3		学号	姓名	班级	数学	语文	地理	历史	总分
7				（二）班	77.66667	69	76	79.66667	
11				（三）班	87.66667	79.66667	88.33333	82.66667	
14				（一）班	73	68.5	78.5	80	
15		各科平均分			80.73333	73.16667	81.43333	80.93333	
16				总计平均	80.3037	72.90741	81.27037	80.88148	
17									

图 4-36 分类汇总结果

⑤ 建立数据透视表：选择“原始透视表”中的数据作为数据源，以“班级”为筛选项，以“学号”为行字段，以“姓名”为列字段，以“迟到”为计数项，建立新数据透视表从 A1 单元格起，数据透视表如图 4-37 所示。

班级	（二）班			
计数项:迟到	姓名			
学号	秦雪	张虎	张立平	总计
98D001			1	1
98D007		1		1
98D008	1			1
总计	1	1	1	3

图 4-37 数据透视表

2. 操作步骤

① 排序：单击数据列表中“总分”列任一单元格，选择“数据”|“排序和筛选”组|“升序”命令，如图 4-38 所示。

◎说明

若总分相同则需要用次关键字来区分，可选择“数据”|“排序和筛选”组|“排序”命令，使用“添加条件”可以设置多个排序关键字。

② 筛选：单击数据列表中的任一单元格，选择“数据”|“排序和筛选”组|“筛选”命令；在工作表的列标题名的右侧出现下拉按钮。

③ 单击“数学”列的筛选箭头，选择“数字筛选”|“大于或等于”或“自定义筛选”命令，弹出“自定义自动筛选方式”对话框，如图 4-39 所示。在左边下拉列表框中选择“大于或等于”，在右边下拉列表框中输入“80”，按照此方法分别筛选“语文，地理，历史”，得出各科分数均大于 80 的记录。

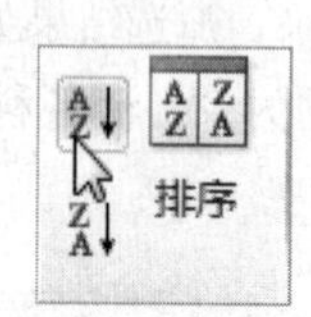

图 4-38 “排序”对话框

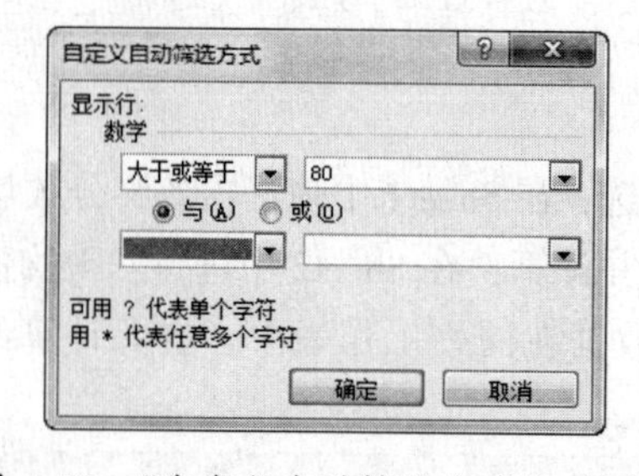

图 4-39 “自定义自动筛选方式”对话框

④ 合并计算：在数据区以外输入标题“各班各科平均成绩表”，在标题下一行的合适单元格中输入“班级”，如图 4-40 所示。

	A	B	C	D	E	F	G	H	I
1									
2				陕西邮电职业技术学院98届毕业生成绩表					
3		学号	姓名	班级	数学	语文	地理	历史	总分
4		98D001	张立平	（二）班	85	80	78	90	333
5		98D002	王老五	（一）班	76	69	65	80	290
6		98D003	李正三	（三）班	90	86	89	95	360
7		98D004	王淼	（三）班	95	88	90	68	341
8		98D005	刘畅	（一）班	70	68	92	80	310
9		98D006	赵龙	（三）班	78	65	86	85	314
10		98D007	张虎	（二）班	75	67	78	69	289
11		98D008	秦雪	（二）班	73	60	72	80	285
12		各科平均分			80.25	72.875	81.25	80.875	
13									
14									
15					各班各科平均成绩表				
16			班级						
17									
18									

图 4-40　输入相关数据

⑤ 选中“班级”单元格，选择“数据”|“数据工具”组|“合并计算”命令，打开“合并计算”对话框，如图 4-41 所示，在“函数”下拉列表框中选择“平均值”，光标置于“引用位置”用鼠标拖动选中 D3:H11，单击“添加”按钮，添加到“所有引用位置”，在“标签位置”选项组中选择“首行”和“最左列”复选框，单击“确定”按钮即可。

◎说明

在“标签位置”选中“首行”复选框将自动添加行标题，在“标签位置”选中“最左列”复选框将自动添加列标题，两者都选中同时自动添加行标题和列标题，但两者交叉标签不添加。任一与其他源数据区域中的标志不匹配的标志都会导致合并中出现单独的行或列。另外，也应确保在源区域中包含相应的标志。

⑥ 分类汇总：首先对数据按“班级”排序。单击“班级”字段下方的任意数据，选择“数据”|“排序和筛选”组|“升序”命令。

◎说明

分类汇总的分类字段相同数值必须集中放置，这里使用排序使班级值相同的数据排到一起。如果不排序直接作分类汇总，不会得到按班级汇总的结果。

⑦ 选择“数据”|“分级显示”组|“分类汇总”命令，打开如图 4-42 所示“分类汇总”对话框。选择分类字段为“班级”，汇总方式为“平均值”，选定汇总项为“数学、语文、地理、历史”，然后单击“确定”按钮。

◎小技巧

如何删除分类汇总？再次选择“数据”|“分级显示”|“分类汇总”命令，在图 4-42 所示的对话框中单击左下角的“全部删除”按钮。

⑧ 建立数据透视表：打开如图 4-43 所示的表格，将光标定位在数据表中的任意单元格，选择“插入”|“表格”组|“数据透视表”命令，或者单击“数据透视表”下方的箭头，再选择列表中的“数据透视表”命令，如图 4-44 所示。

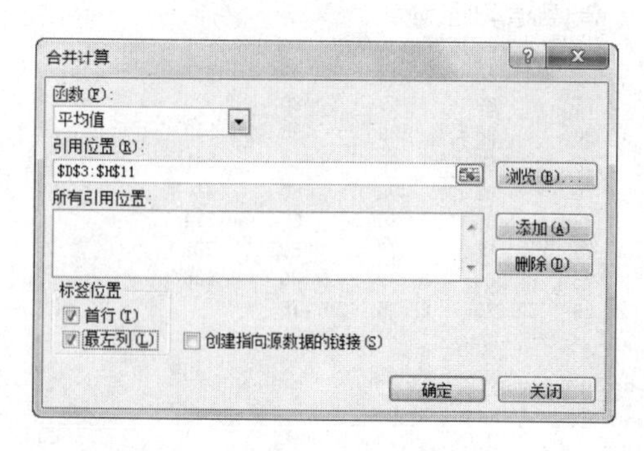

图 4-41 “合并计算”对话框

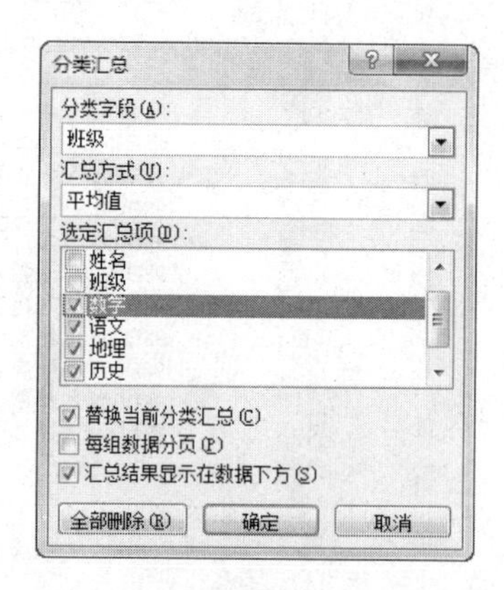

图 4-42 “分类汇总”对话框

陕西邮电职业技术学院98届迟到统计表			
学号	姓名	班级	迟到
98D008	秦雪	（二）班	0
98D007	张虎	（二）班	0
98D002	王老五	（一）班	0
98D005	刘畅	（一）班	0
98D006	赵龙	（三）班	0
98D001	张立平	（二）班	0
98D004	王淼	（三）班	0
98D003	李正三	（三）班	0

图 4-43 迟到统计表

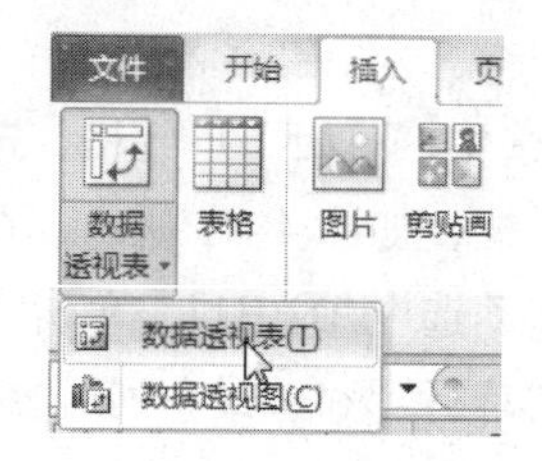

图 4-44 “数据透视表”命令

⑨ 在“创建数据透视表”对话框中，在“请选择要分析的数据”选项组中，确保已选中“选择一个表或区域”单选按钮，如图 4-45 所示。

⑩ 在“选择放置数据透视表的位置”选项组中，选择“新工作表”单选按钮，单击“确定”按钮，出现如图 4-46 所示空数据透视表。

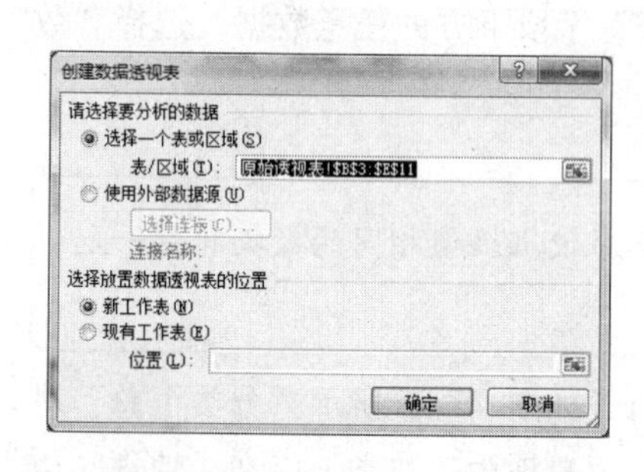

图 4-45 “创建数据透视表”对话框

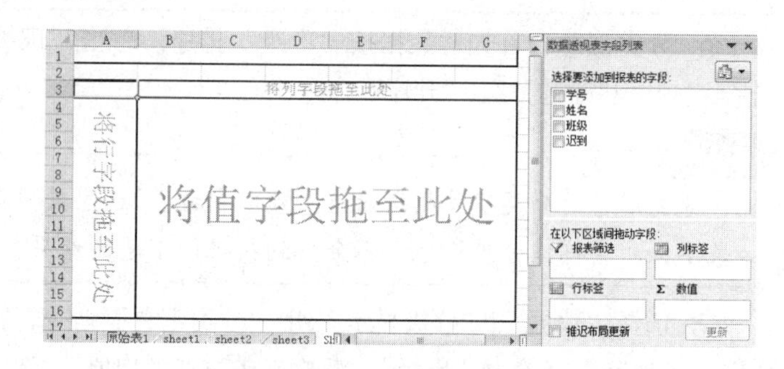

图 4-46 空数据透视表

◎说明

在“选择放置数据透视表的位置”选项组中，执行下列操作之一来指定位置：若要将数据透视表放置在新工作表中，并以单元格 A1 为起始位置，请选择“新工作表”单选按钮。若要将数据透视表放置在现有工作表中，请选择“现有工作表”单选按钮，然后在“位置”框中指定放置数据透视表的单元格区域的第一个单元格。

⑪ 拖动图 4-46 右侧的“班级”到报表筛选字段处，拖动“学号”到行字段，拖动“姓名”到列字段，拖动“迟到”到值字段区。

⑫ 单击数值项的“求和项：迟到”旁的下拉按钮选择“值字段设置”命令，弹出“值字段设置”对话框，选择汇总方式为“计数”，单击 “确定”按钮，如图 4-47 所示。

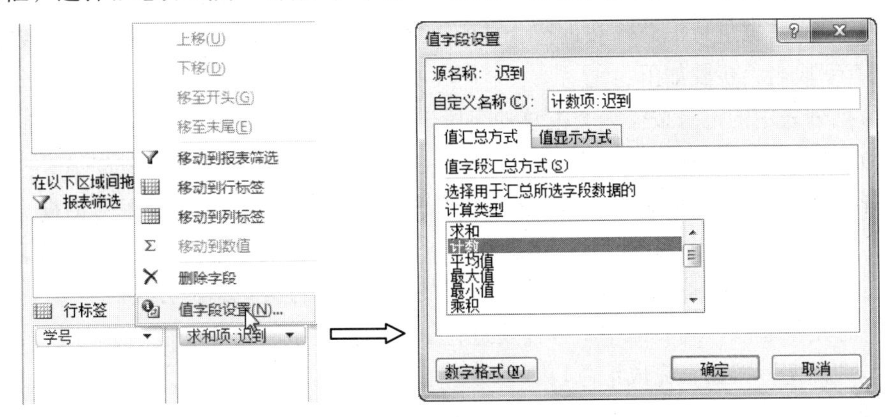

图 4-47　值字段设置

◎提示

默认情况下数据区添加的字段均为“求和项”，如果需要更改，单击数值所在项的下拉按钮选择“值字段设置”更改为所需项。

⑬ 透视结果如图 4-48 所示，单击“(全部)”页面下拉按钮，选择“二班”。

班级	(二) 班			
计数项:迟到	姓名			
学号	秦雪	张虎	张立平	总计
98D001			1	1
98D007		1		1
98D008	1			1
总计	1	1	1	3

图 4-48　透视结果

4.5.2　相关知识

1. 排序

① 选择数据列表中的任一单元格。

② 选择“数据”|“排序和筛选”组|“排序”命令。

③ 单击主要关键字的下拉按钮，选择主要关键字。

④ 单击“添加条件”标签添加次要关键字。

⑤ 为避免字段名也成为排序对象，可选中“数据包含标题行”按钮，再单击“确定”按钮进行排序。

也可单击“排序和筛选”组中的升序 A↓Z 或降序 Z↓A 命令按钮，即可完成选定区域单元格的排序。

2. 筛选

系统提供了“自动筛选”和“高级筛选”两种筛选方法。步骤为：A 自动筛:选单击数据列表中任一单元格，选择“数据”|“排序和筛选”组|“筛选”命令。B 高级筛选：选择“数据”|“排序和筛选”组|“高级”

3. 合并计算

① 在数据区以外输入标题。

② 选中结果将生成位置的第一个单元格，选择“数据”|“数据工具”组|“合并计算”命令。

③ 按要求选择合适的项。

4．分类汇总

在数据列表中，可以对记录按照某一指定段进行分类，把字段值相同的记录分成同一类，然后对同一类记录的数据进行汇总。在进行分类汇总之前，应先对数据列表进行排序，数据列表的第一行必须有字段名，步骤如下：

① 对数据列表中的记录按需分类汇总的字段进行排序。

② 在数据列表中选中任一单元格。

③ 选择“数据”|“分级显示”组|“分类汇总”命令，打开“分类汇总”对话框。

④ 在“分类字段”下拉列表框中，选择进行分类的字段名（所选字段名必须与排序字段名相同）。

⑤ 在“汇总方式”下拉列表框中，选择所需的用于计算分类汇总的方式。

⑥ 在“选定汇总项”列表框中，选择要进行汇总的数值字段（可以是一个或多个）。

⑦ 单击“确定”按钮，完成汇总。

5．数据透视表

分类汇总适合于按一个字段进行分类，对一个或多个字段进行汇总。如果用户要求按多个字段进行分类并汇总，则用分类汇总就有了困难，Excel 为此提供了一个有力的工具——数据透视表来解决问题。

创建数据透视表的具体操作步骤如下：

① 将光标定位在数据表中的任意单元格，选择“插入”|“数据透视表”命令，打开“创建数据透视表”对话框。

② 选择“表/区域”，选择放置数据透视表位置。

③ 单击“确定”按钮。

④ 获得一个空的数据透视表，按要求合理布局完成透视表。

4.5.3 案例进阶

打开素材 4.5.3.xls 按要求进行相应的操作。

1．操作要求

实讲实训

多媒体演示

多媒体演示参见配套光盘中的\\视频\第 4 章\数据处理案例进阶.avi。

① 数据排序：在 Sheet1 中以“月薪”为主关键字，以“补助”为次关键字，以“奖金”为第三关键字，以递减顺序排序，排序最终的结果如图 4-49 所示。

② 数据筛选：在 Sheet2 中筛选出补助小于 200 的女职员记录或补助大于 400 的男职员记录，结果如图 4-50 所示。

林安公司职员工资表						
姓名	部门	性别	月薪	补助	奖金	实际工资
宋美美	市场部	女	1500	100	235	1835
张红	服务部	女	1200	300	200	1700
李光	市场部	男	1200	100	230	1530
张涛	销售部	男	1000	250	220	1470
刘刚	销售部	男	1000	250	200	1450
王飞	服务部	男	1000	200	220	1420
宋朋	开发部	男	900	500	210	1610
刘云	开发部	女	700	500	210	1410

图 4-49　排序最终结果

姓名	部门	性别	月薪	补助	奖金
宋美美	市场部	女	1500	100	235
宋朋	开发部	男	900	500	210

图 4-50　高级筛选的结果

③ 数据合并计算：使用 Sheet3 工作表中“鲜花第一分公司”和“鲜花第二分公司”中的数据，在“鲜花公司各部门平均收入”表中进行“平均值”合并计算求出各部门的平均月薪、补助、

奖金，结果如图 4–51 所示。

鲜花公司各部门平均收入			
部门	月薪	补助	奖金
开发部	863	563.2	168
服务部	961.4286	492.2857	148.5714
销售部	955	471.2	168
市场部	1143.75	367.5	186.25

图 4–51　数据合并计算的结果

④ 数据分类汇总：在 Sheet4 中以“性别”为分类字段，对月薪、补助、奖金进行求和分类汇总，分类汇总结果如图 4–52 所示。

⑤ 建立数据透视表：选择 Sheet5 中的数据作为数据源，以“编号”为筛选项，以“农产品”为行字段，以“负责人”为列字段，以实缴数量、应缴数量、超额为计数页，数据透视表的结果如图 4–53 所示。

姓名	部门	性别	月薪	补助	奖金
宋朋	开发部	男	900	500	210
张涛	销售部	男	1000	250	220
王飞	服务部	男	1000	200	220
刘刚	销售部	男	1000	250	200
李光	市场部	男	1200	100	230
		男 汇总	5100	1300	1080
刘云	开发部	女	700	500	210
张红	服务部	女	1200	300	200
宋美美	市场部	女	1500	100	235
		女 汇总	3400	900	645
		总计	8500	2200	1725

图 4–52　数据分类汇总的结果

编号	(全部)		
		负责人	
农产品名称	数据	田翠花	总计
大豆	求和项:实缴数量(千克)	6464	6464
	求和项:应缴数量(千克)	5124	5124
	求和项:超额(千克)	1340	1340
花生	求和项:实缴数量(千克)	2155	2155
	求和项:应缴数量(千克)	2140	2140
	求和项:超额(千克)	15	15
求和项:实缴数量(千克)汇总		8619	8619
求和项:应缴数量(千克)汇总		7264	7264
求和项:超额(千克)汇总		1355	1355

图 4–53　数据透视表的结果

2. 操作提示

（1）数据高级筛选

① 构造筛选条件：在进行高级筛选之前，首先构造一个条件区域，输入如图 4–54 所示的条件区域，确保在条件值与数据区域之间至少留了一个空白行或一个空白列。

② 执行高级筛选：单击数据区任一单元格，选择“数据”|“排序和筛选”组|“高级”命令，打开“高级筛选”对话框，如图 4–55 所示。

A	B	C	D	E	F	G	H	I	J
姓名	部门	性别	月薪	补助	奖金				
宋美美	市场部	女	1500	100	235			性别	补助
李光	市场部	男	1200	100	230			女	<200
张涛	销售部	男	1000	250	220			男	>400
王飞	服务部	男	1000	200	220				
宋朋	开发部	男	900	500	210				
刘云	开发部	女	700	500	210				
张红	服务部	女	1200	300	200				
刘刚	销售部	男	1000	250	200				

图 4–54　条件区域

图 4–55　“高级筛选”对话框

③ 单击“列表区域”编辑框旁边的折叠按钮，拖动鼠标选定查询的列表区域。

④ 单击“条件区域”编辑框旁边的折叠按钮，拖动鼠标选定条件区域。

⑤ 在“高级筛选”对话框中，选中“将筛选结果复制到其他位置”单选按钮，激活“复制到”编辑框，选择一个起始单元格，如图 4–56 所示。

⑥ 单击“确定”按钮即可筛选出结果。

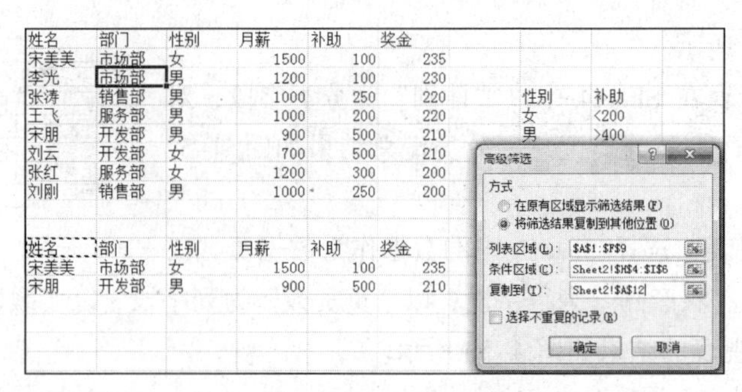

图 4-56 选择高级筛选的条件

（2）合并计算

① 合并计算：在 Sheet3 工作表中选定 J5 输入“部门”单元格。

② 执行“数据”|“数据工具”组|“合并计算”命令，打开“合并计算”对话框，在“函数”下拉列表框中选择“平均值”，光标置于“引用位置”用鼠标拖动选中要进行合并计算的第一个数据区域 C2:F10，单击“添加”按钮，添加到“所有引用位置”，再将光标置于“引用位置”用鼠标拖动选中要进行合并计算的第二个数据区域 C15:F28，单击“添加”按钮。在“标签位置”选项组中选中“首行”和“最左列”复选框，单击“确定”按钮。

（3）建立数据透视表

① 执行“插入”|“表格”组|“数据透视表”命令。

② 在布局中，拖动“实缴数量、应缴数量、超额”到“Σ数值”。

4.6 创建图表

Microsoft Excel 支持许多类型的图表。用户需要分析不同图表类型的特点，选择合适的图表类型，使数据更易理解。

实讲实训

多媒体演示

多媒体演示参见配套光盘中的\\视频\第 4 章\创建图表.avi。

4.6.1 案例制作

本例帮助读者把工作表中的数据以图形的形式表示，以便直观地理解工作表中的数据。陕西邮电职业技术学院 98 届毕业生成绩表如图 4-57 所示，利用簇状柱形图创建的数学成绩统计图，效果如图 4-58 所示。

陕西邮电职业技术学院98届毕业生成绩表

学号	姓名	班级	数学	语文	地理	历史	总分
98D008	秦雪	（二）班	73	60	72	80	285
98D007	张虎	（二）班	75	67	78	69	289
98D002	王老五	（一）班	76	69	65	80	290
98D005	刘畅	（一）班	70	68	92	80	310
98D006	赵龙	（三）班	78	65	86	85	314
98D001	张立平	（二）班	85	80	78	90	333
98D004	王淼	（三）班	95	88	90	68	341
98D003	李正三	（三）班	90	86	89	95	360

图 4-57 毕业生成绩表

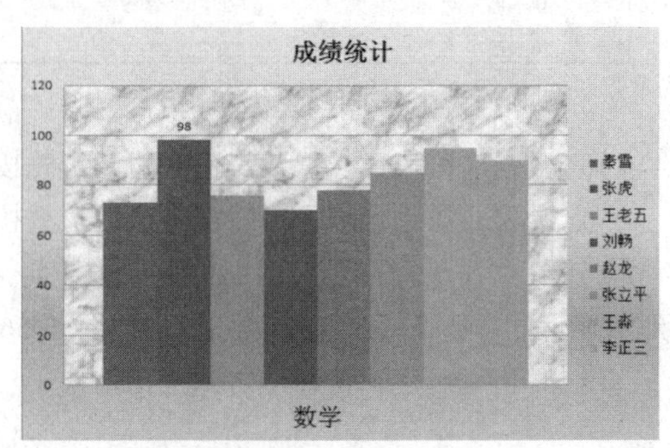

图 4-58 成绩统计图

1. 操作要求

① 创建图表：按照图 4-58 所示，用原始工作表 1 中的适当数据，在 Sheet1 工作表中创建一个簇状柱形图。

② 设置图表格式：将图表标题的格式设置为楷体、加粗、20 号、红色，将图例中的文字设置为隶书、12 号、橙色，深色 25%，将绘图区的格式设置为白色大理石的填充效果，图表区的格式设置为黄色和浅绿色渐变填充的效果。

③ 修改图表中的数据：在图 4-57 中，将“张虎”的数学成绩改为“98”，在统计图中相应位置显示出来。

2. 操作步骤

① 创建图表：按住【Ctrl】键在工作表中选中“姓名”列和“数学”列，选择“插入”|“图表”组|“其他图表”|“所有图表类型”命令，打开如图 4-59 所示的“更改图表类型”对话框，或选择“插入”| “图表”组|“柱形图”|“簇状柱形图”选项。

② 在“图表类型”列表框中选择“柱形图”选项，在“子图表类型”列表框中选择“簇状柱形图”选项，单击“确定”按钮，生成一个初步简易的柱状图，如图 4-60 所示。

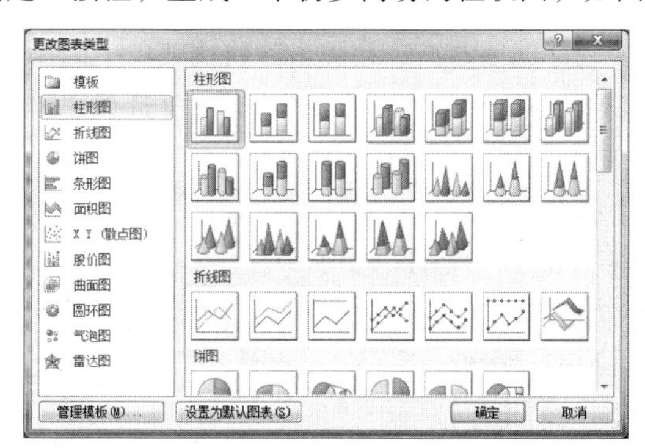

图 4-59 “更改图表类型”对话框

◎说明

选择多个不连续的区域时，先选择好第一个区域后，按住【Ctrl】键可继续选择其他区域。

选择一个单元格，按住【Shift】键，再选择另一单元格，可以选中以两个单元格为对角的一个矩形区域。联想：文件选择时【Ctrl】和【Shift】键的作用与此类似。

③ 调整图例系列：在“图标区”右击选择“选择数据”命令，打开“选择数据源”对话框，如图 4-61 所示。

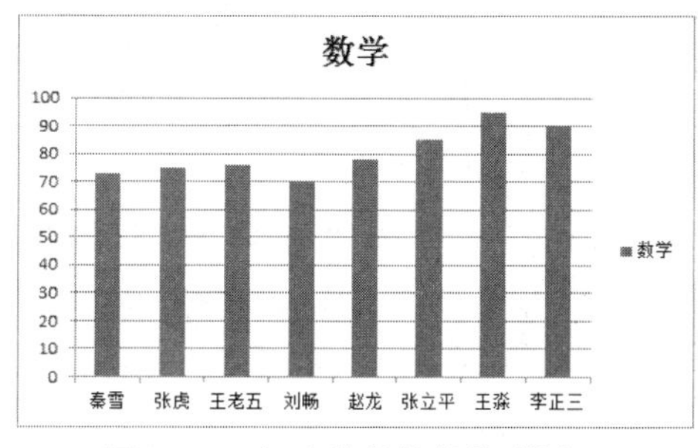

图 4-60 初步简易簇状柱形图

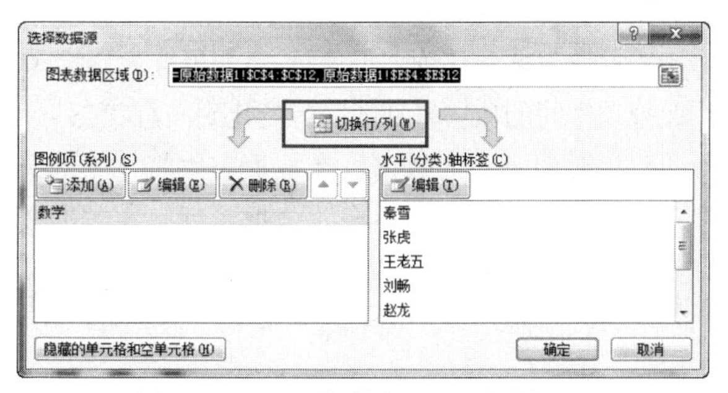

图 4-61 “ 选择数据源”对话框

④ 单击“切换行/列”按钮，调整图列项和水平分类轴位置，此时图表如图 4-62 所示。

⑤ 添加图表标题：选中图表，选择“图表工具”|“布局”选项卡|“标签”组|“图表标题”|“图表上方”命令，如图 4-63 所示。

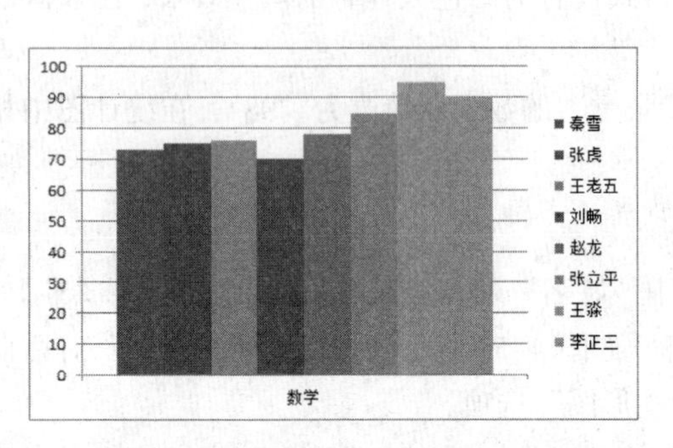

图 4-62 “切换行/列”后的柱状图

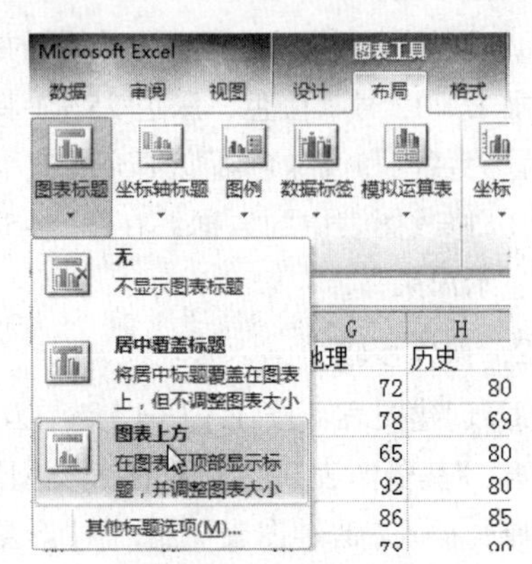

图 4-63 添加图表标题

⑥ 选中图表标题修改为“成绩统计”即可。

⑦ 设定图表格式：在图表标题上右击，在弹出的快捷菜单中选择“字体”命令。

⑧ 在“中文字体”列表框中选择“楷体”，“字体样式”选择“加粗”，“字号”选择“20”，“字体颜色”选择“红色”，单击“确定”按钮。

⑨ 在图例上右击，在快捷菜单上选择“字体”命令。

⑩ 在“中文字体”列表框中选择“隶书”选项，“大小”列表框中选择“12”，“颜色”列表框中选择“橙色，深色 25%”，单击“确定”按钮。

⑪ 在绘图区域右击，在弹出的快捷菜单中选择“设置绘图区格式”命令，打开如图 4-64 所示的“设置绘图区格式”对话框，左侧列表框中选择“填充”，右侧选择“图片或纹理填充”，单击“纹理”选项旁下拉按钮，选择“白色大理石”选项。

⑫ 在图表区上右击，在弹出的快捷菜单中选择“设置图表区域格式”命令，打开“设置图表区格式”对话框，左侧列表框中选择“填充”，右侧选择“渐变填充”，如图 4-65 所示。

⑬ 设置左侧色块为“黄色”；右侧色块为“浅绿色”，拖动中间的色块直到图表区变化到满意状态。

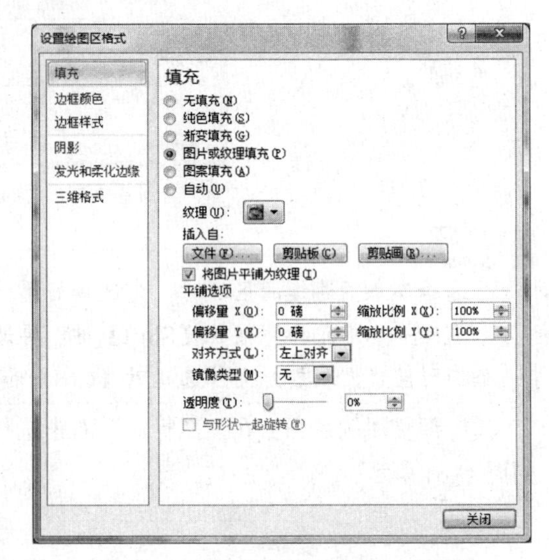

图 4-64 “设置绘图区格式”对话框

⑭ 修改图表中的数据：在数据表中将“张虎”的数学成绩改为“98”。

⑮ 选中改变值的“张虎”数据系列，在“图表工具”|“布局”选项卡|“标签”组|“数据标签”|“数据标签外”命令，如图 4-66 所示。

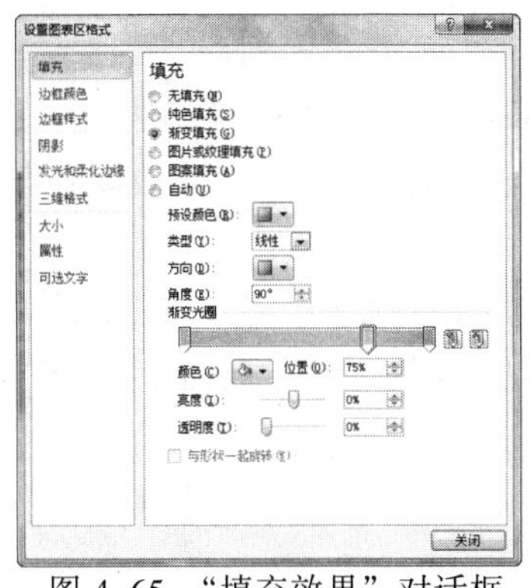

图 4-65　“填充效果”对话框

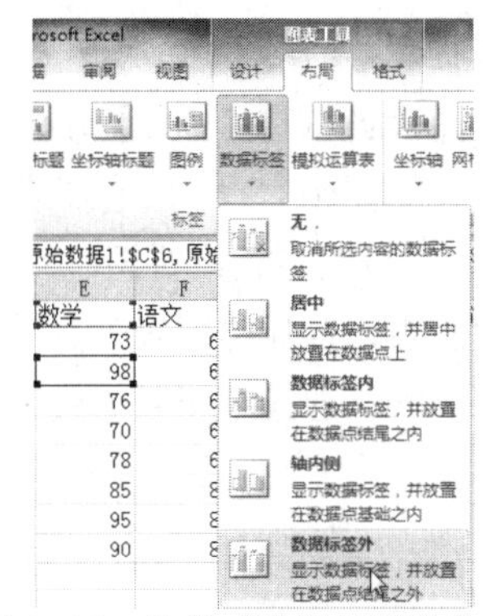

图 4-66　选择“数据标签外”命令

4.6.2　相关知识

1. 创建图表

① 选择要包含在图表中的单元格数据（数据区域可以连续也可以不连续）。

② 选择“插入”|“图表”组|“其他图表”|“所有图表类型”命令。

③ 选择适合的图表。

2. 设置图表格式

在选择图表对象后，可以通过以下方法打开与对象相对应的“格式”对话框，完成图表对象的格式设置。

① 选择“图表工具”|“格式”选项卡|“设置所选内容格式”选项。

② 右击鼠标，在快捷菜单中选择相应的格式设置命令。

③ 双击图表对象。

3. 修改图表中的数据

① 选定要更改的图表项。

② 在“图表工具”|“设计”或“布局”或“格式”选项卡中，选择相应项命令（如“标题”、“坐标轴”、“网格线”、“图例”、“数据标志”等）。

4.6.3　案例进阶

> **实讲实训**
>
> **多媒体演示**
>
> 多媒体演示参见配套光盘中的\\视频\第 4 章\创建图表案例进阶.avi。

1. 操作要求

① 按照图 4-67 所示教学经费投入情况表中的数据，创建如图 4-68 的饼图。

② 调整图表格式，使图表与文字协调美观。

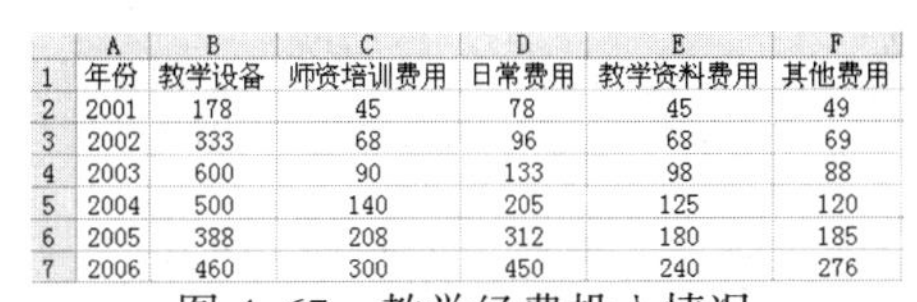

	A	B	C	D	E	F
1	年份	教学设备	师资培训费用	日常费用	教学资料费用	其他费用
2	2001	178	45	78	45	49
3	2002	333	68	96	68	69
4	2003	600	90	133	98	88
5	2004	500	140	205	125	120
6	2005	388	208	312	180	185
7	2006	460	300	450	240	276

图 4-67　教学经费投入情况

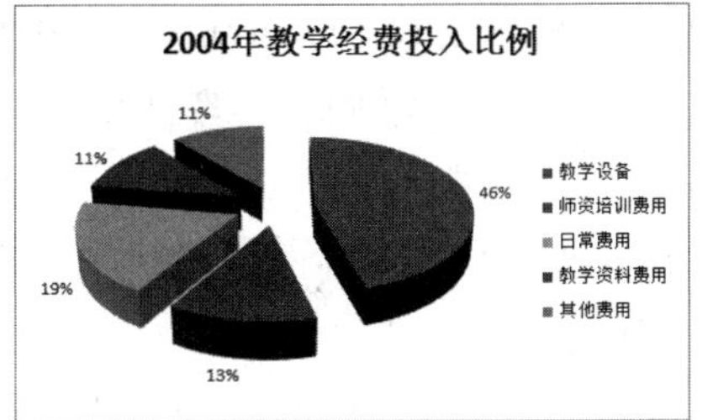

图 4-68　2004 年教学经费饼图

2．操作提示

① 创建图表：按住【Ctrl】键在工作表中选中$B$1:$F$1与$B$5:$F$5两行，选择“插入”|“图表”组|“其他图表”|“所有图表类型”（或“饼”图）命令，打开“更改图表类型”对话框，选择“饼图”|“分离型三维饼图”。

② 选中图表，选择“图表工具”|“设计”选项卡|“图标布局”组|“布局6”命令。

③ 选中图表，选择“图表工具”|“布局”选项卡|“标签”组|“数据标签”|“数据标签外”命令。

4.7 宏

熟悉计算机的人一定知道批处理命令，宏的操作就好像是批处理的操作。在Excel中若要经常重复某项任务或者执行一批功能，就可以使用宏把它们变成可自动执行的任务。宏是一段定义好的操作，它可能是一段程序代码，也可能是一批操作命令的集合。程序代码指的是存储在Visual Basic模块中的一连串的操作命令，或者是一连串的编辑排版操作。

实讲实训
多媒体演示
多媒体演示参见配套光盘中的\\视频\第4章\宏.avi。

4.7.1 案例制作

本例介绍如何使用宏完成两个工作表的格式设置。首先在上半年销售情况表中记录宏录制格式设置，然后在下半年销售情况表中相应位置执行宏以轻松实现格式设置，效果如图4-69所示。

	A	B	C	D	E	F
1	中原市下半年各市场汽车销售情况（辆）					
2	品牌	产地	中原商贸城	中粮大厦	魏湾汽车城	岳各庄汽车城
3	别克	上汽通用	4320	3886	4600	4170
4	帕斯特	上海大众	4160	3890	4300	4260
5	桑坦纳2000	上海大众	5100	5800	5720	6300
6	捷达王	一汽大众	6480	6260	6480	5820
7	保罗	上海大众	3860	4040	4280	3080
8	赛欧	上汽通用	3160	3060	2480	3360
9	奥迪A6	一汽大众	1830	1320	1750	1660
10	宝来	上海大众	1880	2400	1800	1620
11	奥迪A8	一汽大众	560	420	580	600
12	标志	东风	3400	3200	2840	2600
13	广州本田	广州本田	1240	1010	980	1500

图4-69 下半年销售情况表

1．操作要求

① 在数据1工作表中，创建一个名为dd的宏，将宏存放在当前工作簿中。

② 宏的功能为：

- 设置标题字体为华文彩云，字号为18，颜色为深蓝，文字2，淡色40%。
- 将单元格区域A2:F11的对齐方式设置为水平居中。
- 将单元格区域A2:F2的底纹设置为浅蓝色。
- 将单元格区域A3:F11的底纹设置为黄色。

③ 在数据2工作表中，按【Ctrl+w】键运行宏。

2．操作步骤

① 录制宏。选中上半年各销售情况表中的A1单元格，选择“视图”|“宏”组|“宏”|“录

制宏”命令，打开如图 4-70 所示的“录制新宏”对话框。

② 在“宏名”文本框中输入 dd，在“快捷键”文本框中输入小写字母“w”，作为运行宏时使用的快捷键，并在“保存在”下拉列表框中选择保存位置为“当前工作簿”。

◎注意

如果键盘上的【Caps Lock】(大小写字母锁定键)是打开的，这时按下【w】键，快捷键会变成【Ctrl+Shift+W】。

③ 单击“确定”按钮，关闭对话框。

④ 选择“视图”|“宏”组|“宏”|“使用相对引用”命令，如图 4-71 所示，接着就可以按“操作要求”完成所有的操作。

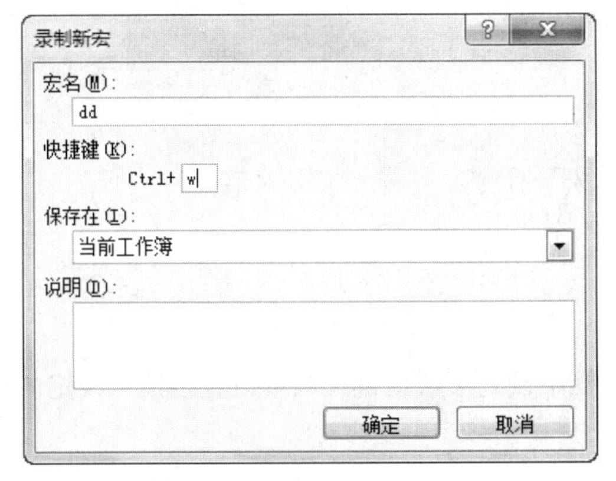

图 4-70　“录制新宏”对话框

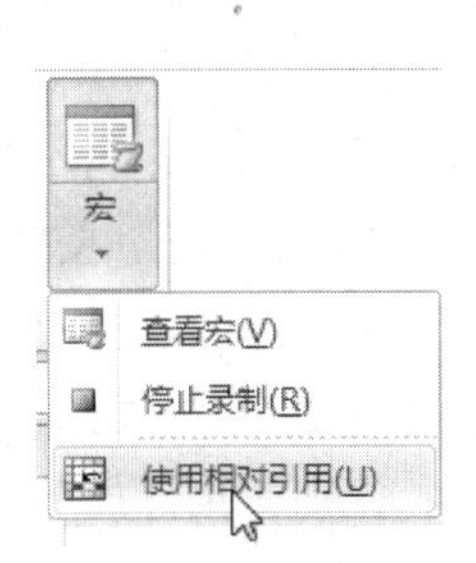

图 4-71　“停止录制”工具栏

◎说明

在录制宏的操作中，一般都应使用相对引用来录制，如果使用绝对引用来录制，那么录制的宏只能在录制时绝对地址的单元格中应用。

⑤ 所有操作完成后，选择“视图”|“宏”组|“宏”|“停止录制”命令完成录制操作。

⑥ 运行宏。切换到数据 2 工作表，选中 A1 单元格。

⑦ 按下【Ctrl+w】快捷键执行宏。也可以选择“视图”|“宏”组|“宏”|“查看宏”命令，打开如图 4-72 所示的“宏”对话框，在“宏”对话框的“宏名”列表中选择要运行的宏名称，然后单击“执行”按钮运行宏。

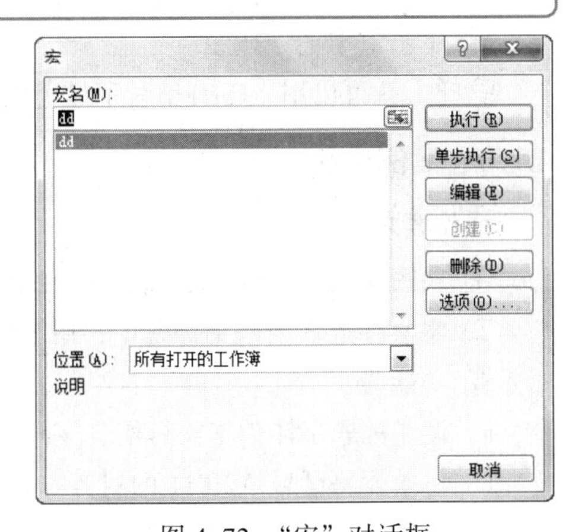

图 4-72　“宏”对话框

4.7.2　相关知识

1. 录制宏

假设现在经常要对单元格进行某些固定的格式设定，比如填充单元格颜色、字体和对齐方式的设定等，就可以创建一个宏，来加速操作。要创建宏，首先就需要录制宏。其操作步骤如下：

① 选择“视图”|“宏”组|“宏”|“录制宏”命令，打开“录制新宏”对话框。

② 在“宏名”文本框中输入要录制的新宏名称（如“填充蓝颜色”）。在“快捷键”文本框中输入字母，以作为执行宏时使用的快捷键，并在“保存在”下拉列表框中设定保存位置。

③ 单击“确定”按钮，关闭对话框，表明当前已进入了录制宏的状态。

④ 选择“视图”|“宏”组|“宏”|“使用相对引用”命令，接着就可以执行所要完成的所有操作。

⑤ 所有操作完成后，单击“停止录制”按钮完成录制操作。

2. 运行宏

在录制完“格式设置”宏之后，当其他区域需要进行同样的格式设置时，可以直接运行宏。常用的运行宏的方法如下：

（1）用菜单运行宏

① 打开需要运行宏的工作簿。

② 选定欲进行操作的单元格区域。

③ 选择“视图”|“宏”组|“宏”|“查看宏”命令，打开“宏”对话框。

④ 在“宏名”列表框中，选择要运行的宏名称。

⑤ 单击“执行”按钮。

（2）用快捷键运行宏

若在录制宏时，已经在“录制新宏”对话框中设置了快捷键，则可以直接按下设定的快捷键运行宏；否则，执行如下步骤为宏设置快捷键。

① 选择“开发工具”|“宏”命令，打开“宏”对话框，在“宏名”列表框中选择要运行的宏名称。或选择“视图”|“宏”组|“宏”|“查看宏”命令。

② 单击“选项”按钮，弹出“宏选项”对话框。

③ 在“快捷键”文本框中键入一个字母。

④ 单击“确定”按钮，返回“宏”对话框。

⑤ 单击“取消”按钮。

这样，就可以用【Ctrl+小写字母】或【Ctrl+Shift+大写字母】运行宏。

4.7.3 案例进阶

操作要求

① 在图4-73所在的工作表Sheet1中，创建一个名为A9S的宏。

② 将宏存放在当前工作簿中，用【Ctrl+Shift+K】作为快捷键。

③ 功能为：

a. 设置标题字体为华文行楷，字号为16，颜色为紫色。

b. 将单元格区域A2:F11的对齐方式设置为水平居中。

c. 将单元格区域A2:F2的底纹设置为浅蓝色。

d. 将单元格区域C3:F11的底纹设置为橙色。

④ 使用快捷键在Sheet2的相同内容处运行宏，结果如图4-74所示。

实讲实训
多媒体演示
多媒体演示参见配套光盘中的\\视频\第4章\宏案例进阶.avi。

	A	B	C	D	E	F
1	蓝天家电城彩电销售情况统计表					
2	品牌	型号	第一季度	第二季度	第三季度	第四季度
3	康佳彩电	k1943	24000	25000	25500	26000
4	康佳彩电	k2144	26000	25500	24000	29000
5	长虹彩电	c2578	54000	55000	56000	68000
6	海信彩电	H2978	65000	54000	85000	65000
7	海信彩电	H3190	85000	80000	78000	86000
8	长虹彩电	c2954	56000	56600	65000	70000
9	康佳彩电	k2148	30000	32000	28000	45000
10	康佳彩电	k2146	38000	28000	24000	34000
11	海信彩电	H2561	86000	65000	98000	54000

图 4-73　销售情况统计表

蓝天家电城彩电销售情况统计表					
品牌	型号	第一季度	第二季度	第三季度	第四季度
康佳彩电	k1943	24000	25000	25500	26000
康佳彩电	k2144	26000	25500	24000	29000
长虹彩电	c2578	54000	55000	56000	68000
海信彩电	H2978	65000	54000	85000	65000
海信彩电	H3190	85000	80000	78000	86000
长虹彩电	c2954	56000	56600	65000	70000
康佳彩电	k2148	30000	32000	28000	45000
康佳彩电	k2146	38000	28000	24000	34000
海信彩电	H2561	86000	65000	98000	54000

图 4-74　运行结果

4.8　模　　板

模板是一个含有特定内容和格式的工作簿，可以把它作为模型来建立与之类似的其他工作簿。Excel 中提供了几种常用的模板，若要创建新工作簿，使其具有用户所希望的格式，则使用模板来新建工作簿。模板中可包含格式样式、标准的文本（如页眉和行列标志）及公式等。

> **实讲实训**
>
> **多媒体演示**
>
> 多媒体演示参见配套光盘中的\\视频\第 4 章\模板.avi。

4.8.1　案例制作

利用模板计算出图 4-75 中的“比上年增长%”，结果如图 4-76 所示。

	A	B	C	D	E	F	G	H	I	J
1										
2		国民经济和社会发展主要计划								
3		(调控计划一)								
4										
5		指标名称	单位	上年	当年		下年			
6				实际	实际	比上年增长%	保证	比上年增长%	争取	比上年增长%
7		1、综合指标		20236.3	24378.9		30015.1		31342.35	
8		地区国内生产总值		20188.3	24362.9		28537.65		29410.58	
9		其中：第一产业增加值		5288.6	5800		6311.4		6860.25	
10		第二产业增加值		9012.2	11699.5		14386.89		15288.24	
11		第三产业增加值		5797.5	6864.3		7931.56		8237.56	
12		人均国内生产总值		1758	2093		2368		2669	
13		2、全社会固定资产投资		4449.29	7854.98		11256.68		13250	
14		其中：第一产业		2918.64	5273.64		7829.34		9528.85	
15		第二产业		1029.26	1754.91		2568.45		2993.16	
16		第三产业		829.48	1359.35		1887.32		2237.45	
17		其中：区属部分		263.38	364.49		569.32		689.12	
18		乡镇及以下部分		566.1	994.86		1356.56		1631.42	
19		3、出口商品交货值		620.9	849.4		989.12		985.78	
20		4、地方财政收入		2503.9	2503.9		3187.46		3391.5	

图 4-75　原始数据表

国民经济和社会发展主要计划

(调控计划一)

指标名称	单位	上年	当年		下年			
		实际	实际	比上年增长%	保证	比上年增长%	争取	比上年增长%
1、综合指标		20236.3	24378.9	20.47	30015.1	23.12	31342.4	28.56
地区国内生产总值		20188.3	24362.9	20.68	28537.65	(74.09)	29410.6	20.72
其中：第一产业增加值		5288.6	5800	9.67	6311.4	8.82	6860.25	18.28
第二产业增加值		9012.2	11699.5	29.82	14386.89	22.97	15288.2	30.67
第三产业增加值		5797.5	6864.3	18.40	7931.56	15.55	8237.56	20.01
人均国内生产总值		1758	2093	19.06	2368	13.14	2669	27.52
2、全社会固定资产投资		4449.29	7854.98	76.54	11256.68	43.31	13250	68.68
其中：第一产业		2918.64	5273.64	80.69	7829.34	48.46	9528.85	80.69
第二产业		1029.26	1754.91	70.50	2568.45	46.36	2993.16	70.56
第三产业		829.48	1359.35	63.88	1887.32	38.84	2237.45	64.60
其中：区属部分		263.38	364.49	38.39	569.32	56.20	689.12	89.06
乡镇及以下部分		566.1	994.86	75.74	1356.56	36.36	1631.42	63.98
3、出口商品交货值		620.9	849.4	36.80	989.12	16.45	985.78	16.06
4、地方财政收入		2503.9	2503.9	0.00	3187.46	27.30	3391.5	35.45

注：各年度数为九零年不变价

图 4-76　利用模板计算结果图

1．操作要求

① 模板调用：调用现有模板“经济社会发展计划.xlt”（模板文件为 ECONOMY.xlt），将该工作簿中的“调控计划表一”复制到 4.8.1AS.xls 中，重命名为“调控计划表”，撤销工作表保护。

② 工作表之间数据的复制：将 Sheet1 工作表中的数据复制到“调控计划表”工作表中对应的位置。

③ 格式设置：

a. 设置调控计划表中 B2 单元格的字体大小为 24，B3 单元格的字体大小为 16，单元格区域 B4:J20 的字体大小为 12。

b. 设置调控计划表中的单元格区域 F7:F20、H7:H20 和 J7:J20 的数字格式为数值，保留两位小数，负数以带括号的红色显示。

2．操作步骤

① 模板调用：打开文档 4.8.1AS.xls，选择“文件”|“新建”命令，打开如图 4-77 所示的“可用模板”任务窗格，选择“我的模板”项，打开如图 4-78 所示的“个人模板”对话框。

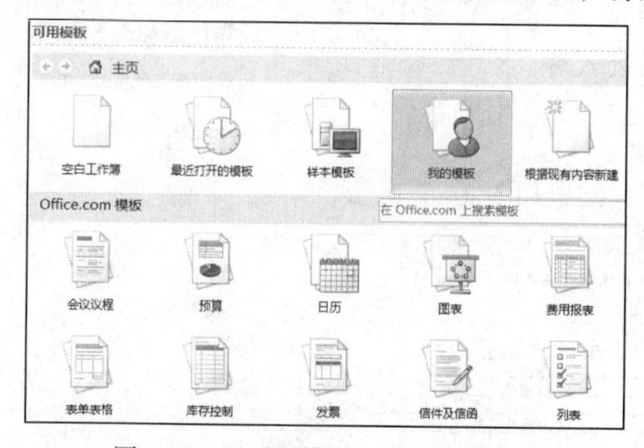

图 4-77 “可用模板”任务窗格

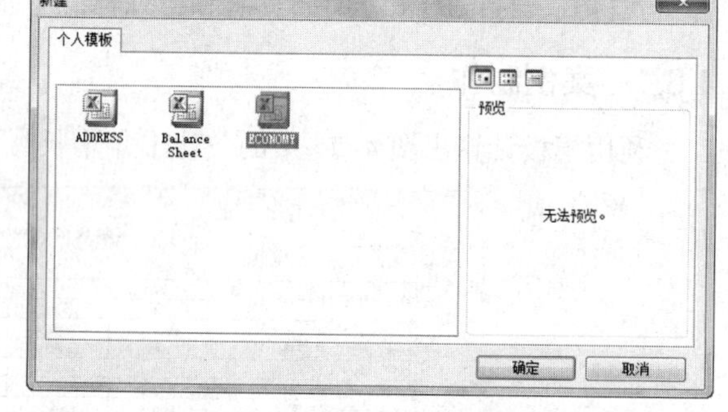

图 4-78 “个人模板”对话框

② 选择 “Economy.xlt”模板，单击“确定”按钮。

◎说明

样本模板中存放的是本机模板，数量较少。OFFICE.com 模板是从网络上下载模板，可保存为“我的模板”。保存为“我的模板”的方法：

① 下载完成后自动打开，选择“文件”|“另存为”命令，保存类型选择 EXCEL 模板。

② 已经下载保存到其他位置的模板可打开使用方法①另存为模板。也可直接复制模板文件到 C:\Users\Windows7\AppData\Roaming\Microsoft\Templates。

③ 在“调控计划表一”工作表标签上右击，在弹出的快捷菜单中选择“移动或复制”命令，打开“移动或复制工作表”对话框。

④ 在“工作簿”下拉列表框中选择“4.8.1AS.xls”选项，选中“建立副本”复选框，单击“确定”按钮。

⑤ 在“4.8.1AS.xls”工作簿中的“调控计划表一”上右击，在弹出的快捷菜单中选择“重命名”命令，此时标签反白显示，输入名称“调控计划表”。

⑥ 执行“审阅”|“更改”组|“撤销工作表保护”命令。

⑦ 工作表之间数据的复制：在“4.8.1AS.xls”工作簿中，在 Sheet1 工作表中选中 D7:J20 单元格区域，选择“开始”|“剪贴板”组|“复制”命令，在该单元格周围出现闪烁的边框，切换到“调控计划表”工作表中，选中 D7 单元格，选择“开始”|“剪贴板”组|“选择性粘贴”命令。

⑧ 弹出“选择性粘贴”对话框，选中“跳过空单元格”复选框，如图 4-79 所示，然后单击“确定”按钮。

⑨ 格式设置：切换到“调控计划表”工作表，选中 B2 单元格，在“格式”工具栏中的“字号”下拉列表中选择“24”选项，选中 B3 单元格，在“格式”工具栏中的“字号”下拉列表中选择“16”选项，选中 B4:J20 单元格区域，在“格式”工具栏中的“字号”下拉列表中选择“12”选项。

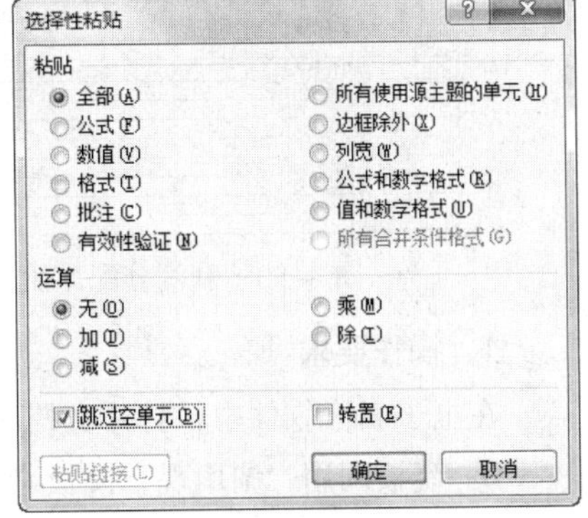

图 4-79　“选择性粘贴”对话框

◎技巧

使用选择性粘贴可以快速实现复制操作，如果只粘贴公式，可在粘贴选项中选择“公式”，如果只粘贴格式，可选择“格式”。这里选中“跳过空单元格”复选框保证了原表格中有公式的单元格不会被覆盖。

⑩ 选中 F7:F20、H7:H20、J7:J20 单元格区域，右击选择“设置单元格格式”命令，打开“设置单元格格式”对话框，选择“数字”选项卡。

⑪ 在“分类”列表框中选择“数值”选项，在“小数位数”文本框中输入“2”，在“负数”列表框中选择带括号的红色显示形式，单击“确定”按钮。

4.8.2　相关知识

1. 模板调用

选择“文件”|“新建”命令，打开“可用模板”任务窗格，选择需要的模板。

2. 工作表的保护和撤销

执行“审阅”|“更改”组|“撤销工作表保护（或保护工作表）”命令。

3. 选择性粘贴

执行“开始”|“剪贴板”组|“粘贴”|“选择性粘贴”命令，弹出“选择性粘贴”对话框，然后选择合适的内容。

4. 模板单元格格式设置

选中要操作的单元格，右击选择“设置单元格格式”命令，打开“单元格格式”对话框，选择相应的选项卡，或使用“格式”工具栏中相应的工具。

4.8.3　案例进阶

利用模板计算出图 4-80 中的空缺项并设置格式，结果如图 4-81 所示。

实讲实训 多媒体演示
多媒体演示参见配套光盘中的\\视频\第 4 章\模板案例进阶.avi。

利　润　分　配　表

	编制单位：	——年度		单位：元
4				
5	一、利润总额	1	198,675.32	187,654.23
6	减：应交所得税	2	5,876.56	4,687.52
7	二、税后利润	3		
8	减：应交特种基金	4	15,236.00	13,458.00
9	加：年初未分配利润	5	1,232.00	2,587.00
10	上年利润调整	6	897.00	1,879.00
11	减：上年所得税调整	7	4,587.00	2,015.00
12	三、可供分配的利润	8		
13	加：年初未分配利润	9	58,769.00	69,874.00
14	减：提取盈余公积	10	2,587.00	4,897.00
15	应付利润	11	3,865.00	4,876.56
16	四、未分配利润	12		

图 4-80　利润分配原始表

利　润　分　配　表

编制单位：　——年度　会工02表附表1　单位：元

项　目	行次	本年实际	上年实际
一、利润总额	1	￥198,675.32	￥187,654.23
减：应交所得税	2	￥5,876.56	￥4,687.52
二、税后利润	3	￥192,798.76	￥182,966.71
减：应交特种基金	4	￥15,236.00	￥13,458.00
加：年初未分配利润	5	￥1,232.00	￥2,587.00
上年利润调整	6	￥897.00	￥1,879.00
减：上年所得税调整	7	￥4,587.00	￥2,015.00
三、可供分配的利润	8	￥175,104.76	￥171,959.71
加：年初未分配利润	9	￥58,769.00	￥69,874.00
减：提取盈余公积	10	￥2,587.00	￥4,897.00
应付利润	11	￥3,865.00	￥4,876.56
四、未分配利润	12	￥227,421.76	￥232,060.15

图 4-81　利用模板计算结果图

1．操作要求

在电子表格软件中，打开文档 4.8.3.1.xls，调用模板。

① 模板调用：调用现有模板“工业企业财务报表.xlt”（REPORT1.xlt），将该工作簿中的“利润分配表”复制到 4.8.3.1.xls 中，重命名为“利润分配情况表”，撤销工作表的保护。

② 工作簿间数据的复制：打开 4.8.3.2.xls，将图 4-80 中的数据复制到“利润分配表”中对应的位置。

③ 格式设置：

a. 设置“利润分配情况表”中 B3 单元格的字体大小为 24，单元格区域 B4:E18 的字体大小为 16。

b. 设置“利润分配情况表”中单元格区域 D7:E18 的数字格式为货币、保留 2 位小数。

④ 工作簿的共享：将 4.8.3.1.xls 工作簿设置为允许多用户编辑共享。

2．操作提示

① 工作簿间数据的复制：打开 4.8.3.2.xls 工作簿，选中对应数据，选择“开始”|“剪贴板”组|“复制”命令，切换到 4.8.3.1.xls 的利润分配情况表，选中对应单元格，选择“开始”|“剪贴板”组|“粘贴”命令。

② 工作簿的共享：打开 4.8.3.1.xls 工作簿，选择“审阅”|“更改”组|“共享工作簿”命令，打开“共享工作簿”对话框，选择“编辑”选项卡，选中“允许多用户同时编辑，同时允许工作簿合并“复选框，单击“确定”按钮并选择路径保存文档。

习　题

1.【操作练习】

按照下面的操作要求，将图 4-82（a）的工作表编辑成为图 4-82（b）所示的效果。

实验中学12月份教师工资表

编号	姓名	性别	职称	基本工资	奖金	水电费	房租费	实发工资
001	陈东东	男	助教	678	550	14	79	1135
002	吴艳晓	女	讲师	700	568	14	90	1164
003	何小飞	男	教授	650	600	13	68	1170
004	李兵	男	教授	720	586	15	101	1190
005	苏永刚	男	教授	568	748	12	80	1224
006	范琳	女	讲师	595	728	10	90	1223
007	毛静波	男	教授	625	712	8	101	1228
008	杨丹	女	讲师	750	604	16	90	1248
009	朱群	男	讲师	655	694	10	90	1249
010	刘占	男	助教	670	802	18	57	1397

（a）原始工资表

12月份教师工资表

编号	姓名	性别	职称	基本工资	奖金	水电费	房租费	实发工资
001	陈东东	男	助教	678	550	14	79	1135
002	吴艳晓	女	讲师	700	568	14	90	1164
003	何小飞	男	教授	650	600	13	68	1170
005	苏永刚	男	教授	568	748	12	80	1224
006	范琳	女	讲师	595	728	10	90	1223
007	毛静波	男	教授	625	712	8	101	1228
008	杨丹	女	讲师	750	604	16	90	1248
009	朱群	男	讲师	655	694	10	90	1249
010	刘占	男	助教	670	802	18	57	1397

（b）设置格式后的工资表

图 4-82　工资表

◎提示

表格中的编号前面有两个零，输入时需在数字前加上一个英文下的单引号（如'001），这时的数字被文本化。

操作要求：

① 打开素材 1.xls，删除 C8 单元格的前一行。

② 设置标题行行高为 30；字体为方正姚体；字号为 20 号；加粗；字体颜色为白色；设置黄色底纹。

③ 将单元格区域 B3:J3 的对齐方式设置为水平居中；设置字体为黑体；字体颜色为深红色；设置金黄色底纹。

④ 将单元格区域 C4:C12 的字体设置为华文行楷；设置淡紫色底纹。

⑤ 将单元格区域 D4:D12 的对齐方式设置为水平居中；设置字体为华文行楷；设置浅绿色底纹。

⑥ 将单元格区域 F4:J12 的对齐方式设置为水平居中；设置字形为加粗；设置淡蓝色底纹。

⑦ 设置表格边框：将单元格区域 B3:J3 的上下边框设置为红色粗实线，将单元格区域 B4:J12 的下边框设置为黄色粗实线，左右两侧及内边框线设置为红色的虚线。

⑧ 插入批注：在 J12 所在的单元格中插入批注“最高工资”。

⑨ 重命名工作表：将工作表重命名为“12 月份教师工资表”。

2.【操作练习】

操作要求：

① 打开素材 4.xls，在原始表 1 表中，以“数学”为主关键字降序排列。

② 在 Sheet1 工作表中，筛选出数学大于等于 70 且小于等于 80 的学生。

③ 依据原始透视表中的数据（见图 4-83），在当前工作表中建立如图 4-83 所示的数据透视表。

3.【操作练习】

操作要求：

① 打开素材 5.xls，按图 4-84 所示，选取工作表“原始数据 1”中适当的数据创建一个圆环图。

② 将图表的标题格式设置为华文行楷、加粗、20 号、天蓝，将图表区格式设置为浅绿到浅紫渐变，将图例中的文字设置为隶书、12 号、深红。

班级	(全部)								
求和项:数学	姓名								
学号	李正三	刘畅	秦雪	王老五	王淼	张虎	张立平	赵龙	总计
98D001							85		85
98D002				76					76
98D003	90								90
98D004					95				95
98D005		70							70
98D006								78	78
98D007						75			75
98D008			73						73
总计	90	70	73	76	95	75	85	78	642

图 4-83　数据透视表

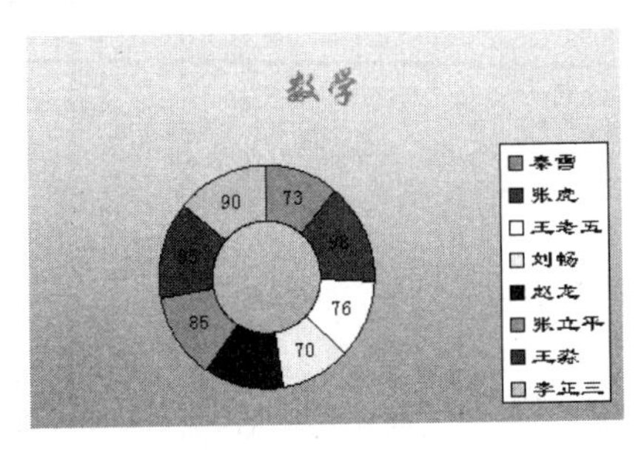

图 4-84　环形图

4.【操作练习】

利用图 4-85 中的数据创建股价折线图，效果如图 4-86 所示。

操作要求：

① 按图 4-85 所示，选取工作表“原始数据 2”中适当的数据创建一个数据点折线图。

② 按图 4-86 所示，将图表的标题设置为“股价折线图”，将图表区格式设置“花束”图案。

上海交易所				
日期	开盘价	收盘价	最高价	最低价
2006-4-20	119.95	118.50	120.00	118.50
2006-4-19	116.55	117.92	117.96	116.16
2006-4-18	113.60	116.00	116.16	113.45
2006-4-13	109.06	108.90	109.28	108.31
2006-4-12	109.20	109.16	109.62	108.58
2006-4-11	110.15	109.15	111.77	108.90
2006-4-10	110.40	110.85	111.48	110.19
2006-4-7	109.74	108.29	109.75	108.25
2006-4-6	110.95	111.30	111.70	110.56
2006-4-5	107.59	108.85	109.19	107.11
2006-4-4	108.00	107.16	108.00	106.70
2006-4-3	107.30	108.44	110.45	107.27

图 4-85 上海交易所股价表

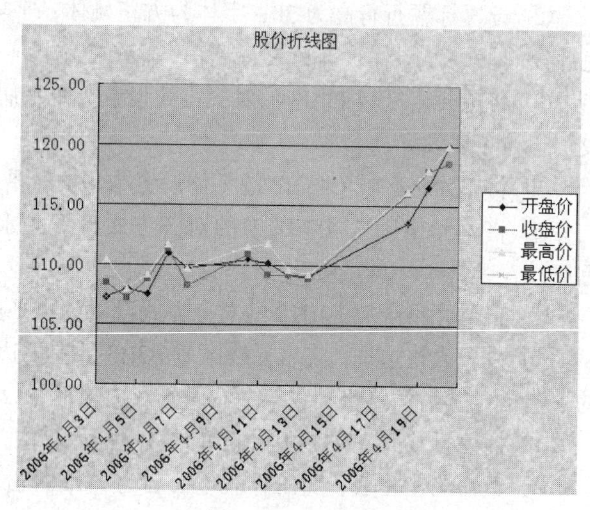

图 4-86 股价折线图

5.【操作练习】

要求：

① 在图 4-87 所示的工作表“数据 3”中，创建一个名为 A9S 的宏。

② 将宏存放在当前工作簿中，用【Ctrl+Shift+K】作为快捷键。

③ 功能为：

a. 设置标题字体为华文行楷，字号为 16，颜色为玫红。

b. 将单元格区域 A2:E11 的对齐方式设置为水平居中。

c. 将单元格区域 A2:E2 的底纹设置为淡蓝色。

d. 将单元格区域 C3:E11 的底纹设置为浅黄色。

	A	B	C	D	E
1	中原商贸城第一季度汽车销售情况（辆）				
2	品牌	产地	一月	二月	三月
3	桑坦纳2000	上海大众	600	900	850
4	帕斯特	上海大众	580	790	860
5	保罗	上海大众	640	680	600
6	别克	上汽通用	780	890	980
7	赛欧	上汽通用	350	380	480
8	捷达王	一汽大众	800	600	750
9	宝来	一汽大众	600	300	200
10	奥迪A6	一汽大众	320	380	330
11	奥迪A8	一汽大众	120	180	150

图 4-87 第一季度汽车销售情况表

第 5 章 PowerPoint 2010 的应用

本章导读：

基础知识

- PowerPoint 2010 的启动和退出
- PowerPoint 2010 的视图
- 演示文稿的新建、修改及保存

重点知识

- 在幻灯片中插入对象
- 设置幻灯片的背景及版式

提高知识

- 设置动画效果
- 设置声音效果

PowerPoint 2010 是微软 Office 软件包的组成部分之一，专门负责制作演示文稿。用 PowerPoint 2010 编制的电子文稿可以在计算机屏幕上直接显示或用投影机演示，也可以制作成幻灯片播放。运用这种传达信息、演示成果、表达观点的有力工具，可以使教学、演讲或产品发布变得生动、活泼、新鲜、直观，给人们以欣赏电影般的享受，大大提高了信息传播的效率。

本章以一个中秋贺卡的实际制作为例，逐步说明演示文稿的制作、编辑、导入素材和添加动画四个环节，最后以一个综合实例——展示自我风采，进一步加强技能训练。

5.1 PowerPoint 2010 的基本操作

5.1.1 PowerPoint 2010 的启动和退出

当要使用和处理演示文稿时，首先要启动 PowerPoint 2010，进入演示文稿的处理环境。当要结束工作时，就要退出 PowerPoint 2010 的处理环境。

1. 启动 PowerPoint 2010

启动 PowerPoint 2010 的基本方法：单击“开始”按钮，选择“所有程序”|“Microsoft Office”|“Microsoft Office PowerPoint 2010”命令。

2. 退出 PowerPoint 2010

若想退出 PowerPoint 2010，可以选用以下方法中的一种：

（1）单击 PowerPoint 窗口右上角的 按钮。

（2）按下【Alt+F4】组合键。

（3）选择“文件”菜单中的“退出”命令。

（4）双击 PowerPoint 标题栏左上角的控制菜单按钮。

5.1.2 PowerPoint 2010 的窗口环境

启动 PowerPoint 2010 后，可看到如图 5-1 所示的 PowerPoint 2010 的主界面，PowerPoint 的工作窗口主要包括标题栏、选项卡、幻灯片编辑区、状态栏等。

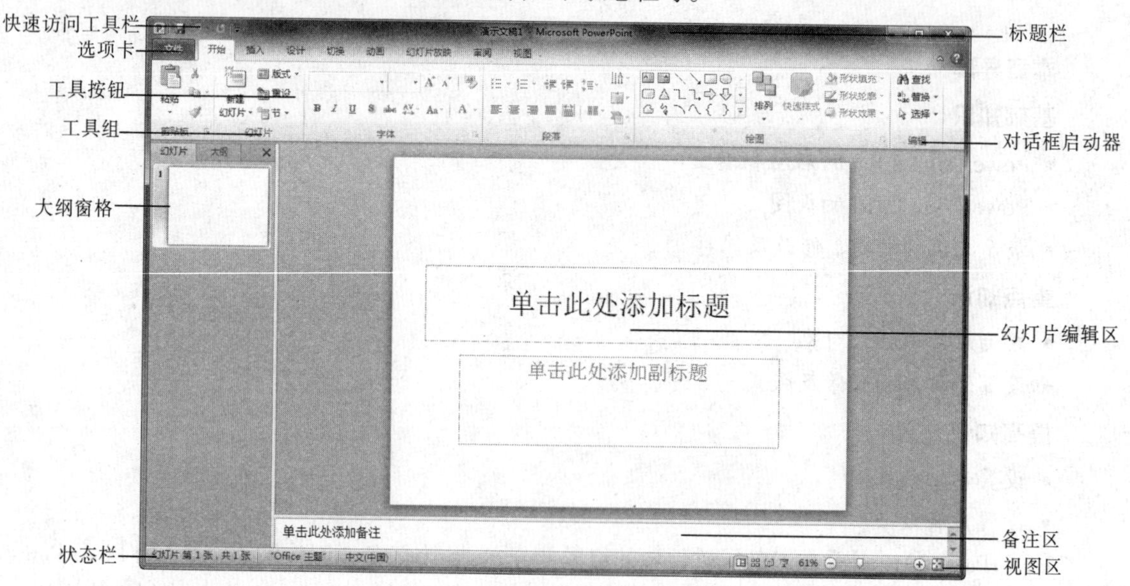

图 5-1　PowerPoint 2010 界面

1. 标题栏

标题栏位于窗口顶端，其中有保存、重复保存、撤销按钮、快速访问工具栏、程序名称、演示文稿名称，最小化按钮、最大化(还原)按钮、关闭按钮。

2. 选项卡

选项卡位于标题栏下方，包括 PowerPoint 操作过程中的各类工具。每一个选项卡又包含了一些工具分组。它用形象的图形表示 PowerPoint 的常用命令，为用户提供了一种比较简单的操作方式。“文件”选项卡以菜单的方式出现，提供了常用的文件操作命令。

3. 幻灯片编辑区

主要用于编辑制作幻灯片，如输入文本、插入图片等。

4. 视图区

利用视图切换按钮，可以在各种视图之间进行切换；调整视图的显示比例。

5. 状态栏

状态栏位于 PowerPoint 窗口的最下方。状态栏左部显示演示文稿当前的视图。当演示文稿处于幻灯片视图时，还显示当前演示文稿中的幻灯片总数及当前幻灯片的编号，右部显示当前演示文稿所采用模板的名字。

5.1.3　PowerPoint 2010 视图

PowerPoint 2010 提供普通视图、幻灯片浏览视图、幻灯片阅读视图、幻灯片放映视图和备注页视图 5 种视图，方便用户创建和浏览演示文稿。

分别在不同的视图中制作演示文稿，可以提高制作演示文稿的效率。在不同的视图之间的切换，只需执行“视图”菜单中各个相应的视图命令或单击演示文稿窗口左下角的视图切换按钮即可。

1. 普通视图

启动 PowerPoint 之后，默认为普通视图方式，该视图将大纲、备注页、幻灯片三个视图方式集中在一个视图中，既可以输入、编辑文本，又可以输入备注信息，编辑幻灯片，进行一些图片的处理等；普通视图中的大纲、备注、幻灯片视图区分别三合一在同一窗体内，拖动窗体的边框可以调整窗体的大小，如图 5-2 所示。

图 5-2　普通视图窗口

2. 幻灯片浏览视图

在该视图中，单击每张幻灯片左下角的五角星动画按钮，可在缩略图中预览幻灯片动画效果，幻灯片右下角为幻灯片序号。序号由小到大顺序显示演示文稿中全部的幻灯片缩图，便于观看整个演示文稿的质量。此外，还便于添加、删除、移动幻灯片等，如图 5-3 所示。

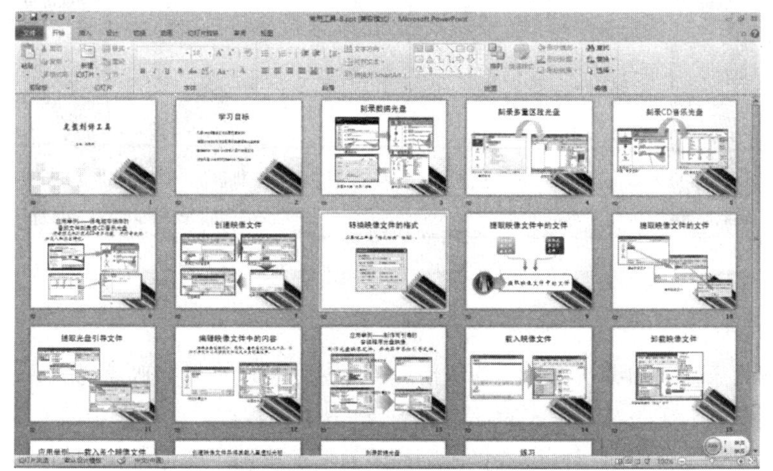

图 5-3　幻灯片浏览视图

3．幻灯片放映视图

在该视图中，可按先后顺序一张张显示幻灯片，每单击一次鼠标，显示下一个幻灯片，结束时再单击鼠标即可回到普通视图中。放映时，屏幕上的 PowerPoint 标题栏、菜单栏、工具栏和状态栏均隐藏起来，整张幻灯片的内容占满屏幕，便于了解幻灯片的制作效果，如图 5-4 所示。

图 5-4　幻灯片放映视图

4．幻灯片阅读视图

和幻灯片放映视图相似，不同的是窗口右下角有“上一张”、“菜单”、“下一张”按钮，阅读视图用于阅读和编辑幻灯片。单击窗口右下角的“上一张”、“下一张”按钮，可播放幻灯片，单击“菜单”按钮，可进行幻灯片复制、幻灯片编辑、全屏等操作，如图 5-5 所示。

图 5-5　幻灯片阅读视图

5．备注页视图

备注页视图用于输入和编辑作者的备注信息。当然用户也可以在普通视图中输入备注文字。如果在备注页视图中，无法看清输入的备注文字，可选择“视图”选项卡中的“显示比例”命令，然后在弹出的“显示比例”对话框中选择一个较大的显示比例，备注页视图如图 5-6 所示。

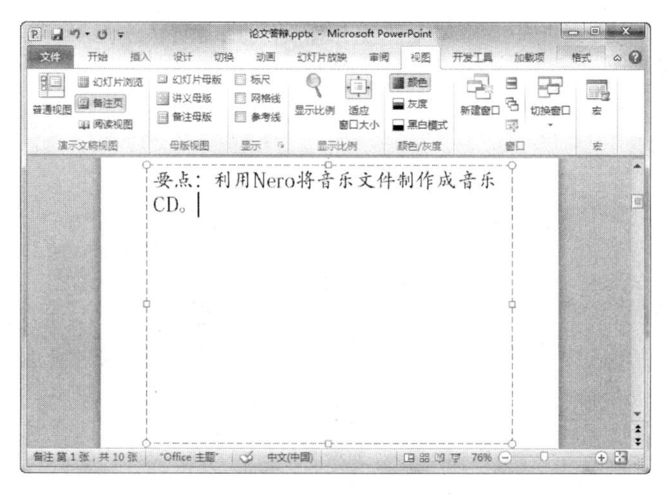

图 5-6 备注页视图

5.2 创建贺卡

5.2.1 案例制作

> **实讲实训**
>
> **多媒体演示**
>
> 多媒体演示参见配套光盘中的\\视频\第 5 章\创建贺卡.avi。

一年中的每个月都有节日，一月有元旦，二月有春节，三月有植树节，四月有愚人节，五月有母亲节，等等，在节日来临时，你希望给亲人朋友送去一份温馨的祝福吗？本节课将帮助你制作一份漂亮的电子贺卡。

节日贺卡的制作步骤如下：

① 选择“文件”选项卡上的“新建”命令，弹出如图 5-7 所示的可用模板和主题界面。单击 Office.com 中的“贺卡”按钮，在可用模板和主题及 Office.com 模板中可以按演示文稿的内容和类别选择模板名称，模板根据用户的选择会自动生成一系列的幻灯片，还提供一个基本大纲。

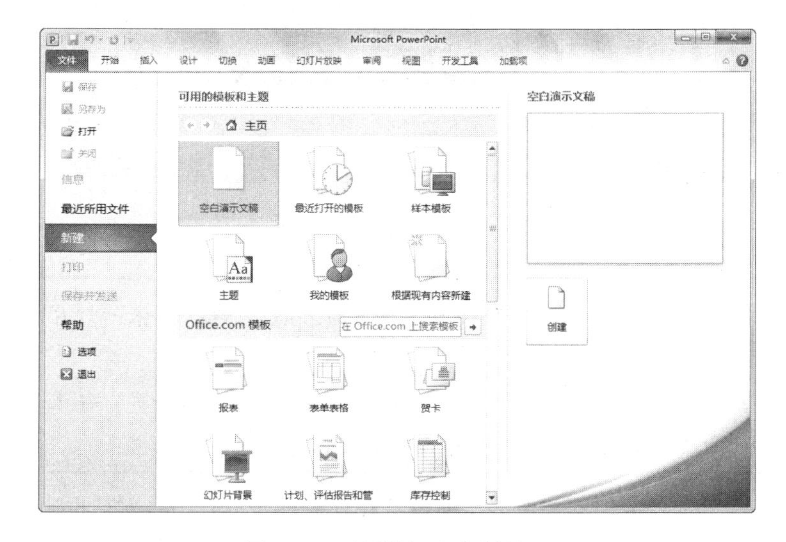

图 5-7 可用模板和主题界面

② 单击“节日”文件夹，界面中将显示不同节日的主题贺卡，选择“中秋贺卡—玉兔”，窗口右侧出现贺卡模板的“下载大小”，用户评分等信息，单击“下载”按钮，如图 5-8 所示。

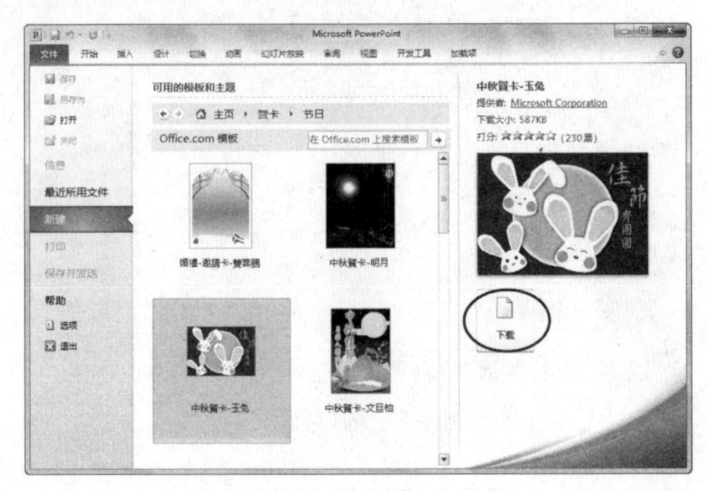

图 5-8　主题贺卡

③ 下载完成后，弹出如图 5-9 所示窗口，自动创建名为演示文稿 1 的幻灯片模板，其中包含 2 张幻灯片。

图 5-9　演示文稿 1

◎说明

在 PowerPoint 中一个完整的演示文稿（扩展名为.pptx），包含多张幻灯片以及与每张幻灯片相关联的备注及演示大纲等几部分。

幻灯片是演示文稿的组成部分，一张幻灯片就是演示文稿中的一页。每张幻灯片都刻有标题、文本、图片集和图形及由其他应用程序创建的图像等。

④ 选择“文件”选项卡中的“保存”命令，在弹出的“另存为”对话框中选择保存位置，输入文件名“中秋贺卡”，将演示文稿 1 保存为“中秋贺卡”演示文稿，如图 5-10 所示。

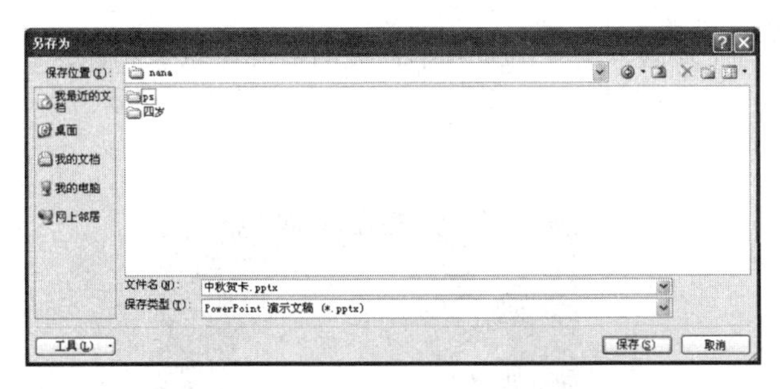

图 5-10 “另存为”对话框

⑤ 选择“开始”选项卡，返回普通视图，修改模板中的图片。单击图片，单击“图片工具格式”|“大小”组|“裁剪”按钮，图片四周出现黑色裁剪控点，如图 5-11 所示。

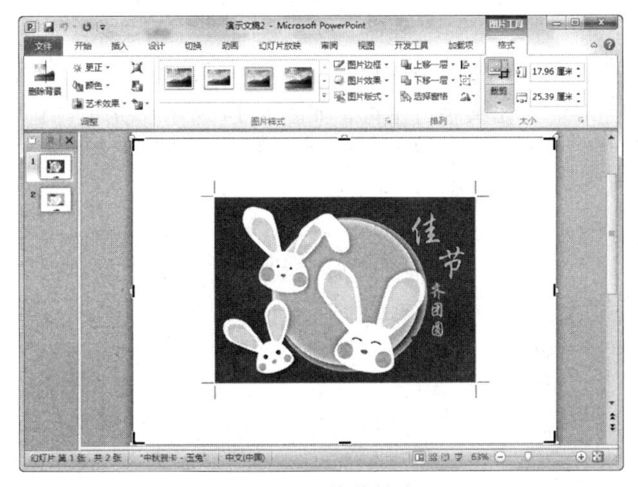

图 5-11 裁剪控点

◎说明

在幻灯片上显示的虚线方框称为占位符，占位符是幻灯片模板的主要组成元素。占位符表示此处有待确定的对象，如标题、表格、剪贴画等。

⑥ 拖动裁剪控点，裁剪掉图片的多余部分，如图 5-12 所示。

图 5-12 裁剪图片

⑦ 选择图片周围的控制柄，调整图片大小，使图片和背景大小相同。效果如图 5-13 所示。

图 5-13 调整图片大小

⑧ 单击图片下方的“请沿此页裁切线裁切”占位符，按【Delete】键删除。

⑨ 选择第 2 张幻灯片，单击文字占位符，如图 5-14 所示在贺卡中添加祝福的话语。

图 5-14 编辑文字占位符

⑩ 选中文字，单击“字体”组 宋体 字体框右侧的下拉按钮，打开下拉菜单，将字体设置为华文新魏，单击字号框 16 右侧的下拉按钮，打开下拉菜单，将字号设置为 28。

⑪ 单击占位符的边框，在占位符的边框上会出现圆形控点，拖动控点调整占位符至合适大小，在占位符的边框上按下鼠标左键拖动，调整好占位符的位置。若移动时距离较小，可选中占位符，使用键盘上的方向键移动，如图 5-15 所示。

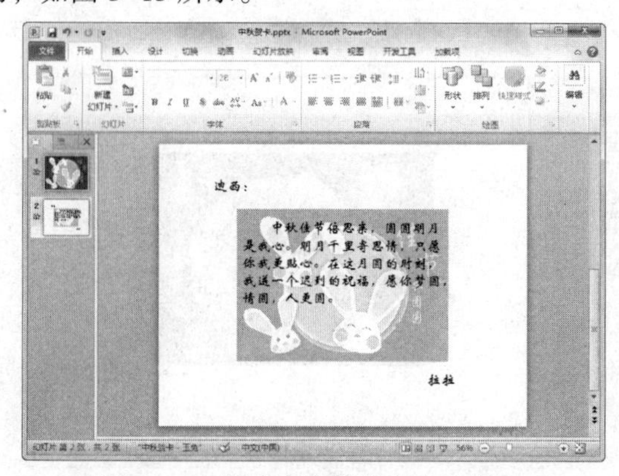

图 5-15 调整占位符的大小和位置

◎小技巧

使用键盘上的 4 个方向箭头也可以移动，配合【Ctrl】键还可以微调移动距离。

⑫ 选中祝福语占位符，单击“段落”组右下方的对话框启动器按钮，弹出“段落”对话框，如图 5-16 所示，设置行距为 1.5 倍行距。

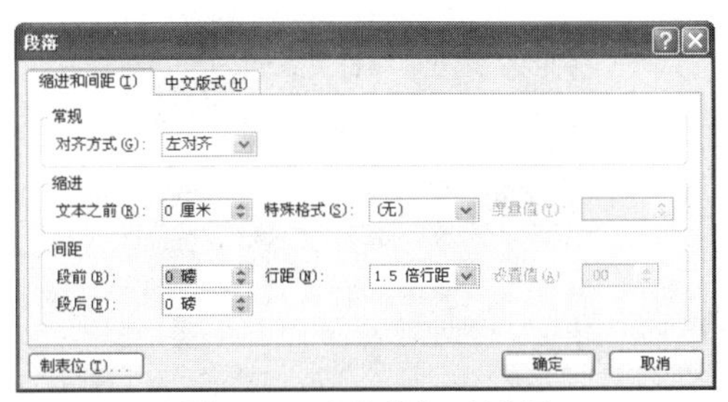

图 5-16　“段落”对话框

⑬ 单击“字体”组“字体颜色”按钮，将祝福语设置为蓝色。效果如图 5-17 所示。

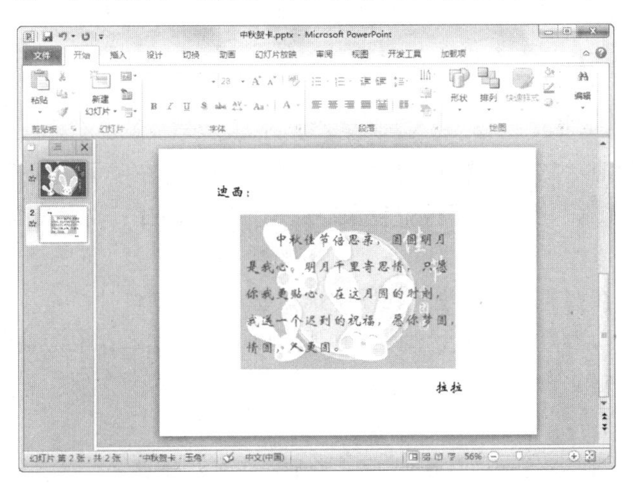

图 5-17　设置文字颜色

⑭ 在幻灯片背景空白处右击，选择“设置背景格式”命令，弹出如图 5-18 所示的“设置背景格式”对话框，填充选项中选择“纯色填充”，将颜色设置为红色，透明度设置为 50%。

⑮ 按下【F5】键或选择“幻灯片放映”选项卡，单击“开始放映幻灯片”组中的“从头开始”按钮，播放幻灯片；放映时，屏幕上将显示一张幻灯片的内容，如图 5-19 所示，单击鼠标翻页。

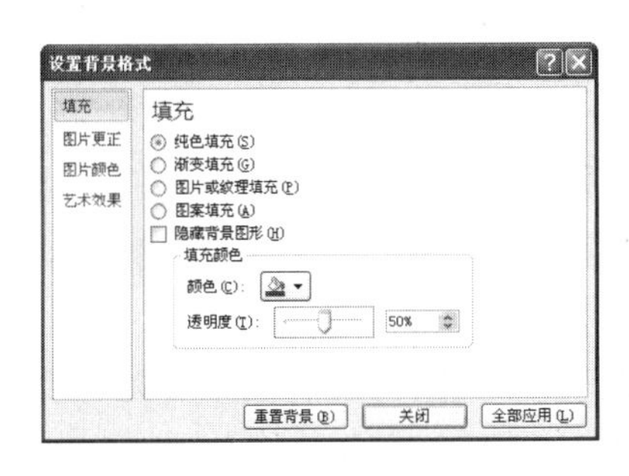

图 5-18　“设置背景格式”对话框

图 5-19　放映窗口

⑯ 右击屏幕的任意位置将弹出控制菜单，如图 5-20 所示。选择“结束放映”命令或按【Esc】键结束放映。

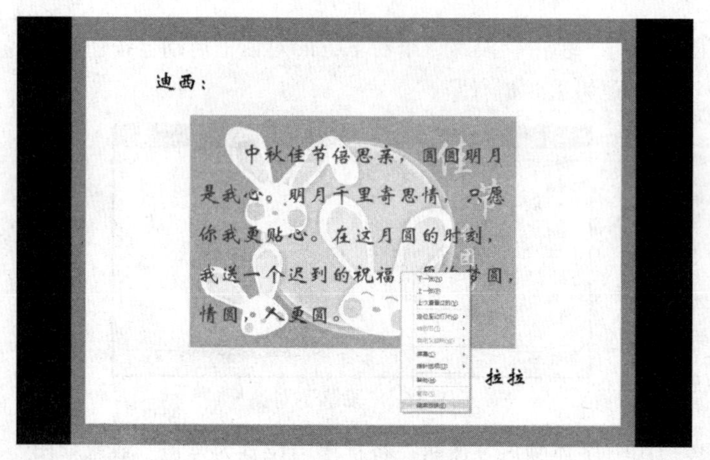

图 5-20　控制菜单

⑰ 选择“文件”|“保存”命令，保存演示文稿。

5.2.2　相关知识

① 使用模板创建演示文稿，选择“文件”|“新建”命令,在“可用模板和主题”中选择样板模板或主题，单击“创建”按钮；模板中包含幻灯片背景、图片、配色方案等，根据个人需要修改即可。

② 删除幻灯片：在普通视图或浏览视图中选择要删除的幻灯片，按【Delete】键即可删除。

③ 输入文本：单击占位符输入文本或从其他软件中复制文本在 PowerPoint 中粘贴。

④ 编辑文本：编辑文本字体格式和 Word 中操作方法相同。

⑤ 播放和保存幻灯片：

• 播放幻灯片：选择“幻灯片放映”下的“观看放映”或者按下【F5】键。

• 保存幻灯片：选择“文件”|“保存”命令，设置保存的路径和文件名即可；单击“保存类型”右侧下拉按钮，可在下拉列表框中选择不同的文件格式，如网页文件、PowerPoint 放映、PowerPoint 模板等；如需在低版本 PowerPoint 中阅读和编辑文档，可在下拉列表框中选择 PowerPoint97-2003 演示文稿。

5.2.3　案例进阶

利用可用模板或主题创建一个关于 PSP（PlayStation Portable）多功能掌机系列产品的产品展示演示文稿。

操作提示：

① 选择“文件”|“新建”命令，在“可用模板和主题”中选择样板模板或主题。

② 单击“创建”按钮。

③ 选择 “开始”选项卡，单击“幻灯片”组中的“新建幻灯片”按钮，添加新的幻灯片。

④ 选择 “文件”|“保存”命令将演示文稿保存为 PowerPoint 放映格式。

5.3　编辑贺卡

5.3.1　案例制作

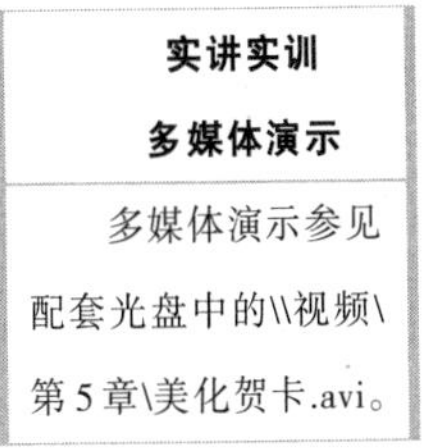

实讲实训

多媒体演示

多媒体演示参见配套光盘中的\\视频\第 5 章\美化贺卡.avi。

上节中制作的贺卡，如果对布局、颜色等不满意，可以根据自己的喜好用图片、声音、动画等来丰富幻灯片的内容。

美化贺卡的操作可以参考以下步骤：

① 在如图 5-21 所示的“我的文档”窗口，双击“中秋贺卡”演示文稿图标，打开演示文稿。

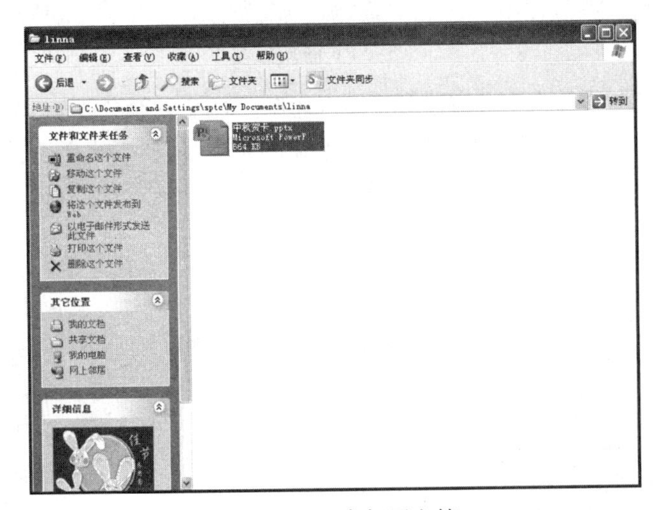

图 5-21　双击打开文档

② 在左侧幻灯片列表中选择第一张幻灯片，选择 “开始”选项卡，单击“幻灯片”组中的“新建幻灯片”按钮，在下拉列表中选择“标题和竖排文字”，新建一张幻灯片，如图 5-22 所示。

图 5-22　新建幻灯片

③ 选择标题占位符，输入标题，如图 5-23 所示。

图 5-23　输入标题

④ 选择“单击此处添加文本”占位符，输入文本，如图 5-24 所示。

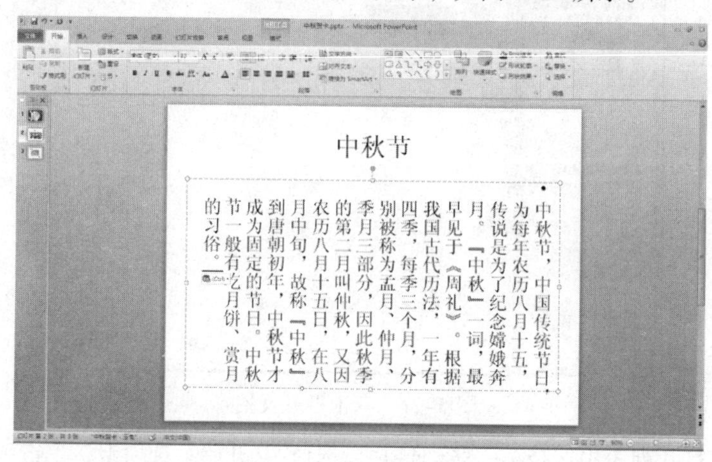

图 5-24　输入文本信息

⑤ 选择“插入”选项卡，单击“图像”组中的“图片”按钮，弹出如图 5-25 所示的“插入图片”对话框，选择需要的图片。

图 5-25　插入图片

◎小技巧

图片、声音等素材可以从一些搜索网站寻找，如百度（www.baidu.com）和雅虎（cn.yahoo.com）专门开设有图片和音乐专栏。

⑥ 选中需要的图片，单击“插入”按钮，图片将出现在幻灯片中，按住鼠标左键拖动改变图片位置，如图 5-26 所示。

图 5-26　插入图片

⑦ 在图片上右击，在弹出的快捷菜单中选择“置于底层”命令，将图片调整至文字下方，如图 5-27 所示。

图 5-27　排列图片顺序

◎说明

默认情况下，选中图片会出现如图 5-28 所示“图片工具”选项卡。利用工具栏可裁切图片、设置图片样式、图片边框、艺术效果；调节图片的饱和度、亮度等。

图 5-28　图片工具

⑧ 在“图片工具”选项卡中选择图片样式：金属框架，如图 5-29 所示。

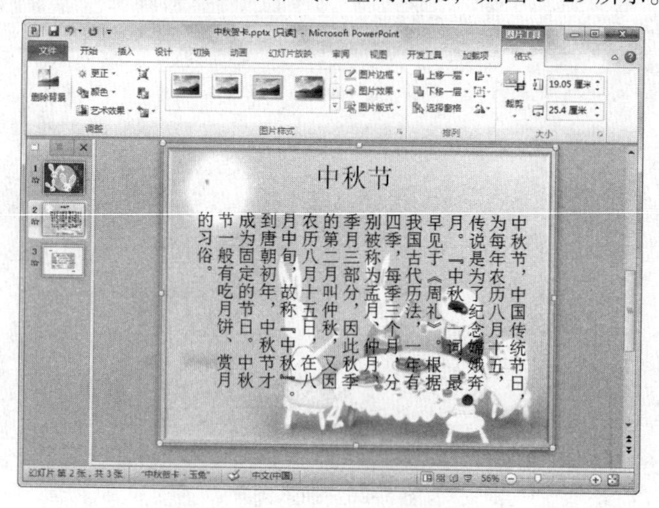

图 5-29　设置图片样式

⑨ 选择文本，选择“开始”选项卡“字体”组，设置标题和正文字体为隶书，标题字号为 48，正文字号为 32；单击“文字阴影”按钮添加文字阴影，使文字更醒目。效果如图 5-30 所示。

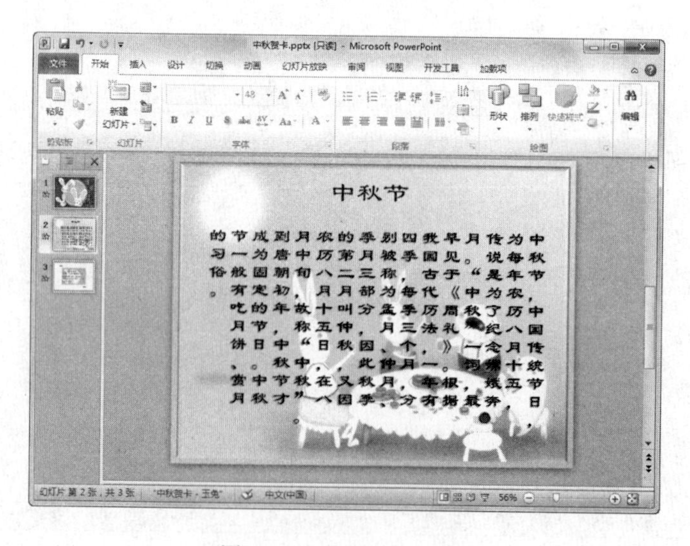

图 5-30　设置文字效果

⑩ 选择“开始”选项卡，单击“幻灯片”组中的“新建幻灯片”按钮，在弹出的下拉列表中选择“内容与标题”，新建一张幻灯片，如图 5-31 所示。

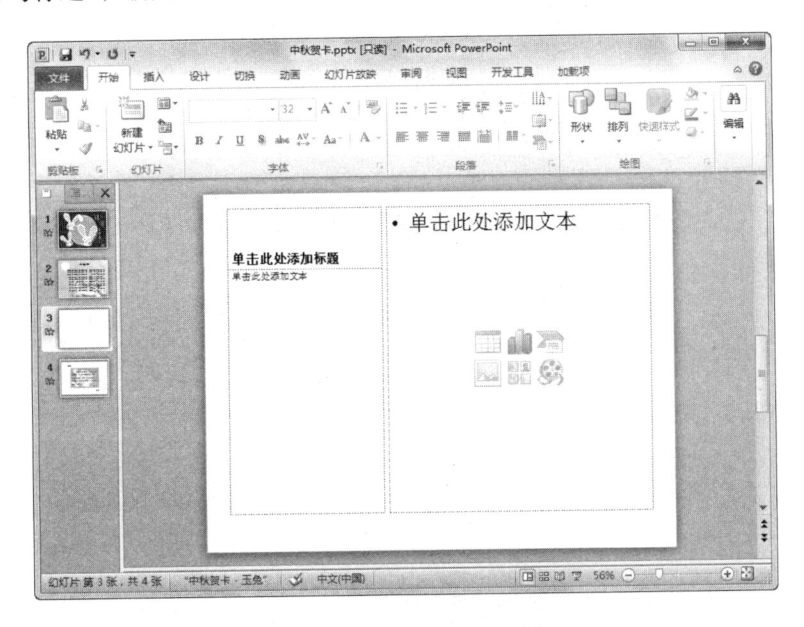

图 5-31　新建幻灯片

⑪ 启动“设计”|“背景”对话框启动器，弹出“设置背景格式”对话框，选择“填充”选项卡中的“渐变填充”单选按钮。单击“预设颜色”下拉按钮，在下拉列表中选择“彩虹出岫 II”，类型为射线。如需修改颜色，可在“渐变光圈”中选择颜色滑块，然后单击“颜色”按钮，在打开的颜色表中更换颜色。设置完成后，单击“关闭”按钮，如图 5-32 所示。

⑫ 单击右侧占位符中的“插入图片”按钮，插入图片，如图 5-33 所示。

图 5-32　“设置背景格式”对话框

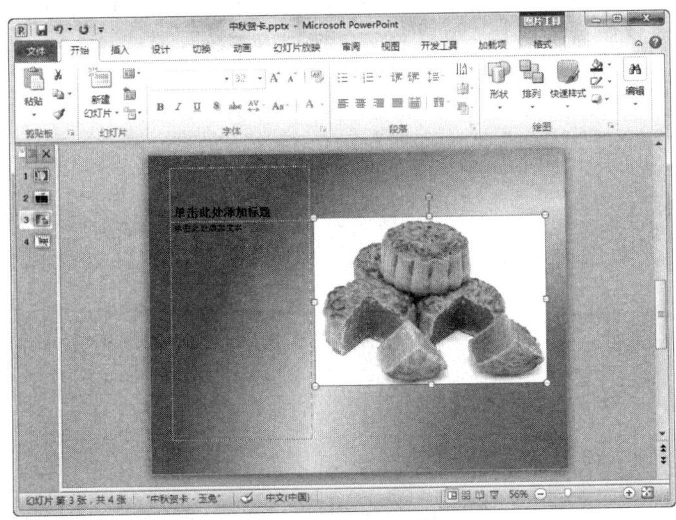

图 5-33　插入图片

⑬ 选中图片，单击“删除背景”按钮，拖动调整控点设置消除背景范围，如图 5-34 所示。

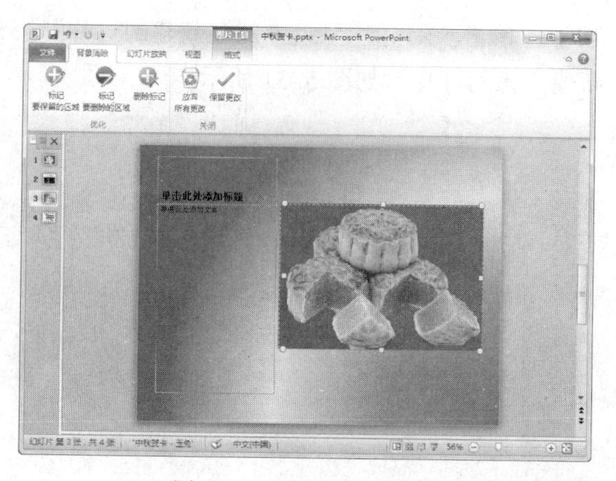

图 5-34　背景设置效果

⑭ 设置完成后，单击工具栏中的“保留更改”按钮，如图 5-35 所示。

图 5-35　删除图片背景

⑮ 选择图片，在“格式”选项卡“图片样式”组中单击“图片效果”按钮，选择“映像”|“半映像，接触”，如图 5-36 所示。

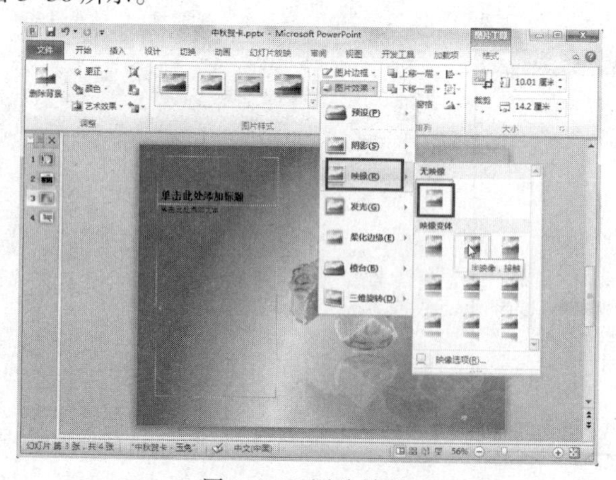

图 5-36　图片效果

⑯ 输入文本，设置字体为华文新魏、字号为 20，单击“字体”工具栏“加粗”、“倾斜”按钮，将所选文字加粗，设置为倾斜。设置行距为固定值 30 磅，如图 5-37 所示。

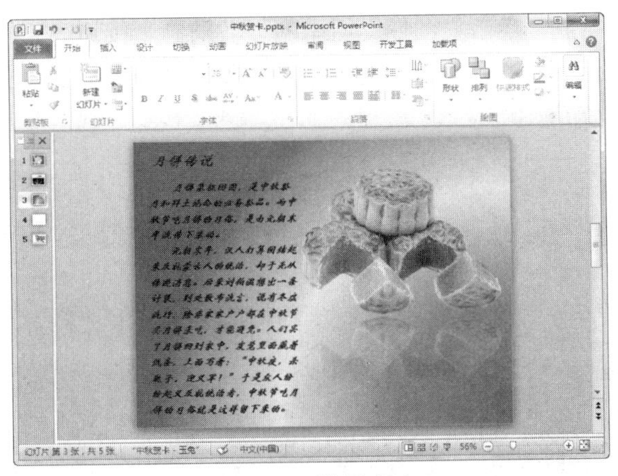

图 5-37 设置文本

⑰ 选择“插入”选项卡，单击“文本”组中的“艺术字”按钮，打开如图 5-38 所示艺术字库列表框，列出了 30 种艺术字格式。

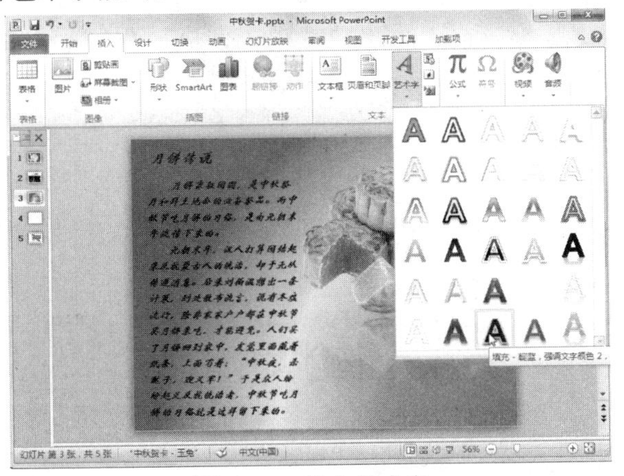

图 5-38 插入艺术字

⑱ 选择一种艺术字格式，输入文本并设置字体，单击“艺术字样式”组中的“文本效果”按钮，依次选择“转换”|“倒 V 形”，设置艺术字样式。还可以根据设计需要，在“艺术字样式”选项卡中设置文本填充、文本轮廓、阴影、发光等文本效果，如图 5-39 所示。

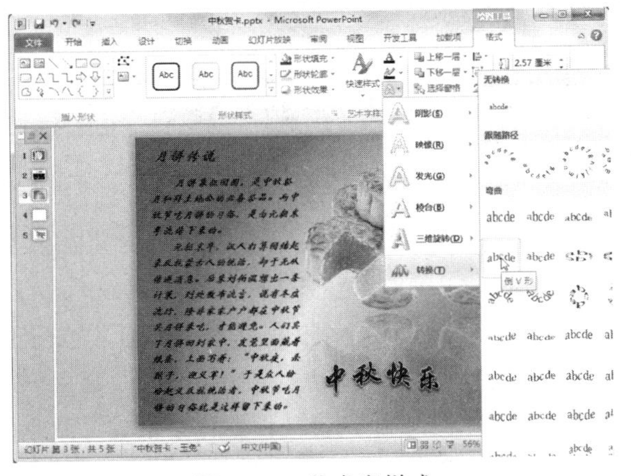

图 5-39 艺术字样式

⑲ 选择“插入”选项卡，单击“图像”组中的“剪贴画”按钮，打开如图 5-40 所示“剪贴画”任务窗格，在搜索文字中输入“中秋节”，结果类型为“所有媒体文件类型”；单击“搜索”按钮，搜索结果将显示在面板中。

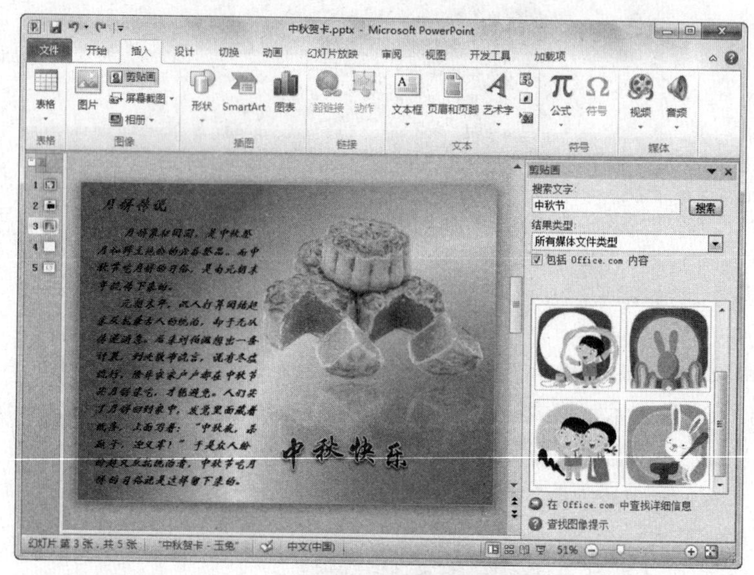

图 5-40 搜索剪贴画

⑳ 单击需要的剪贴画，插入幻灯片中，拖动调整控点调整位置、大小、旋转角度，如图 5-41 所示。

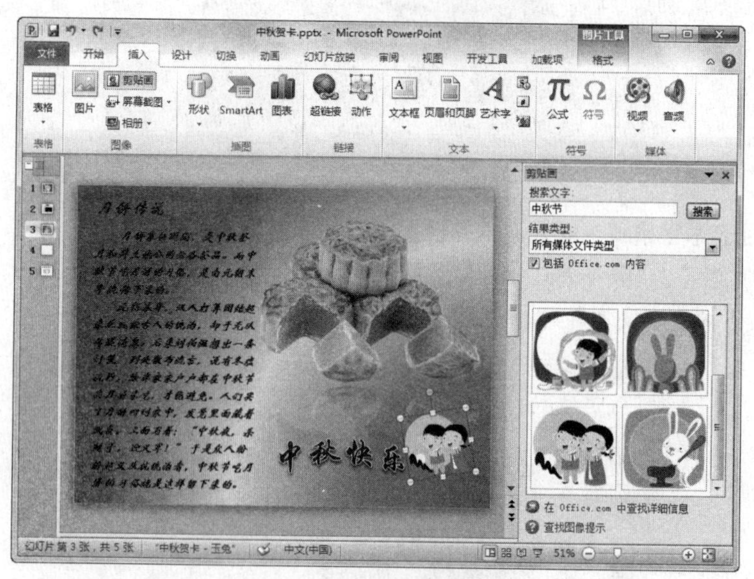

图 5-41 插入剪贴画

㉑ 选择“开始”选项卡，单击“幻灯片”组中的“新建幻灯片”按钮，在弹出的下拉菜单中选择“空白”，新建一张幻灯片。

㉒ 在幻灯片空白处右击，在快捷菜单中选择“设置背景格式”命令，打开“设置背景格式”对话框，选择“图片或纹理填充”单选按钮，单击“插入自：”下面的“文件”按钮，添加一张背

景图片，如图 5-42 所示。

图 5-42　设置背景

㉓ 在“文件”选项卡中单击“选项”命令，弹出“PowerPoint 选项”对话框，在对话框中选择“自定义功能区”选项，在右边自定义功能区选择“主选项卡”，选中下面的“开发工具”复选框，单击“确定”按钮，如图 5-43 所示。

图 5-43　“PowerPoint 选项”对话框

㉔ 在“开发工具”选项卡的“控件”组中，单击“其他控件”按钮，弹出“其他控件”对话框，选择 Shockwave Flash Object 对象（技巧：按【S】键可快速定位到 S 开头的对象名），单击“确定”按钮，此时鼠标指针变成十字形，在需要的位置拖动出想要的大小，如图 5-44 所示。

㉕ 在控件上右击，在快捷菜单中选择“属性”命令，弹出“属性”对话框，在 Movie 项填上 Flash 文件的文件名，文件名要包括扩展名.swf，关闭对话框，如图 5-45 所示。如果 Flash 文件和演示文稿不在同一个文件夹中，Flash 文件名中必须包含完整路径。

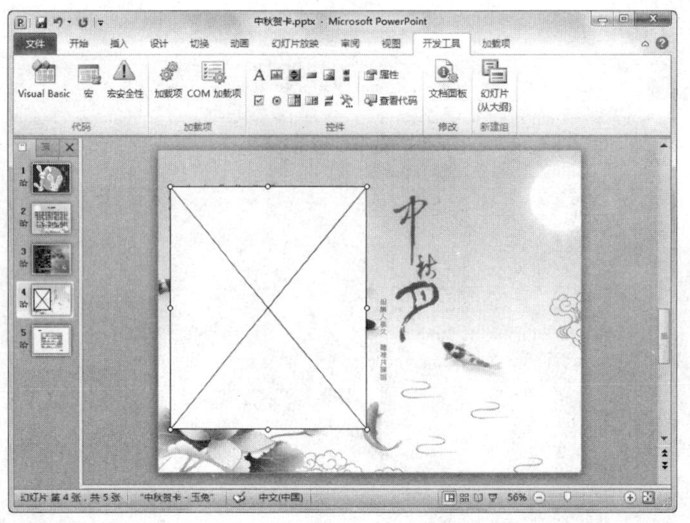

图 5-44　插入 Flash 控件

◎说明

PPT 插入 Flash 后，要到其他计算机上播放时，该计算机必安装 Flash 播放器。最好将 Flash 文件和 PPT 文件存放在同一路径下，把 Flash 文件和 PPT 都复制出来。

播放的计算机上需预先安装 Flash 控件，控件文件名称为 SWFLASH.OCX。

㉖ 选择“插入”选项卡，在“图像”组中单击“图片”按钮，插入两张 GIF 动态图片，调整大小及位置，如图 5-46 所示。

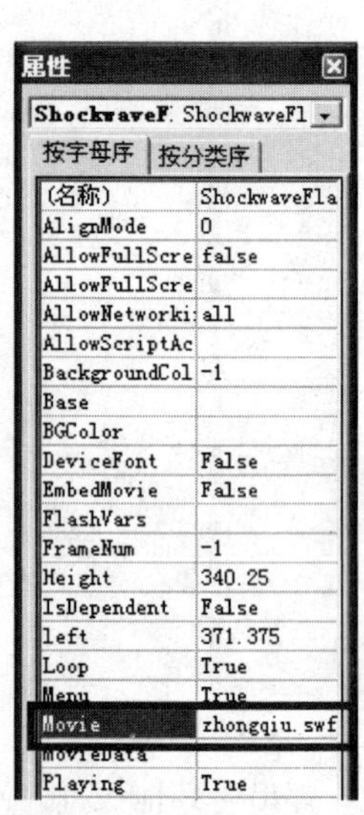
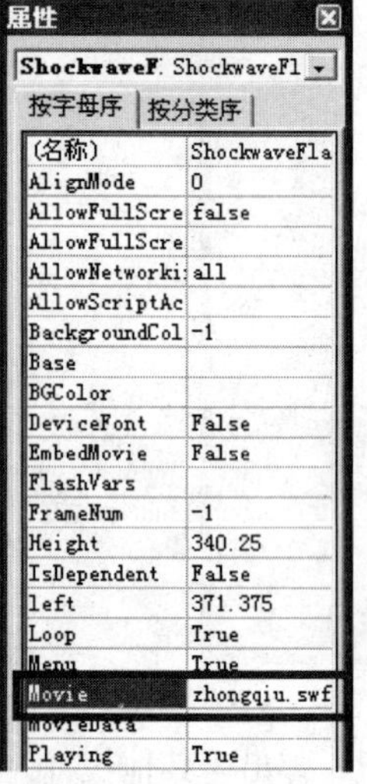

图 5-45　“属性”对话框

图 5-46　插入图片

㉗ 选择“插入”|“媒体”组，单击“音频”按钮，弹出如图 5-47 所示的对话框，选择需要的声音文件“beijing.mp3”，单击“插入”按钮。

㉘ 这时在幻灯片中出现了一个小喇叭标志和音频控制工具栏，这表明声音文件已经成功插入到演示文稿之中。可单击“播放”按钮试听效果，音量可单击“音量控制”按钮，拖动滑块调整，

如图 5-48 所示。

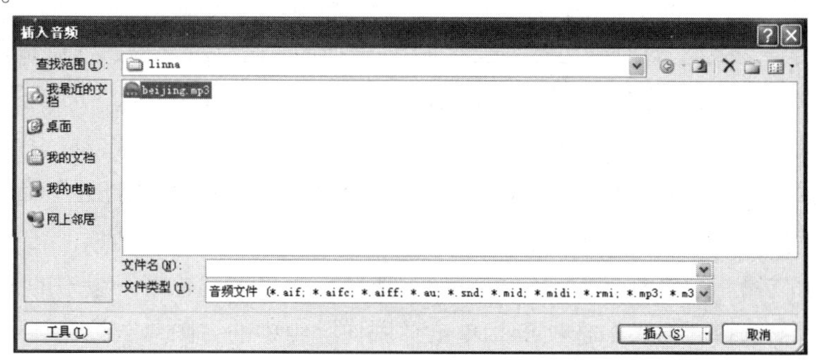

图 5-47 “插入音频”对话框

㉙ 在小喇叭标志上右击，选择“设置音频格式”命令，弹出如图 5-49 所示的“设置音频格式”对话框，单击填充、阴影、三维格式等选项可以美化小喇叭标志。

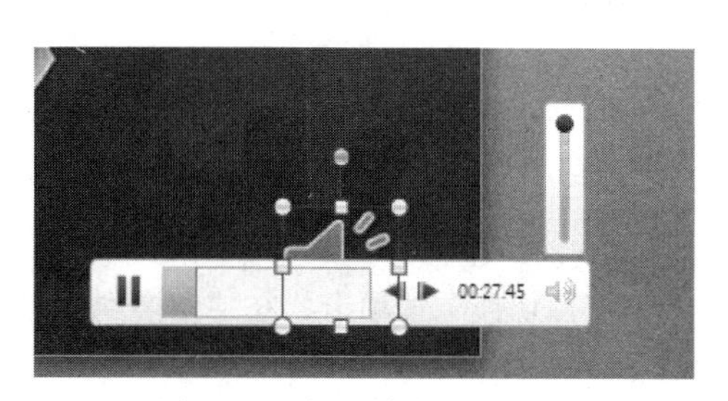

图 5-48 插入声音

图 5-49 “设置音频格式”对话框

㉚ 选择“文件”选项卡中的“保存”命令，保存修改过的内容。

5.3.2 相关知识

① 插入图片：选择“插入”选项卡，单击“图像”组中的“图片”按钮，打开 “插入图片”对话框，选择需要的图片。

② 设置图片格式：双击图片，会出现 “图片工具格式”工具栏，可裁切图片、设置图片样式、图片边框、艺术效果；调节图片的饱和度、亮度等。

③ 设置背景：选择“设计”选项卡，单击“背景”组中的“背景”按钮，或在幻灯片空白处右击，选择“设置背景格式”命令，弹出“设置背景格式”对话框，为幻灯片设置背景。

④ 添加声音：选择“插入”选项卡，在“媒体”组中单击“音频”按钮，打开“插入音频”对话框，选择需要的声音文件，单击“插入”按钮。

⑤ 插入 Flash：在“开发工具”选项卡“控件”组中，单击“其他控件”按钮，弹出“其他控件”对话框，选择 Shockwave Flash Object 对象，单击“确定”按钮，此时鼠标指针变成十字形，在需要的位置拖动出想要的大小。在控件上右击，在快捷菜单中选择“属性”命令，弹出“属性”对话框，在 Movie 项填上 Flash 文件的文件名。

5.3.3 案例进阶

为主题“我学三字经”的演讲比赛，设计制作一个演讲稿演示文稿，演讲稿的结构分开头、主体、结尾三个部分。（提示：用于演讲的演示文稿，最好不超过10页，字体不小于30点。）

操作提示：

① 创建演示文稿，可根据模板创建；或者选择选项卡“文件”|“打开”命令，打开已有的演示文稿。

② 编辑演示文稿。设置背景：选择“设计”选项卡，单击“背景”组中的“背景”按钮。

③ 插入图片：选择“插入”选项卡，单击“图像”组中的“图片”按钮。

④ 添加声音：选择“插入”选项卡，在“媒体”组中单击“音频”按钮，打开“插入音频”对话框，选择需要的声音文件，单击“插入”按钮。

⑤ 插入Flash：在“开发工具”选项卡“控件”组中，单击“其他控件”按钮，在“其他控件”对话框中选择Shockwave Flash Object对象。

⑥ 播放、保存演示文稿。

5.4 设置动画

5.4.1 案例制作

制作好的贺卡几乎是静止的，怎样让幻灯片“动”起来呢？本节将具体介绍动画的设置方法。

① 打开“中秋贺卡”演示文稿。

② 选择“切换”选项卡，打开如图5-50所示的“幻灯片切换”选项卡，在“切换到此幻灯片”组中设置幻灯片的片间切换动画。

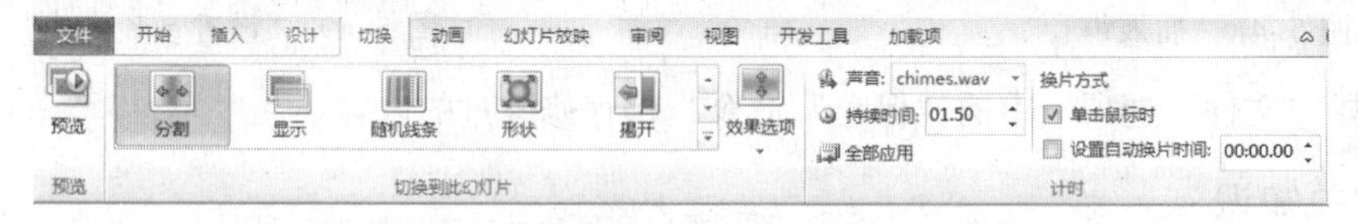

图5-50 “切换到此幻灯片”选项卡

◎说明

切换效果是指在幻灯片放映过程中，当一张幻灯片转到下一张幻灯片上时所出现的特殊效果。幻灯片放映增加切换效果后，可以吸引观众的注意力，但也不宜设置过多的切换效果，以免使观众只注意到切换效果而忽略了幻灯片的内容。

③ 单击“其他”按钮，打开如图5-51所示的幻灯片切换动画下拉列表，选择需要的动画名称，单击“预览”按钮预览切换效果。

④ 单击“效果选项”按钮，打开如图5-52所示的下拉列表，设置动画播放效果。

⑤ 单击声音选项 声音: 风铃 右侧的下拉按钮，打开“声音”下拉列表框，选择“风铃”，在上一张幻灯片切换到当前幻灯片时播放该声音。

◎小技巧

如何使用用户计算机上的声音文件？

选择“其他声音...”，就可以使用硬盘上的声音文件，只支持WAV格式的声音文件。

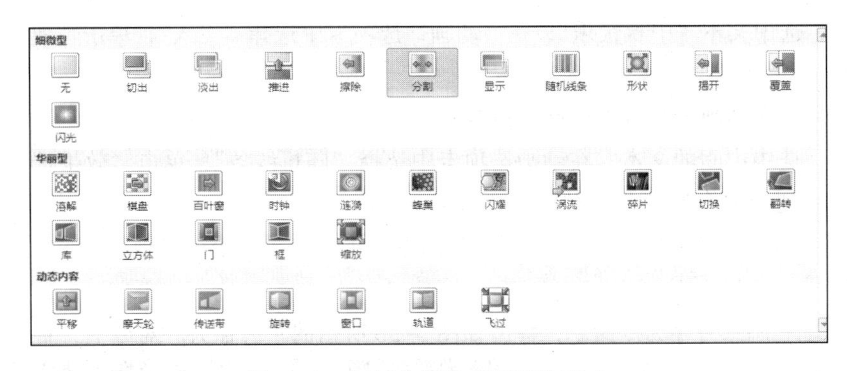

图 5-51　幻灯片切换动画下拉列表

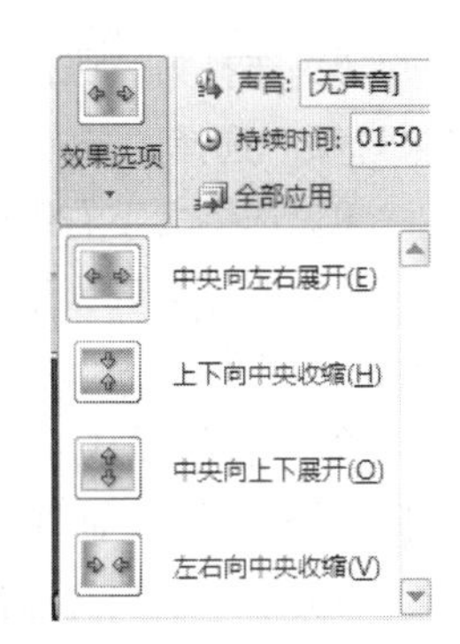

图 5-52　效果选项

⑥ 单击持续时间 持续时间: 01.50 右侧的下拉按钮，或在微调框中输入数值设置声音持续的时间。

⑦ 单击“应用于所有幻灯片”按钮，将设置的切换效果应用于当前演示文稿中的所有幻灯片。

◎说明

在“换片方式”选项区选择“单击鼠标时”选项，幻灯片放映过程中，单击动画就会发生，也可选择“每隔……”选项，每隔一定的时间动画自动切换。

⑧ 选中第一张幻灯片，选择中间的大图，单击“动画”选项卡，在“动画”组中选择“翻转式由远及近”动画效果。

⑨ 单击“添加效果”按钮下方的三角形，打开如图 5-53 所示的下拉列表，选择“进入”|“形状”动画效果。

⑩ 在“效果选项”选项区，设置方向为“缩小”；形状为“菱形”。

⑪ 单击“动画窗格”按钮，打开如图 5-54 所示的任务窗格，设置好的动画按设置先后自动排序，若要改变动画播放顺序，可选择一个动画，在任务窗格中选中动画名称，单击重新排序两侧的箭头，可以调整动画出现的顺序。

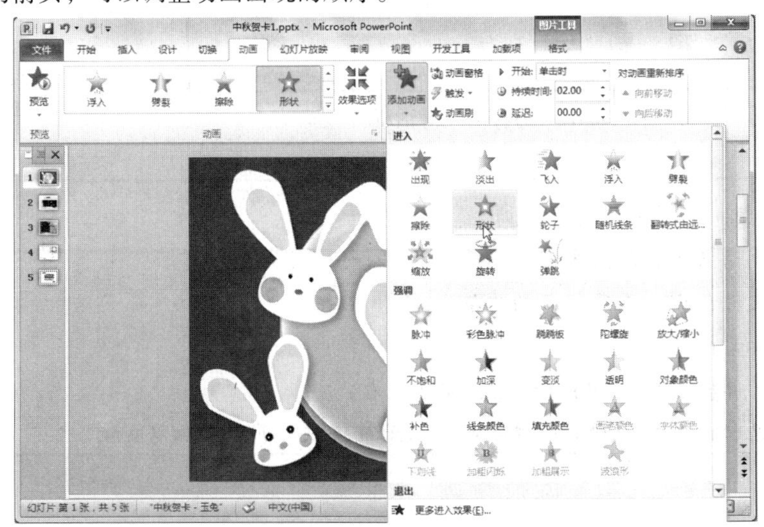

图 5-53　添加动画效果

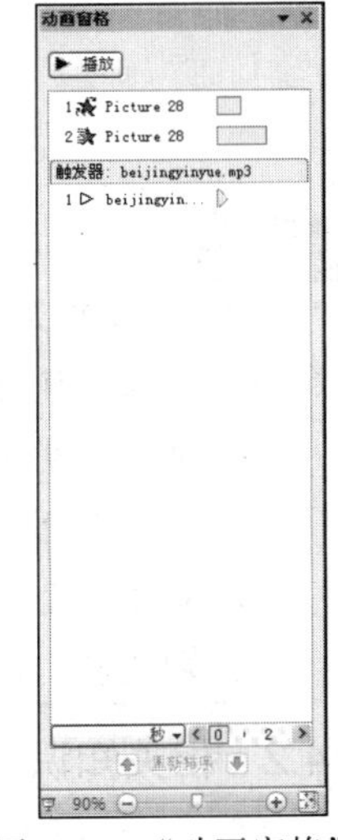

图 5-54 “动画窗格”任务窗格

⑫ 选择第三张幻灯片，选中文本“中秋快乐”，在“动画”选项卡中选择“飞入”，单击“效果选项”选择“自右下部”。

⑬ 选择文字右侧的图片，在动画工具栏中选择“跷跷板”。

⑭ 选择第五张幻灯片，选中中间的文本，在动画选项卡中选择“随机线条”，单击“效果选项”设置方向为“垂直”，序列为“作为一个对象”。

⑮ 选择“幻灯片放映”选项卡，在“开始放映幻灯片”组中单击“从头开始”按钮，观看幻灯片动画效果，如图 5-55 所示。

⑯ 结束放映，选择“文件”|“另存为”命令，弹出如图 5-56 所示的“另存为”对话框，将演示文稿另存为“Windows Media 视频 (.wmv) ”文件，演示文稿中的动画、旁白和多媒体内容均可以顺畅播放。根据演示文稿的大小，创建视频可能需要很长时间。演示文稿越长并且动画、切换效果以及包括的其他媒体越多，需要的时间就越长。

如果不想使用 .wmv 文件格式，可以使用第三方实用程序将 PowerPoint 文件转换为其他视频文件（如.avi、.mov 等）。

图 5-55　播放窗口

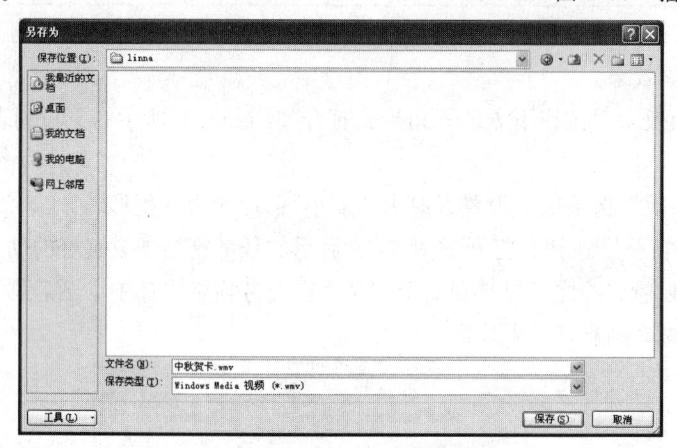

图 5-56　“另存为”对话框

◎说明

将演示文稿录制为视频，有以下几点优势：

① 可以在视频中录制语音旁白和激光笔运动轨迹并进行计时。

② 可以控制多媒体文件的大小以及视频的质量。

③ 可以在电影中添加动画和切换效果。

④ 观看者无须在其计算机上安装 PowerPoint 即可观看。

⑤ 即使演示文稿中包含嵌入的视频，该视频也可以正常播放，而无须加以控制。

5.4.2　相关知识

① 设置幻灯片切换动画：选择“切换”选项卡，在“切换到此幻灯片”组中单击“动画”按钮，设置幻灯片切换动画。

② 自定义动画：单击“动画“选项卡，在“动画”、“高级动画”、“计时”组中设置动画效果。

5.4.3 案例进阶

为“演讲稿”设计制作动画效果。

操作提示：

① 打开演示文稿。

② 选择“切换”选项卡，在“切换到此幻灯片”组中单击“动画”按钮，设置幻灯片切换动画。

③ 选择“效果选项”设置切换效果。

④ 设置换片方式：选择“切换”选项卡，在“计时”组中的“换片方式”中选择“单击鼠标”方式，或选择“设置自动换片时间”方式，在微调框中输入数值。

⑤ 设置自定义动画：选择“动画”选项卡，在动画组中单击“其他”按钮，选择“动作路径”|“自定义路径”，在幻灯片编辑区绘制路径。

⑥ 播放、保存演示文稿。

5.5 展示自我风采

5.5.1 案例制作

假如你即将就业，怎样用一种与众不同的方式展示自己的个人魅力，为自己赢得更好的就业机会？PowerPoint 帮你做到！

使用 PowerPoint 完成个人创意一般需要经过选择主题、搜集素材、设计版式、制作幻灯片、设置动画、预览修改 6 个步骤。

下面是一个典型的个人展示创建过程：

① 新建空白演示文稿，选择“开始”选项卡，在幻灯片组中单击“新建幻灯片”命令，在下拉列表中选择“标题幻灯片”。

> **实讲实训**
>
> **多媒体演示**
>
> 多媒体演示参见配套光盘中的\\视频\第 5 章\个人展示.avi。

② 在占位符中输入主标题“有实力才有魅力”，副标题“拉拉的个人展示”，将字体设置为“华文行楷”，如图 5-57 所示。

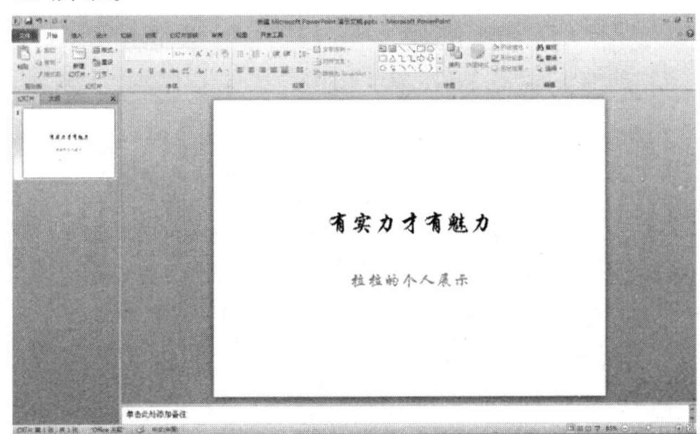

图 5-57 标题幻灯片

③ 选择“设计”选项卡，在“背景”组中单击“设置背景格式”按钮，弹出“设置背景格式”对话框。选择“图片或纹理填充”选项卡，选择一张图片，如图 5-58 所示。

图 5-58　幻灯片背景设置

④ 选择“图片更正”选项卡，如图 5-59 所示，设置锐化和柔化，柔化为 50%，亮度 10%、对比度 0% ；单击“全部应用”按钮。

⑤ 选择“开始”选项卡，在幻灯片组中单击“新建幻灯片”命令，在下拉列表中选择“标题和两栏文本”，如图 5-60 所示。

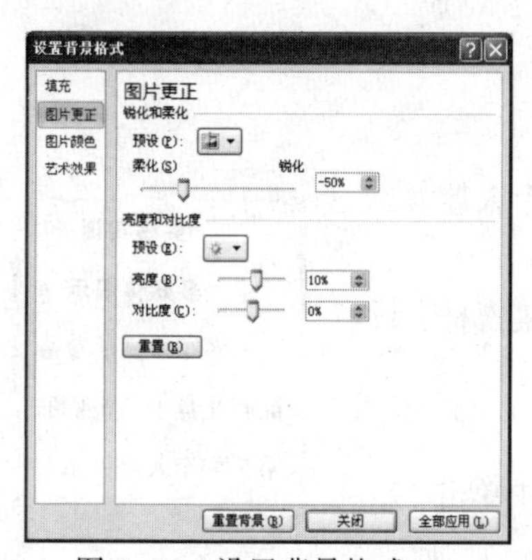

图 5-59　设置背景格式

图 5-60　第 2 张幻灯片版式

⑥ 输入标题“自我介绍”，字体设置为楷体，字号设置为 44，在左侧占位符中输入个人信息，字体设置为楷体，字号设置为 24，如图 5-61 所示。

图 5-61　第 2 张幻灯片文本设置

⑦ 在右侧的占位符处插入个人照片，效果如图 5-62 所示。

图 5-62　第 2 张幻灯片插入图片效果

⑧ 选择“开始”选项卡，在“幻灯片”组中单击“新建幻灯片”命令，在下拉列表中选择“仅标题”，如图 5-63 所示。

图 5-63　第 3 张幻灯片版式

⑨ 在标题占位符中输入“个人简历”。

⑩ 选择“插入”选项卡，在“表格”组中单击“表格”按钮，在“表格”下拉列表中移动鼠标，设置表格列数为 6，行数为 5，如图 5-64 所示。

⑪ 单击鼠标确定，幻灯片中自动创建一个 6 列 5 行的表格，效果如图 5-65 所示。

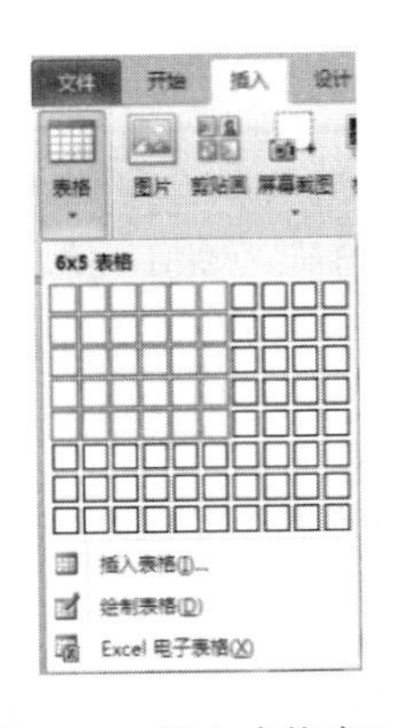

图 5-64　插入表格窗口

图 5-65　插入表格效果图

⑫ 选中表格，选择“设计”选项卡，在“表格样式”组中设置表格样式为“中度样式 4–强调 3”，如图 5–66 所示。

图 5–66　表格样式

⑬ 选中第 3 行第 2～6 个单元格，选择“表格工具”|“布局”选项卡，单击“合并”组上的“合并单元格”按钮，将 5 个单元格合并为 1 个单元格。

⑭ 用同样的方式合并第 4、5、6、7 行的单元格。效果如图 5–67 所示。

图 5–67　合并单元格

⑮ 选中表格，选择“表格工具”|“布局”选项卡，单击“绘图边框”组上的“绘制表格”按钮，将笔样式设置为虚线，笔画粗细设置为 1.5 磅，颜色为绿色，单击表格边框，如图 5–68 所示。

图 5–68　设置表格边框线

⑯ 在表格中输入文本信息，如图 5-69 所示。

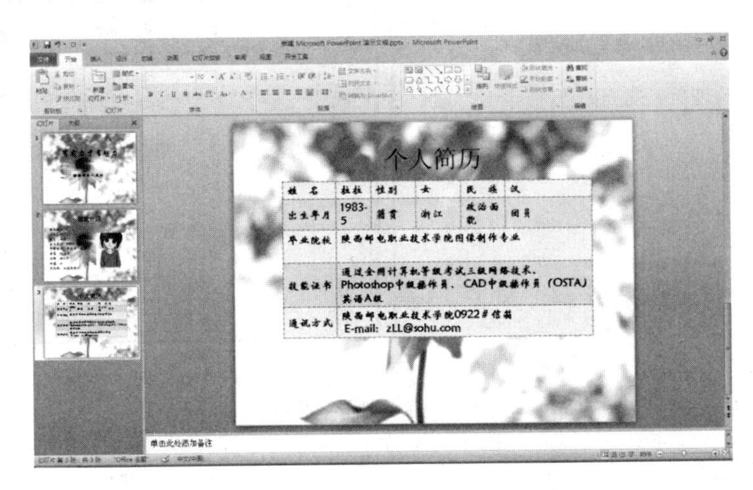

图 5-69　输入文本

⑰ 选中表格，选择“表格工具”|“布局”选项卡，单击“对齐方式”组上的“文本左对齐”按钮、“垂直居中”按钮，设置文本对齐方式。

⑱ 选择第 1 行，在“单元格大小”组中的高度数值框中输入 2，将第 2 行、第 3 行的行高均设置 2 厘米，第 4 行设置为 4 厘米，第 5 行设置为 3 厘米。

⑲ 选择第 1 列，在“单元格大小”组中的宽度数值框中输入 4，第 2、3、4、6 列用同样的方法设置为 3 厘米，第 5 列设置为 4 厘米，如图 5-70 所示。

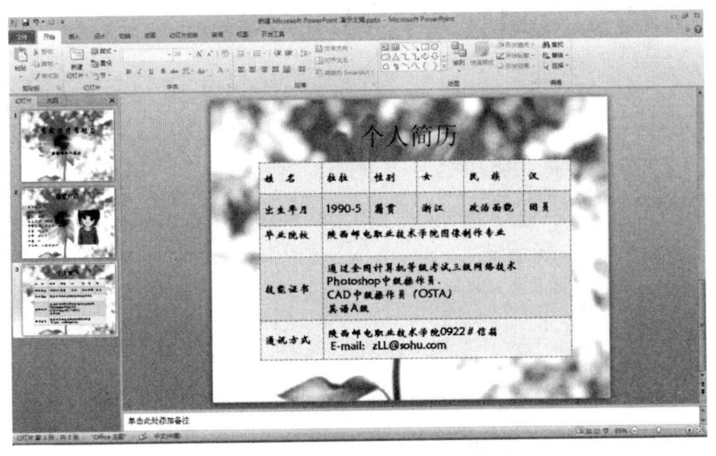

图 5-70　设置表格单元格大小

⑳ 选择“开始”选项卡，在“幻灯片”组中单击“新建幻灯片”按钮，添加下一张幻灯片，在幻灯片“版式”下拉列表中选择版式“垂直排列标题与文本”。

㉑ 在标题占位符中输入“计算机操作能力示意图”，选择“插入”选项卡，在“插图”组中单击“图表”按钮，弹出如图 5-71 所示的“插入图表”对话框。

㉒ 在左侧的图表类型中选择“饼图”，在右侧的子图表类型中选择“三维饼图”，如图 5-72 所示。

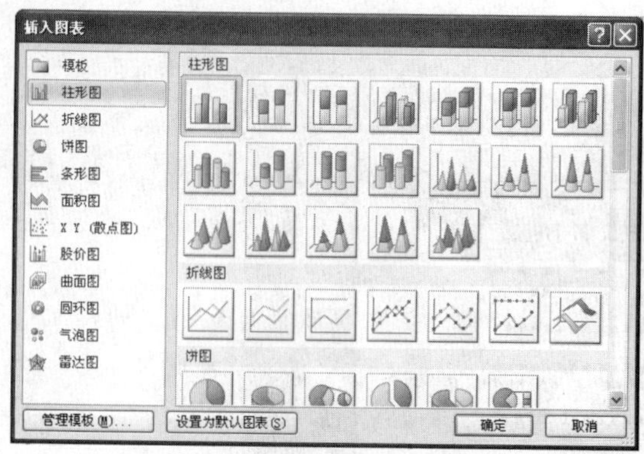

图 5-71 “插入图表”对话框

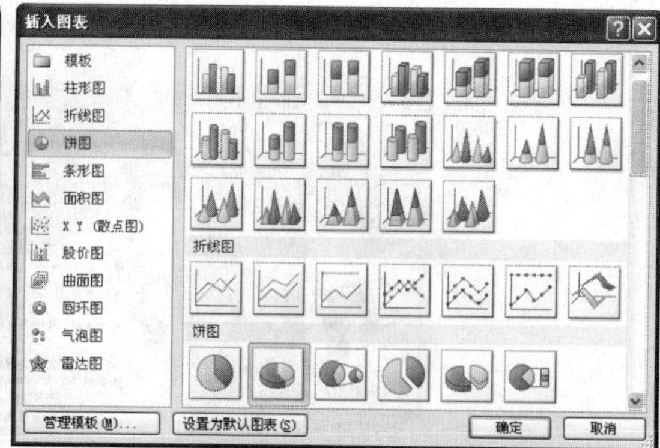

图 5-72 选择图表类型

㉓ 单击“确定”按钮，图表将出现在幻灯片中，如图 5-73 所示。

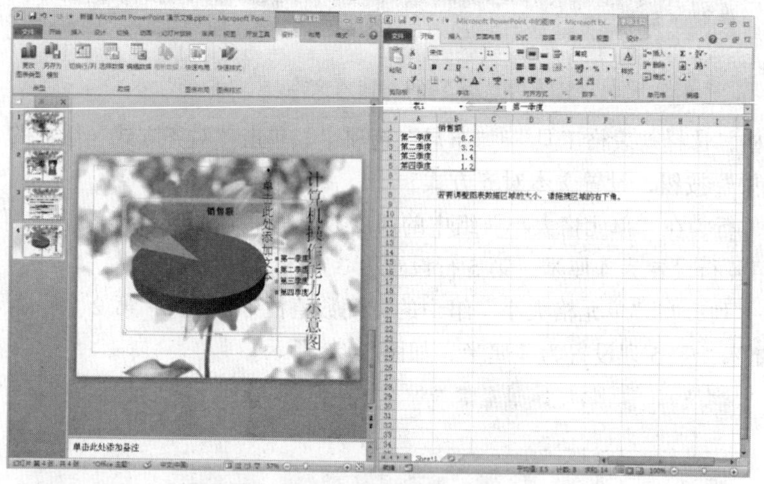

图 5-73 饼图及表格数据

㉔ 修改“数据表”中的数据，将“第一季度”、“第二季度”、“第三季度”、“第四季度”所在行的单元格数据修改为：3DMAX、Photoshop、Dreamweaver、AutoCAD、办公软件等，在相对应的单元格中输入数据，如图 5-74 所示。

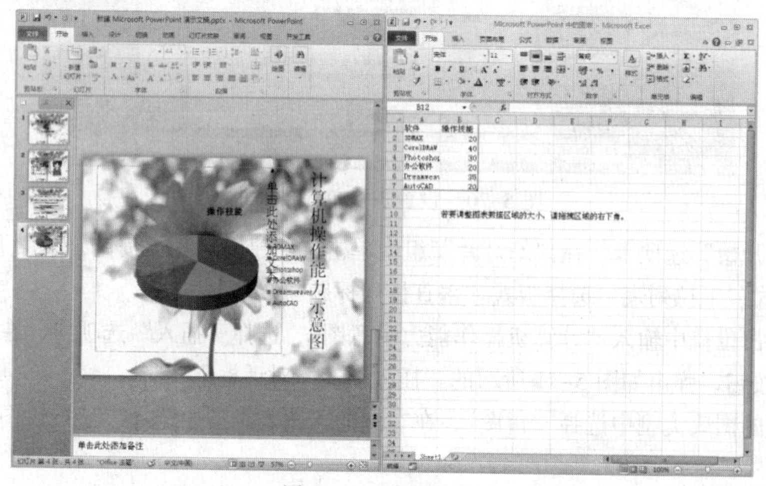

图 5-74 编辑数据

㉕ 单击图表，选择“图表工具”|“设计”选项卡，在“图表布局”组中选择布局 2。

㉖ 选择“图表工具”|“格式”选项卡，在“艺术字样式”组中选择填充-白色、投影，如图 5-75 所示。

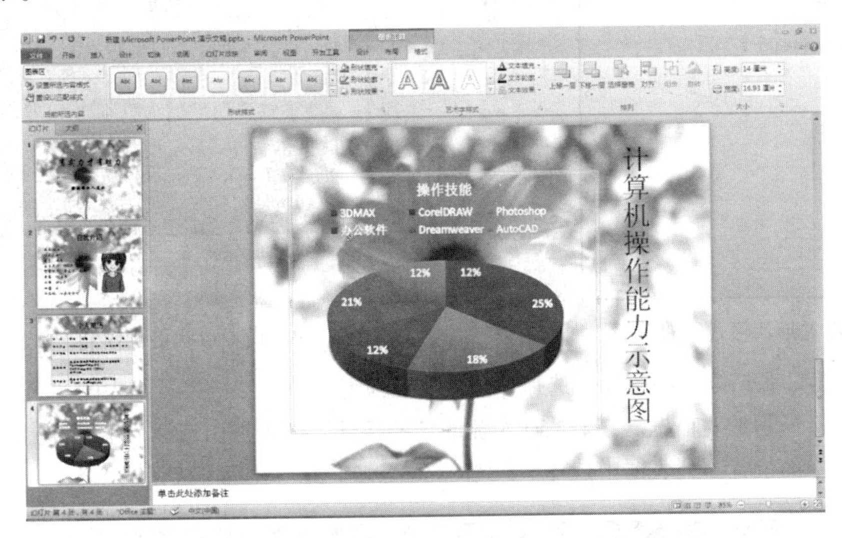

图 5-75 设置艺术字样式

㉗ 双击饼图，弹出“设置数据系列格式”对话框，左侧列表中选择“边框颜色”，右侧选项中选择实线、颜色为绿色，如图 5-76 所示。

㉘ 选择边框样式选项，将宽度设置为 5 磅，如图 5-77 所示。

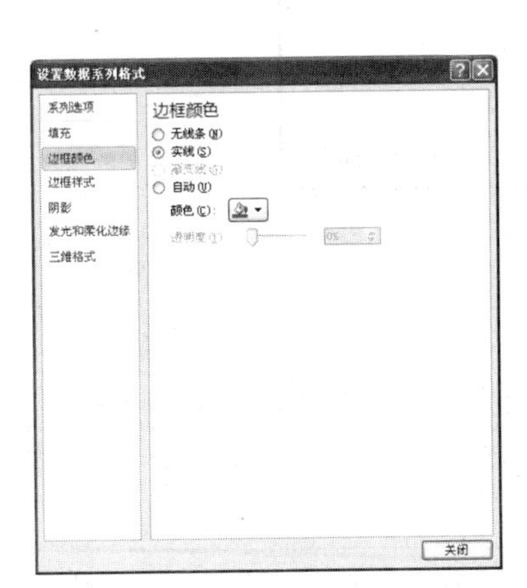

图 5-76 “设置数据系列格式”对话框

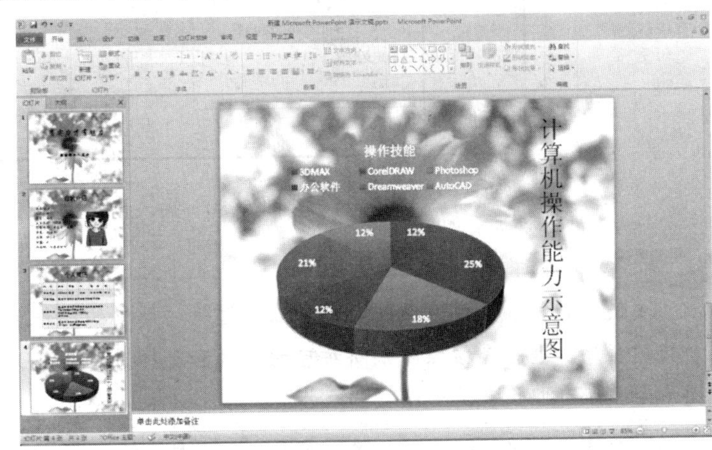

图 5-77 编辑图表

㉙ 选择“开始”选项卡，在“幻灯片”组中单击“新建幻灯片”命令，在占位符中输入相关文本。

㉚ 在占位符上右击，在弹出的快捷菜单中选择“设置形状格式”命令，弹出如图 5-78 所示的“设置形状格式”对话框，选择渐变填充，预设颜色：碧海青天。

㉛ 选择渐变光圈停止点 1-青色，调整透明度为 50%，选择停止点 2，调整位置为 35%，如图 5-79 所示。

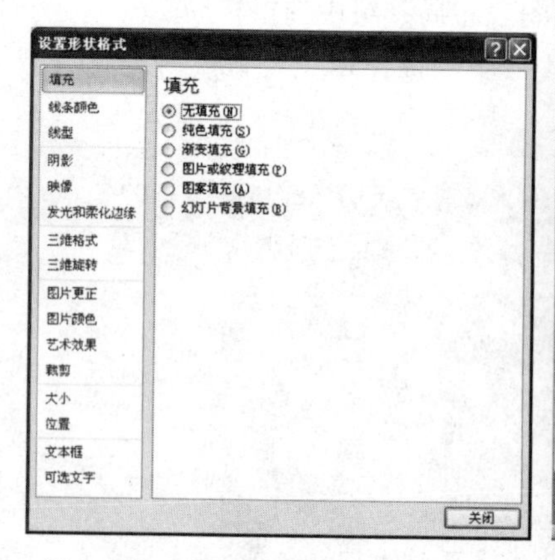

图 5-78 “设置形状格式”对话框

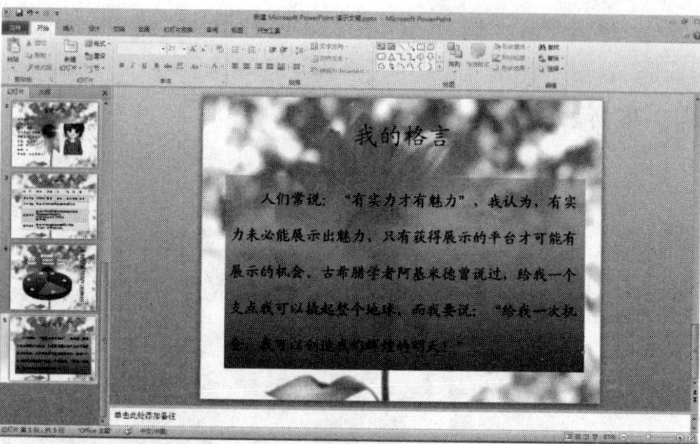

图 5-79 设置形状格式效果

㉜ 选中第 2 张幻灯片的图片，选择“插入”选项卡，单击“链接”组中的“超链接”按钮，弹出如图 5-80 所示的对话框。在对话框左侧的“链接到”列表框中选择“本文档中的位置”，在“请选择文档中的位置”列表框中选择“5.我的格言”，单击“确定”按钮。

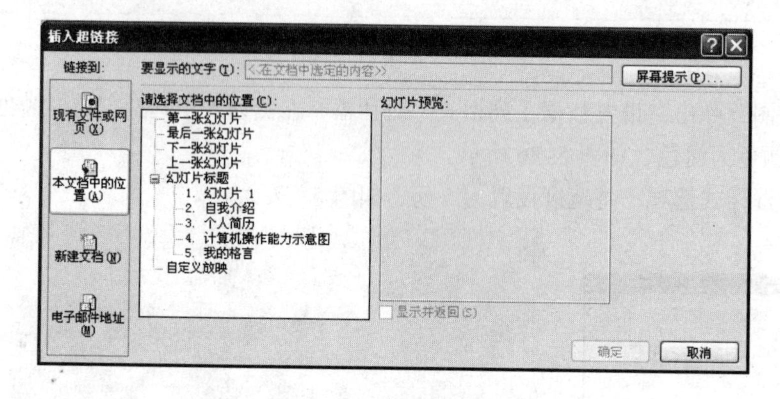

图 5-80 插入超链接

◎说明

超链接是指在幻灯片放映时，可以通过一些简单的操作跳转到某张幻灯片，或者启动另一个应用程序。也就是按照观众所希望的结构和次序进行放映。幻灯片上的任何对象，如标题、图形等，都可以设置为超链接。

㉝ 选择第 5 张幻灯片，选择“插入”选项卡，单击“插图”组中的“形状”按钮，在形状下拉列表中单击“动作”按钮。

㉞ 此时鼠标指针变为十字形，按下鼠标左键拖动出一个按钮形状，松开鼠标的同时弹出如图 5-81 所示的对话框。

㉟ 在“超链接到”下拉列表中选择“幻灯片…”，弹出如图 5-82 的对话框，在幻灯片标题中选择“2.自我介绍”。

㊱ 单击“确定”按钮。返回到“动作设置”对话框，设置“播放声音”为“风铃”，单击“确定”按钮。

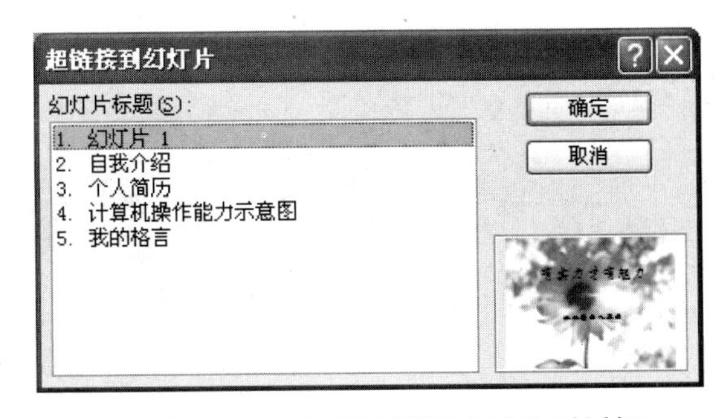

图 5-81　“动作设置”对话框

图 5-82　“超链接到幻灯片”对话框

㊲ 选择“开始”选项卡，在幻灯片组中单击“新建幻灯片”命令，新建幻灯片，在占位符中输入相关文本。

㊳ 选择“插入”选项卡，在“插图”组中单击“SmartArt”按钮，弹出如图 5-83 所示的“选择 SmartArt 图形”对话框。

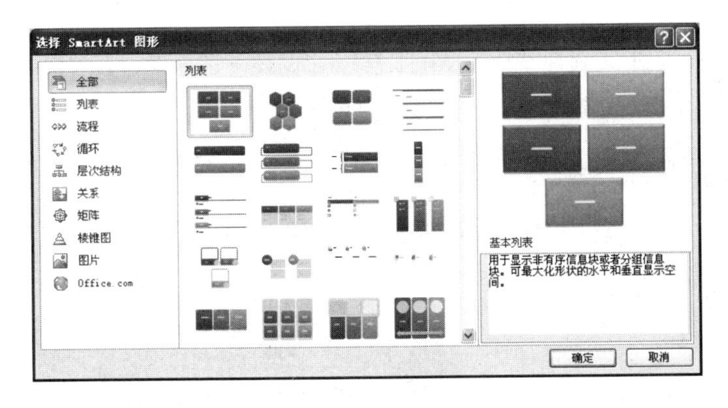

图 5-83　“选择 SmartArt 图形”对话框

㊴ 左侧列表中选择“关系”，右侧子列表中选择“射线列表”，单击“确定”按钮，如图 5-84 所示。

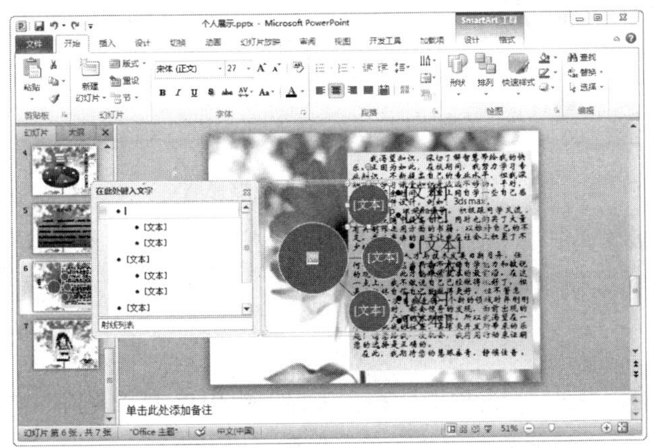

图 5-84　插入 SmartArt 图形

㊵ 插入图片，输入文本信息，调整圆形大小，如图 5-85 所示。

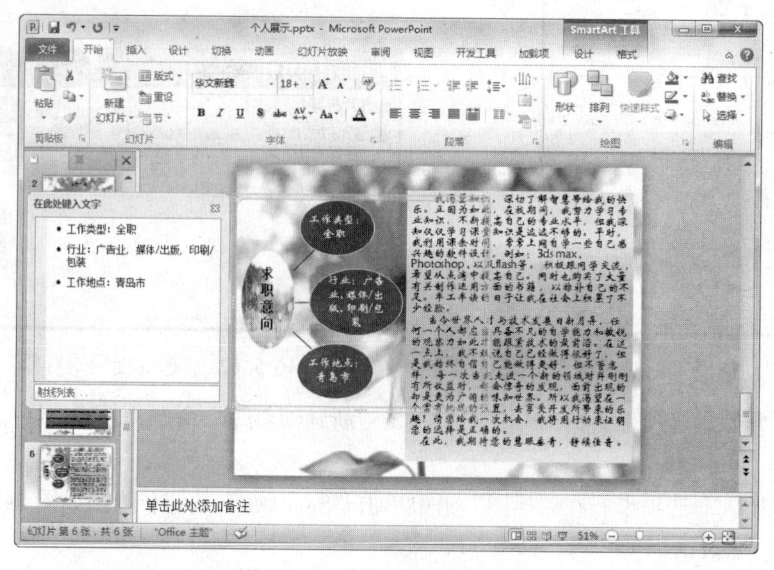

图 5-85　编辑 SmartArt 图形

㊶ 选中 SmartArt 图形，选择“SmartArt 工具”|“设计”选项卡，在“SmartArt 样式”组中设置 SmartArt 样式为“嵌入”，颜色为“彩色”，如图 5-86 所示。

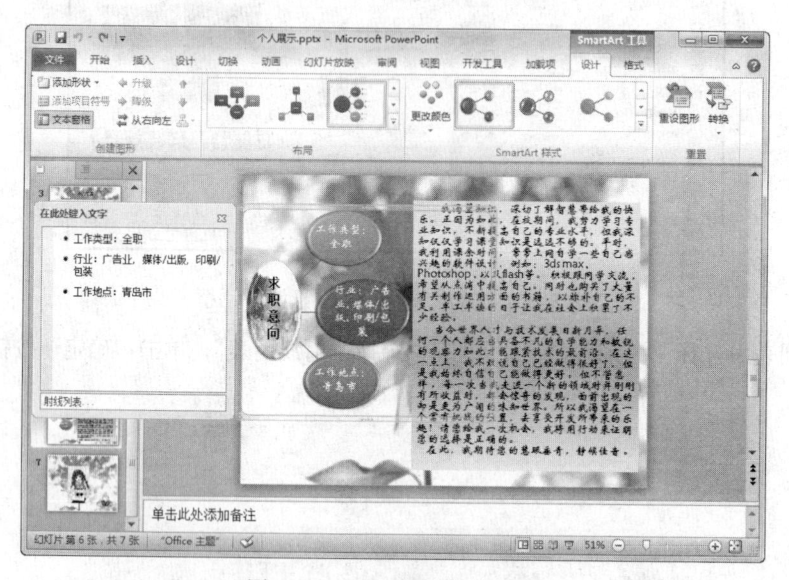

图 5-86　SmartArt 图形设置

㊷ 按【F5】键播放幻灯片，检查动画设置效果是否需要修改，若不需要修改选择“文件”|“保存”命令，保存演示文稿。

5.5.2　相关知识

① 插入表格：选择“插入”选项卡，在“表格”组中单击“表格”按钮，在“表格”下拉列表中移动鼠标，设置好表格列数、行数后单击鼠标左键。

② 使用图表：选择“插入”选项卡，在“插图”组中单击“图表”按钮，弹出“插入图表”对话框。选择图表类型，单击“确定”按钮。

③ 设置超链接：选择“插入”选项卡，单击“链接”组中的“超链接”按钮，弹出“插入超链接”对话框，在对话框中选择链接位置。

④ 插入动作按钮：选择“插入”选项卡，在“插图”组中单击“形状”按钮，单击“形状”下拉列表中的形状名称，当鼠标指针变为十字形时，按下鼠标左键拖动出一个按钮形状，松开鼠标弹出动作设置对话框，设置相关参数。

⑤ 插入 SmartArt 图形：选择“插入”选项卡，在“插图”组中单击 SmartArt 按钮，打开“插入 SmartArt 图形”对话框，选择图形单击“确定”按钮。

5.5.3 案例进阶

制作图文并茂的演示文稿，主题为“低碳生活 从我做起”。

操作提示：

① 搜集与演示文稿主题相关的文本和图片，构思演示文稿设计思路。

② 创建演示文稿。

③ 根据设计思路输入文本、添加图片。

④ 美化演示文稿：添加声音、动画、表格、背景、超链接等。

⑤ 选择“文件”|“另存为”命令，保存演示文稿。

习　题

1. 创建一个演示文稿，介绍你喜爱的一款智能手机，至少包含 5 张幻灯片。幻灯片中包含文字、图片、声音等元素。

2. 设计制作一个新年贺卡，着重体现新年的喜庆气氛。至少包含 5 张幻灯片，幻灯片中包含文字、图片、声音等元素，

3. 为某产品作一个产品分析演示文稿，产品名称自定，要求分析对象明确，至少包含 5 张幻灯片，设置超链接和合理的动画。

4. 设计制作一个演示文稿，介绍你喜爱的一位作家及其作品，至少包含 5 张幻灯片。要求语言简洁；图片、动画设置合理。

第6章 网络基础

本章导读：

基础知识

- 接入 Internet
- IE 浏览器的使用
- QQ 登录、设置 QQ 中的个人资料
- 申请电子邮箱
- 下载工具的安装

重点知识

- 上网时的相关设置与浏览器的应用
- QQ 文件的存储与传输

提高知识

- 收/发邮件、参数的设置
- 使用下载软件下载图片、音乐、视频等

6.1 如何上网

随着网络技术的发展，Internet 正在以极快的速度发展和扩充着自己的领域，其中的各种应用已经进入了千家万户，毫无疑问，当今时代已进入了因特网和信息技术的时代。所以，掌握如何上网是很有必要的。

6.1.1 接入 Internet

上网之前首先应当解决好选择什么样的技术和服务商连接到 Internet，其次是如何才能接入 Internet。

1. 什么是 ISP 和 ICP

（1）ISP

ISP 是英文 Internet Service Provide 的缩写，代表了因特网网络服务商。不同价格和水平的 ISP，提供的服务也有所不同。例如，有的 ISP 可以为人们提供 WWW 信息浏览、电子邮件和个人 Web 页面以及其他 Internet 增值服务；而有的却不提供。

上网之前，先选择好 ISP，会得到一个可供上网的用户号码以及计费用的账号，即用户名和

对应的密码。然后，再把各种类型的 Modem 连接好，简单地设置完成后即可上网。目前，中国常见的运营商有联通、电信、铁通、卫通、广电。

（2）ICP

ICP 是英文 Internet Content Provider 的缩写，它代表 Internet 信息服务商，网络上的网站都是 ICP 建立的，如搜狐、阿里巴巴网站等。

2．选择合适的入网方式

目前上网方式主要分为有线和无线两种方式。无线上网一种是通过手机开通数据功能，以计算机通过手机或无线上网卡来达到无线上网，另一种无线上网方式是通过无线网络设备，它是以传统局域网为基础，以无线路由器和无线网卡来构建的无线上网方式。

前几年曾出现 DDN 专线、ISDN 等多种网络接入方式，但由于成本和速率等多方面的原因一直未能成功普及。目前可考虑的宽带接入方式主要有 4 种——电信 ADSL、FTTX+LAN（小区宽带）、Cable Modem（有线通）和 WLAN。

（1）电信 ADSL

为便于大众认识 ADSL（Asymmetric Digital Subscriber Line，非对称数字用户线路），各地电信局在宣传 ADSL 时常会采用一些好听的名字，如“超级一线通”、“网络快车”等，其实这些都指同一种宽带方式。

凡是安装了电信电话的用户都具备安装 ADSL 的基本条件。一般来讲，电信会判断你的电话与最近的机房距离是否超过 3 km，若超过则无法安装。安装时用户需拥有一台 ADSL Modem（通常由电信提供，有的地区也可自行购买）和带网卡的计算机。

ADSL 的最大理论上行速率可达到 1Mbit/s，下行速率可达 8Mbit/s。但目前国内电信为普通家庭用户提供的实际速率多为下行 512Kbit/s，提供下行 1Mbit/s 甚至以上速度的地区很少。值得注意的是，这里的传输速率为用户独享带宽，因此不必担心多家用户在同一时间使用 ADSL 会造成网速变慢。

ADSL 的优点是工作稳定，出故障的几率较小。电信推出了不同价格的包月套餐，为用户提供更多的选择。另外 ADSL 的带宽独享，并使用公网 IP，用户可建立网站、FTP 服务器或游戏服务器。

不足之处在于 ADSL 速率偏慢，以 512Kbit/s 带宽为例，最大下载实际速率为 87KB/s 左右，即便升级到 1M 带宽，也只能达到一百多 KB。

（2）小区宽带(FTTX+LAN)

这是大中城市目前较普及的一种宽带接入方式，网络服务商采用光纤接入到楼（FTTB）或小区（FTTZ），再通过网线接入用户家，为整幢楼或小区提供共享带宽（通常是 10Mbit/s）。目前国内有多家公司提供此类宽带接入方式，如长城宽带、联通和电信等。

这种宽带接入通常由小区出面申请安装，网络服务商不受理个人服务。用户可询问所居住小区物管或直接询问当地网络服务商是否已开通本小区宽带。这种接入方式对用户设备要求最低，只需一台带 10/100Mbit/s 自适应网卡的计算机。

目前，绝大多数小区宽带均为 10Mbit/s 共享带宽，这意味如果在同一时间上网的用户较多，网速则较慢。即便如此，多数情况的平均下载速度仍远远高于电信 ADSL，达到了几百 KB/s，在速度方面占有较大优势。

小区宽带优点是初装费用较低（通常在 100 ~ 300 元之间，视地区不同而异）；下载速度很快，通常能达到上百 KB/s，很适合需要经常下载文件的用户，而且没有上传速度慢的限制。

其不足在于宽带接入主要针对小区，个人用户无法自行申请；多数小区宽带采用内部 IP 地址，不便于需使用公网 IP 的应用(如架设网站、FTP 服务器、玩网络游戏等)；由于带宽共享，一旦小区上网人数较多，在上网高峰时期网速会变得很慢，甚至还不如 ADSL。

（3）有线通

有的地方也称为“广电通”，是直接利用现有的有线电视网络，并稍加改造，便可利用闭路线缆的一个频道进行数据传送，而不影响原有的有线电视信号传送，其理论传输速率可达到上行 10 Mbit/s、下行 40 Mbit/s。

安装前，用户可询问当地有线网络公司是否可开通有线通服务。设备方面需要一台 Cable Modem 和一台带 10/100 Mbit/s 自适应网卡的计算机。

尽管理论传输速率很高，但一个小区或一幢楼通常只开通 10 Mbit/s 带宽，同样属于共享带宽。上网人数较少的情况下，下载速率可达到 200 ~ 300 KB/s。

有线通最大好处是无需拨号，开机便永远在线。不足之处是目前开通有线通的地区还不多，普及程度不够。由于带宽共享，上网人数增多后，速度会下降。

（4）WLAN

WLAN(Wireless Local Area Networks，无线局域网络)是相当便利的数据传输系统，它利用射频（Radio Frequency，RF）的技术，取代旧式碍手碍脚的双绞铜线（Coaxial）所构成的局域网络，使得无线局域网络能利用简单的存取架构让用户通过它，达到“信息随身化、便利走天下”的理想境界。

它的优点如下：①灵活性和移动性。②安装便捷。③易于进行网络规划和调整。④故障定位容易。⑤易于扩展。

以上 4 种主流的宽带接入方式各有特点，那么用户该如何选择呢？

用户应首先考虑安装宽带最大的需求是什么？一般来讲可分为以下几类：①需下载大量多媒体资料、数据文件；②需长时间玩在线游戏；③无特别偏好，普通网络应用都可能尝试；④需架设网站、FTP 服务器或游戏服务器。

在确定应用类型后，用户需考虑居住环境有哪些宽带可选择。一般来说，只要用户家中有电话基本都可以开通 ADSL（前提是当地电信已提供这项服务），而小区宽带和有线通则视具体地区而定，可事先查询。

第一类用户对网络下载速度非常在意，应首先考虑小区宽带或有线通，ADSL 的下载速度对他们来说绝对是可怕的梦魇；第二类用户则看重宽带服务的稳定性，而下载速度则退居其次（512 kbit/s ADSL 的速度完全可满足网络游戏的带宽需求）。在这方面，电信 ADSL 则有得天独厚的优势，因为不少网络游戏服务器均由电信提供，可确保稳定性。第三类用户则可以根据当地的实际情况，从价格、安装便利性综合考虑。首先考虑安装小区宽带或有线通，若都不行则只能安装 ADSL。第四类用户需要一个稳定的公网 IP 地址，安装前需先了解当地各种宽带服务的实际情况。一般来讲，电信 ADSL 均使用公网 IP，但采用 PPPoE 拨号方式的为动态 IP，此时可考虑选择静态 IP 地址接入服务或借用软件绑定 IP 地址。而小区宽带和有线通多采用内网 IP，一般不适合这类用户。

下面以 Windows 7 计算机通过 ADSL 接入 Internet、小型局域网内，计算机连入 Internet 的实现方法为例，介绍如何配置网络连接。

3. ADSL 拨号上网

① 在 Windows 7 中，在控制面板中，选择“网络和共享中心”，激活如图 6-1 所示的网络和共享中心窗口。

图 6-1 “网络和共享中心”窗口

② 选择“更改网络设置”中的“连接到网络”，激活如图 6-2 所示的“网络”对话框。

③ 在如图 6-2 所示的“网络”对话框中，双击“宽带连接” 按钮，激活如图 6-3 所示的“宽带连接”对话框。

图 6-2 “网络”连接列表

图 6-3 “宽带连接”对话框

④ 在图 6-3 所示的“宽带连接”对话框中输入用户名与密码（用户名与密码可从因特网网络服务商处获取），单击“连接”按钮，即可完成 ADSL 连接，接入互联网。

4．WLAN 接入互联网

现在多数的笔记本式计算机和手机都具有无线上网功能，下面以笔记本式计算机为例说明如何使用 WLAN 进行无线上网。

（1）选择无线网络。

在图 6–2 所示的网络连接列表中选择一个信号较强的无线网络。如图 6–4 所示选择 TP–LINK_3CAA4E，单击右下角“连接”按钮。

（2）输入密码。

如图 6–5 所示“连接到网络”对话框，输入网络服务商提供的密码，单击“确定”按钮即可接入无线网络。

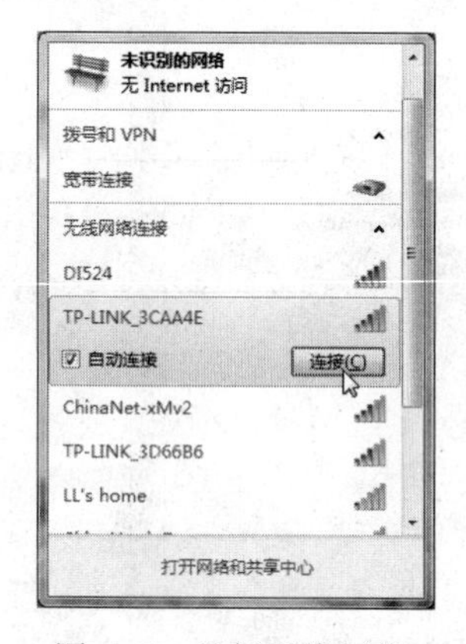

图 6–4　选择无线网络

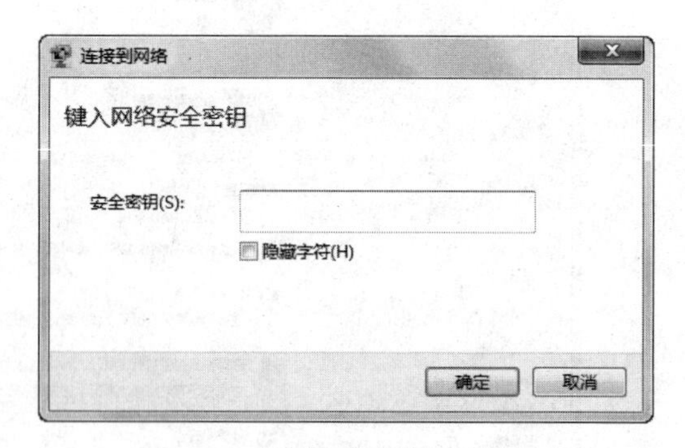

图 6–5　“连接到网络”对话框

5．小型局域网的网络配置

具备了上网的硬件条件后，局域网通常要设置 IP（因特网协议）地址与 DNS（域名系统）才能连入因特网。以 Windows 7 为例，具体设置方法如下：

① 在如图 6–1 所示的“网络和共享中心”窗口中，单击有线网络中的本地连接，有多个网卡时，会出现多个本地连接，如图中的“本地连接 2”，弹出“本地连接 2 状态”对话框，如图 6–6 所示。

② 单击左下角的“属性”按钮，弹出“本地连接 2 属性”对话框，如图 6–7 所示。

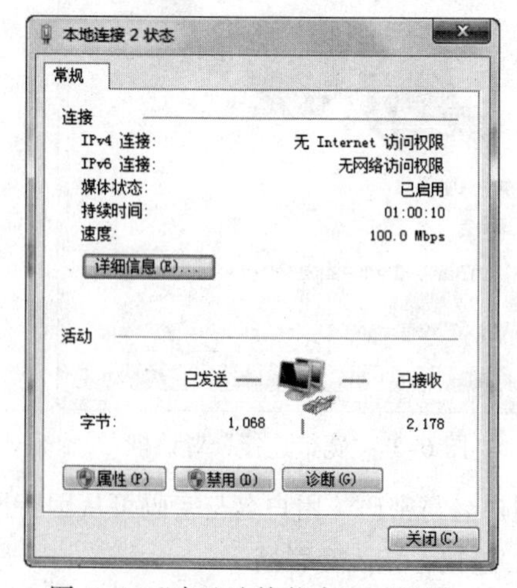

图 6–6　“本地连接状态”对话框

图 6–7　“本地连接属性”对话框

③ 选择"Internet 协议版本 4（TCP/IPv4）"，单击右下角"属性"按钮，弹出"Internet 协议版本 4（TCP/IPv4）"对话框，如图 6-8 所示。

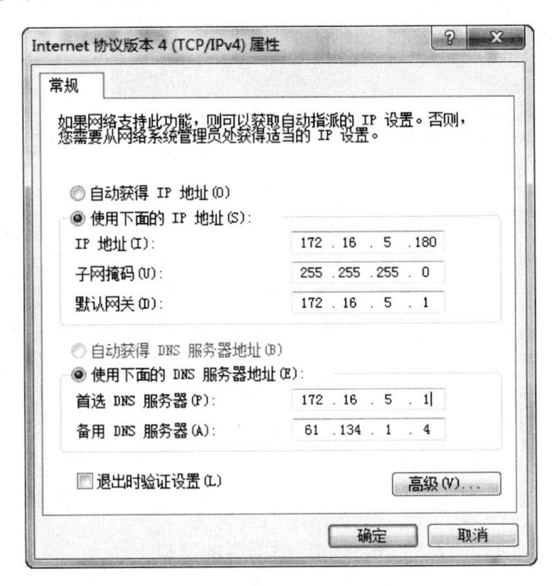

图 6-8 "Internet 协议（TCP/IP）属性"对话框

④"Internet 协议（TCP/IP）属性"对话框中各选项的相关设置如下：

a. 在"IP 地址"栏中输入网络服务商提供的 IP 地址，如 172.16.5.180。

b. 在"子网掩码"栏中输入网络服务商提供的子网掩码，如 255.255.255.0。

c. 选中"使用下面的 DNS 服务器地址"单选按钮，在"首选 DNS 服务器"和"备用 DNS 服务器"栏输入代理服务器地址。

d. 最后单击"确定"按钮，设置完成。

◎注意

不同的局域网分配的 IP 地址不同，所以在设置 IP 时，按照网络中心的要求而定。大多数局域网为了使用方便，不需要进行网络配置。例如在图 6-8 中，默认选择"自动获取 IP 地址"和"自动获取 DNS 服务器地址"即可。

6.1.2 浏览网页

网络配置好后，就可以上网冲浪，首先要学习的是浏览器的使用。

1. Web 浏览器

Web 浏览器是用来查看 Web 站点上网页信息的软件，常用的是 IE（Internet Explorer）和 Netscape Communicator。浏览器是人们使用因特网资源的主要窗口，下面以 IE 9 为例对浏览器进行介绍。

2. 启动 IE

双击桌面上的图标，可以激活 IE 9 浏览器工作窗口，等待浏览器加载主页，如图 6-9 所示。

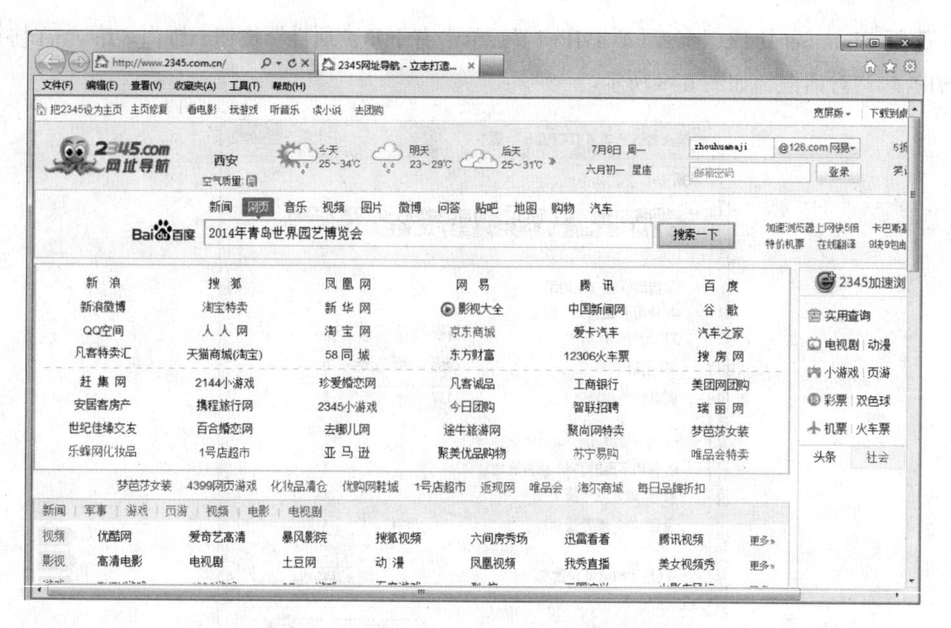

图 6-9 IE 浏览器的窗口

3. 在地址栏输入要访问的网址

如输入 www.sina.com.cn（新浪网址），就可以访问新浪网页；

输入 www.midea.com（美的集团网址），就可以访问美的集团网页；

输入 www.whitehouse.gov（美国白宫网址），就可以打开白宫网页。

网址就好像一个人的住址一样，你要到朋友家中去拜访他，就要知道他的住址。网址命名通常是有规律的，这就是我们常听到的域名的命名规则。

4. 域名的命名规则

按照域名所在的区域不同分为：顶级域名、二级域名、三级域名；顶级域名又分为国际顶级域名、国家/地区顶级域名，中国的顶级域名有 cn （中国顶级域名）、.com.cn（国内商业机构或公司）、.net.cn （国内互联网机构）、.org.cn（国内非营利性组织）、.gov.cn（政府类域名）。常见的顶级域名如表 6-1 所示。

表 6-1 常见的顶级域名

顶 级 域 名	含 义	顶 级 域 名	含 义
.net	表示网络服务机构	.name	表示个人网站
.com	表示商业机构	.info:	表示信息提供
.org	表示非营利性组织	.mobi	专用手机域名
.gov	表示政府机构	.pro	医生、会计师
.edu	表示教育机构	.travel	旅游网站
.mil	表示军事机构	.museum	博物馆

了解了域名命名规则，我们就很容易猜出一些网站的网址，如：

www.beijing.gov.cn：北京市政府网站；www.ibm.com：IBM 公司网站；

www.baidu.com：著名的搜索网站百度的网址。

5. 搜索网址

更多的时候，我们要借助搜索网站查找需要访问的网址或者网页。记住一个导航网页就能解决问题。比如 http://www.2345.com/ （2345 导航）或者 www.hao123.com（好 123）。

如果要访问 2014 年世界园艺博览会的官方网站，在图 6-9 所示页面百度搜索框中输入“2014 年青岛世界园艺博览会”，单击右侧的“搜索一下”按钮，会打开一个搜索结果页面，如图 6-10 所示。点击相应的文字链接就可以打开网站了。

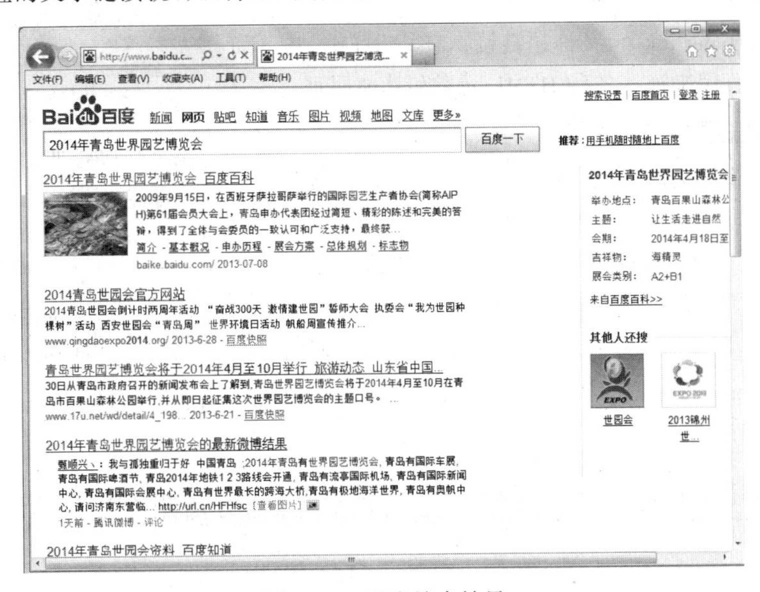

图 6-10　百度搜索结果

6. 收藏网站

遇到好的网站需要把它记住，选择菜单“收藏夹”|“添加到收藏夹”命令，弹出“添加收藏”对话框，如图 6-11 所示。单击 “添加”按钮，即可保存该网址。

7. 保存网页内容

当在网站中看到好的文章时，会想到把文字内容保存下来。选择菜单“文件”|“另存为”命令，弹出“保存网页”对话框，如图 6-12 所示。设置保存位置、文件名和保存类型（这里设为文本），单击“保存”按钮即可。

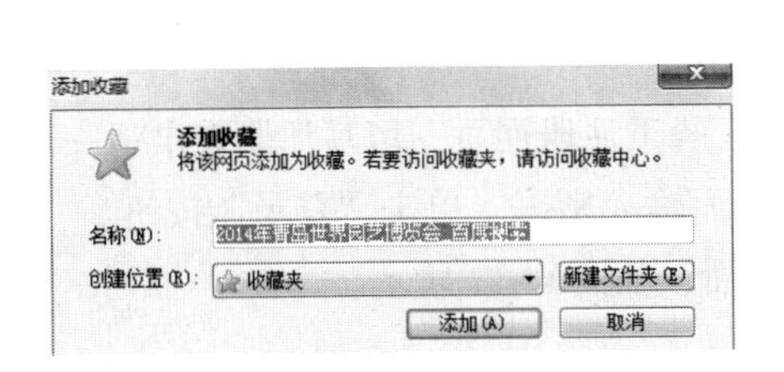

图 6-11　“添加到收藏夹”窗口

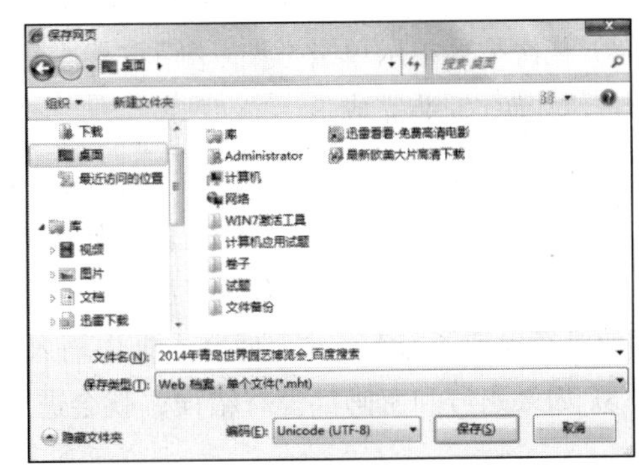

图 6-12　“保存网页”窗口

6.1.3 相关知识

1．概念

（1）主页

当人们访问某一个站点时，看到的第一个页面被称为该站点的主页（首页），其他的网络页面则被称为网页。

（2）超级链接

超级链接（Hyperlink），又称超链接，它是 HTML 中的重要元素之一，用来连接各种 HTML 元素和其他网页。

2．在 IE 浏览器中定义主页

如果用户希望每次进入 IE 浏览器时，都会自动链接到某一个网址，可以按如下步骤进行操作。

① 右击桌面上的 IE 图标，选择“属性”命令，弹出如图 6-13 所示的对话框。

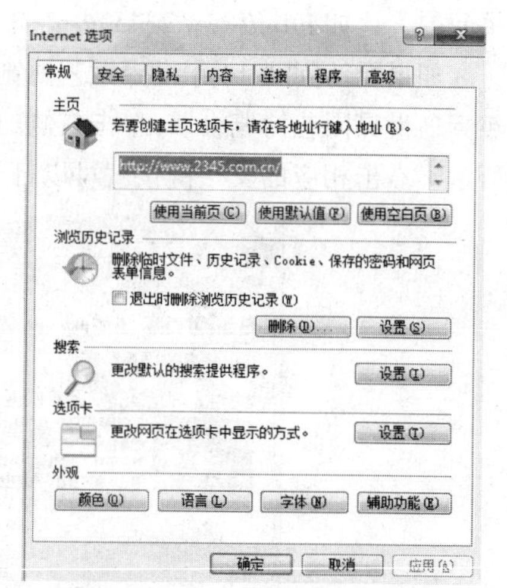

图 6-13 “Internet 选项”对话框

② 在“主页”文本框中输入相应的网址即可。例如，输入 http://www. hao123.com，以后启动 IE 浏览器时，将首先链接到该主页。

> ◎试一试
>
> 浏览学院网页：http://www.sptc.sn.cn/；浏览学籍管理系统：http://study.sptc.sn.cn。

6.2 QQ

QQ 是腾讯公司开发的一款基于 Internet 的即时通信（IM）软件。腾讯 QQ 支持在线聊天、视频电话、点对点断点续传文件、共享文件、网络硬盘、自定义面板、QQ 邮箱等多种功能。并可与移动通信终端等多种通信方式相连。腾讯 QQ 是目前使用最广泛的聊天软件之一。

6.2.1 QQ 的基本应用

1．QQ 下载及安装

① 登录 QQ 官方网站 http://im.qq.com/，下载最新版的 QQ 软件。

② 双击安装文件，出现如图 6-14 所示的安装向导，勾选同意许可协议。

③ 依次按照提示单击“下一步”按钮，直到出现如图 6-15 所示的安装完成对话框，单击“完成”按钮，QQ 安装完成。

2．QQ 登录

① 双击桌面上的 QQ 图标，弹出如图 6-16 所示界面。

② 若没有 QQ 号，单击右侧“注册账号”按钮，进入腾讯注册网页，填写注册表申请一个号码。如已经申请了 QQ 号。上面文本框中输入 QQ 号，下面输入密码，单击“登录”按钮。

③ 如果账号和密码都没有错误，就会进入 QQ 主界面，如图 6-17 所示。

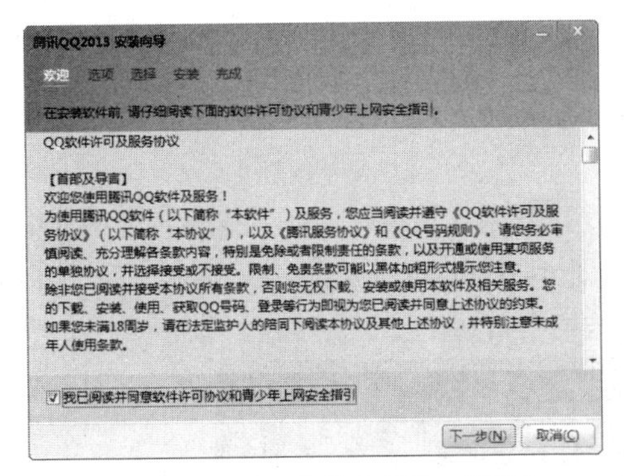

图 6-14“ QQ 安装向导”对话框

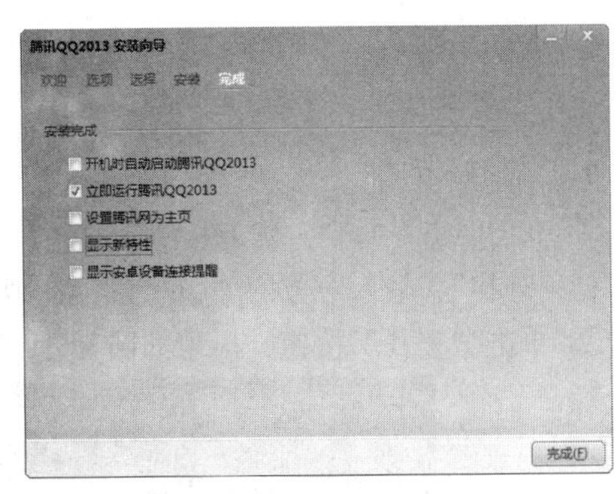

图 6-15　QQ 安装完成对话框

图 6-16　QQ 登录界面

图 6-17　QQ 主界面

3．设置修改 QQ 中的个人资料

① 如图 6-17 所示，在 QQ 主界面中，双击 QQ 头像图标，出现如图 6-18 所示界面，单击“编辑资料”，弹出如图 6-19 所示的窗口。

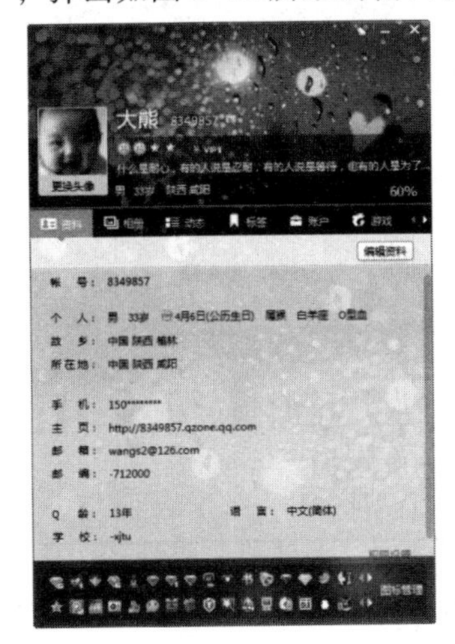

图 6-18　QQ 菜单

图 6-19　QQ 个人资料设置

② 在此对话框中可以更换头像、设置个性签名等等，参数设置完成，单击“完成”按钮即可完成个人资料的设置与修改。

4．添加好友

① 在QQ主界面中，单击按钮，将打开的“查找联系人”窗口。在“找人”选项卡中选择“精确查找”，输入对方的“QQ号”或“昵称”，如图6–20所示。

② 单击“查找”按钮，出现如图6–21所示查找结果窗口。

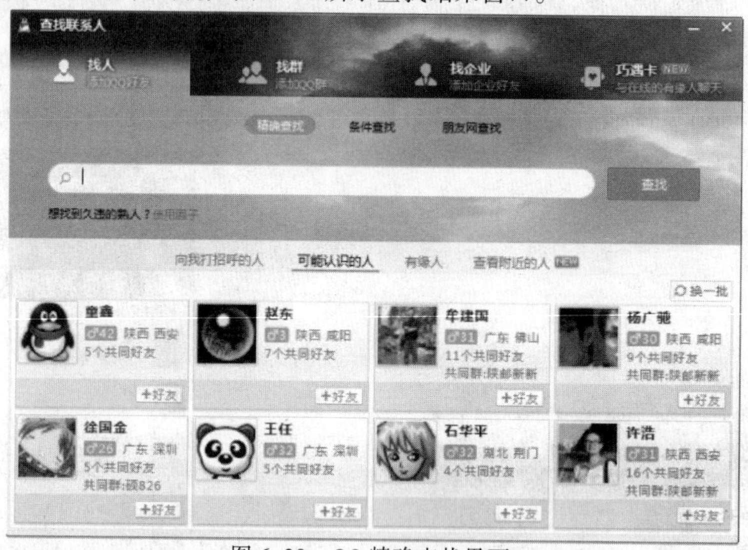

图6–20　QQ精确查找界面

图6–21　查询结果窗口

③ 单击“添加好友”按钮，完成QQ根据已知信息添加好友。

◎说明

也可以按条件查找好友，输入好友所在的省市、年龄和性别等信息查找。不过网络上信息虚拟的较多，不一定能找到好友。

5. 更改在线状态

在 QQ 主面板左上方单击▣，出现下拉式菜单，如图 6-22 所示，在下拉菜单中选择“我在线上”、“离开”、“隐身”、“离线”等状态。

6. 更改外观

在 QQ 主面板右上方单击▣，出现如图 6-23 所示的更改外观设置界面，单击任意一张图片即可改变 QQ 外观。

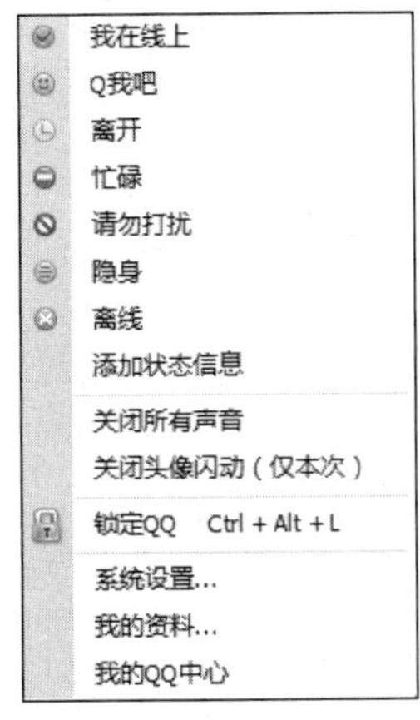

图 6-22　QQ 在线状态更改界面

图 6-23　更改外观界面

7. 发送即时消息

① 在 QQ 主界面上，双击好友头像，出现如图 6-24 所示发送即时消息界面，输入聊天信息，单击“发送”按钮或按住【Ctrl+Enter】组合键发送。

② 单击字体Ⓐ按钮，可以设置炫彩字体，单击T按钮，出现如图 6-25 所示对话框，选择不同的选项，将发送不同的炫彩字体。如图 6-26 所示，选择跟好友聊天的炫彩字体为卡片字体的效果。

图 6-24　发送即时消息界面

图 6-25　炫彩字体对话框

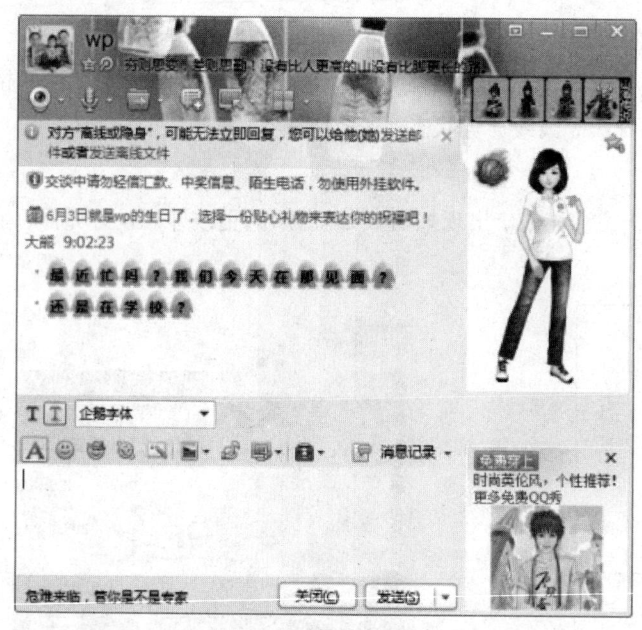

图 6–26　聊天效果图

6.2.2　QQ 的高级应用

本节将介绍如何使用 QQ 传送文件、保存文件到 QQ 硬盘和创建 QQ 群以及 QQ2013 的新功能。

1．在 QQ 中传送文件给好友

① 在如图 6–27 所示的 QQ 聊天窗口中单击▭图标。

② 单击后，系统弹出"打开"对话框。在该对话框中选择要发送给对方的文件后单击"打开"按钮，聊天窗口中会显示等待对方回应的提示信息（这时如果想取消发送此文件，可单击"取消"超链接），对方同意接收文件后，即可进行文件传输，如图 6–27 所示。

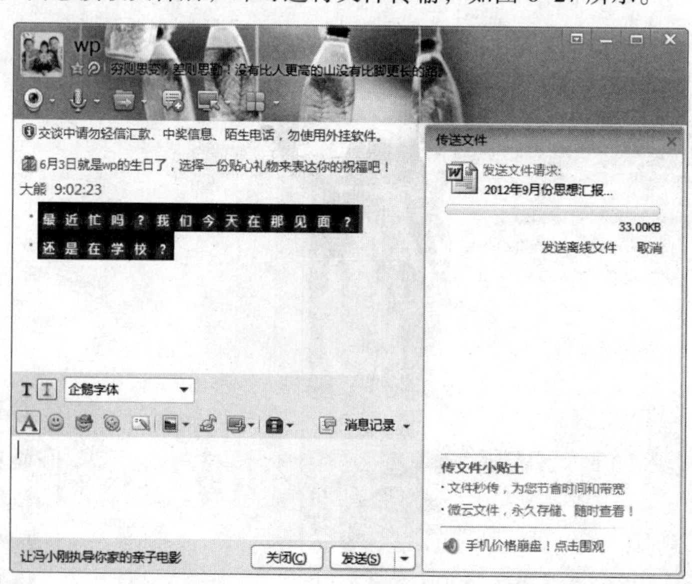

图 6–27　发送文件

2．QQ 存储文件

① 在 QQ 主界面上，单击图标，出现如图 6-28 所示的 QQ 应用管理器。

② 单击图标，打开网络硬盘对话框，如图 6-29 所示。

图 6-28　QQ 应用管理器

③ 单击“上传”按钮，选择上传的文件，点击打开，如图 6-30 所示文件开始上传。

④ 上传完成，即把文件存储到 QQ 网络硬盘中。

图 6-29　QQ 网络硬盘

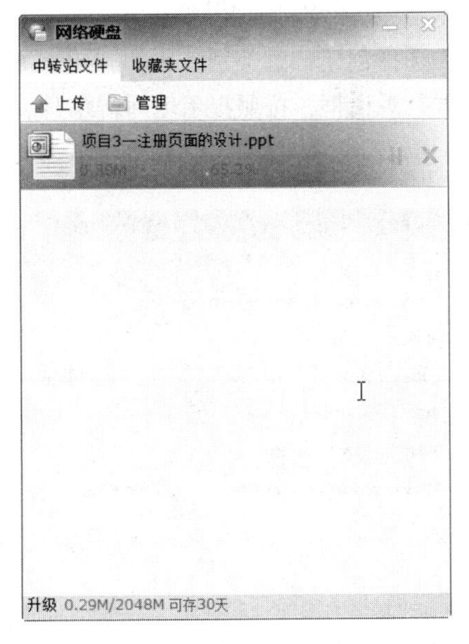

图 6-30　文件上传中

3. 创建 QQ 群

QQ 群是用户自己建立的一个小群体即时通信平台。QQ 群的功能是使用户处在一个关系密切的团体中，共同体验网络带来的精彩。

创建方法如下：

① 在 QQ 主界面上，单击图标，打开 QQ 群界面，单击 + 创建 ▾ 图标，出现如图 6-31 所示界面。

② 选择“创建群”命令，出现如图 6-32 所示界面。

图 6-31　QQ 群界面

图 6-32　选择群类型界面

③ 选择创建群的类别，比如“同事.朋友“，单击“同事.朋友”选项，出现如图 6-33 所示“创建群”对话框，按照提示填写群信息，单击 下一步 按钮，出现邀请成员对话框。

④ 单击 完成创建 按钮，出现如图 6-34 所示界面，群创建完成。

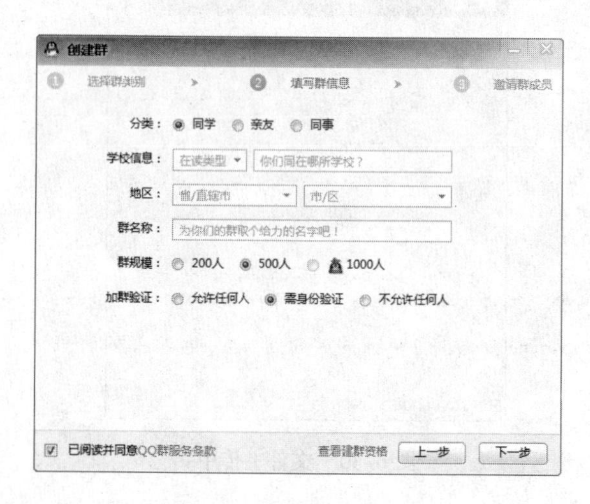

图 6-33　邀请群成员界面

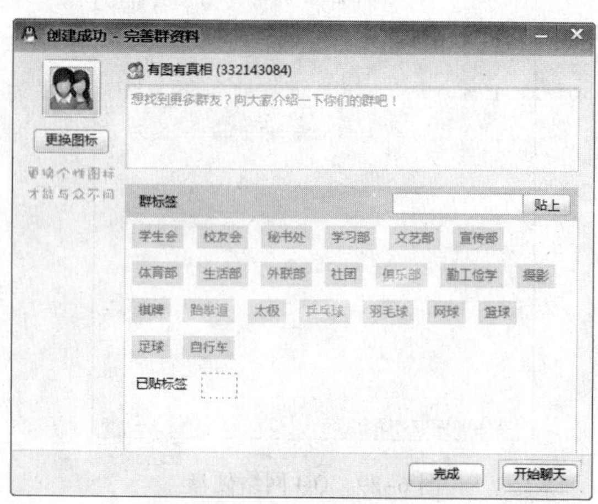

图 6-34　群创建完成

6.2.3　QQ2013 的新功能介绍

① 会话面板增加“聊天”按钮；

② 讨论组多人视频支持全屏；

③ 会话面板新增“好友验证”与“群系统消息”，集中处理更高效；

④ 新增情侣聊天模式，让你和 TA 拥有专属皮肤、有爱动画；

⑤ 新增远程桌面“自动受控”模式，不在计算机旁也能与信赖账号进行远程桌面连接；

⑥ 微博加入音乐功能，视听结合更精彩。

◎说明

创建群的用户必须是会员，或者等级至少有一个太阳，群的主题不限，可以是同学、同事、老乡等。

6.3　电子邮件

6.3.1　申请邮箱

网络上的电子邮箱有两种，一种是免费的，另一种是收费的。下面以申请一个 126 免费邮箱为例，介绍具体的操作过程：

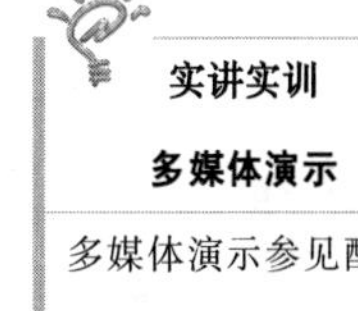

实讲实训

多媒体演示

多媒体演示参见配套光盘中的\\视频\第 6 章\申请免费邮箱.avi。

① 打开 IE 浏览器，在地址栏里输入网址 www.126.com，进入 126 站点，如图 6-35 所示。

② 单击“注册”按钮，进入设置用户名界面，如图 6-36 所示。输入要注册的用户名（如 hhhshine2013），如有重名系统会提示重新设置。

图 6-35　电子邮件操作界面

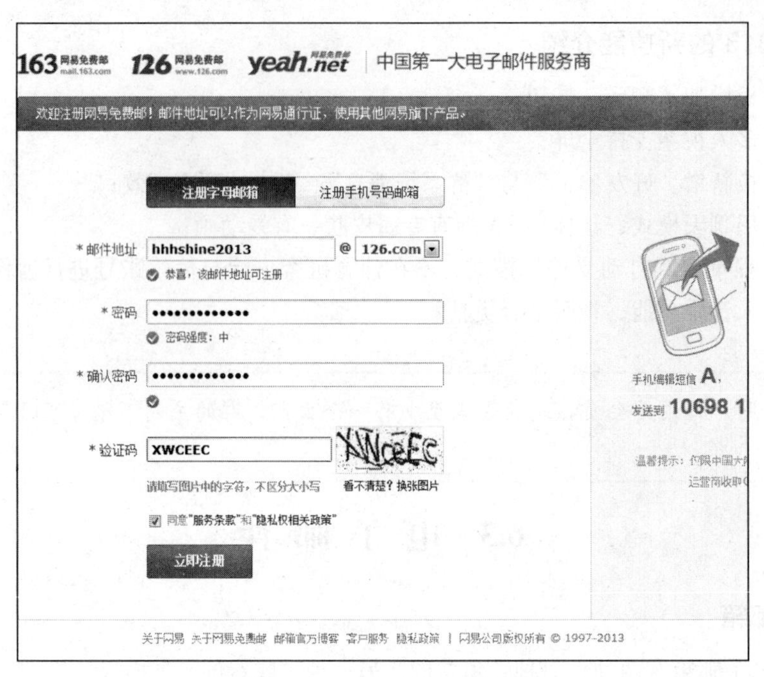

图 6-36　设置用户名界面

◎说明

切记必须记住自己设置的用户名和密码，以后登录邮箱时要用到。密码最好是数字和字母的组合，不要用自己的生日和电话等作为密码，要有安全意识。

① 根据提示输入相关信息，如图 6-36 所示。输入完成后，单击“立即注册”按钮。

② 出现“注册成功”界面，如图 6-37 所示。

图 6-37　注册成功界面

③ 单击图 6-37 中“跳过这一步，进入邮箱”链接，即可进入所申请的邮箱。

④ 首次进入邮箱后，将打开了解网易邮箱 5.0 版界面，如果您想了解，可单击“开始新版向导”按钮，如图 6-38 所示。

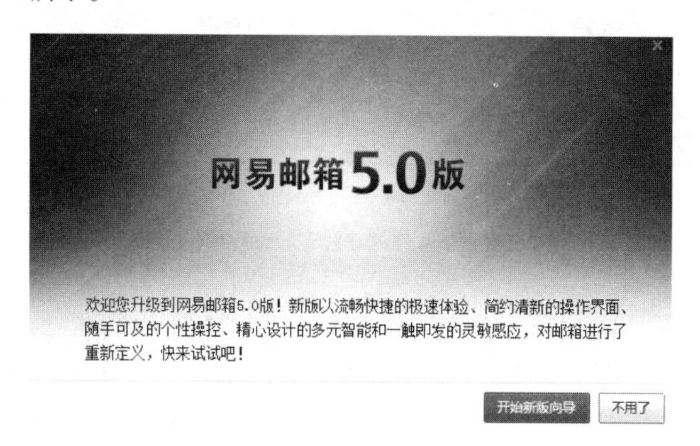

图 6-38　了解网易邮箱 5.0 版界面

下次登录时，只需进入 126 站点，输入用户名及密码，单击“登录”按钮即可进入邮箱。

6.3.2　使用浏览器收发邮件

收发邮件有两种方式，一种是使用浏览器收发邮件；另一种是使用邮件客户端软件收发邮件。利用上面申请的 126 免费电子邮箱 hhhshine2013 为例，介绍如何使用浏览器收发电子邮件。

> **实讲实训**
> **多媒体演示**
> 多媒体演示参见配套光盘中的视频\第 6 章\电子邮箱应用.avi。

1. 打开邮箱

处理邮件之前必须打开邮箱，其操作方法如下：

① 启动 IE 浏览器，在地址栏中输入网址 www.126.com，进入 126 站点。

② 在此站点中的“用户名”文本框中输入“hhhshine2013”，在“密码”文本框中输入密码，密码一般是以“●”号显示的，如图 6-39 所示。

图 6-39　登录界面

③ 单击“登录”按钮进入图 6-40 所示的名为“hhhshine2013”的邮箱界面。

图 6-40 名为“hhhshgine2013”的邮箱界面

2. 撰写邮件

当邮箱打开以后，就可以撰写邮件了，其撰写邮件的操作方法如下：

① 在图 6-40 所示的界面中，单击“写信”按钮，进入如图 6-41 所示的撰写邮件界面。

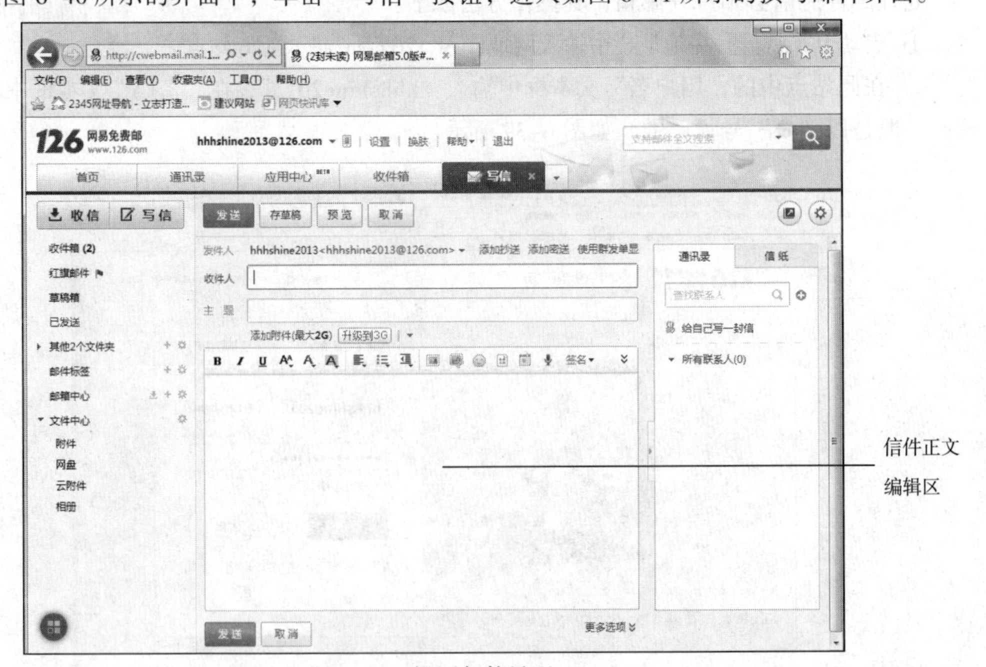

图 6-41 撰写邮件界面

② 在“收件人”输入框中，输入接收邮件人的 E-mail 地址，这里输入 wangs2@126.com。

③ 如果要将信件同时发给其他人，可将其他人的 E-mail 地址填写在“收件人”或“抄送”一栏中，每个地址之间可用“;”分隔（不同的系统对分隔符的要求不同，有的系统要求使用逗号作为分隔符）。

④ 在“主题”文本框中输入新建的标题，它是对邮件内容或写信目的的简单概括，收件人往往根据主题来判断信件的内容，所以要仔细填写该项。

⑤ 在正文编辑区书写信的具体内容，还可以使用正文编辑区上方的工具按钮，对信件的内容进行格式设置和简单排版。

⑥ 如果要在信件中携带其他信息，如声音、动画、图片等，可以将这些信息存放在文件中，然后以附件形式发送。如：要将一张动画随信发送出去，可单击“附件”链接，打开“选择文件”对话框，然后选择动画，单击“打开”按钮即可回到撰写邮件界面。

◎提示

126 邮箱升级后每次发送附件均不能超过 50 MB，超大附件单文件最大为 2 GB，不同的邮件服务器规定的附件最大容量可能不同。

3．发送邮件

邮件写好后，即可进行发送操作，操作方法如下：

① 在图 6-41 所示的界面中，单击“发送”按钮，当系统发送完成后，会出现如图 6-42 所示邮件发送成功界面。

图 6-42　邮件发送成功界面

② 在图 6-42 中，可以单击“通讯录”链接，以后发信给此地址的时候，只要单击“通讯录”即可。

4．接收邮件

接收邮件的操作方法比较简单，操作方法如下：

① 在图 6-42 所示的界面中，单击“收件箱”超链接，进入收件箱的操作界面，如图 6-43 所示。

② 收到的邮件安全地保存在收件箱中，在收件箱中还可以看到邮件的发件人、主题等信息。单击每封信的主题超链接，可以打开邮件进行阅读。

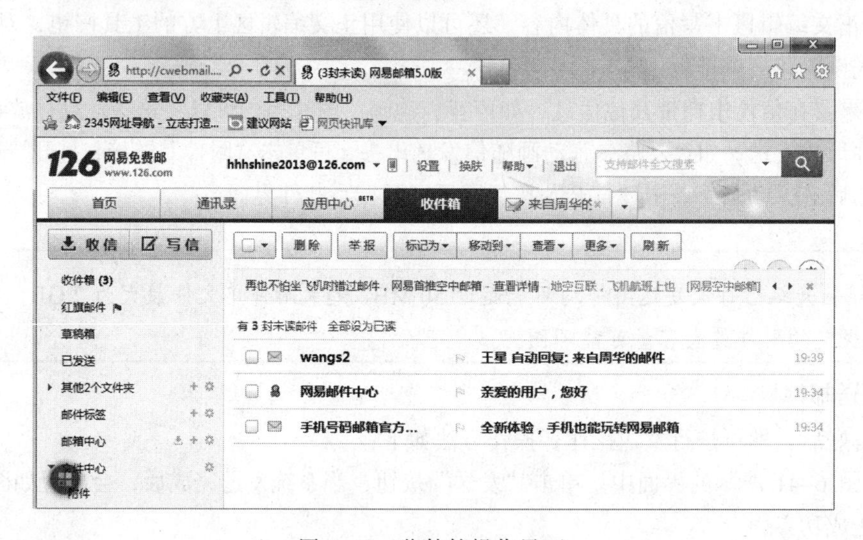

图 6-43　收件箱操作界面

5．处理附件

如果收件箱中邮件主题的右侧带有🖇标志，表示该邮件带有附件，可以将附件文件保存到硬盘指定的位置上，操作方法如下：

① 打开带有附件的邮件，如图 6-44 所示，单击查看附件。

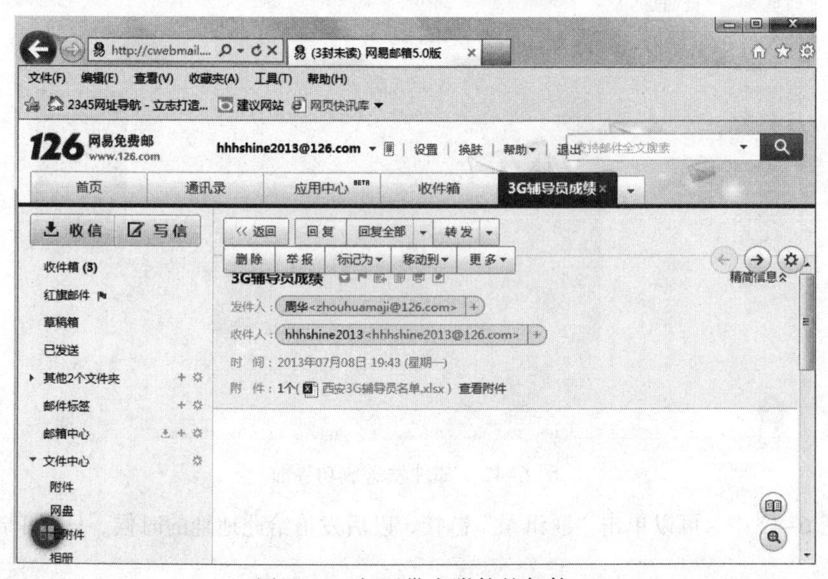

图 6-44　打开带有附件的邮件

② 鼠标移动到附件文件上，弹出如图 6-45 所示的对话框，单击“下载”按钮，弹出提示对话框，单击“保存”按钮，即可将附件下载到硬盘指定的位置上。

③ 单击“打开”按钮，附件文件会在当前的位置上被打开并显示，此操作不能将附件保存在硬盘上。

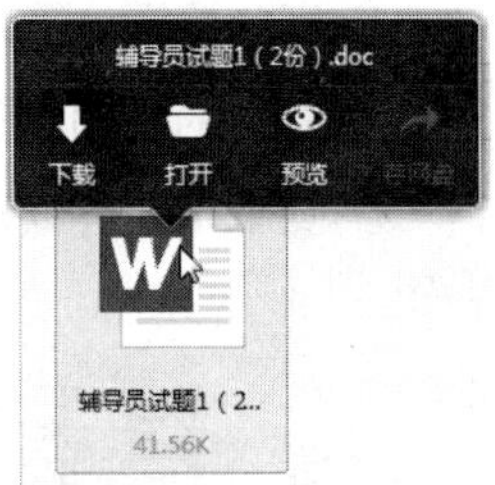

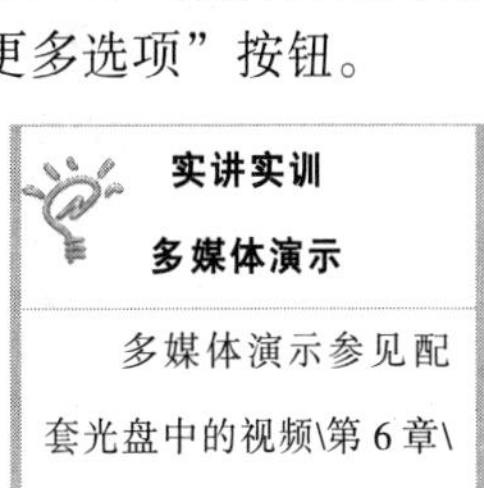

图 6-45　保存附件对话框

6. 邮件的定时发送

① 如图 6-46 所示，在撰写邮件界面中，撰写要发送的邮件内容（本例中的内容是祝同学生日快乐），撰写完成后，单击撰写邮件下方的“更多选项”按钮。

实讲实训

多媒体演示

多媒体演示参见配套光盘中的视频\第 6 章\电子邮箱参数设置.avi。

图 6-46　设置定时发信界面

② 选中“定时发送”复选框，即会出现图 6-47 所示的定时发送设置对话框，设置定时发送对话框。

发送时间：2013 年 6 月 3 日 0 时 0 分

本邮件将在 **明天凌晨0:00** 发送到对方邮箱

图 6-47　定时发送设置

③ 设置完成后，单击“发送”按钮，将会出现如图 6-48 所示的界面。

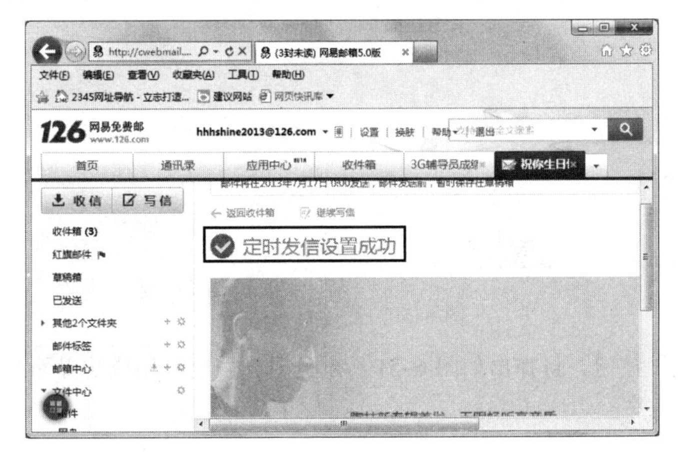

图 6-48　定时发送设置成功界面

④ 定时发送设置成功后，系统将按图 6-47 中所设置好的时间自动定时发送邮件。

7．邮件的自动回复

① 登录邮箱界面后（见图 6-40），选择“设置”选项卡，将出现如图 6-49 所示邮件设置界面。

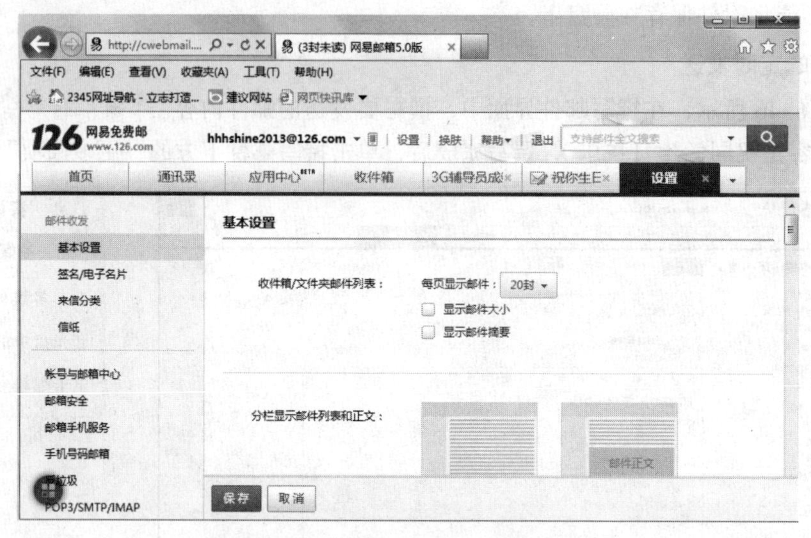

图 6-49　设置自动回复界面

② 拖动右侧“滚动条”，将出现如图 6-50 所示的界面，选择“自动回复”复选框，即可启动自动回复功能。

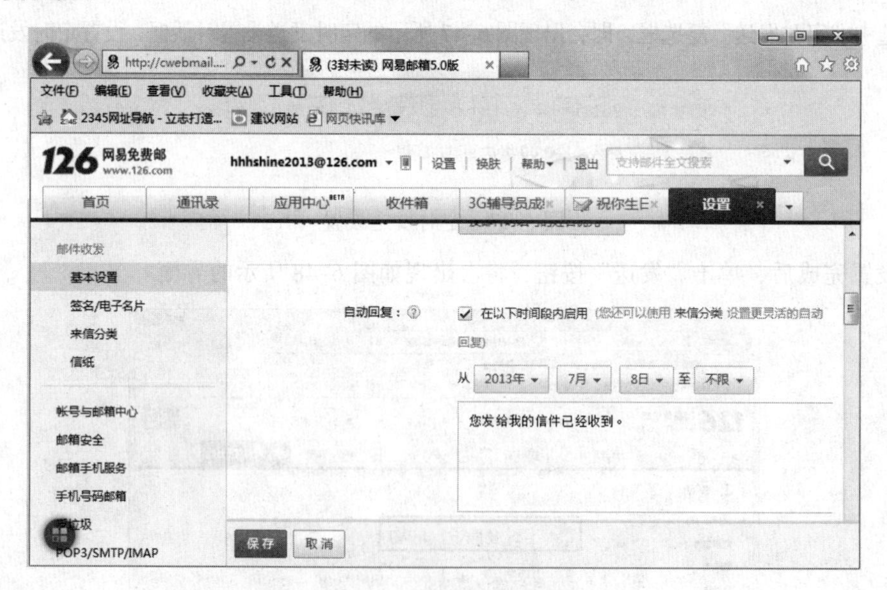

图 6-50　启动自动回复

③ 单击“确定”按钮，将弹出如图 6-51 所示的自动回复启用成功界面。

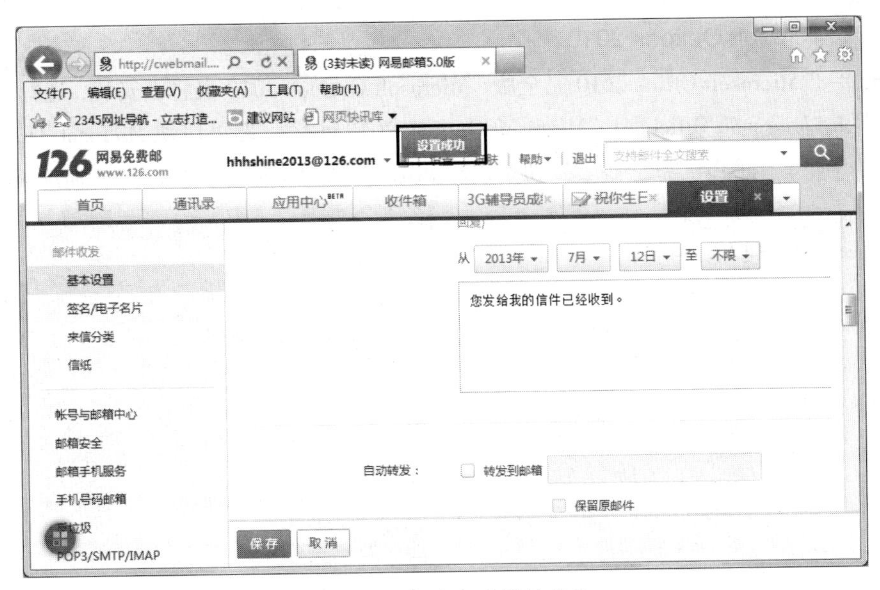

图 6-51　启动自动回复成功

8．删除邮件

由于邮箱容量有限，需要经常删除那些无用邮件或垃圾邮件，具体操作方法如下：

① 在“收件箱”里选中要删除的邮件，如图 6-52 所示。

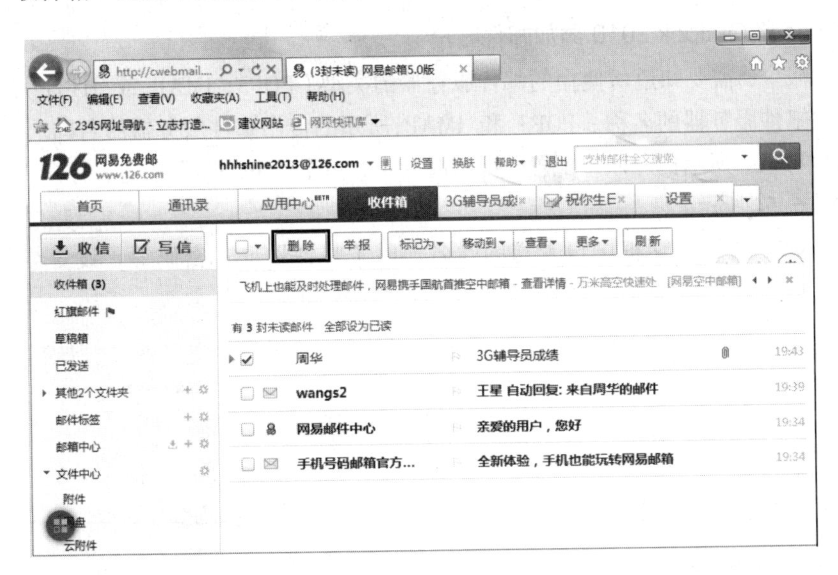

图 6-52　选中要删除的邮件

② 单击“删除”按钮，选中的邮件就被删除。

6.3.3　使用 Outlook 收发邮件

Outlook 2010 是 Microsoft Office 2010 套装软件的组件之一，Outlook 的功能很多，可以用它来收发电子邮件、管理联系人信息、记日记、安排日程、分配任务。Microsoft Outlook 2010 提供了一些新特性和功能，可以帮助用户与他人保持联系，并更好地管理时间和信息。

1. 启动 Microsoft Outlook 2010

一旦安装了 Microsoft Office 2010 完全版，Microsoft Outlook 2010 也将被安装，选择“开始”|“所有程序”|“Microsoft Office”|“Microsoft Outlook 2010”命令，即可启动 Microsoft Outlook 2010，按照启动提示向导，单击“下一步”按钮，出现如图 6-53 所示的“账户配置”提示向导。

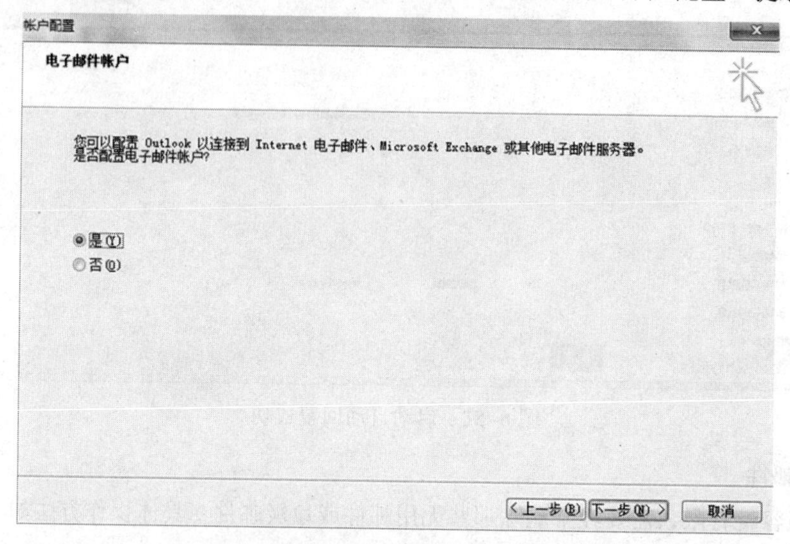

图 6-53 账户配置向导

2. Microsoft Outlook 2010 添加邮件账户

添加邮件账户，需要知道所使用的邮件服务器的类型（POP3、IMAP 或 HTTP）、账户名和密码，以及接收邮件服务器的名称、POP3 和 IMAP 所用的传出邮件服务器的名称。

① 在如图 6-53 所示的“账户配置”提示向导中，单击“下一步”按钮，打开“添加新账户”对话框，如图 6-54 所示。

② 在图 6-54 所示对话框中设置您的姓名、电子邮件地址、密码等，设置结果如图 6-55 所示。

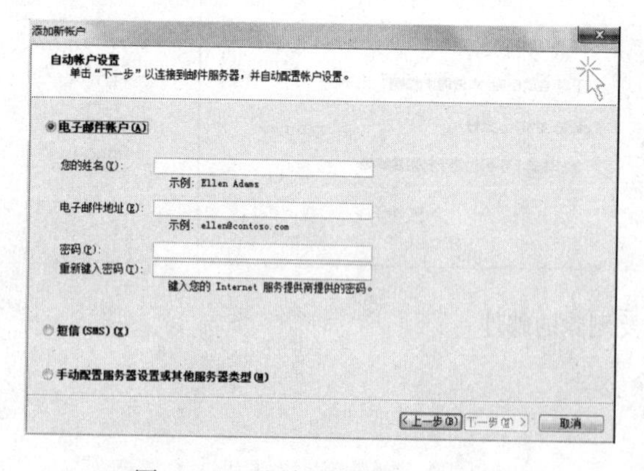

图 6-54 “添加新账户”对话框

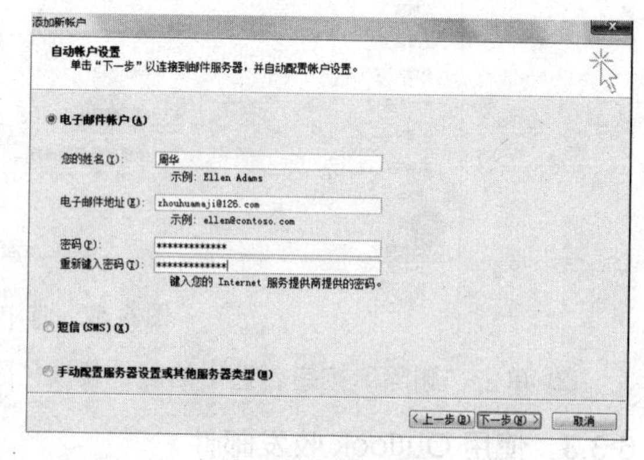

图 6-55 账户设置

③ 单击“下一步”按钮，出现如图 6-56 所示的“联机搜索您的服务器设置”对话框。

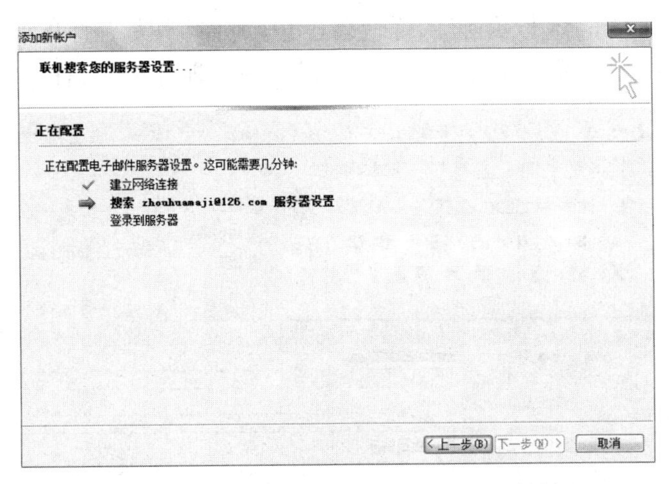

图 6-56　“联机搜索您的服务器设置”对话框

④ 单击“下一步”按钮，出现如图 6-57 所示的“账户添加成功”对话框，单击“完成”按钮，打开如图 6-58 所示的 Microsoft Outlook 2010 收件箱。

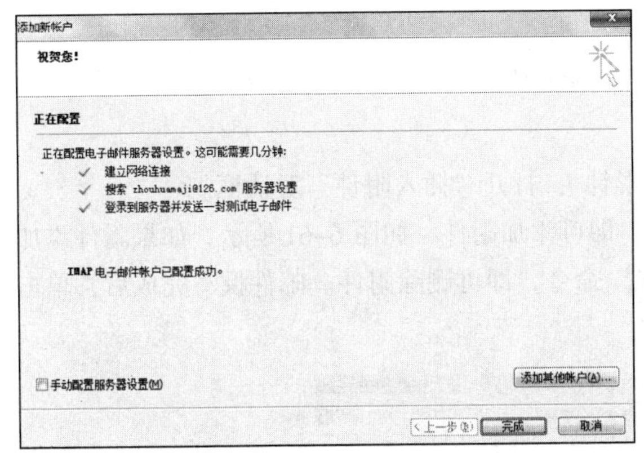

图 6-57　“账户添加成功”对话框

图 6-58　Microsoft Outlook 2010 收件箱

3. Microsoft Outlook 发送/接收邮件

① 单击如图 6-58 所示界面中的“发送/接收”菜单，接收邮件，出现如图 6-59 所示的接收邮件对话框，即可接收邮件。

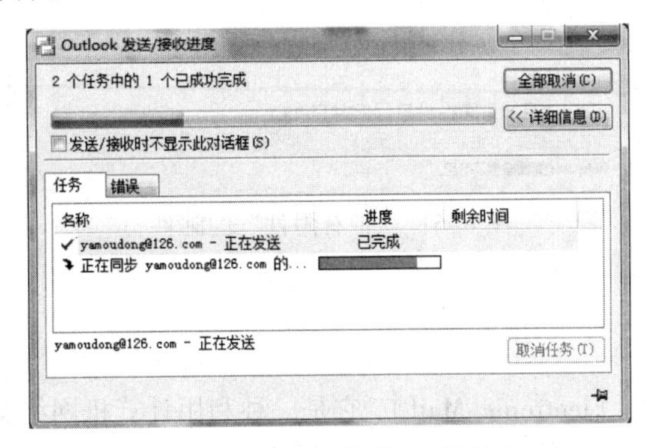

图 6-59　“接收邮件”对话框

② 同理，单击如图 6-58 所示窗口中的“新建电子邮件”图标，打开如图 6-60 所示的新建邮件窗口，撰写邮件，邮件撰写完成，单击“发送”图标，即可发送邮件。

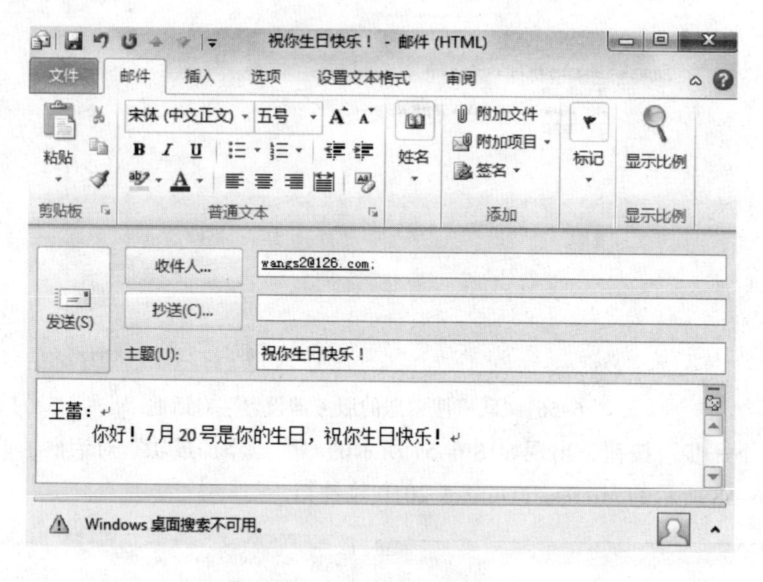

图 6-60　创建新邮件

4. Microsoft Outlook 发送带附件的邮件

① 单击如图 6-60 所示界面中的图标（回形针），打开“插入附件”对话框。

② 选择要发送的文件，单击“附件”图标，即可添加附件，如图 6-61 所示，如果附件添加错误，选中错误的附件，右击鼠标，选择“删除”命令，即可删除附件。邮件撰写完成后，单击“发送”按钮，即可发送邮件。

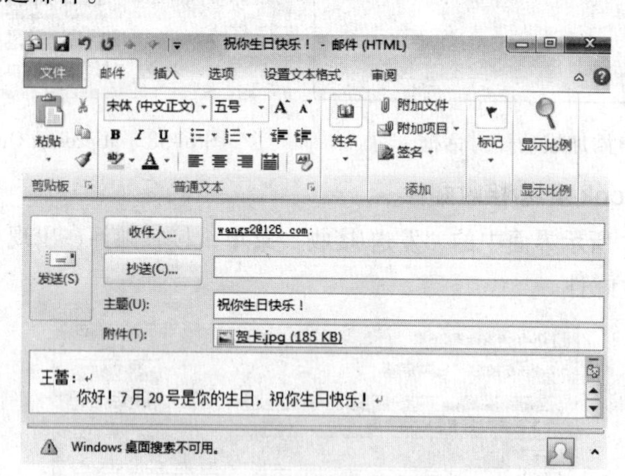

图 6-61　“带有附件”的邮件

6.3.4 相关知识

1. 什么是电子邮件

电子邮件，即 E-mail（Electronic Mail），它是一种利用计算机网络交换电子媒体信件的通信方式，是目前因特网上使用最多的、最受欢迎的一项服务，也是因特网为人类带来的在交流方式上的一次新革命。用户通过它能以文件的形式传递文本、图像、声音等多种多媒体信息。

2．电子邮件的特点

① 电子邮件是一种非常简便、高效、省钱、快速和廉价的通信工具。

② 电子邮件的地址是固定的，但实际位置却是保密的。

③ 电子邮件具有非常广泛的应用范围，使用它不仅可以传递文字，还可以传递语音、图像和其他存储在硬盘上的信息。

3．电子邮件的工作原理

电子邮件的工作过程遵循客户-服务器模式。每份电子邮件的发送都要涉及发送方与接收方，发送方构成客户端，而接收方构成服务器，服务器含有众多用户的电子信箱。发送方通过邮件客户程序，将编辑好的电子邮件向邮局服务器（SMTP 服务器）发送。邮局服务器识别接收者的地址，并向管理该地址的邮件服务器（POP3 服务器）发送消息。

电子邮件在发送与接收过程中都要遵循 SMTP、POP3 等协议，这些协议确保了电子邮件在各种不同系统之间的传输。其中，SMTP 负责电子邮件的发送，而 POP3 则用于接收因特网上的电子邮件。

4．电子邮件地址

电子邮箱是因特网服务提供者为用户设置的一块存储空间，通过设置用户名和密码来保证用户访问自己的邮箱。每个电子邮箱都有一个唯一的地址，通常称为邮件地址或 E-mail 地址，一个完整的 E-mail 地址的格式为：用户名@主机名。

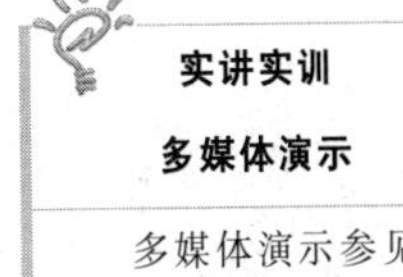

多媒体演示参见配套光盘中的视频\第 6 章\申请免费邮箱.avi。

其中，用户名是用户在申请邮箱时自己命名的一个字符串，也可以称为邮箱账户名；@读成“at”，意思是“位于”；主机名是指拥有独立 IP 地址的邮件服务器名字。

例如，E-mail 地址 wangs2@126.com，其含义是：位于邮件服务器 126 上的一个用户邮箱账号名 wangs2。当用户登录 126 网站时，输入用户名 wangs2 和密码后，即可打开邮箱 wangs2。

6.4　上网必备软件

上网需要一些必备的工具软件，其中下载软件和压缩/解压缩软件是必不可少的。迅雷是中国互联网最流行下载软件之一。它采用了多线程技术，把一个文件分成几部分同时下载，从而成倍地提高了下载速度。WinRAR 是一种常用的压缩/解压缩工具软件，支持很多种格式文件的压缩和解压缩。

6.4.1　下载工具迅雷

1．安装迅雷

首先从迅雷软件中心 http://dl.xunlei.com 下载安装程序，下面以迅雷 7.9 为例介绍它的安装，双击程序图标开始安装，安装步骤如下：

① 在如图 6-62 所示的“迅雷 7 安装向导”对话框中单击“自定义安装”按钮。

② 设置如图 6-63 所示的“选项”对话框，设置安装位置和选项，单击“立即安装”按钮。

图 6–62 “迅雷 7 安装向导”对话框

图 6–63 “选项”对话框

③ 开始安装，出现如图 6–64 所示的安装进度对话框。

④ 安装完成，会自动启动“迅雷 7.9”主窗口界面，如图 6–65 所示。

图 6–64 安装进度对话框

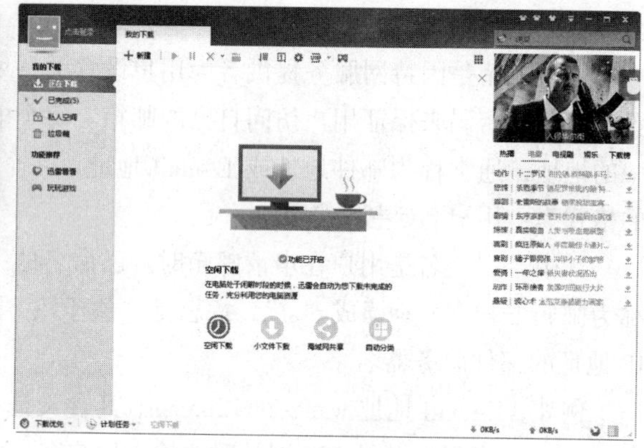

图 6–65 “迅雷”主窗口

2．使用迅雷下载文件的方法

双击桌面上迅雷图标，打开迅雷主窗口，如图 6–65 所示。使用迅雷下载文件的基本方法主要有以下几种：

（1）使用“悬浮窗”

默认情况下，启动迅雷 7.9 显示“悬浮窗”，使用“悬浮窗”下载任务的方法如图 6–66 所示，单击“迅雷”图标弹出下拉菜单，单击“新建任务”选择任务。如果选择“普通任务”，弹出如图 6–67 所示的“新建任务”对话框，输入下载地址，即可下载。

使用悬浮窗下载文件的另外一方法为：将需下载的链接从网页上直接拖放到该图标上。

如果不希望显示悬浮窗，可用鼠标指向任务栏中的图标，右击，在快捷菜单中选择“隐藏悬浮窗”命令。

（2）使用快捷菜单

使用快捷菜单下载文件的步骤如下：

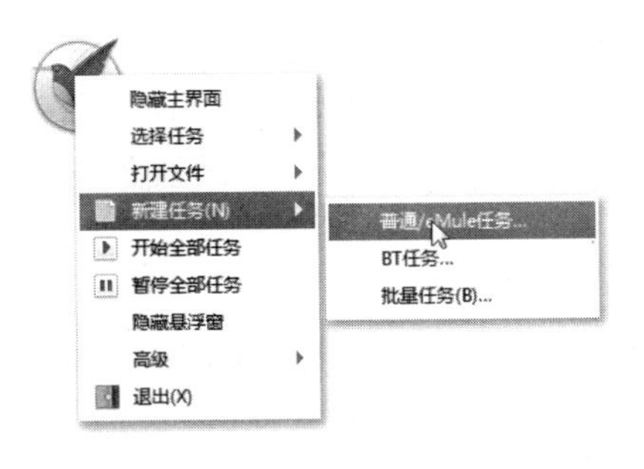

图 6-66 “悬浮窗”对话框

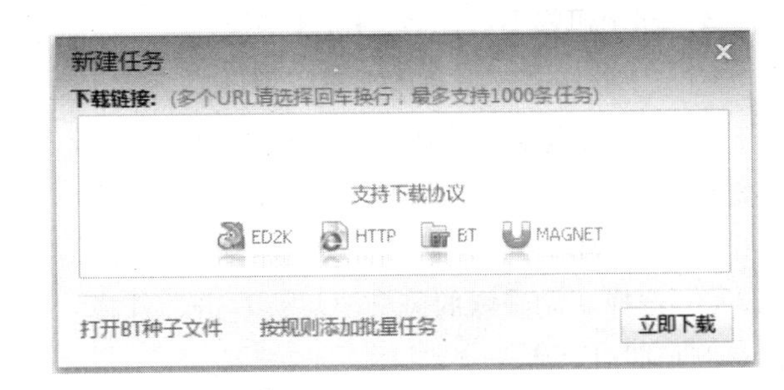

图 6-67 “新建任务”对话框

① 如图 6-68 所示，在带有下载文件的链接的网页中，右击链接文字，在快捷菜单中选择“使用迅雷下载”命令。

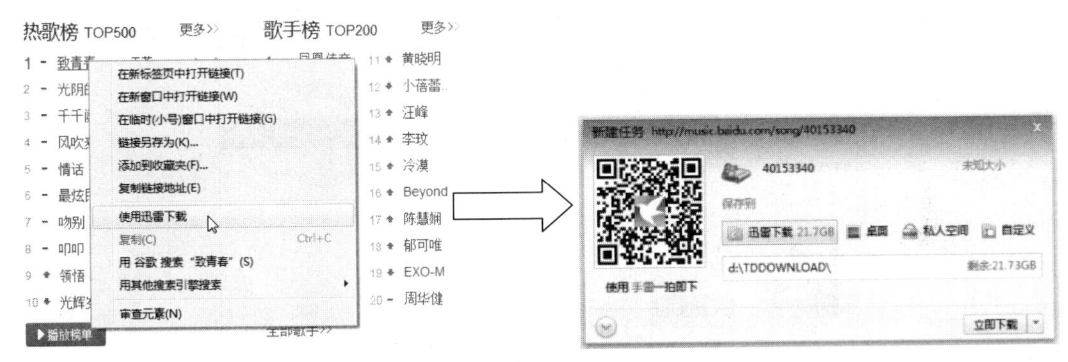

图 6-68 使用快捷菜单下载

② 打开“新建”任务对话框，在该对话框中可以改变下载任务的目录，单击“立即下载”即可下载任务。

（3）使用迅雷主窗口

单击迅雷主窗口中的新建图标，即可添加新任务下载。

3. 批量下载

选择“新建”|“新建批量任务”命令，打开如图 6-69 所示的对话框。在“下载网址”文本框中输入带有通配符的地址信息，如本例 ftp://dygod1:dygod1@119.186.162.141:4025/爱情公寓 2/[酷剑网 www.kujian.com]《爱情公寓 2》第(*)集.rmvb。

通配符的范围为 0～10，通配符长度为 2。表示下载：ftp://dygod1:dygod1@119.186.162.141:4025/爱情公寓 2/[酷剑网 www.kujian.com]《爱情公寓 2》第 01 集.rmvb～ftp://dygod1:dygod1@119.186.162.141:4025/爱情公寓 2/[酷剑网 www.kujian.com]《爱情公寓 2》第 10 集.rmvb 共 10 个文件,单击“确定”按钮,即可批量下载。

图 6-69 添加成批任务

4．利用迅雷下载图片、mp3

（1）下载图片（以百度搜索引擎网站为例）

① 打开浏览器，在地址栏中输入 www.baidu.com，选择“图片”功能模块，在搜索框中输入关键词（如“风景”），单击“百度一下”按钮。

② 打开任意一个与“风景”有关的页面。

③ 选择一副满意的风景图片，右击，选择“使用迅雷下载”命令，在弹出的对话框中设置保存路径即可。

（2）下载 mp3（以百度搜索引擎网站为例）

① 打开浏览器，在地址栏中输入 www.baidu.com，选择“音乐”功能模块，在搜索框中输入关键词，如“天使的翅膀”，单击“百度一下”按钮。

② 即可出现如图 6-70 所示的界面，单击“播放”链接将会出现如图 6-71 所示的窗口。

图 6-70　搜索音乐界面

图 6-71　mp3 播放界面

③ 右击图 6-71 中的“专辑”下的“天使的翅膀”，选择“使用迅雷下载”命令，在弹出的对话框中设置保存路径即可。

5. 迅雷基本配置

单击配置图标，打开如图 6-72 所示的配置面板对话框。

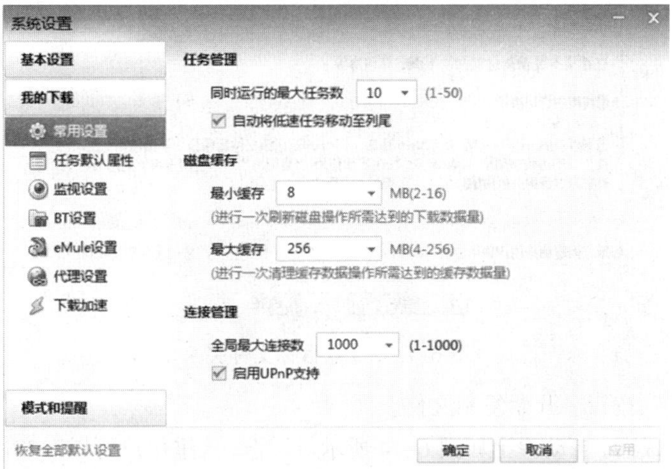

图 6-72　迅雷配置面板

在此配置面板中可以设置迅雷开机自动运行、启动后自动开始未完成任务，即所谓的断点续传等。也可以通过“工具”|“计划任务管理”，添加下载任务，下载完后自动关机，实现无人值守即可下载。

◎说明

下载软件有很多，比较流行的还有网际快车 FlashGet，它的使用方法与迅雷类似，有兴趣的读者可以到 FlashGet 的主页 http://www.flashget.com 下载安装程序。

另外还有一些使用 P2P 技术的下载工具，下载的人越多，种子越多，下载速度越快。比较有名的如 BitComet(比特彗星)和 Very CD（电驴）。

6.4.2　压缩工具 WinRAR

WinRAR 是 32 位 Windows 版本的 RAR 压缩文件管理器，是一个允许用户创建、管理和控制压缩文件的强大工具。下面介绍 WinRAR 的安装和使用方法。

1. 安装 WinRAR

从 http://www.winrar.com.cn/网站中下载 WinRAR 程序。双击下载文件名开始安装，具体操作步骤如下：

① 执行安装程序后，WinRAR 启动安装向导。

② 在安装向导中，设置目标文件夹（即 WinRAR 的安装位置），如图 6-73 所示。默认目标文件夹是 C:\Program Files\WinRAR，用户也可以单击“浏览”按钮来改变安装位置。

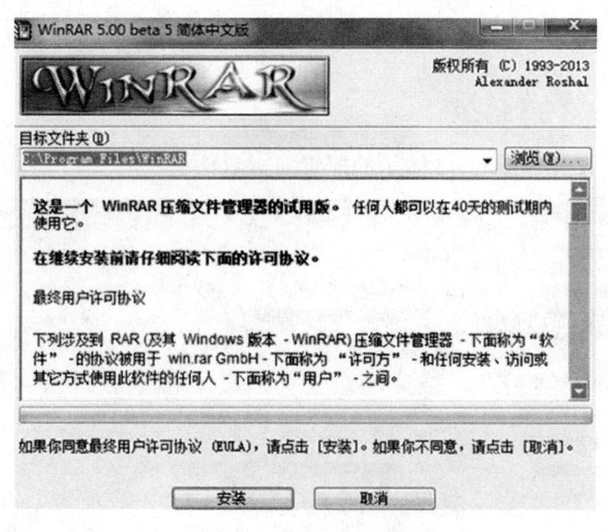

图 6-73　设置目标文件夹

③ 单击“安装”按钮，开始复制文件。

④ 文件复制完成后，自动弹出如图 6-74 所示对话框，这里用户可以对 WinRAR 做一些设置，如 WinRAR 可以关联的文件、是否创建 WinRAR 的快捷方式等。

⑤ 单击“确定”按钮，弹出成功安装对话框，如图 6-74 所示，单击“完成”按钮，安装完毕。

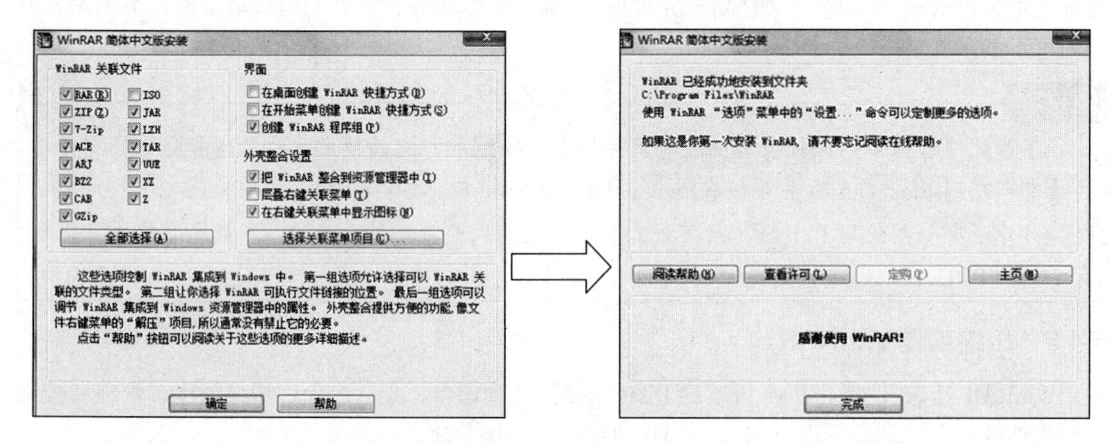

图 6-74　设置 WinRAR

2．使用 WinRAR

（1）WinRAR 的界面

WinRAR 的界面与其他 Windows 程序界面相似，如图 6-75 所示。不同之处主要有以下三点：

① 在工具栏按钮下面有一个“向上”按钮和驱动器列表。“向上”按钮会将当前文件夹转移到上一级，驱动器列表则用以选择当前的磁盘或者网络。

② 文件列表位于工具栏的下面。它可以显示未压缩的当前文件夹，或者在 WinRAR 进入到压缩文件时显示压缩过的文件等内容，这些被称为文件管理和压缩文件管理模式。

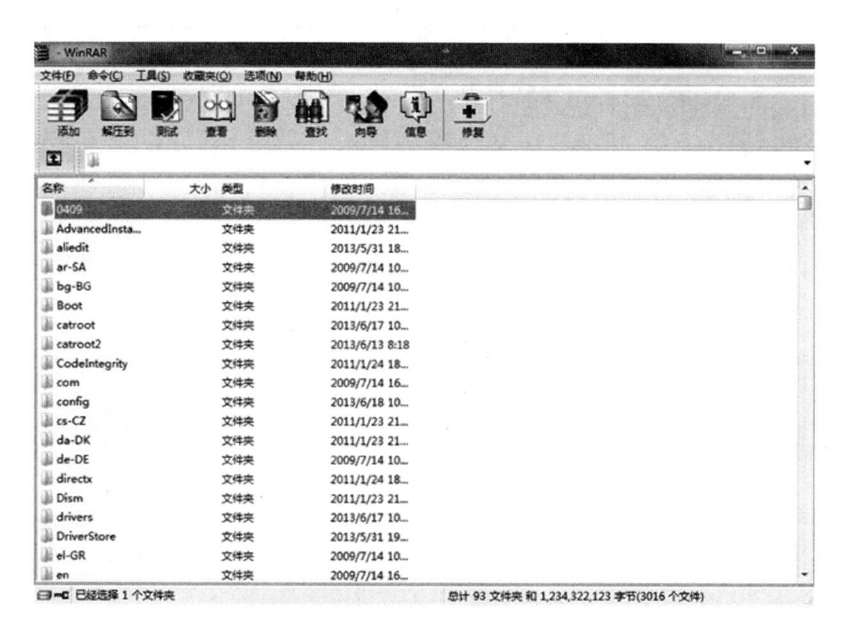

图 6-75　WinRAR 的界面

每一个文件会显示名称、大小、类型和修改时间。

如果压缩文件被加密过，该文件名称后面会跟随着星号；如果文件接着下一个分卷，名称后面则会跟随着“--)”。如果文件是接着上一个分卷，它的名称后面则会跟随着“(--”。如果文件是接续在上一个与下一个分卷之间，它的名称后面则会跟随着“(-)”。

③ 状态栏在文件列表下面，WinRAR 窗口的底部。

状态栏的左边部分包含两个小图标：“驱动器”和“钥匙”。在图标上单击，可以更改当前的驱动器与密码。默认的“钥匙”图标是黄色的，但是如果存在密码，图标将会变成红色。

状态栏的中间部分显示选定文件的总计大小，或当前的操作信息。

状态栏的右边部分则显示当前文件夹的文件数量和大小。

（2）制作压缩包

使用 WinRAR 制作压缩包的步骤如下：

① 运行 WinRAR。从 Windows 的“开始”菜单，选择“所有程序”|“WinRAR”命令，然后运行 WinRAR 项目。

② 单击工具栏的驱动器列表，更改当前的驱动器，选择要压缩的文件和文件夹，如图 6-76 所示。

③ 在 WinRAR 窗口顶端单击“添加”按钮，在出现的对话框中输入目标压缩文件名或直接采用默认名，如图 6-77 所示。然后选择新建压缩文件的格式（RAR 或 ZIP）、压缩级别、分卷大小和其他压缩参数。

④ 单击“确定”按钮。

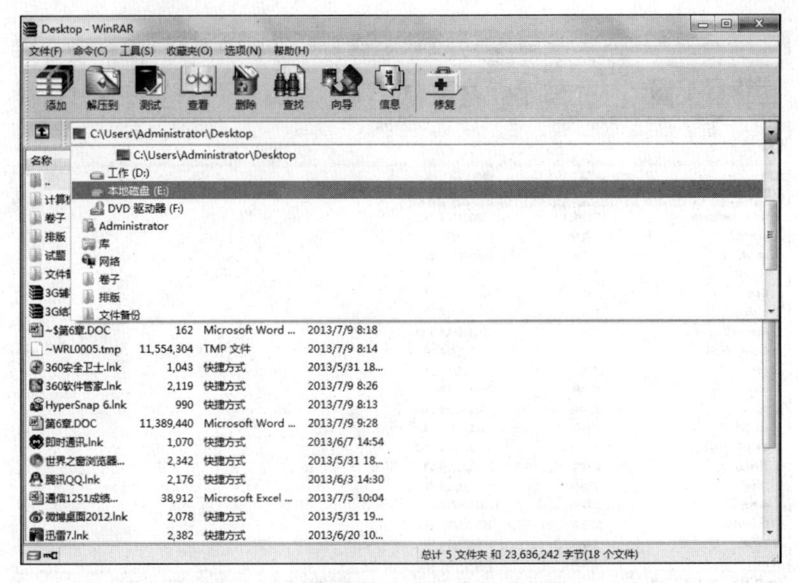

图 6-76 选择要压缩的文件或文件夹

图 6-77 设置压缩包属性

（3）解压文件

与压缩相反的操作是解压缩文件，首先用户必须在 WinRAR 中打开压缩文件。WinRAR 有两种方式可以打开压缩文件：

① 在 Windows 界面（资源管理器或桌面）的压缩文件名上双击。如果在安装时已经将压缩文件关联到 WinRAR（默认的安装选项），压缩文件将会在 WinRAR 程序中打开。

② 在 WinRAR 窗口中的压缩文件名上双击，单击图标，即可设置解压路径和选项，如图 6-78 所示，设置完成，单击“确定”按钮，开始解压，如图 6-79 所示。

图 6-78　解压路径和选项

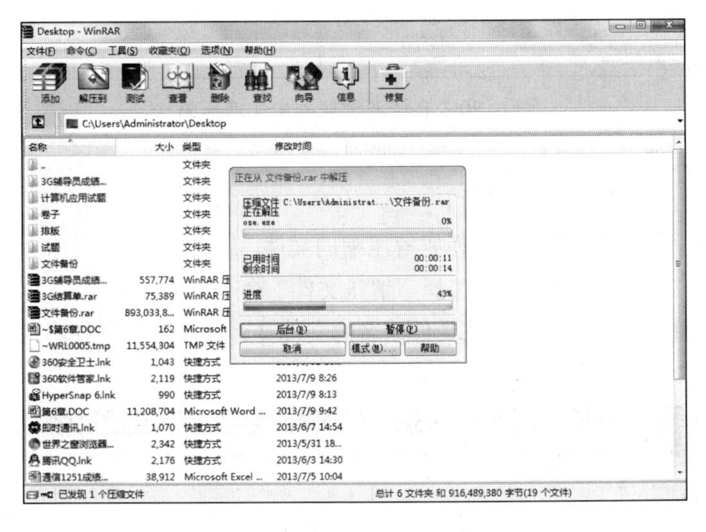

图 6-79　解压文件

（4）快速压缩文件

如果对压缩包不需要做特别的设置，则可以使用 WinRAR 提供的快速压缩方法，具体操作步骤如下：

① 在资源管理器窗口中，右击需进行压缩的文件或文件夹。在弹出的快捷菜单中可以看到多出了几个 WinRAR 命令项，其中：

- 添加到压缩文件：将选择的文件添加到以前的压缩包或一个新的压缩包中。
- 添加到“文件名”：一个压缩文件的快捷命令，“文件名”是被压缩的文件夹名或文件名。
- 压缩并邮寄...：将选中的文件制作成一个压缩包（可以设置这个压缩包的属性），在打开默认的电子邮件程序中新建一封信件，然后把该压缩包作为一个附件添加进去。

- 压缩到“文件名”并 E-mail：将选中的文件自动压缩，并打开默认的电子邮件程序来新建一封信件，然后把该压缩包作为一个附件添加进去。

② 在快捷菜单中，选择“添加到‘××.rar’”命令，如图 6-80 所示。这时在该文件夹所在的目录里，出现一个名为“××.rar”的文件，这个文件就是压缩文件。

图 6-80 在资源浏览器中快速压缩

（5）快速解压文件

对压缩文件进行快速解压的步骤如下：

① 在 Windows 资源管理器中，选择要解压缩的文件。

② 右击，并在弹出的快捷菜单中选择“解压文件”命令。

如果是在当前目录中创建一个与该文件同名的文件夹，并把压缩文件解压到其中，单击“解压到指定文件夹”命令，如图 6-81 所示。

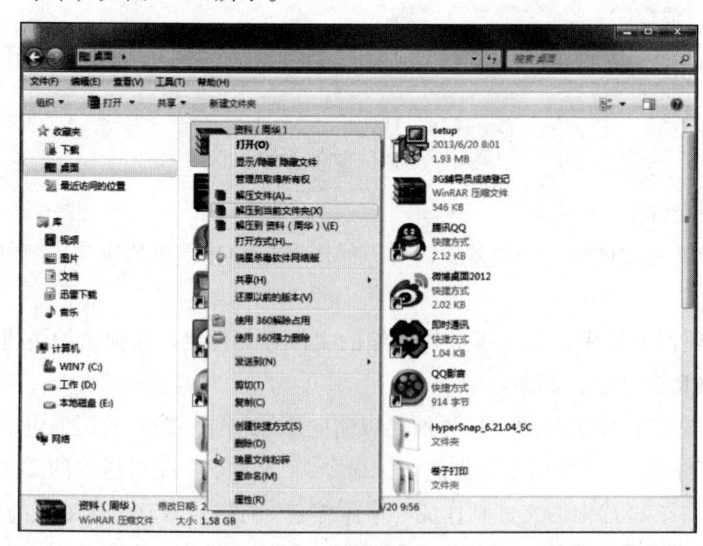

图 6-81 快速解压文件

（6）创建自解压文件压缩包

使用 WinRAR 创建自解压文件压缩包，可以先创建一个 RAR 压缩格式的文件压缩包，然后用 WinRAR 的压缩包格式转换功能，将其转换为具有自解压能力的 EXE 格式可执行文件。制作有自解压能力压缩包的方法如下：

① 打开一个压缩包，选择“工具”|“压缩文件转换为自解压格式”命令，如图 6-82 所示。

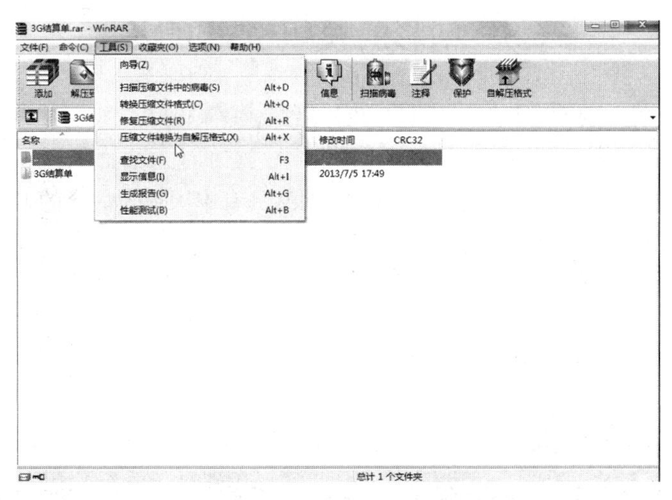

图 6-82　制作自解压文件

② 在弹出的对话框中，选择“选择自解压模块”列表框中的 Default.SFX 模块，如图 6-83 所示。

③ 单击“高级自解压选项”按钮，在弹出的对话框中设置自解压的默认解压目录、自解压提示文本等信息，如图 6-83 所示。

④ 单击“确定”按钮完成设置，返回上级窗口。

⑤ 再次单击“确定”按钮，这时 WinRAR 将在原压缩包所在目录中新建一个可以自解压的文件压缩包，至此完成创建自解压文件压缩包。

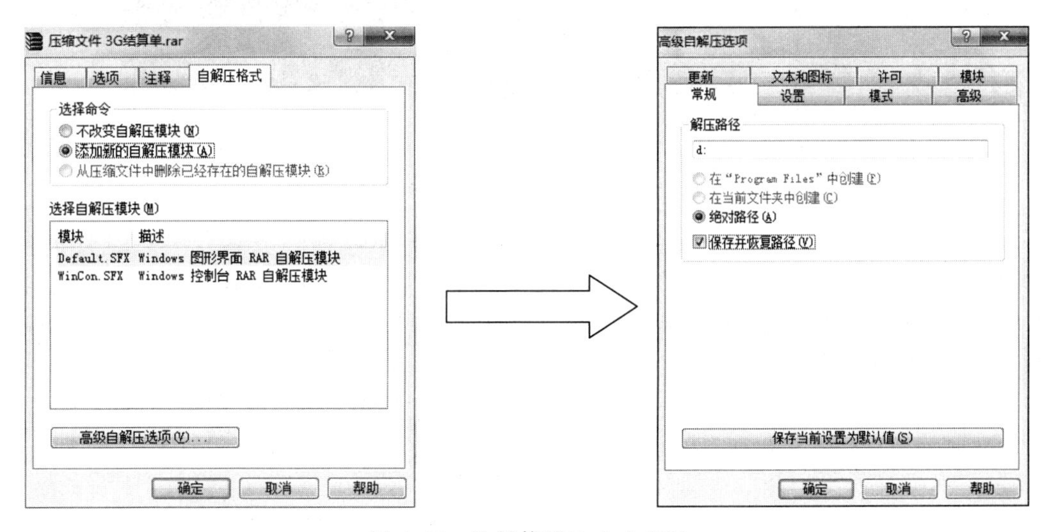

图 6-83　选择使用 Default.SFX

◎提示

压缩解压缩软件也有很多，比较流行的还有 Haozip（好压），它的使用方法与 WinRAR 类似，但它支持的文件类型更多。有兴趣的读者可以到的 Haozip（好压）主页 http://www.haozip.com 下载安装程序。

6.5 精彩的视频学习网站

这里将推荐一些优秀的 IT 网站，供用户自己学习。

① http://www.enet.com.cn/eschool/，eNET 网络学院。它的主页界面如图 6-84 所示。eNet 网络学院是中国最权威的计算机教程软件资讯网站。本网站具有中国最大最全的 IT 产品论坛和各种软件的视频教程，并提供软件的下载、专家答疑等多方面的服务。

图 6-84 eNet 网络学院主界面

② http://www.hongen.com/，洪恩在线。它的主界面如图 6-85 所示。洪恩在线是中国目前最为出色的教育求知与销售站点。洪恩在线依据“以最先进的技术手段改变教育”原则，将洪恩教育对素质教育的理解与知识的传播延伸到网上。洪恩在线提供了轻松英语、电脑乐园、动感校园、儿童天地、科教资讯等各种各样的服务。

③ http://www.21hulian.com/，21 互联远程教育网。它的主界面如图 6-86 所示。在此网站中可以聆听专家教授精彩讲座，可以通过网络点播自主学习，其课程特点是形式灵活、内容丰富。

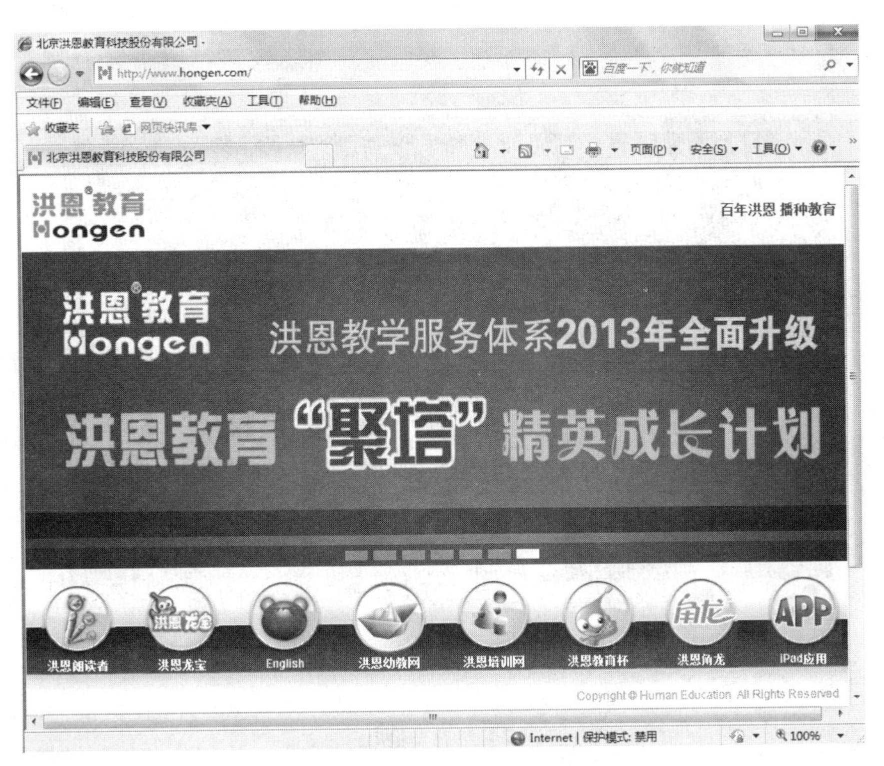

图 6-85　洪恩在线主界面

图 6-86　21 互联远程教育网

④ http://www.xjke.com/，金鹰电脑教程网。它的主界面如图 6-87 所示。金鹰电脑教程网提供了免费视频、收费视频、电脑图书、新手学堂、精彩专题、技术交流、建站服务等多项服务。

图 6-87 金鹰电脑教程网

习 题

1. 通过百度首页的搜索器查找5种不同域名类型网站。
2. 保存百度首页上的标志性图片。
3. 使用迅雷下载一首扩展名为.mp3的歌曲。
4. 在视频学习网站上查找关于ASP的视频资源。
5. 利用QQ网络硬盘保存有视频学习网站网址的文本文档。
6. 在126网站申请一个电子邮箱，利用Outlook Express完成以下操作：

（1）在Outlook 2010中新建账户，收取126邮箱中的邮件。

（2）建立联系人，发送邮件，主题为“Hello”，内容为“Very Good!”。并将你所使用的计算机上的某个文件作为附件。

第 7 章　计算机应用能力实训

实训内容：

- 制作电子小报
- 论文排版
- 学生成绩综合处理
- 大赛成绩汇总
- 个人简历（公司简历、明星简介、游戏简介等）
- 制作论文答辩演示文稿
- 视频插件的下载和安装
- 利用网络搜索论文资料
- 网上淘宝
- 网上订票

7.1　Word 实训项目

7.1.1　制作电子小报

下面是制作的一份 2008 年奥运电子小报，如图 7-1 所示。

2008年，北京看“奥运”

2008 年北京奥运会的主题口号：“同一个世界，同一个梦想”。

（ONEWORLD・ONEDREAM）

奥林匹克格言

奥林匹克格言“更快、更高、更强”是现代奥林匹克运动创始人顾拜旦的朋友狄东于 1895 年提出的体育教育口号。顾拜旦对此十分赞同，并经他提议，国际奥林匹克委员会于 1913 年将这一口号定为正式的奥林匹克格言。此外，也有人把“体育就是和平”、“重要和是参与，不是取胜”作为奥林匹克的格言；但是，《奥林匹克宪章》中所规定的正式格言则只有一个，即“更快、更高、更强”。

世界体育王国
足球王国：巴西
篮球王国：美国
网球王国：英国
柔道王国：保加利亚
跳水王国：澳大利亚
滑冰王国：奥地利
斗牛王国：西班牙
长跑王国：印尼
围棋王国：日本
乒乓球王国：中国

北京奥运会吉祥物，五个“福娃”

以鱼、熊猫、奥运圣火、藏羚羊、金
为原型的福娃贝贝、京京、欢欢、迎迎和妮妮成为了

2008 年北京奥运会选取的五个吉祥物，突破了往届奥运会吉祥物的数量。因为这些既代表着奥运五环，又与中国传统文化中“金木水火土”五行之说相契合。五个吉祥物具备了“体现北京奥运会举办理念和奥林匹克精神”、“具有浓郁中国特色”、“具有广泛代表性”、“具有独创知识产权和广阔市场开发空间”以及“集体智慧的结晶”五大特点。

福娃 Friendlies

图 7-1　电子小报

【实训要求】

① 使用Word软件编辑排版制作自己的电子小报（主题自定），例如：“校运动会”、“课间十分钟”、“计算机报”、“足球报”、“我的家乡西安”、“书画长廊”和“佳作欣赏”等，都可以作为主题。

② 页面使用A3幅面，横向，使用艺术边框，边框样式自选。要求至少有3～4个小版块。

③ 综合应用所学知识，如插入艺术字、图文框（文本框）和剪贴画、插入外部图片以及绘图工具的应用等技能，对电子小报进行排版。

④ 小报所使用的文字、图片等可以自己制作，也可以从网上下载，但必须与小报主题及文字内容相吻合。

⑤ 在报头位置必须有刊号和制作人的相关信息。

【参考步骤】

举例说明用Word制作宣传航天知识的小报。

① 设计出小报框架。

② 用艺术字输入一个合适的报头。

③ 从自己保存的资料中找到相应文字插入小报，并编辑文字格式。

④ 在小报中插入相关图片，并进行排版。

⑤ 考虑整体布局，色彩使用要合理，给人以赏心悦目的感觉。注意各种色调的搭配问题。

⑥ 美化自己的小报。

7.1.2 毕业论文的排版

毕业论文是每位学生毕业设计的必做功课，论文排版也就成为必须掌握的Word高级排版技能。

毕业论文一般由以下几个部分组成：封面、中文摘要、外文摘要、目录、正文、结论、致谢和参考文献。封面由学院统一提供，学生只需填写论文题目、姓名、专业、学号、指导教师等内容。中外文摘要、正文、结论、致谢和参考文献必须自己整理搜集资料完成，目录可以通过Word自动生成。

为了方便起见，本次实习提供一些论文素材，供同学们练习排版技巧。

【实训要求】

论文排版要求：

① 章的标题：如“摘要”、“目录”、“第一章”、“附录”等，黑体加粗，三号，居中排列，每一章单独另起一页。

② 节的标题：如“2.1　认证方案”、“9.5　小结”等，黑体加粗，四号，左对齐。

③ 正文：中文为宋体，英文为Times New Roman，小四号。正文中的图名和表名用相应的五号字，正文中的图和表必须有编号，如“表3.1”、“图2.5”等。

④ 页眉：五号字，宋体，居中排列。左页页眉为论文题目，右页页眉为章标题。

⑤ 页码：宋体，小五号，排在页脚行的最外侧，不加任何修饰，从绪论开始编页码。

⑥ 字间距：采用标准字间距；行间距：采用20磅行间距。

⑦ 页面设置：上边距为3.0厘米　下边距为2.0厘米　左边距为3.0厘米　右边距为2.0厘米　页眉为2.0厘米　页脚为1.0厘米　装订线为1.0厘米。

⑧ 论文用纸：一律为A4。

⑨ 打印：双面打印。右页为奇数页，左页为偶数页。

【参考步骤】

（1）页面设置

① 纸张大小设置。A4；页边距：上边距为 3.0 CM，下边距为 2.0 CM，左边距为 3.0 CM，右边距为 2.0 CM；页眉为 2.0 CM，页脚为 1.0 CM；装订线为 1.0 CM。

② 版式设置。选中“首页不同”和“奇偶页不同”两个复选框，如图 7-2 所示（格式中要求奇数页、偶数页的页眉和页脚不同）。

（2）样式设置及应用

① 按要求设置正文和标题样式，为生成目录做准备。

右击“开始”|“样式”组|“标题 1”，在快捷菜单中选择“修改”命令，设置为：黑体加粗，三号，居中，如图 7-3 所示。

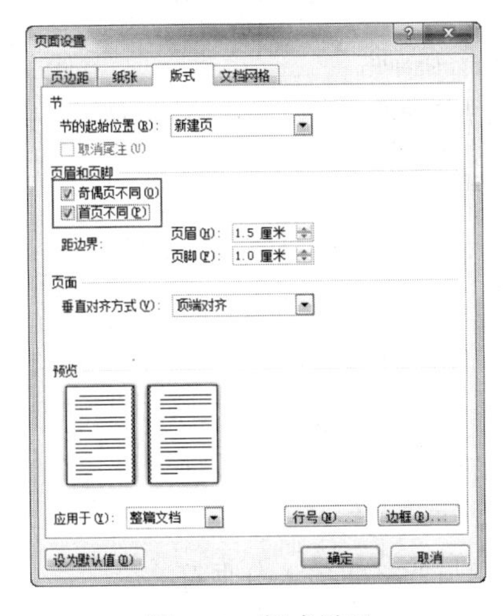

图 7-2　版式设置

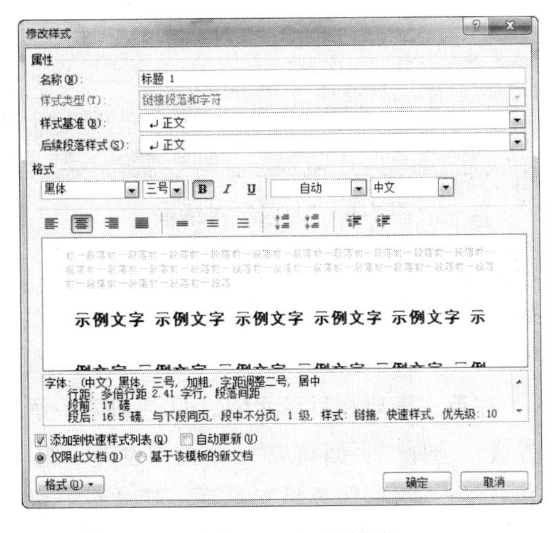

图 7-3　修改样式

用同样的方式修改标题 2 的样式为：黑体加粗，四号，左对齐。

修改正文的样式为：宋体小四。在“修改样式”对话框中，单击左下角“格式”|“段落”命令，如图 7-4 所示。设置行距为固定值：20 磅，如图 7-5 所示。

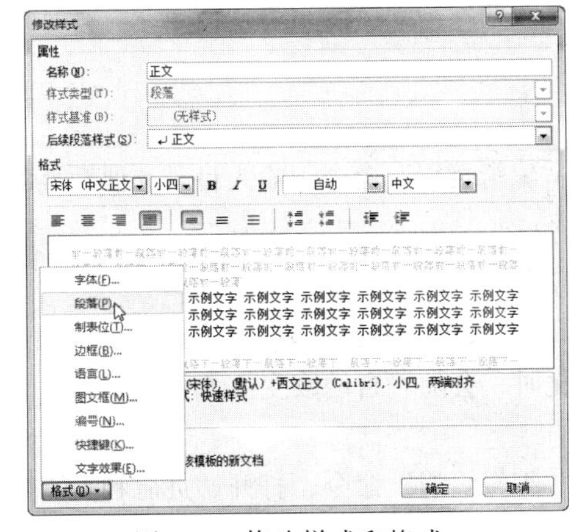

图 7-4　修改样式和格式

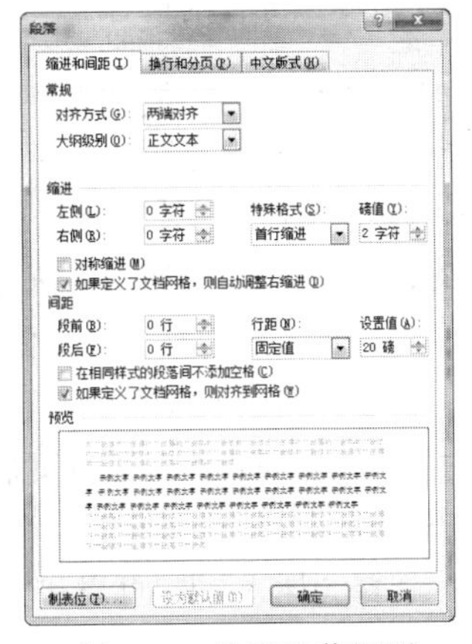

图 7-5　设置段落间距

② 应用样式。将光标定位到标题 1 所在段落，选择“开始”|“样式”组|“标题 1”，即可应用样式，使用同样的方式对标题 2 和正文应用样式。

（3）生成目录

将活动光标移动到正文前，选择“引用”|“目录”|“插入目录”命令，打开“目录”对话框，如图 7-6 所示，单击“确定”按钮，效果如图 7-7 所示。

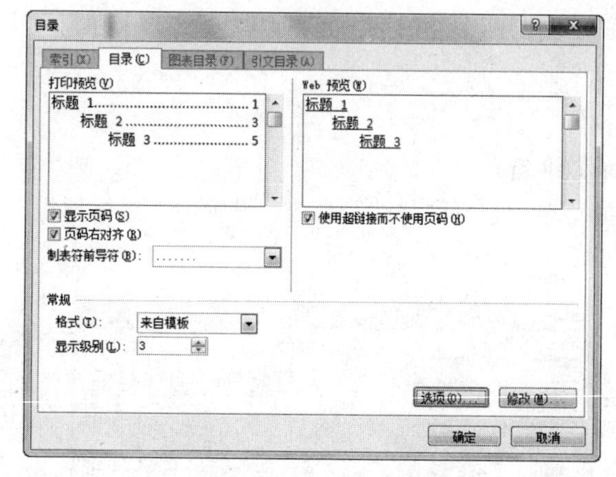

图 7-6 “目录”对话框

前　言......1
第 1 章 延安教育学院附中校园网的需求分析......3
1.1 校园网的功能......5
1.2 对主机系统的要求......5
第 2 章 网络系统设计原则和实现目标......7
2.1 网络系统设计原则......7
2.2 网络系统设计目标......8
第 3 章 延安教育学院附中校园网系统方案设计......11
3.1 网络技术选型......11
3.2 网络拓扑结构设计......12
第 4 章 网络设备配置的选型......13
4.1 主干交换设备选型......14
4.2 网络服务器选型......15

图 7-7 “目录”效果图

（4）论文分隔

插入分隔符，合理划分论文。

要点：

① 在英文摘要和目录之间，目录和第一章之间插入分节符。

方法：选择“页面布局”|“页面设置”组|“分隔符”|“下一页”。

② 每个一级标题要另起一页，就是每一章另起一页，章与章之间插入分页符。

方法 1：选择“插入”|“页”|“分页”。

方法 2：选择“页面布局”|“页面设置”组|“分隔符”|“分页符”。

◎技巧

“分页符”分开的章之间页码只能是连续编号的。

“下一页”分开的两部分页面可以单独编号，即每部分都可以从 1 编号。

（5）添加论文的页眉和页脚

要点：

① 选择“插入”|“页眉和页脚”组|“页眉”|“编辑页眉”命令，输入目录和偶数页的页眉（论文的题目）。页脚的插入方法相同。

② 奇数页页眉为章名称，使用“文档组件”|“域”命令完成。

③ 摘要、目录不要页脚，正文页码从 1 开始，奇数页右对齐，偶数页左对齐。

注：我们所需要的奇数页页眉是当章节名称变化时，会随着自动改变。

步骤提示：

① 选择“插入”|“页眉和页脚”组|“页眉”|“编辑页眉”命令，打开“页眉和页脚工具设计”选项卡，如图 7-8 所示。

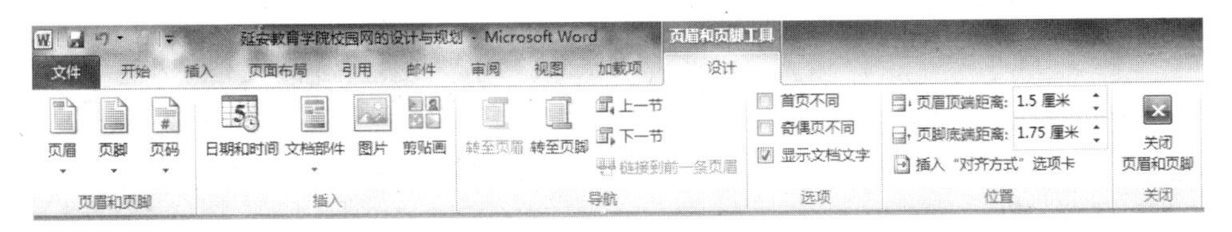

图 7-8 “页眉和页脚”工具栏

② 目录的页眉设置。在编写页眉前一定要单击“页眉和页脚工具设计”选项卡中的“链接到前一条页眉”按钮 ，按钮由凹陷变成凸出显示，断开与上一节的联系，然后再输入页眉中的内容。

③ 奇数页眉的设置。在设置页眉前首先要将所有标题样式都设置好，并且要将章起始页放在奇数页（可以通过插入分页符增加空白页来调整）。

a. 选择“页眉和页脚工具设计”|“插入”组|“文档部件”|“域”命令，打开“域”对话框，在“类别”下拉列表框中选择“链接和引用”，然后在“域名”列表框中将“StyleRef”选中，在“样式名”列表框中选择“标题 1”，如图 7-9 所示。

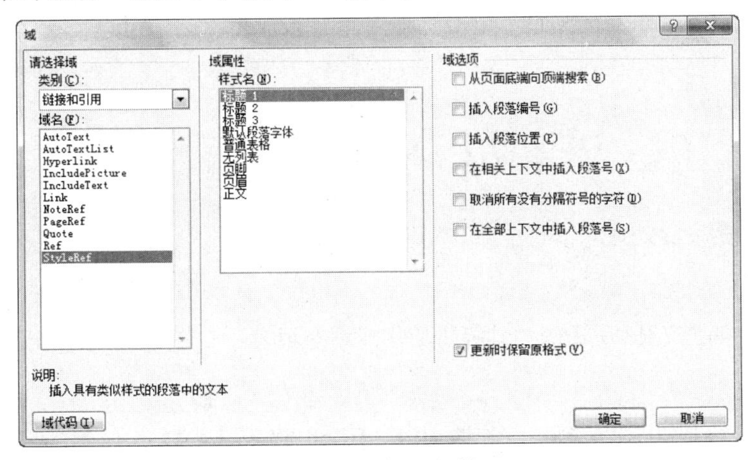

图 7-9 “域”对话框

b. 单击“确定”按钮关闭对话框。

这样在文档的所有奇数页中就添加了章节名称作为页眉，当章节名称发生变化时页眉也随之改变。

（6）添加论文的页码

要点：

① 摘要页不要页码。

② 目录和正文页码均从 1 开始编号。

③ 奇数页的页码右对齐，偶数页的页码左对齐。

解决以上三要点很简单，只要在摘要和目录、目录和正文之间插入“下一页”的分节符，在目录和正文插入页码时，注意取消“链接到前一条”。

特别提示：如图 7-10 所示，在“页码”下拉菜单中，选择“设置页码格式”命令，弹出“页码格式”对话框，如图 7-11 所示，在“页码编号”选项组中设置“起始页码”为“1”。

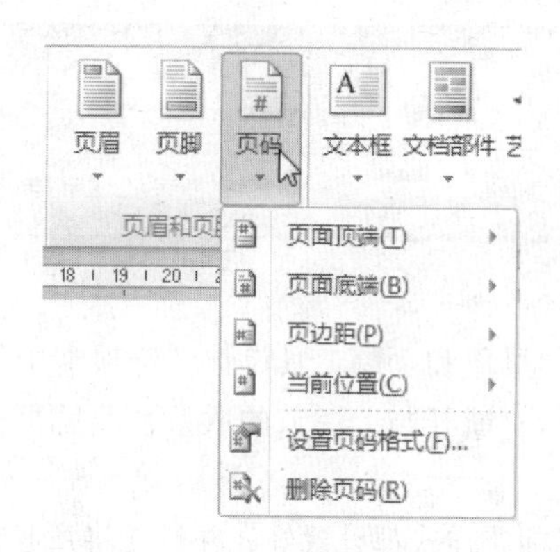

图 7-10 “页码”菜单

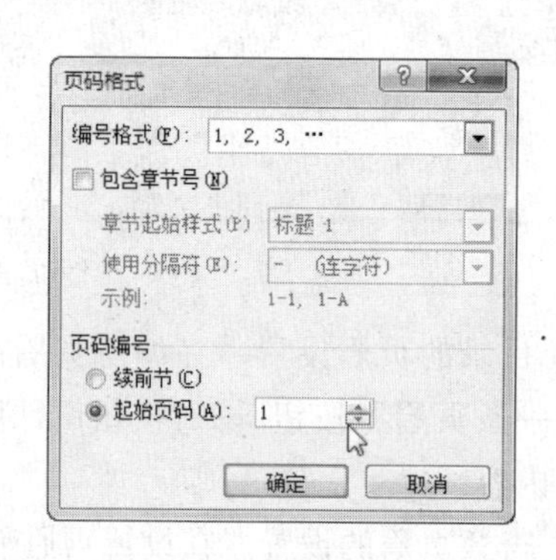

图 7-11 设置页码格式

（7）更新目录

当论文的标题以及页码发生变化时可更新目录，右击目录，在弹出的快捷菜单中选择“更新域”命令，弹出“更新目录”对话框，如图 7-12 所示，选择要更改的项目，单击“确定”按钮。

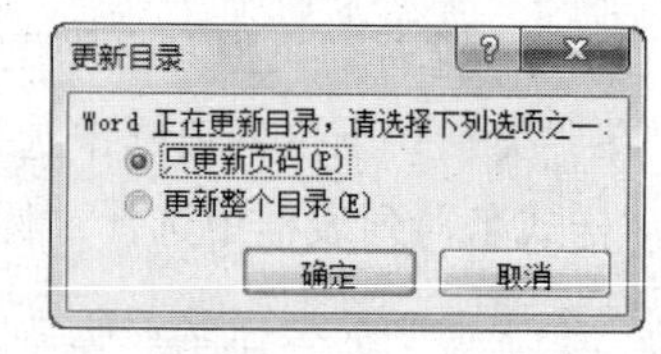

图 7-12 更新目录

7.2 Excel 实训

7.2.1 学生成绩综合处理

【实训要求】

① 创建一个如图 7-13 所示的“计算机应用成绩登记表”。

	A	B	C	D	E	F
1	计算机应用成绩登记表					
2	学号	姓名	性别	平时成绩	作业成绩	期末考试
3	04072001	刘玉玲	女	85	80	78
4	04072002	李宁霞	女	76	69	65
5	04072003	张立平	女	90	86	89
6	04072004	董军	男	95	88	90
7	04072005	史明	男	70	68	92
8	04072006	王传亮	男	78	65	86
9	04072007	李畅	男	75	67	78
10	04072008	王霞	女	73	60	72
11	04072009	秦稳孔	男	90	80	90
12	04072010	赵凤	女	80	85	80
13	04072011	王占永	男	95	69	95
14	04072012	赵龙	男	68	80	68

图 7-13 计算机应用成绩登记表

② 在“计算机应用成绩登记表”中添加“总成绩”列，并计算出总成绩（总成绩=平时成绩*0.2+作业成绩*0.3+期末成绩*0.5），如图 7-14 所示。

	A	B	C	D	E	F	G
1	计算机应用成绩登记表						
2	学号	姓名	性别	平时成绩	作业成绩	期末考试	总成绩
3	04072001	刘玉玲	女	85	80	78	80
4	04072002	李宁霞	女	76	69	65	68
5	04072003	张立平	女	90	86	89	88
6	04072004	董军	男	95	88	90	90
7	04072005	史明	男	70	68	92	80
8	04072006	王传亮	男	78	65	86	78
9	04072007	李畅	男	75	67	78	74
10	04072008	王霞	女	73	60	72	69
11	04072009	秦稳孔	男	90	80	90	87
12	04072010	赵凤	女	80	85	80	82
13	04072011	王占永	男	95	69	95	87
14	04072012	赵龙	男	68	80	68	72

图 7-14　计算总成绩

③ 创建“各科成绩表”，计算出总分并按总分排名次，如图 7-15 所示。

	A	B	C	D	E	F	G	H	I
1	各科成绩表								
2	学号	职务	姓名	性别	计算机应用	软件设计	数据库设计	总分	名次
3	04072001	班长	刘玉玲	女	80	50	60	190	11
4	04072002		李宁霞	女	68	99	89	257	6
5	04072003	学习委员	张立平	女	88	88	84	261	4
6	04072004		董军	男	90	95	76	261	3
7	04072005		史明	男	80	88	90	259	5
8	04072006		王传亮	男	78	89	83	250	7
9	04072007	副班长	李畅	男	74	89	85	248	8
10	04072008		王霞	女	69	60	40	169	12
11	04072009		秦稳孔	男	87	86	90	263	2
12	04072010		赵凤	女	82	81	79	241	10
13	04072011		王占永	男	87	92	88	266	1
14	04072012		赵龙	男	72	91	80	242	9

图 7-15　各科成绩表

④ 按照表 7-1 所示，将各科成绩转化为相应的等级，并统计出各等级的人数，如图 7-16 和图 7-17 所示。

表 7-1　分数与等级对照表

分　　数	等　　级	分　　数	等　　级
90≤分数	A	60≤分数<70	D
80≤分数<90	B	分数<60	E
70≤分数<80	C		

	A	B	C	D	E	F
1	学号	姓名	性别	计算机应用	软件设计	数据库设计
2	04072001	刘玉玲	女	B	E	D
3	04072002	李宁霞	女	D	A	B
4	04072003	张立平	女	B	B	B
5	04072004	董军	男	A	A	C
6	04072005	史明	男	B	B	A
7	04072006	王传亮	男	C	B	B
8	04072007	李畅	男	C	B	B
9	04072008	王霞	女	D	D	E
10	04072009	秦稳孔	男	B	B	B
11	04072010	赵凤	女	B	B	C
12	04072011	王占永	男	B	A	B
13	04072012	赵龙	男	C	A	B

图 7-16　各科等级表

	A	B	C	D
1	等级	计算机应用	软件设计	数据库设计
2	A	1	4	1
3	B	6	6	7
4	C	3	0	2
5	D	2	1	1
6	E	0	1	1

图 7-17　各科等级人数

⑤ 利用统计图分析各等级人数的情况，如图 7-18 所示。

⑥ 筛选出各科成绩均为优秀的学生，如图 7-19 所示（班干部成绩≥80，其他学生成绩≥85 为优秀）。

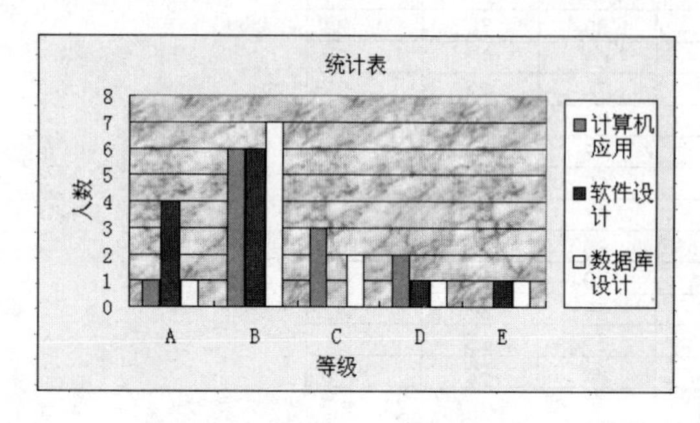

图 7-18 各科等级人数统计图

学号	职务	姓名	性别	计算机应用	软件设计	数据库设计
04072003	学习委员	张立平	女	88	88	84
04072009		秦稳孔	男	87	86	90
04072011		王占永	男	87	92	88

图 7-19 筛选出的优秀学生

【参考步骤】

① 创建“计算机应用基础成绩登记表”，要注意平时成绩、作业成绩、期末成绩的输入。

② 创建“各科成绩表”，“计算机应用”成绩可以直接从图 7-14 所示“计算机应用成绩登记表”中复制“总成绩”列。然后计算出总分并按总分排名次。

步骤提示：

a. “各科成绩表”中的“学号、姓名、性别”列数据可以从“计算机应用”成绩登记表中复制。

b. 图 7-14“总成绩”列包含的公式数据不能直接复制到图 7-15“计算机应用”列。对于包含公式的单元格来说通常具有“公式”和“值”两种属性，使用“选择性粘贴”的方法就可以选择是粘贴“值”属性，还是粘贴“公式”属性。

③ 使用 IF 函数将各科成绩转化为相应的等级。

说明：IF 函数的功能是，判断给出的条件是否满足，如果满足则返回一个值，如果不满足则返回另外一个值。

语法格式：IF(logical_test,value_if_true,value_if_false)

共包含 3 个参数，其中：

logical_test：逻辑判断表达式。

value_if_true：表达式为真时，返回的值。

value_if_false：表达式为假时，返回的值。

步骤提示：

a. 将空工作表的标签重命名为“各科等级表”。

b. 创建与各科成绩表相同的数据表（其中各科分数不填），各科等级表如图 7-20 所示。

c. 在“各科等级表 1”中选择目标单元格，插入函数 IF。

d. 打开“函数参数”对话框，将光标定位在“logical_test”处的编辑框中，单击“各科成绩表”标签，选中 D3 单元格。

e. 在“logical_test”编辑框中，出现 D3 时，输入“<60”。

f. 在“value_if_true”编辑框中，输入“E”。

	A	B	C	D	E	F
1	学号	姓名	性别	计算机应用	软件设计	数据库设计
2	04072001	刘玉玲	女			
3	04072002	李宁霞	女			
4	04072003	张立平	女			
5	04072004	董军	男			
6	04072005	史明	男			
7	04072006	王传亮	男			
8	04072007	李畅	男			
9	04072008	王霞	女			
10	04072009	秦稳孔	男			
11	04072010	赵凤	女			
12	04072011	王占永	男			
13	04072012	赵龙	男			

图 7-20　各科等级表

g. 将光标定位在“value_if_false”处的编辑框中，再次单击编辑栏左边的 IF 函数，如图 7-21 所示，第 2 次打开“函数参数”对话框，将光标定位在“logical_test”编辑框中，单击“各科成绩表”标签，选中 D3 单元格，在“logical_test”编辑框中，出现 D3 时，输入“<70”，在“value_if_true”编辑框中输入“D”。

h. 重复步骤⑦几次，其中，将“logical_test”及“value_if_true”处的参数改为：“各科成绩表！D3<80”、“C”；“各科成绩表！D3<90”、“B”；最后一次“value_if_false”填写“A”。

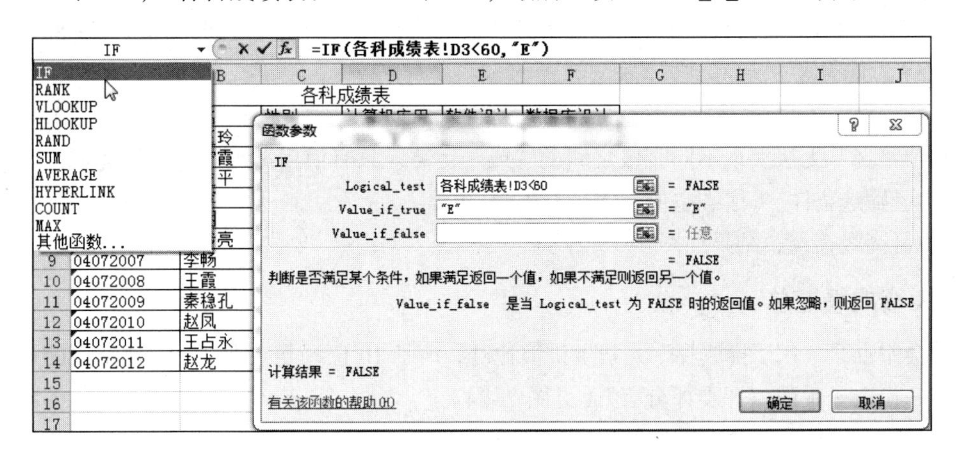

图 7-21　编辑栏左边的 IF 函数

i. 单击“确定”按钮。“各科等级表”D3 公式为：

=IF(各科成绩表!D3<60,"E",IF(各科成绩表!D3<70,"D",IF(各科成绩表!D3<80,"C",IF(各科成绩表!D3<90,"B","A"))))

j. 利用填充柄完成其他单元格的分数与等级的转换，获得“各科等级表”。

④ 使用 COUNTIF 函数统计出各等级的人数，再制作一个柱状图进行分析。

说明：COUNTIF 函数的功能是，统计指定区域内满足给定条件的单元格数目。

语法格式：COUNTIF(Range,Criteria)

其中，参数 Range 表示指定的单元格区域，Criteria 表示指定的条件表达式。

步骤提示：

a. 创建一个如图 7-22 所示的新工作表，并将工作表命名为“各等级人数表”。

b. 选中 B2 单元格，插入函数 COUNTIF。

c. 打开“函数参数”对话框，将光标定位在“Range”编辑框中，单击“各科等级表”标签，选中 D2:D13 区域。

d. 将光标定位在“Criteria”处的编辑框中，输入统计条件“A”，如图 7-23 所示“函数参数”对话框，单击“确定”按钮。

	A	B	C	D
1	等级	计算机应用	软件设计	数据库设计
2	A			
3	B			
4	C			
5	D			
6	E			

图 7-22 各等级人数表

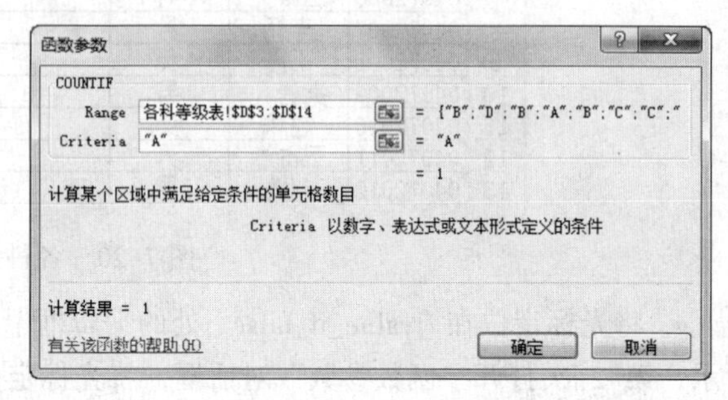

图 7-23 COUNTIF“函数参数”对话框

e. 利用填充柄横向拖动，获得其他科目等级为 A 的人数。

f. 依次求出等级为 B、C、D、E 的人数，结果放在相应的位置。

g. 依据“各科等级人数表”中的数据创建统计图。

⑤ 根据图 7-15“各科成绩表”筛选出各科成绩均为优秀的学生（班干部成绩≥80，其他学生成绩≥85 为优秀）。

提示：

自动“筛选”无法实现不同字段之间的“或”运算，只有使用高级筛选才能完成。

a. 构造筛选条件。（注：空值用 NULL 表示。）

b. 执行高级筛选，结果如图 7-19 所示。

7.2.2 大赛成绩汇总

学生会举办了一次“挑战杯”大学生讲演比赛，请了 10 位评委来评分，比赛结束时评委们只给学生会一份电子版的“评委评分表”（见图 7-24）。

	A	B	C	D	E	F	G	H	I	J	K	L
1	“挑战杯”大学生讲演比赛评委评分表											
2												
3	序号	参赛队	评委1	评委2	评委3	评委4	评委5	评委6	评委7	评委8	评委9	评委10
4	1	白欣伟	8.4	8.0	5.4	10.0	6.6	8.5	8.1	9.0	8.1	5.4
5	2	陈丹妮	9.7	5.1	8.8	7.5	8.5	8.4	5.5	4.2	8.7	6.4
6	3	高雪琼	4.5	8.9	8.0	9.3	5.7	9.5	8.7	8.9	6.8	9.4
7	4	郭杰	8.1	8.0	9.3	8.3	8.0	9.1	5.0	7.6	7.2	8.2
8	5	郭宁娟	9.6	9.8	8.1	8.7	9.2	9.9	8.0	9.6	9.4	7.8
9	6	惠文波	8.9	8.3	6.8	3.5	9.5	5.4	6.7	6.1	9.9	6.1
10	7	李婷华	9.1	6.7	10.0	9.8	9.8	8.7	9.3	6.0	7.4	9.0
11	8	李征	7.4	9.0	7.9	6.4	8.7	9.9	8.3	9.8	8.0	9.2
12	9	林楠	6.0	7.1	7.6	9.7	9.1	8.0	8.8	8.0	8.3	5.0
13	10	牛晓超	8.8	8.6	7.7	6.3	9.4	5.8	7.1	9.8	9.2	9.2
14	11	乔靖景	5.8	7.5	6.5	6.1	8.1	7.8	8.3	6.2	8.7	6.1
15	12	王乐	7.7	4.5	8.4	6.4	6.6	8.8	9.4	8.5	7.8	7.3

图 7-24 评委评分表

【实训要求】

（1）计算出个人最后得分和名次

去掉一个最高分、去掉一个最低分、其他评委分之和为最后得分，并用“最后得分”求出个人名次，如图 7-25 所示。

（2）计算出团体得分和团体名次

使用个人“最后得分”取平均值求出各代表队的团体得分和团体名次，如图 7-26 所示。

参赛队员	代表队	评委1	评委2	评委3	评委4	评委5	评委6	评委7	评委8	评委9	评委10	最高分	最低分	最后得分	个人名次
郭宁娟	菠菜组	9.6	9.8	8.1	8.7	9.2	9.9	8.0	9.6	9.4	7.8	9.9	7.8	72.4	1
李婷华	黑玫瑰组	9.1	6.7	10.0	9.8	9.8	8.7	9.3	6.0	7.4	9.0	10.0	6.0	69.8	2
寅博	西北五虎	9.4	5.9	9.4	8.1	8.3	9.4	8.7	9.6	5.2	9.2	9.6	5.2	68.4	3
李征	蜥蜴一族	7.4	9.0	7.9	6.4	8.7	9.9	8.3	9.8	8.0	9.2	9.9	6.4	68.3	4
张磊	超人组	9.1	8.6	9.5	7.4	8.1	9.1	9.2	9.3	6.9	7.1	9.5	6.9	67.9	5
牛晓超	黑玫瑰组	8.8	8.6	7.7	6.3	9.4	5.8	7.1	9.8	9.2	9.2	9.8	5.8	66.3	6
高雪琼	鸡蛋组	4.5	8.9	8.0	9.3	5.7	9.5	8.7	8.9	6.8	9.4	9.5	4.5	65.7	7
杨静	劲舞组	7.8	6.5	8.4	9.9	9.9	7.3	9.9	9.0	6.2	6.9	9.9	6.2	65.7	8
郭杰	两人组	8.1	8.0	9.3	8.3	8.0	9.1	5.0	7.6	7.2	8.2	9.3	5.0	64.5	9
林楠	猪窝一家亲	6.0	7.1	7.6	9.7	9.1	8.0	8.8	8.0	8.3	5.0	9.7	5.0	62.9	10
王亚航	超人组	9.2	9.3	7.7	5.9	9.7	9.1	6.2	6.2	8.8	5.0	9.7	5.0	62.4	11
白欣伟	劲舞组	8.4	8.0	5.4	10.0	6.6	8.5	8.1	9.0	8.1	5.4	10.0	5.4	62.1	12
王龙	猪窝一家亲	3.5	9.3	10.0	7.3	7.4	6.4	7.9	4.7	8.9	9.6	10.0	3.5	61.5	13
王乐	笔莉一家亲	7.7	4.5	8.4	6.4	6.6	8.8	9.4	8.5	7.8	7.3	9.4	4.5	61.5	13
王勇	蜥蜴一族	8.7	3.5	8.3	6.4	5.4	8.0	7.2	9.9	9.2	7.8	9.9	3.5	61.0	15
张黎黎	笔莉一家亲	6.4	9.1	7.6	8.3	4.6	8.4	6.3	9.3	4.8	8.5	9.3	4.6	59.4	16
陈丹妮	三人组	9.7	5.1	8.8	7.5	8.5	8.4	5.5	4.2	8.7	6.4	9.7	4.2	58.9	17
王浦	西北五虎	7.9	9.0	7.8	9.3	5.1	5.6	8.9	6.5	7.9	4.8	9.3	4.8	58.7	18
惠文波	菠菜组	8.9	8.3	6.8	3.5	9.5	5.4	6.7	6.1	9.9	6.1	9.9	3.5	57.8	19
张瑞丰	猩猩组	3.7	4.0	8.6	4.8	8.5	8.7	8.7	9.1	7.2	7.1	9.1	3.7	57.6	20
乔靖景	鸡蛋组	5.8	7.5	6.5	6.1	8.1	7.8	8.3	6.2	8.7	6.1	8.7	5.8	56.6	21

图 7-25　个人最后得分和名次

代表队	评委1	评委2	评委3	评委4	评委5	评委6	评委7	评委8	评委9	评委10	最高分	最低分	最后得分	团体名次
黑玫瑰组	9.0	7.7	8.9	8.1	9.6	7.3	8.2	7.9	8.3	9.1	9.9	5.9	68.1	1
超人组	9.2	9.0	8.6	6.7	8.9	9.1	7.7	7.8	7.9	6.1	9.6	6.0	65.2	2
菠菜组	9.3	9.1	7.5	6.1	9.4	7.7	7.4	7.9	9.7	7.0	9.9	5.7	65.1	3
蜥蜴一族	8.1	6.3	8.1	6.4	7.1	9.0	7.8	9.9	8.6	8.5	9.9	5.0	64.7	4
两人组	8.1	8.0	9.3	8.3	8.0	9.1	5.0	7.6	7.2	8.2	9.3	5.0	64.5	5
劲舞组	8.1	7.3	6.9	10.0	8.3	7.9	9.0	9.0	7.2	6.2	10.0	5.8	63.9	6
西北五虎	8.7	7.5	8.6	8.7	6.7	7.5	8.8	8.1	6.6	7.0	9.5	5.0	63.6	7
猪窝一家亲	4.8	8.2	8.8	8.5	8.3	7.2	8.4	6.4	8.6	7.3	9.9	4.3	62.2	8
鸡蛋组	5.2	8.2	7.3	7.7	6.9	8.7	8.5	7.6	7.8	7.8	9.1	5.2	61.2	9
笔莉一家亲	7.1	6.8	8.0	7.4	5.6	8.6	7.9	8.9	6.3	7.9	9.4	4.6	60.5	10
三人组	9.7	5.1	8.8	7.5	8.5	8.4	5.5	4.2	8.7	6.4	9.7	4.2	58.9	11
猩猩组	3.7	4.0	8.6	4.8	8.5	8.7	8.7	9.1	7.2	7.1	9.1	3.7	57.6	12

图 7-26　团体得分和名次

【参考步骤】

① 拿到电子版的“评委评分表”，把“评委评分表”中的成绩导入到自己制作的“比赛成绩表”中来，如图 7-27 所示。

	A	B	C	D	E	F	G	H	I	J	K	L
1	“挑战杯”大学生讲演比赛成绩表											
2												
3	参赛队员	代表队	评委1	评委2	评委3	评委4	评委5	评委6	评委7	评委8	评委9	评委10
4	惠文波	菠菜组	8.9	8.3	6.8	3.5	3.5	9.5	5.4	6.7	6.1	9.9
5	郭宁娟	菠菜组	9.6	9.8	8.1	8.7	8.7	9.2	9.9	8.0	9.6	9.4
6	牛晓超	黑玫瑰组	8.8	8.6	7.7	6.3	6.3	9.4	5.8	7.1	9.8	9.2
7	王勇	蜥蜴一族	8.7	3.5	8.3	6.4	6.4	5.4	8.0	7.2	9.9	9.2
8	王龙	猪窝一家亲	3.5	9.3	10.0	7.3	7.3	7.4	6.4	7.9	4.7	8.9
9	王亚航	超人组	9.2	9.3	7.7	5.9	5.9	9.7	9.1	6.2	6.2	8.8
10	乔靖景	鸡蛋组	5.8	7.5	6.5	6.1	6.1	8.1	7.8	8.3	6.2	8.7
11	陈丹妮	三人组	9.7	5.1	8.8	7.5	7.5	8.5	8.4	5.5	4.2	8.7
12	林楠	猪窝一家亲	6.0	7.1	7.6	9.7	9.7	9.1	8.0	8.8	8.0	8.3
13	白欣伟	劲舞组	8.4	8.0	5.4	10.0	10.0	6.6	8.5	8.1	9.0	8.1

图 7-27　比赛成绩表

说明：注意到两张表中参赛队员名单的顺序不同，不能直接复制粘贴数据。

这里推荐使用 VLOOKUP 函数，其功能是在数据区域的第一列中查找满足条件的元素，并返回数据区域当前行中指定列处的值。

语法格式：VLOOKUP(lookup_value,table_array,col_index_num,range_lookup)

其中：

lookup_value：查找的值。

table_array：需要在其中搜索数据的信息表。

col_index_num：满足条件的数据在数组区域 table_array 中的列序号。首列序号为 1。

range_lookup：是否精确匹配。false 为大致匹配，true 为精确匹配。

步骤提示：

a. 将“评委评分表”复制到“比赛成绩统计”工作簿中，并重命名为“评委评分表 1”。

b. 在“评委评分表 1”中，创建“评委分”区域。选择“评委评分表 1”工作表，选中“$B$3:$L$24”所在区域。选择“公式”|“定义的名称”组|“定义名称”命令，打开“新建名称”对话框，如图 7-28。

在“名称”框中输入“评委分”，单击“确定”按钮，“评委分”区域创建完成。（定义名称后，使用区域时用名称会很方便，另外名称本身也是绝对地址。）

c. 选择“比赛成绩表”，选中目标单元格 C4，如图 7-29 所示。选择“公式”|“函数库”组|“插入函数”命令，打开“插入函数”对话框，在“或选择类别”下拉列表框中选择“查找与引用”，在“选择函数”列表框中选择“VLOOKUP”函数，单击“确定”按钮，弹出“函数参数”对话框。

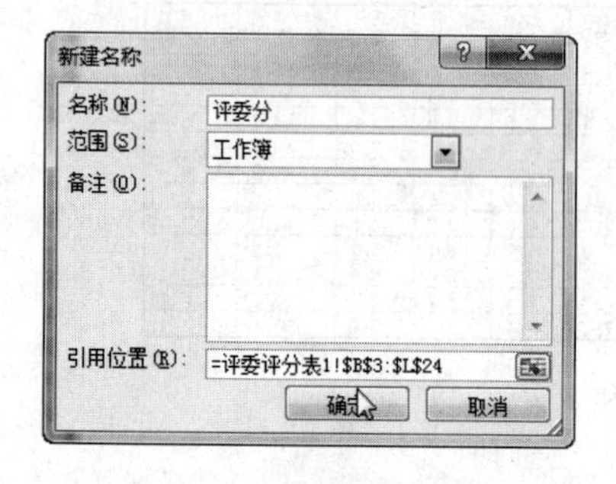

图 7-28 “新建名称”对话框

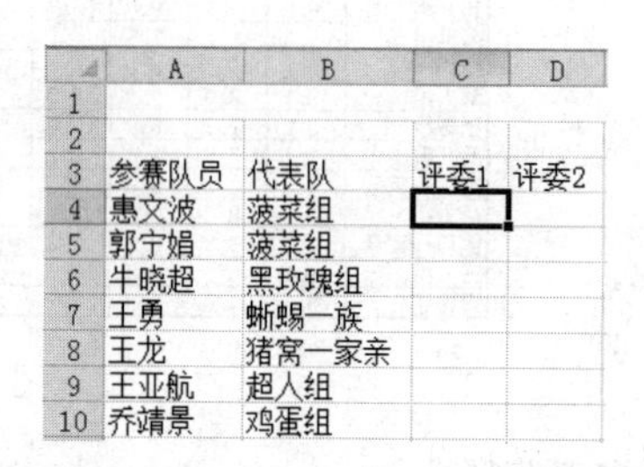

图 7-29 目标单元格 C4

d. 由于要根据参赛队员名称查找评委评分，所以“VLOOKUP”函数的第一个参数应选择 A4（惠文波），如图 7-30 所示。

e. 将光标定位在第二个参数文本框内，选择“公式”|“定义的名称”组|“用于公式”|“粘贴名称”命令，打开“粘贴名称”对话框，选中粘贴名称“评委分”，单击“确定”按钮，如图 7-31 所示。

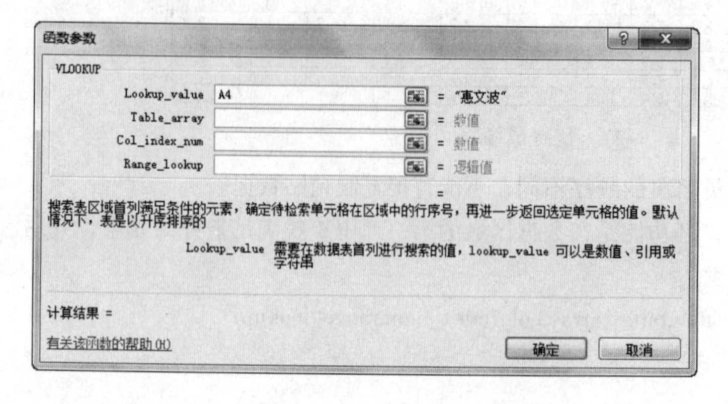

图 7-30 VLOOKUP“函数参数”对话框

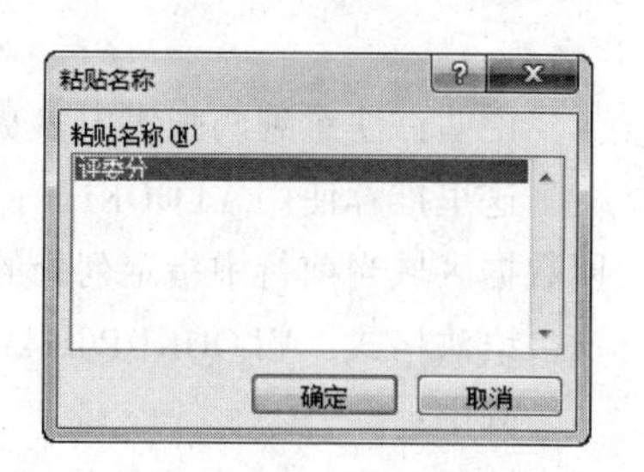

图 7-31 “粘贴名称”对话框

f. 将光标定位在“函数参数”对话框的第三个参数文本框内，由于“评委 1”数据存放在“评委”区域的第二列，所以在这里输入数字“2”。

g. 由于要精确匹配，在第四个参数文本框内输入“TRUE”或忽略，如图 7-32 所示，单击“确定”按钮。

h. 利用填充柄填充列（若小数位和原数据不同，请设置为原数据保留的小数位）。

i. 使用同样的方法（步骤③～⑧）将其他评委的评分导入到“比赛成绩表”中来。

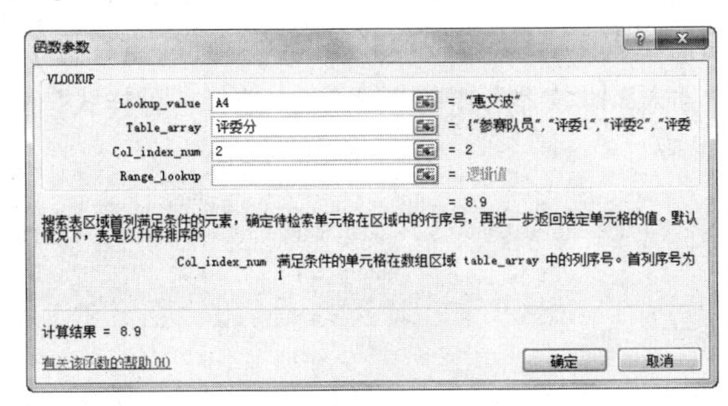

图 7-32　设置“函数参数”对话框的参数

② 请帮助学生会求出个人最后得分（“评委评分表”中去掉最高分、最低分，其他评委分之和为最后得分）。

步骤提示：

a. 在“比赛成绩表”中，插入最高分、最低分、最后得分列。

b. 求出最高分和最低分。

c. 用全体评委评分的和-最高分-最低分=最后得分。

③ 请帮学生会以最后得分为依据求出“个人名次”。

步骤提示：

a. 在“比赛成绩表”中，插入“个人名次”列。

b. 使用 Rank 函数求出个人名次。

④ 请帮助学生会将“最后得分”取平均值求出各代表队的“团体名次”。

步骤提示：

a. 复制“比赛成绩表”并重命名为“团体名次表”。

b. 删除“个人名次”列。

c. 用合并计算的方法，将“最后得分”取平均值。

d. 使用 Rank 函数求“团体名次”。

也可以使用分类汇总进行团体排名，注意分类汇总前要对代表队排序。

7.3　PowerPoint 演示文稿

7.3.1　个人简介

【实训要求】

① 演示文稿包含 6 张幻灯片，每张幻灯片中必须有相应的文字或图片信息。

② 设置幻灯片切换方式和幻灯片切换动画。

③ 演示文稿中选择使用艺术字、表格、图表等元素。

④ 设置演示文稿的背景音乐。

⑤ 设置自动播放效果。

【参考步骤】

① 新建空白演示文稿，选择“开始”|“幻灯片”组|“版式”|“标题幻灯片”命令。在占位符中输入主标题“张俊铭的个人简历”。设置“开始”|“字体”组，将字体设置为“华文中宋”，字号为54、加粗。选择“插入”|“文本”组|“艺术字”，选择一种样式，插入艺术字“迎接挑战”，如图7-33所示。

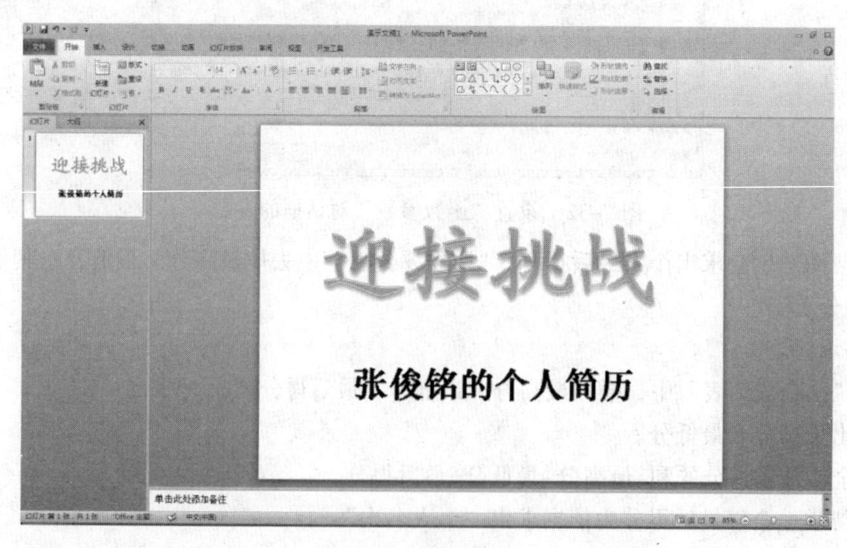

图7-33　标题幻灯片

② 设置“设计”|“背景”组选项，设置合适的背景，如图7-34所示。

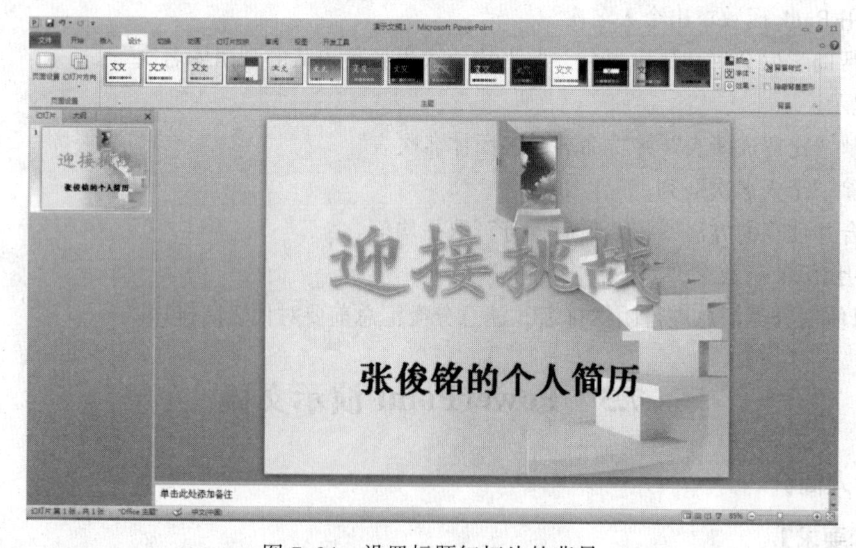

图7-34　设置标题幻灯片的背景

③ 选择“开始”|“幻灯片”组|“新建幻灯片”命令，添加下一张幻灯片，输入标题“个人概况”，字体设置为“楷体”，字号设置为 44。输入个人信息，字体设置为“楷体”，字号设置为 20、加粗，根据需要调整占位符的位置，如图 7-35 所示。

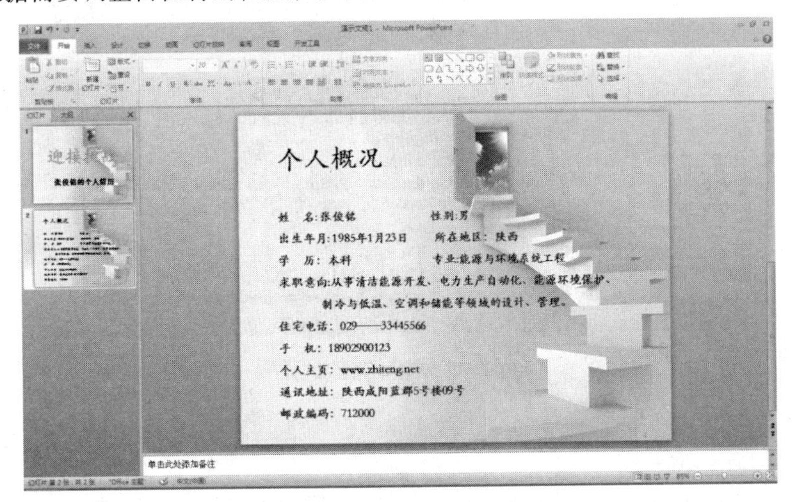

图 7-35 第 2 张幻灯片

④ 选择“开始”|“幻灯片”组|“新建幻灯片”|“标题和竖排文本”命令，添加下一张幻灯片，输入相关信息，设置“开始”|“绘图”组选项，单击“形状填充”按钮，在下拉列表中选择“渐变-线性向上”，设置底纹效果。单击“形状轮廓”、“形状效果”还可添加边框等效果，如图 7-36 所示。

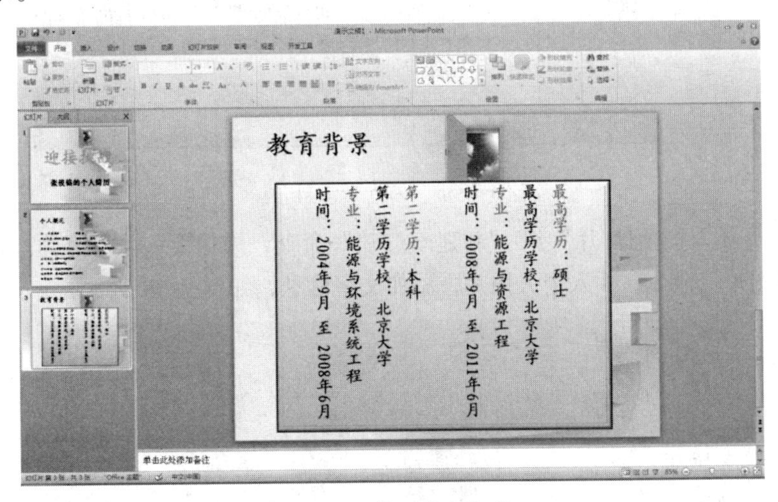

图 7-36 第 3 张幻灯片

⑤ 选择“开始”|“幻灯片”组|“新建幻灯片”命令，添加下一张幻灯片，输入相关信息，如图 7-37 所示。

⑥ 选择“开始”|“幻灯片”组|“新建幻灯片”命令，添加下一张幻灯片，输入相关信息，双击占位符边框，设置“绘图工具格式”|“形状样式”组选项，设置底纹、边框效果，如图 7-38 所示。

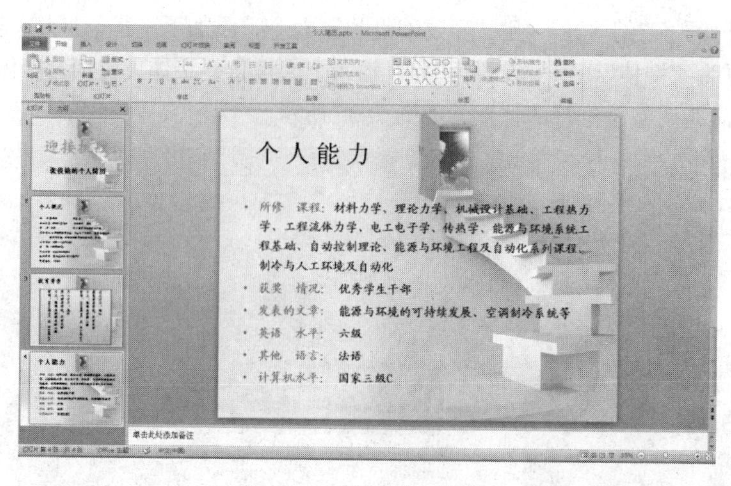

图 7–37 第 4 张幻灯片

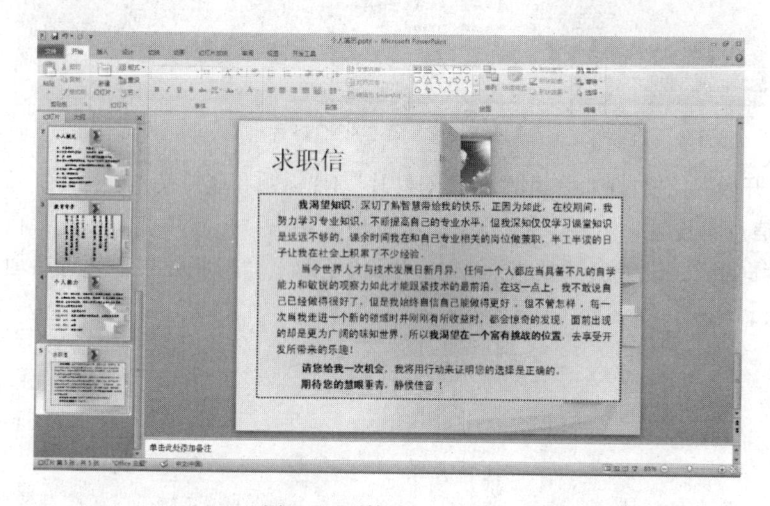

图 7–38 第 5 张幻灯片

⑦ 选择“开始”|“幻灯片”组|“新建幻灯片”命令，添加下一张幻灯片。执行“插入”|“图像”组|“图片”命令，插入个人照片，添加文字信息，如图 7–39 所示。

图 7–39 第 6 张幻灯片

⑧ 设置超链接：选中第 2 张幻灯片的图片，选择“插入”|“插图”组|“形状”，选择折角形，右击自选图形，在弹出的快捷菜单中选择“编辑文字”命令以添加文字。右击自选图形，在弹出的快捷菜单中选择“超链接”命令以添加链接，如图 7-40 所示。

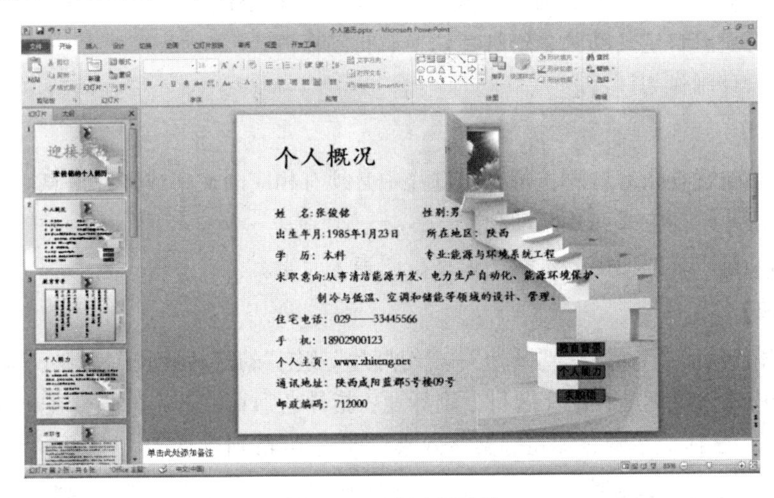

图 7-40　设置超链接

⑨ 用同样的方法分别在第 3 张、第 4 张、第 5 张幻灯片中设置返回第 2 张幻灯片的超链接。

⑩ 添加背景音乐：选择“插入”|“媒体”组|“音频”命令，打开“插入音频”对话框，选中要插的音乐，单击“确定”按钮，系统提示正在插入音频，出现一个“喇叭”图标。

⑪ 选中“喇叭”图标，选择“动画”|“高级动画”组|“动画窗格”命令，在“动画窗格”任务窗格中双击音乐的名称，在弹出的“播放音频”对话框中选择“效果”选项卡，设置幻灯片开始播放为“从头开始”，停止播放为“在第 6 张幻灯片后”，如图 7-41 所示。

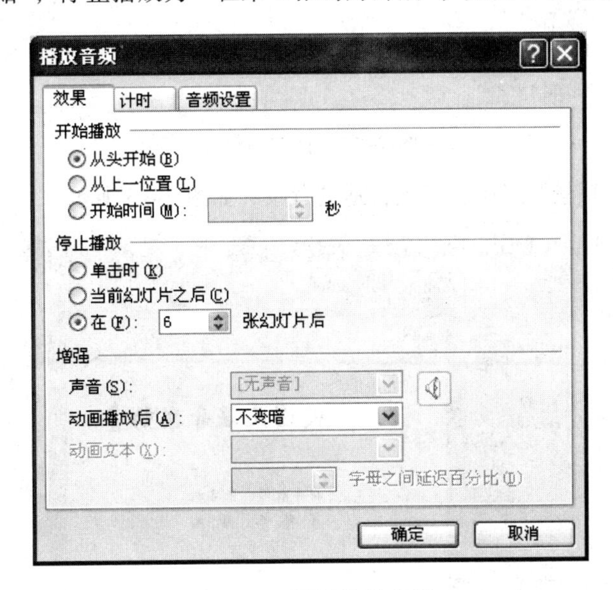

图 7-41　设置背景音乐

⑫ 选择“切换 | 切换到此幻灯片”组中一种切换样式，设置切换速度及换片方式。

7.3.2 论文答辩演示文稿

【实训目的】

① 能够正确插入图片、剪贴画、艺术字、声音、动作按钮等。

② 能够熟练设置自定义动画、幻灯片切换、自动播放。

③ 会合理设计制作幻灯片。

【实训要求】

① 演示文稿包含 5 张幻灯片，每张幻灯片中必须有相应的文字或图片信息。

② 设置幻灯片切换方式和片间动画。

③ 在演示文稿中选择使用艺术字、表格、图表等元素。

【参考步骤】

① 新建空白演示文稿，选择“开始”|“幻灯片”组|“幻灯片版式”命令，选择“标题幻灯片”。在占位符中输入主标题：论文题目，副标题：指导老师和答辩人信息，在“开始”|“字体”组中，设置颜色、字体、字号、加粗等文字效果，如图 7–42 所示。

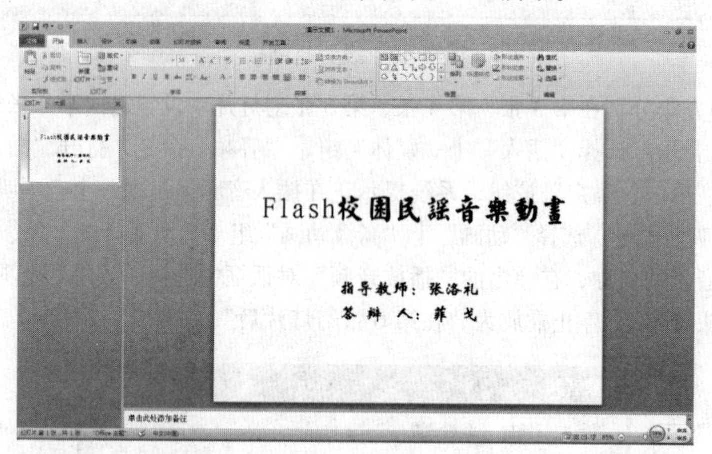

图 7–42　标题幻灯片

② 在“设计”|“背景”组中，设置合适的背景，如图 7–43 所示。

图 7–43　设置幻灯片背景

③ 选择“开始”|“幻灯片”组|“新建幻灯片”命令，添加下一张幻灯片，输入标题“摘要”及相关的文本信息，如图 7-44 所示。

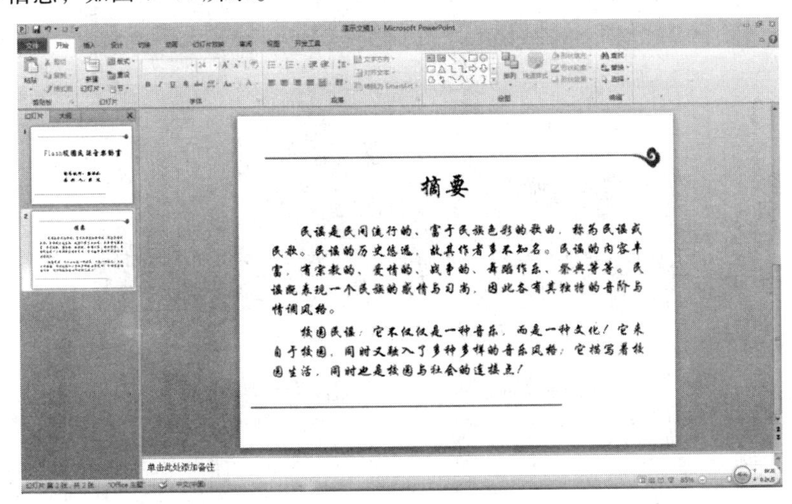

图 7-44　第 2 张幻灯片

④ 选择“开始”|“幻灯片”组|“新建幻灯片”命令，添加下一张幻灯片，输入标题“内容提要”和正文，分别设置标题和正文的字体、字号，启动“开始”|“段落”组对话框，设置行距。选中正文，执行 “开始”|“段落”组|“项目符号”命令，添加醒目的项目符号，如图 7-45 所示。

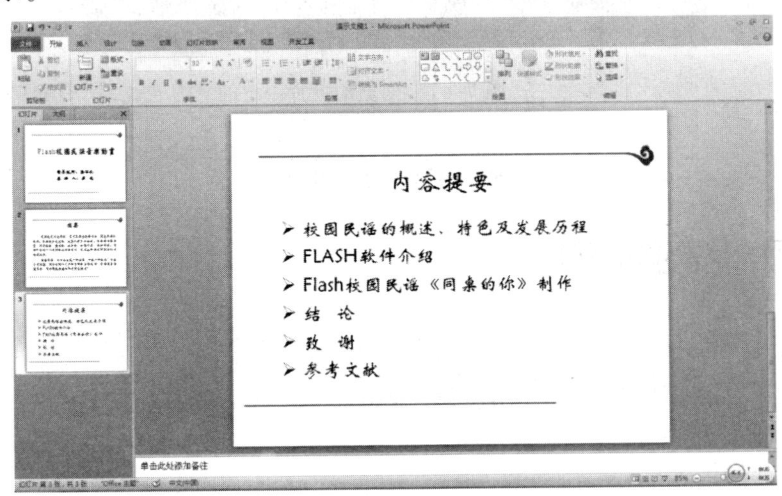

图 7-45　第 3 张幻灯片

⑤ 重复执行“开始”|“幻灯片”组|“新建幻灯片”命令，添加数张幻灯片，运用文字、图片、表格等阐述论文的相关内容，如图 7-46 所示。

⑥ 最后添加一张新的幻灯片，编写结束语：对论文简单总结并致谢指导老师，如图 7-47 所示。

⑦ 在“切换”|“切换到此幻灯片”组中，选择一种合适的切换方案，设置切换速度及换片方式。

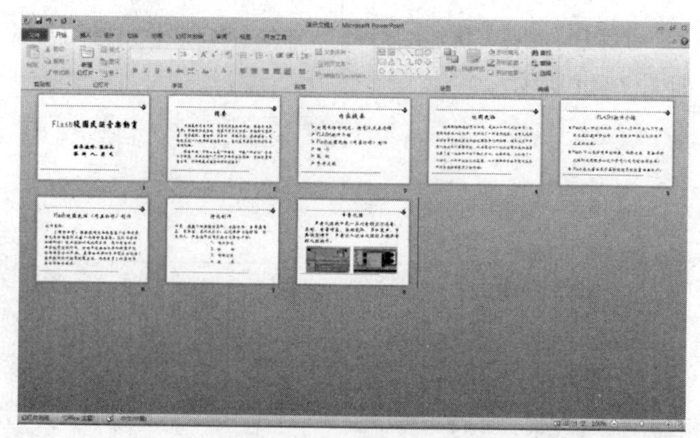

图 7–46　添加数张幻灯片

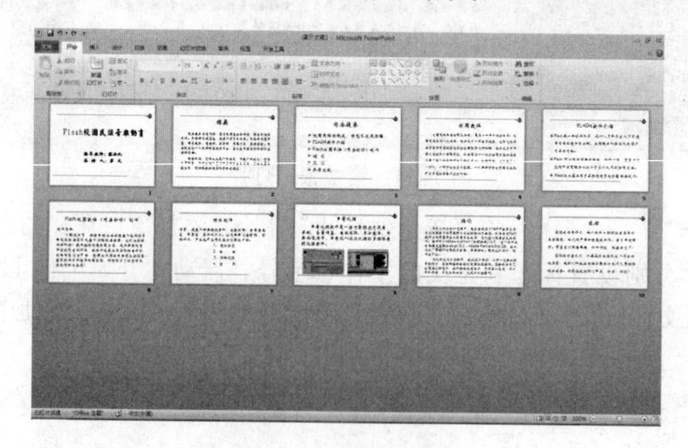

图 7–47　浏览幻灯片

7.4　因特网实训

7.4.1　利用网络搜索论文资料

【实训要求】

本实训以搜索引擎的使用为例，使学生掌握以下技能：

① 了解常用搜索网站和引擎的作用、分类及搜索引擎中常用的一些概念。

② 掌握查找论文资料的搜索方法。

③ 掌握下载图片的方法。

④ 掌握音频、视频的下载方法。

【基础知识】信息搜索

1. 利用搜索引擎在网上进行信息查询

网上的信息浩如烟海，要获取有用的信息无异于大海捞针，因此用户需要一种优异的搜索服务能够随时将网上繁杂无序的内容整理为可随心使用的信息，这种服务就是搜索引擎。简单地说，搜索引擎就是搜索信息网址的服务环境和服务工具。常见的搜索引擎大都是以网站的形式存在的，一般都能够提供网站、图像、新闻组等多种资源的查询服务。

2. 搜索引擎的分类

根据应用领域的不同，搜索引擎的主要类型有中文搜索引擎、英文搜索引擎、FTP 搜索引擎和医学搜索引擎等，其中，中国用户最常用的还是中文搜索引擎。人们常使用的中文搜索引擎有 Google、百度、搜狐、雅虎中国等。

3. 搜索中的常用概念

在使用搜索引擎时，经常会碰到下面几个概念。

（1）关键字

关键字即索引词，是用来检索信息的特征词。它可以是信息的主题，也可以是具有某种特定性意义的描述某一特征的词语。关键词可以是任何中文、英文、数字或中英文数字的混合体。关键字可以输入一个或多个，甚至可以输入一句话。

（2）布尔逻辑

布尔逻辑在 Internet 的搜索中主要应用 and（与）、or（或）和 not（非）三种逻辑运算，它们对快速、准确、有效地搜索信息起很大的作用。

（3）忽略词

在输入查询条目时，查询工具不一定关注输入的所有词语，它会忽略一些特定的通用词汇，这些词包括英文常用词“to、the”以及中文的“的、是、了”等一类词。所以，当输入查询条目时，可以只输入一两个具有唯一意义的词汇。

下面举例介绍一些基本使用方法。

【例】 使用万方数据库下载“AutoCAD 在建筑中的设计”相关论文。

操作步骤如下：

① 启动浏览器后，在地址栏中输入万方数据库的网址 http://www.wanfangdata.com.cn/，按【Enter】键，打开如图 7-48 所示的万方数据库首页。

② 在“搜索框”中输入“AutoCAD 在建筑中的设计”，单击“检索”按钮，即可搜索出相关主题的所有论文，相关内容 12 页，如图 7-49 所示。

③ 在搜索到的结果页中，可下载自己感兴趣的论文双击打开，单击 下载全文 按钮，打开如图 7-50 所示的交易界面。

图 7-48　万方数据首页

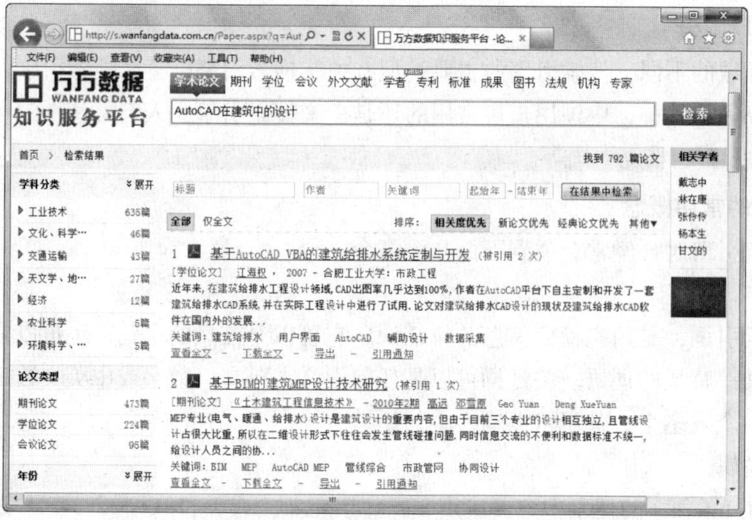

图 7-49 搜索结果

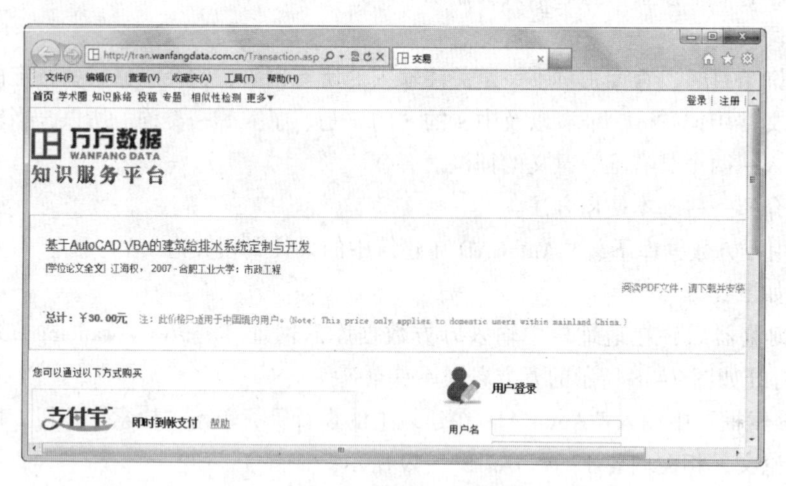

图 7-50 万方数据库交易界面

④ 如果学院提供的服务站账号已经过期，可申请或登录已经拥有的账号进行下载。

⑤ 单击“登录其他账号”，弹出如图 7-51 所示的登录界面，输入账号、密码，单击“登录”按钮。

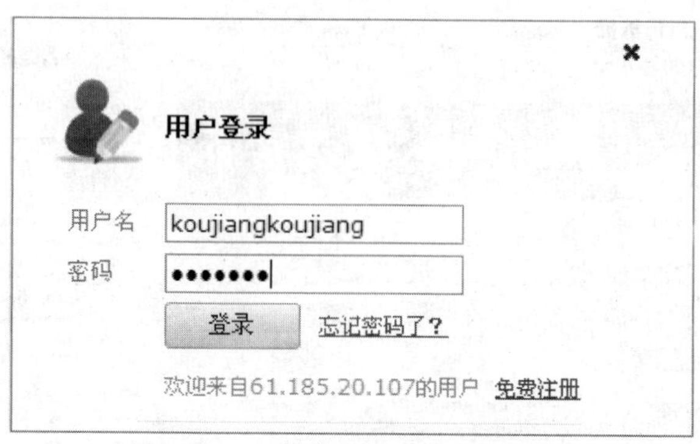

图 7-51 万方数据库用户登录界面

⑥ 登录之后，即可下载该论文，弹出如图 7-52 所示“文件下载”对话框。

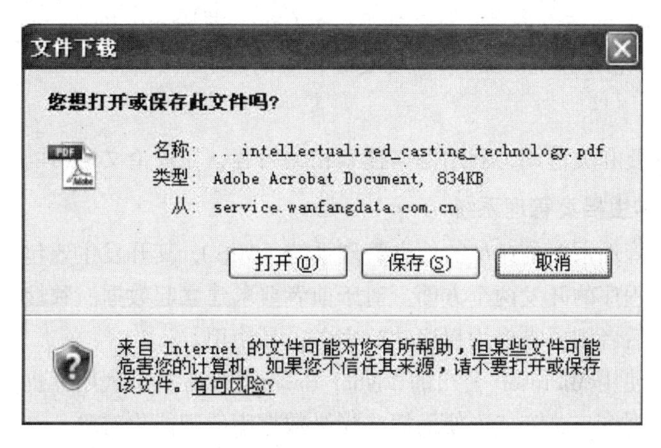

图 7-52 “文件下载”对话框

◎提示

以上论文的下载需要有账号、密码，需要下载论文者付款。如果学院搭建了万方数据的下载平台，如陕西邮电职业技术学院，只要在学院内的计算机地址栏中输入 http://172.16.9.90，即可打开如图 7-53 所示的下载界面，在此可以下载到很多相关的论文、文献。

图 7-53 万方数据资源系统界面

专门搜索资料的下载网站有以下几种：

① 全文网 http://www.quanwen.cn/，搜索各种文档，如论文下载、Word 文档、Excel 表格、PDF 电子书、PowerPoint 演示文稿。

② ftp 下载。这类网站比较多，如天网资源 http://file.tianwang.com/。

③ p2p 下载。这类网站也很多。有名如 BT @ China 联盟 http://www.btchina.net；VeryCD-分享互联网：http://www.verycd.com/start/。需要安装相应的点对点下载软件。

【实训要求】

根据论文中的摘要和关键词，利用网络搜索相关内容，完成论文资料的收集。

1. 论文题目：学生档案管理系统

摘要：学生档案管理系统是典型的信息管理系统（MIS），其开发主要包括后台数据库的建立和维护以及前端应用程序的开发两个方面。对于前者要求建立起数据一致性和完整性强、数据安全性好的库。而对于后者则要求应用程序功能完备，易使用。

经过分析，我们使用 Microsoft 公司的 Visual Basic 开发工具，利用其提供的各种面向对象的开发工具，尤其是数据窗口这一能方便而简洁操纵数据库的智能化对象，首先在短时间内建立系统应用原型，然后，对初始原型系统进行需求迭代，不断修正和改进，直到形成用户满意的可行系统。

关键词：控件、窗体、域

前言

第一章 为什么要开发一个学生档案管理系统

第二章 计算机已成为我们学习和工作的得力助手

第三章 怎样开发一个学生档案管理系统

第四章 Windows 下的 Visual Basic 编程环境简介

第五章 使用 Access 2000 实现关系型数据库

第六章 系统总体规划

第七章 系统具体实现

第八章 结束语

第九章 主要参考文献

要求搜索各章节相关资料整理出论文概貌，并排版。

2. 论文题目：浅谈 CAD 技术在工程中的应用

摘要：通过多年的设计实践，CAD 技术以简单、快捷、存储方便等优点已在工程设计中承担着不可替代的重要作用。CAD 技术的应用使工程设计人员如虎添翼，在更加广阔的天地里施展才华。 但随着 CAD 在工程中的大量应用及其技术的成熟，一些缺点也逐步显露出来，下面就 CAD 技术在工程设计应用中的一些优缺点进行简单探讨。

关键词：CAD 技术、工程设计、应用

要求搜索规划出论文章节并整理出论文概貌。

7.4.2 网上淘宝

【实训要求】

通过网上淘宝实训，使学生掌握以下技能：

① 了解什么是网上淘宝及它的特征。

② 熟悉网上淘宝的流程。

【基础知识】什么是网上淘宝

1．什么是网上淘宝

网上淘宝，就是足不出门，就可以享受逛街的乐趣。只要一台计算机、一根网线就可以实现，琳琅满目的商品尽收眼底。轻轻单击鼠标，逛街—购物—付款，轻松搞定！用户只需静待商品上门。即逛街、挑选、购买、议价、付款等都通过网上实现，最终达成买卖交易，这就是快捷便利的网上淘宝。

2．网上淘宝的特点

便利性：无需花费交通费，避免挤公车、晒太阳。可以在家“逛商店”，不再受时间限制，从订货、买货到货物上门无需亲临现场，既省时又省力。

及时性：无论是白日还是凌晨深夜，您都可以在这里网罗到“心仪”商品。

无限性：打破地域限制，网上购物提供了琳琅满目的商品、超低的价格，还能发掘难觅的商品，获得大量的商品信息。结识更多全国各地乃至世界各地的朋友。没有找不到的，只有想不到的。

安全性：不用担心坐车钱包被盗。只需开通财付通就可放心购物，买得放心，用得开心。

3．网上淘宝流程

最近小张想买一部佳能 IXUS 115 HS 相机，到街上去看了看，商店里价格有些高，都在 3000 元左右。听说在淘宝网能掏出价格便宜的好宝贝，就想在网上买一部这样的相机。下面是小张在“淘宝网”购买一部相机的整个交易流程。

（1）搜索/浏览宝贝

打开“淘宝网”（http://www.taobao.com/），如图 7-54 所示。

图 7-54　淘宝网主页

在分类栏中单击“手机数码”，则分类框下方会出现“相机”列表，在搜索栏中输入“佳能 IXUS 115 HS”，筛选结果如图 7–55 所示，可以从页面底部看到一共筛选出 17 页该产品，并且价格不等。

图 7–55 按要求筛选结果

单击任意一款相机的宝贝链接，可以浏览产品的详细参数和配件，如图 7–56 所示。

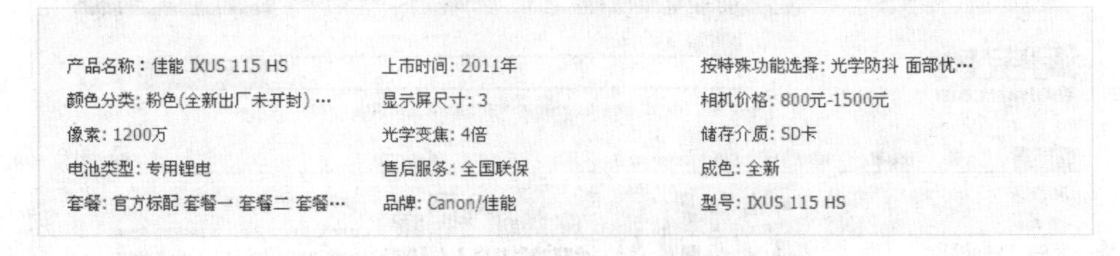

产品名称：佳能 IXUS 115 HS	上市时间：2011年	按特殊功能选择：光学防抖 面部优…
颜色分类：粉色(全新出厂未开封)…	显示屏尺寸：3	相机价格：800元-1500元
像素：1200万	光学变焦：4倍	储存介质：SD卡
电池类型：专用锂电	售后服务：全国联保	成色：全新
套餐：官方标配 套餐一 套餐二 套餐…	品牌：Canon/佳能	型号：IXUS 115 HS

图 7–56 浏览产品详细参数和配件

（2）联系卖家

有 4 种联系方式：淘宝旺旺（可在淘宝网上下载）、站内信箱（注册会员时填写的信箱）、商品留言和店铺留言。建议使用“淘宝旺旺”软件，它和 QQ 一样能记录买卖双方的对话，以后有争议时可以作为有效凭证，单击“淘宝旺旺”图标，如图 7–57 所示，打开如图 7–58 所示的淘宝旺旺登录界面。

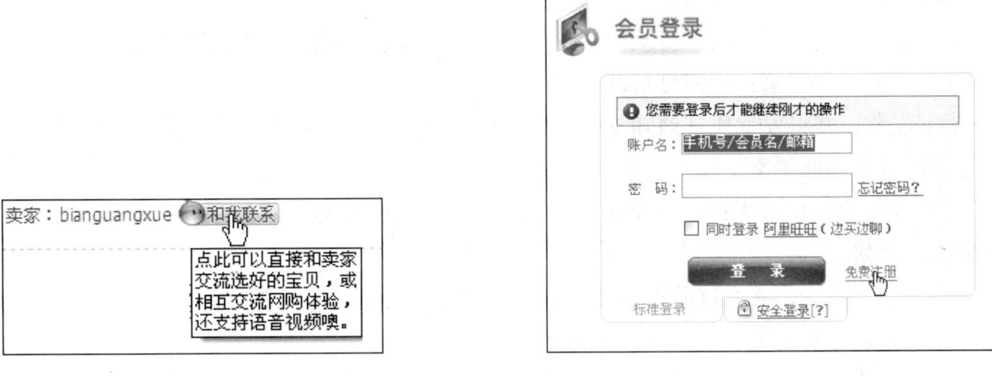

图 7-57　淘宝旺旺图标　　　　图 7-58　淘宝旺旺的登录界面

淘宝网采用会员制，只对注册会员提供交易服务。如果初次使用淘宝旺旺，需单击网页上的"免费注册"，注册填写方法与申请邮箱类似，都有提示，注册完后将出现如图 7-59 所示的界面，提醒用户需要到登记邮箱接收电子邮件，激活账号。

◎说明

如果是本地卖家并有实体店铺，也可以当面验货交易避免上当受骗。

在注册邮箱中激活完成，下载"淘宝旺旺"程序安装，就可以用账号和密码登录"淘宝旺旺"与卖家联系，如图 7-60 所示。

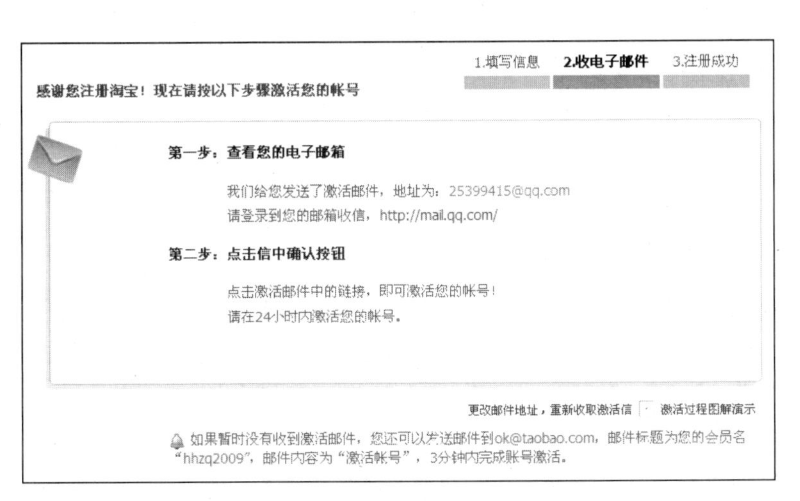

图 7-59　"淘宝旺旺"注册完成后的界面

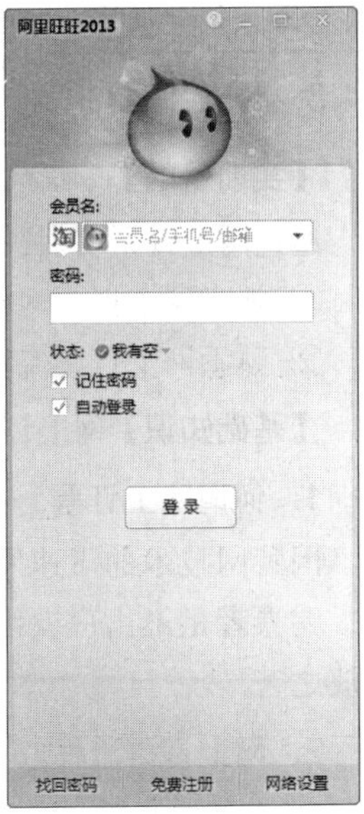

图 7-60　淘宝旺旺

（3）出价、付款

个人用户一般买的都是一口价商品，就是前面查询到的价格。团购还可以使用拍卖价格。

付款通常使用"支付宝"，每一个淘宝网的注册用户都会有一个"支付宝"账户，只需要将银行卡账户和支付宝账户绑定，就可以进行网上付款了。

支付宝付款非常安全有效，其操作流程是：

① 买卖双方成交以后，买家将款项付给支付宝；卖家这时候拿不到钱的。

② 支付宝会通知卖家：买家已付款，等待卖家发货。

③ 卖家发货，并将发货凭证通知支付宝；支付宝会通知买家：卖家已发货，等待买家确认，并将发货凭证号码告诉买家。

④ 买家收到货，检查无误，向支付宝确认收货，并同意支付宝将款项转给卖家。这时候，卖家才能收到货款。

如果买家没收到货，或者货品跟描述不符，他就可以向支付宝申请退款，结束交易。

这样，就有效地避免了买家上当受骗的陷阱。

（4）收货、评价

货物一般通过邮寄方式发送，收到货物后进行验货，没有问题向支付宝确认收货，并同意支付宝将款项转给卖家。遇到异常的交易情况，可在第一时间使用支付宝退款的功能。

对货物和商家的评价可以为后面的买家提供参考。

最后小张共花费了：1 448+15 元申通快递费=1 463 元，就购买了一部佳能 IXUS 115 HS 相机。

◎提示

如果买家对商品质量要求比较高，可以选择标有 7天退换 、 如实描述 图标的商品，标有 标识的商品，卖家均提供“7 天无理由退换货”服务；标有 标识的商品，卖家均提供“如实描述”服务，如果买来的商品和购买时的描述不一样，就可以退货。如果卖家拒绝退货，就可以发出“如实描述”投诉，向淘宝网申请卖家赔付。

7.4.3 网上订票

【实训目的】

通过网上订票实训，使学生掌握以下技能：

① 搜索网上订票网站。

② 熟悉网上订票流程。

【基础知识】网上订票

1. 何谓网上订票

因特网技术的飞速发展为各种售票系统带来了全新的售票方式。网上订票给旅客带来了方便，购票者足不出户就可在计算机上查询航班的动态、票价和可售情况，并直接订购，免去了奔波之苦。

2. 网上订票流程

2011 年放寒假，西安上学的小张要回北京找工作，正值论文答辩之际，出去买票不方便，所以他选择了在淘宝网上订票（京东等其他网站也提供飞机、火车购票服务），下面是小张订票的流程：

① 在浏览器地址栏中输入 www.taobao.com（淘宝网），打开链接页面，登录后进入“我的淘宝”页面，如图 7-61 所示。

图 7-61 “我的淘宝”页面

② 单击“我的淘宝”页面中的“买机票”，再单击“查看更多折扣机票”，打开如图 7-62 所示页面。

图 7-62 预订机票的页面

③ 填写需要查询的航程类型、出发城市、到达城市、出发日期等信息，如图 7–63 所示，通过该页面不仅可以查询单程机票，而且可以查询往返机票，同时在本页面的下方还可以看到 30 日内特价优惠机票信息，方便旅客查询和购买。

④ 填写好相关信息后，单击“搜索”按钮，将进入“西安–海口”的所有机票显示页面，可以查询各个卖家的机票价格和航班信息，如图 7–64 所示。

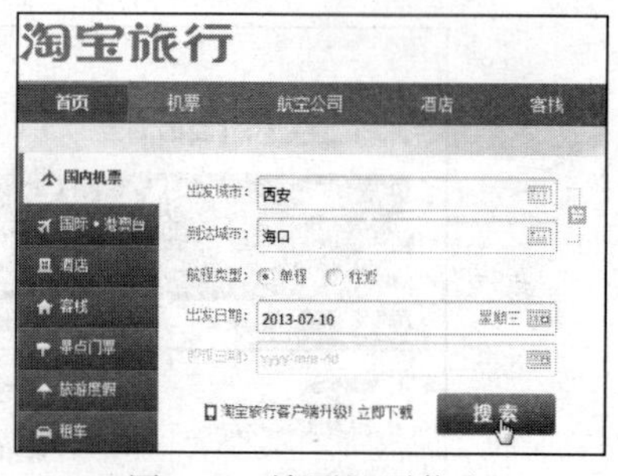

图 7–63 填写机票信息

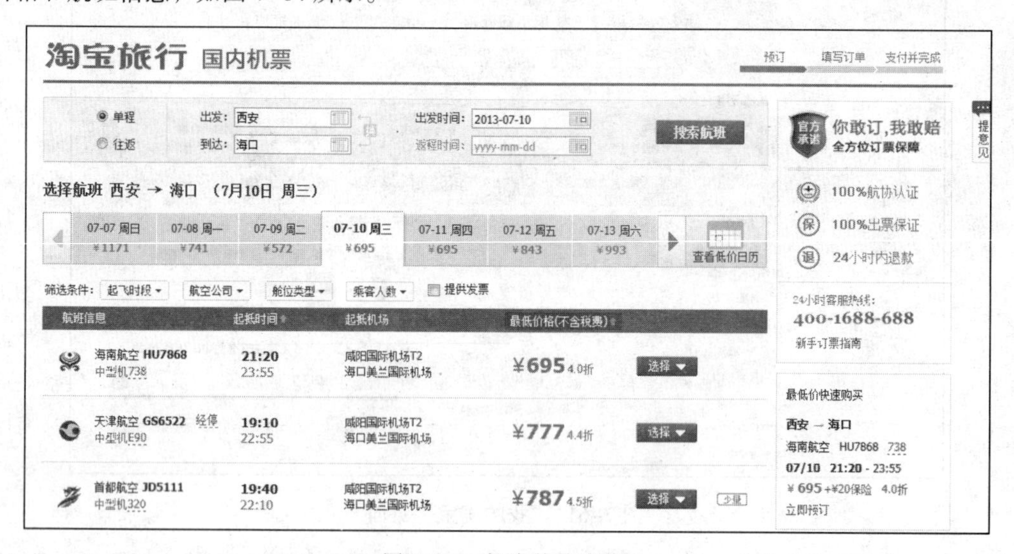

图 7–64 航班价格查询

⑤ 选择合适的卖家，单击航班后面的“选择”按钮，出现如图 7–65 所示的填写订单页面，填写订单所购机票数和登记人员的相关信息。

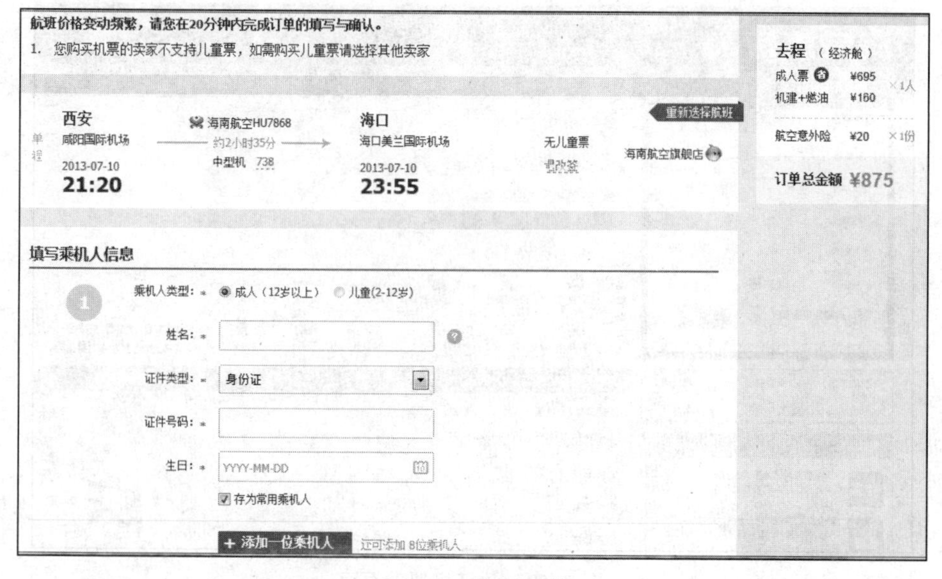

图 7–65 填写订单

⑥ 如果乘客需要购买飞机乘客意外伤害保险，可以继续填写如图 7-66 所示的信息。

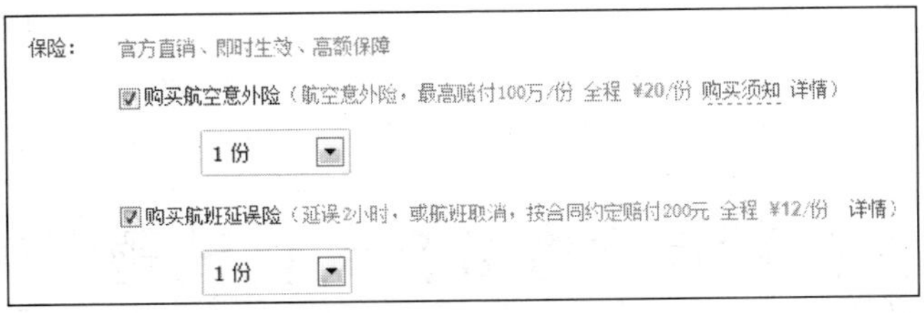

保险：　官方直销、即时生效、高额保障
☑购买航空意外险（航空意外险，最高赔付100万/份 全程 ¥20/份 购买须知 详情）
1 份
☑购买航班延误险（延误2小时，或航班取消，按合同约定赔付200元 全程 ¥12/份 详情）
1 份

图 7-66　飞机乘客意外伤害保险表

⑦ 填写完上述信息后，填写联系人信息及配送内容，阅读和确认电子购票协议，如图 7-67 所示。

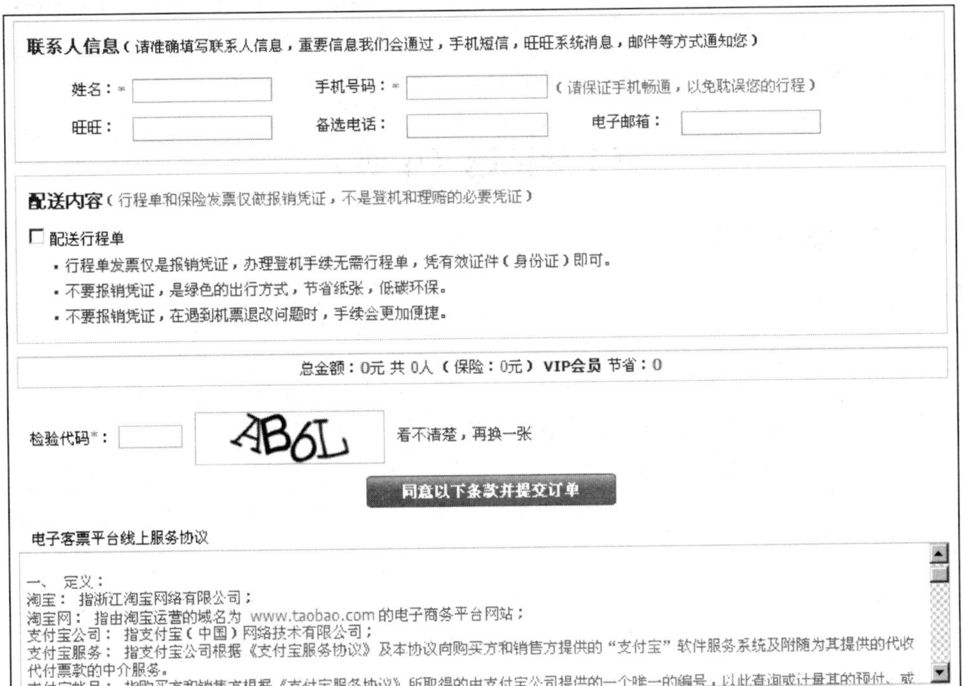

联系人信息（请准确填写联系人信息，重要信息我们会通过，手机短信，旺旺系统消息，邮件等方式通知您）
姓名：*　手机号码：*　（请保证手机畅通，以免耽误您的行程）
旺旺：　备选电话：　电子邮箱：

配送内容（行程单和保险发票仅做报销凭证，不是登机和理赔的必要凭证）
☐ 配送行程单
- 行程单发票仅是报销凭证，办理登机手续无需行程单，凭有效证件（身份证）即可。
- 不要报销凭证，是绿色的出行方式，节省纸张，低碳环保。
- 不要报销凭证，在遇到机票退改问题时，手续会更加便捷。

总金额：0元 共 0人（保险：0元） VIP会员 节省：0

检验代码*：　AB6L　看不清楚，再换一张

同意以下条款并提交订单

电子客票平台线上服务协议
一、 定义：
淘宝： 指浙江淘宝网络有限公司；
淘宝网： 指由淘宝运营的域名为 www.taobao.com 的电子商务平台网站；
支付宝公司： 指支付宝（中国）网络技术有限公司；
支付宝服务： 指支付宝公司根据《支付宝服务协议》及本协议向购买方和销售方提供的“支付宝”软件服务系统及附随为其提供的代收代付票款的中介服务。

图 7-67　信息填写界面

⑧ 填写完成，提交、付款，小张两天后就收到了所购买的机票。

◎提示

网络上还提供了其他预定业务，如酒店预订、旅游预订等。

附录A　高新技术办公自动化试题汇编

本章导读：

全国高新技术考试是由劳动和社会保障部职业技能鉴定中心组织的职业操作技能认证考试（简称OSTA考试），目前共设16个模块，163个考试平台。其中计算机应用基础对应于办公自动化模块，这里提供一套中级试题和一套高级试题，供同学们练习使用。

第1套试题（中级）

第1单元　操作系统的应用

【操作要求】

考生按如下要求操作：

说明：每位考生所做的第一单元的各项操作，除了输入考生文件夹编号和按照“选题单”指定题号复制考试文件两项各不相同外，其他操作均相同。

（1）启动“资源管理器”：开机，进入Windows 7操作系统，启动“资源管理器”。

（2）创建文件夹：在C盘按照要求建立考生文件夹。例如在C盘下新建文件夹，文件夹名为“4000001”。

（3）复制文件、改变文件名：按照选题单指定的题号，将C盘下的“DATA1”文件夹内TF1-12.DOCX、TF3-13.DOCX、TF4-14.DOCX、TF5-15.DOCX、TF6-6.XLSX、TF7-18.XLSX、TF8-4.DOCX一次性复制到考生文件夹中，并分别重命名为A1.DOCX、A3.DOCX、A4.DOCX、A5.DOCX、A6.XLSX、A7.XLSX、A8.DOCX。说明：C盘中有考试题库“2004KSW”文件夹，文件夹结构如下图：

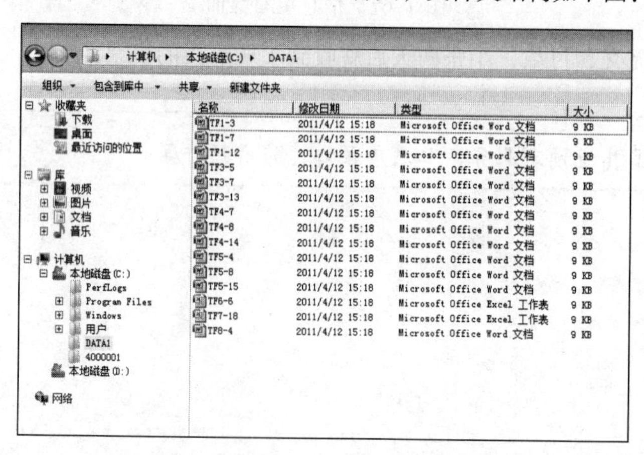

（4）添加/删除/隐藏字体：在控制面板中隐藏“微软雅黑”字体。

（5）设置桌面：在控制面板中将桌面背景更改为“Windows 桌面背景”下“建筑”类中的第4张图片。

第 2 单元 文字录入与编辑

【操作要求】

（1）新建文件：在 Microsoft Word 2010 程序中，新建一个文档，以 A2.DOCX 为文件名保存至指定文件夹。如 C:\ATA_MSO\testing\175100-2633\WORD\T02_B01 文件夹。

（2）录入文本与符号：按照【样文 2-2A】，录入文字、字母、标点符号、特殊符号等。

（3）复制粘贴：将 C:\ATA_MSO\testing\175100-2633\WORD\T02_B01\TF2-2.DOCX 中全部文字复制到考生文档中，将考生录入文档作为第二段插入到复制文档之中。

（4）查找替换：将文档中所有“网购”替换为“网上购物”，结果如【样文 2-2B】所示。

【样文 2-2A】

▼〖购物搜索〗，也称“比较购物”。随着“比较购物”网站的发展，其作用不仅表现在为在线消费者提供方便，也为在线销售上推广产品提供了机会，实际上也就等类似于一个搜索引擎的作用了。并且出于网购的需要，从“比较购物”网站获得的搜索结果比通用搜索引擎获得的信息更加集中，信息也更全面。▲

【样文 2-2B】

网上购物，就是通过互联网检索商品信息，并通过电子订购单发出购物请求，然后填上私人支票账号或信用卡的号码，厂商通过邮购的方式发货，或是通过快递公司送货上门。国内的网上购物，一般付款方式是款到发货（直接银行转账，在线汇款），担保交易（淘宝支付宝，百度百付宝，腾讯财付通等的担保交易），货到付款等。

▼〖购物搜索〗，也称“比较购物”。随着“比较购物”网站的发展，其作用不仅表现在为在线消费者提供方便，也为在线销售上推广产品提供了机会，实际上也就等类似于一个搜索引擎的作用了。并且出于网上购物的需要，从“比较购物”网站获得的搜索结果比通用搜索引擎获得的信息更加集中，信息也更全面。▲

据统计，美国 70%以上的网上购物是通过购物搜索完成的；英国的比价搜索产业也发展很成熟，除了日常用品外，保险证券等金融产品占了相当多的市场比重。

第 3 单元 文字录入与编辑

【操作要求】

打开文档 C:\ATA_MSO\testing\175100-2633\WORD\T02_C01\A3.DOCX，按下列要求设置、编排文档格式。

1. 设置【文本 3-2A】如【样文 3-2A】所示。

（1）设置字体格式：

① 将文档标题行的字体设置为华文中宋，字号为小初，并为其添加“渐变填充-紫色，强调文字颜色 4，映像”的文本效果。

② 将文档副标题的字体设置为隶书，字号为四号，并为其添加“红色，8pt 发光，强调文字颜色 2”的发光文本效果。

③ 将正文歌词部分的字体设置为楷体，字号为四号，字形为加粗；

④ 将文档最后一段的字体设置为微软雅黑，字号为小四，并为文本“《北京精神》”添加着重符。

（2）设置段落格式：

① 将文档的标题居中对齐，副标题文本右对齐；

② 将正文中歌词部分左、右侧均缩进 10 个字符，对齐方式为分散对齐，行距为 1.5 倍行距；

③ 将正文最后一段的首行缩进 2 个字符，并设置段前间距为 1 行，行距为单倍行距。

2. 设置【文本 3-2B】如【样文 3-2B】所示。

① 拼写检查：改正【文本 3-2B】中拼写错误的单词。

② 项目符号或编号：按照【样文 3-2B】为文档段落添加项目符号。

3. 设置【文本 3-2C】如【样文 3-2C】所示。

按照【样文 3-2C】所示，为【文本 3-2C】中的文本添加拼音，并设置拼音的对齐方式为“1-2-1”，偏移量为 2 磅，字号为 16 磅。

【样文3-2A】

歌曲《北京精神》

（作词：云剑 作曲：鹏来 演唱：韩磊）

北京精神，爱国见行动

北京精神，创新拓前程

北京精神，包容促和谐

北京精神，厚德树新风

爱国 创新 包容 厚德

北京精神好，永远记心中

《北京精神》这首歌曲由著名词作家云剑、著名曲作家鹏来以及青年歌手韩琳共同打造而成，其旋律简洁大气，歌词朴实深邃，演唱优美亲切。参加歌曲合唱的有老红军、工人、教师，他们都是精神文明和物质文明的缔造者，他们通过自身的典型精神风貌以及澎湃的激情表演来阐释北京这座古城的文化和精神底韵。

【样文3-2B】

- Youth is not a time of life; it is a state of mind; it is not a matter of rosy cheeks, red lips and supple knees; it is a matter of the will, a quality of the imagination, a vigor of the emotions; it is the freshness of the deep springs of life.
- Youth means a temperamental predominance of courage over timidity, of the appetite for adventure over the love of ease. This often exists in a man of 60 more than a boy of 20. Nobody grows old merely by a number of years. We grow old by deserting our ideals.
- Years may wrinkle the skin, but to give up enthusiasm wrinkles the soul. Worry, fear, self-distrust bows the heart and turns the spirit back to dust.

【样文3-2C】

guóp òshānh ézài　chéngchūncǎom ùshēn

国破山河在，城春草木深。

gǎnshíhuājiànlèi　hènbiéniǎojīngxīn

感时花溅泪，恨别鸟惊心。

第 4 单元　文档表格的创建与设置

【操作要求】

打开文档 C:\ATA_MSO\testing\175100-2633\WORD\T02_D01\A4.DOCX，按下列要求创建、设

置表格如【样文 4-2】所示。

1. 创建表格并自动套用格式：

在文档的开头创建一个 4 行 6 列的表格，并为新创建的表格自动套用“浅色网格–强调文字颜色 5”的表格样式。

2. 表格的基本操作：

（1）在表格的最右侧插入一空列，并在该列的第一个单元格中输入文本“备注”，其他单元格中均输入文本“已结算”。

（2）根据窗口自动调整表格的列宽，设置表格的行高为固定值 1 厘米。

（3）将单元格“12 月 22 日”和“差旅费”分别与其下方的单元格合并为一个单元格。

3. 表格的格式设置：

（1）为表格的第一行填充主题颜色中“茶色，背景 2，深色 25%”的底纹，文字对齐方式为“水平居中”。

（2）其他各行单元格中的字体均设置为方正姚体、四号，对齐方式为“中部右对齐”。

（3）将表格的外边框线设置为 1.5 磅、“标准色”中的“深蓝色”的单实线，所有内部网格线均设置为 1 磅粗的点画线。

【样文4-2】

第四季度部门费用管理

日期	费用科目	说明	金额	备注
10 月 2 日	办公费	购买圆珠笔 20 支	270	已结算
10 月 5 日	宣传费	制作宣传画报	900	已结算
11 月 8 日	通讯费	购买电话卡	100	已结算
11 月 15 日	交通费	出差	2800	已结算
11 月 18 日	办公费	购买记事本 10 本	300	已结算
12 月 22 日	差旅费	交通	520	已结算
		住宿	180	已结算

第 5 单元　文档的版面设置与编排

【操作要求】

打开文档 C:\ATA_MSO\testing\175100-2633\WORD\T02_E01\A5.DOCX，按下列要求设置、编排文档的版面如【样文 5-2】所示。

1. 页面设置：

（1）设置纸张大小为信纸（或自定义大小：宽度 21.59 厘米 × 高度 27.94 厘米），将页边距设置为上、下各 2.5 厘米，左、右各 3.5 厘米。

（2）按样文所示，在文档的页眉处添加页眉文字，页脚处添加页码，并设置相应的格式。

2. 艺术字设置：

将标题“大熊湖简介”设置为艺术字样式“填充–红色，强调文字颜色 2，暖色粗糙棱台”；

字体为黑体，字号为 48 磅，文字环绕方式为“嵌入型”；为艺术字添加“红色，8pt 发光，强调文字颜色 2”的发光文本效果。

3. 文档的版面格式设置：

（1）分栏设置：将正文第四段至结尾设置为栏宽相等的三栏格式，显示分隔线。

（2）边框和底纹：为正文的第一段添加 1.5 磅、“标准色”中的“深红色”、单实线边框，并为其填充天蓝色（RGB：100，255，255）底纹。

4. 文档的插入设置：

（1）插入图片：在样文中所示位置插入图片 C:\ATA_MSO\testing\175100-2633\WORD\T02_E01\PIC5-2.JPG，设置图片的缩放比例为 55%，环绕方式为四周型，并为图片添加“棱台矩形”的外观样式。

（2）插入尾注：为正文第六段的“钻石”两个字插入尾注“钻石：是指经过琢磨的金刚石，金刚石是一种天然矿物，是钻石的原石。”

【样文5-2】

湖泊之最

大熊湖简介

大熊湖（Great Bear Lake）位于加拿大西北地区，是该地区第一大湖，也是北美第四大湖和世界第八大湖。因湖区栖息众多北极熊而命名。湖形不规则，长约 322 公里，宽约 40～177 公里，湖面面积 31,153 平方公里，总水量为 2,236 立方公里，平均深度是 72 米，最深处达 446 米，湖岸线长达 2,719 公里，集水区总面积有 114,717 平方公里。

大熊湖好似一个真正的地中海，其长与宽包括了好几个纬度。湖的形状很不规则，中央部分由两个夹岬角扼住，北面扩开，像个三角形大喇叭，总体形状差不多是一张皮撑开、没有头的大反刍动物的兽皮。

大熊湖的水温在各个大湖中是最低的，一年中有8—9个月是封冻期，7 月中旬以后始可通航。大熊湖的支流不多，湖水向西经过大熊河流向麦肯锡河，由于气候严寒，大熊河附近很荒凉。

矿产

大熊湖的东岸有个雷钉港的居民点，曾经是加拿大有名的镭产区。20世纪初东岸地区发现沥青铀矿，1930年开始开采，从矿砂中提炼镭、铀，并有银、铜、钴、铅等副产品。埃科贝（镭锭港）为采矿中心，也是湖区最大居民点。

钻石[i]

图腾港，位于大熊湖南的小镇，在一般的地图上，根本就无法找到它的位置。图腾港附近一带的峡谷，埋藏着一些东西晶莹闪烁的矿物，至少有二三十亿年的历史，人类给它一个名字：钻石。

植物

大熊湖岸边上并不缺绿色植物，已无积雪的山丘上分布着苏格兰松之类的含松脂的林木。这些树有40米高，提供

第1页

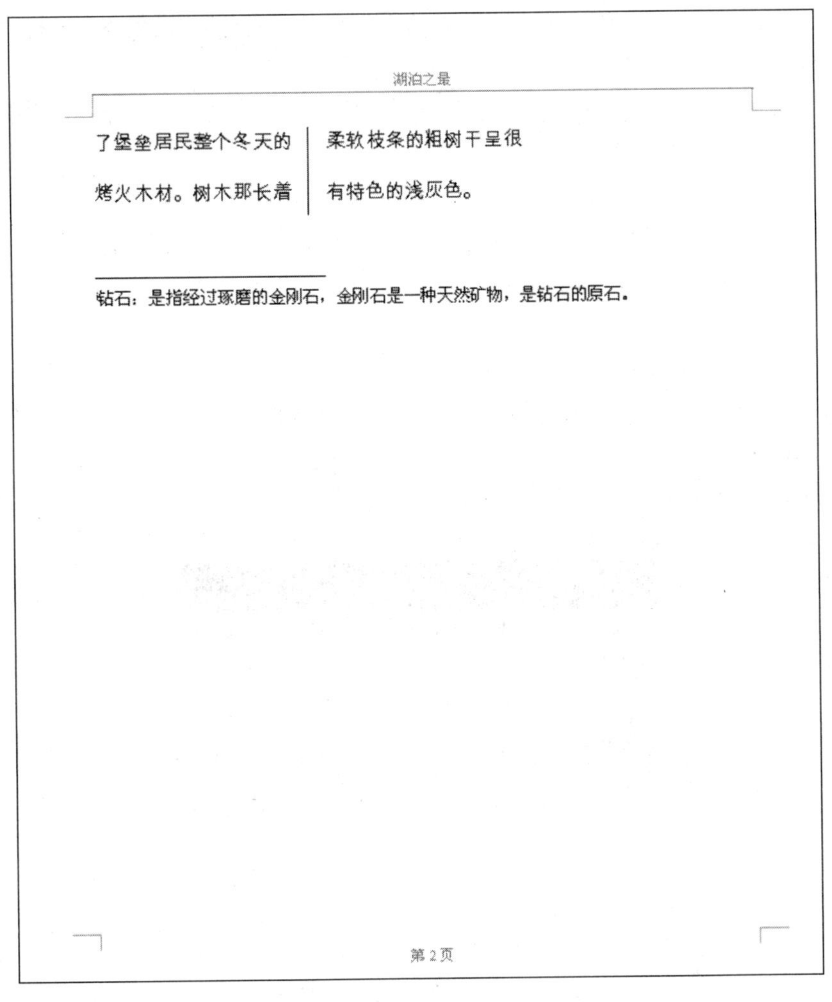

第 6 单元　电子表格工作簿的操作

【操作要求】

在 Excel 2010 中打开文件 C:\ATA_MSO\testing\175100-2633\EXCEL\T02_F01\A6.XLSX，并按下列要求进行操作。

1. 设置工作表及表格，结果如【样文 6-2A】所示。

（1）工作表的基本操作：

① 将 Sheet1 工作表中的所有内容复制到 Sheet2 工作表中，并将 Sheet2 工作表重命名为“收支统计表”，将此工作表标签的颜色设置为标准色中的“绿色”。

② 在“有线电视”所在行的上方插入一行，并输入样文中所示的内容；将“餐费支出”上方的一行（空行）删除；设置标题行的行高为“30”。

（2）单元格格式的设置：

① 在“收支统计表”工作表中，将单元格区域 A1:E1 合并后居中，设置字体为华文行楷、22 磅、“标准色”中的“浅绿色”，并为其填充“标准色”中的“深蓝色”底纹。

② 将单元格区域 A2:E2 的字体设置为华文楷体、14 磅、加粗。

③ 将单元格区域 A2:A9 的底纹设置为“标准色”中的“橙色”。设置整个表格中文本的对齐方式均为水平居中、垂直居中。

④ 将单元格区域 A2:E9 的外边框设置为“标准色”中“紫色”的粗虚线，内部框线设置为“标准色”中“蓝色”的细虚线。

（3）表格的插入设置：

① 在“收支统计表”工作表中，为 345（D7）单元格插入批注“本月出差”。

② 在“收支统计表”工作表中表格的下方建立如样文中所示的公式，并为其应用“细微效果-红色，强调颜色 2”的形状样式。

2. 建立图表，结果如【样文 6-2B】所示。

① 使用“收支统计表”工作表中的“项目”和“季度总和”两列数据在 Sheet3 工作表中创建一个分离型圆环图。

② 按【样文 6-2B】所示为图表添加图表标题。

【样文6-2A】

第三季度个人收支表				
项目	七月份	八月份	九月份	季度总和
房租	400	400	400	1200
电话费	84.3	48.7	97	230
水电气费	48.4	78.6	57.1	184.1
有线电视	15	15	15	45
坐车花费	183.4	160	345	688.4
零散花费	671	783	685	2139
餐费支出	900	1104	1400	1235

$$D=\frac{\sqrt{a^2+b^2}}{\overline{x_1}}$$

【样文6-2B】

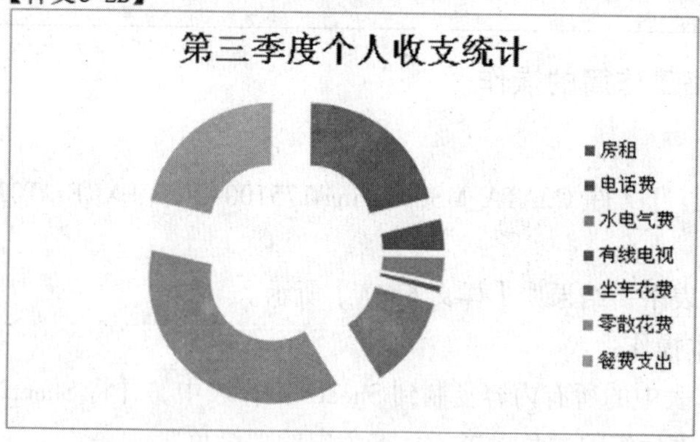

第 7 单元 电子表格中的数据处理

【操作要求】

打开文档 C:\ATA_MSO\testing\175100-2633\EXCEL\T02_G01\A7.XLSX，按下列要求操作。

（1）数据的查找与替换：

按【样文 7-2A】所示，在 Sheet1 工作表中查找出所有的数值“100”，并将其全部替换为“150”。

（2）公式、函数的应用：

按【样文 7-2A】所示，使用 Sheet1 工作表中的数据，应用函数公式计算出“实发工资”数，将结果填写在相应的单元格中。

（3）基本数据分析：

① 数据排序及条件格式的应用：按【样文 7-2B】所示，使用 Sheet2 工作表中的数据，以“基本工资”为主要关键字，“津贴”为次要关键字进行降序排序，并对相关数据应用“图标集”中“三色旗”的条件格式，实现数据的可视化效果。

② 数据筛选：按【样文 7-2C】所示，使用 Sheet3 工作表中的数据，筛选出部门为“工程部”，基本工资大于“1700”的记录。

③ 合并计算：按【样文 7-2D】所示，使用 Sheet4 工作表中“一月份工程原料款（元）”和“二月份工程原料款（元）”表格中的数据，在“利达公司前两个月所付工程原料款（元）”的表格中进行“求和”的合并计算操作。

④ 分类汇总：按【样文 7-2E】所示，使用 Sheet5 工作表中的数据，以“部门”为分类字段，对“基本工资”与“实发工资”进行“平均值”的分类汇总。

（4）数据的透视分析：

按【样文 7-2F】所示，使用“数据源”工作表中的数据，以“项目工程”为报表筛选项，以“原料”为行标签，以“日期”为列标签，以“金额”为求和项，从 Sheet6 工作表的 A1 单元格起建立数据透视表。

【样文7-2A】

利达公司工资表

姓名	部门	职称	基本工资	奖金	津贴	实发工资
王辉杰	设计室	技术员	1500	600	150	2250
吴圆圆	后勤部	技术员	1450	550	150	2150
张勇	工程部	工程师	3000	568	180	3748
李波	设计室	助理工程师	1760	586	140	2486
司慧霞	工程部	助理工程师	1750	604	140	2494
王刚	设计室	助理工程师	1700	622	140	2462
谭华	工程部	工程师	2880	640	180	3700
赵军伟	设计室	工程师	2900	658	180	3738
周健华	工程部	技术员	1500	576	150	2226
任敏	后勤部	技术员	1430	594	150	2174
韩禹	工程部	技术员	1620	612	150	2382
周敏捷	工程部	助理工程师	1800	630	140	2570

【样文7-2B】

利达公司工资表

姓名	部门	职称	基本工资	奖金	津贴
张勇	工程部	工程师	3000	568	180
谭华	工程部	工程师	2880	640	180
周敏捷	工程部	助理工程师	1800	630	140
李波	设计室	助理工程师	1760	586	140
司慧霞	工程部	助理工程师	1750	604	140
王刚	设计室	助理工程师	1700	622	140
韩禹	工程部	技术员	1620	612	150
王辉杰	设计室	技术员	1500	600	150
周健华	工程部	技术员	1500	576	150
吴圆圆	后勤部	技术员	1450	550	150
任敏	后勤部	技术员	1430	594	150
赵军伟	设计室	工程师	1050	658	180

【样文7-2C】

利达公司工资表					
姓名	部门	职称	基本工资	奖金	津贴
张勇	工程部	工程师	3000	568	180
司慧霞	工程部	助理工程师	1750	604	140
谭华	工程部	工程师	2880	640	180
周敏捷	工程部	助理工程师	1800	630	140

【样文7-2D】

利达公司前两个月所付工程原料款（元）				
原料	德银工程	城市污水工程	商业大厦工程	银河剧院工程
细沙	11000	4000	6000	18000
大沙	18000	1800	13000	25000
水泥	80000	12000	80000	130000
钢筋	140000	10500	110000	190000
空心砖	10000	2000	20000	15000
木材	4000	1000	7000	18000

【样文7-2E】

利达公司工资表						
姓名	部门	职称	基本工资	奖金	津贴	实发工资
	工程部 平均值		2091.667			2853.333
	后勤部 平均值		1440			2162
	设计室 平均值		1965			2734
	总计平均值		1940.833			2698.333

【样文7-2F】

项目工程	(全部)				
求和项:金额（元）	**列标签**				
行标签	**2010-1-15**	**2010-1-20**	**2010-1-25**	**2010-1-30**	**总计**
大沙		10000		22000	32000
钢筋	310000				310000
木材				13500	13500
水泥		148000	60000		208000
细沙	8000		17000		25000
总计	**318000**	**158000**	**77000**	**35500**	**588500**

第 8 单元　Word 和 Excel 的进阶应用

【操作要求】

打开 C:\ATA_MSO\testing\175100-2633\WORD\T02_H01\A8.DOCX，按下列要求操作。

（1）选择性粘贴：

在 Excel 2010 中打开文件 C:\ATA_MSO\testing\175100-2633\WORD\T02_H01\TF8-2A.XLSX，将工作表中的表格以“Microsoft Excel 工作表 对象”的形式粘贴至 C:\ATA_MSO\testing\175100-2633\WORD\T02_H01\A8.DOCX 文档中标题“2010 年南平市市场调查表”的下方，结果如【样文 8-2A】所示。

（2）文本与表格间的相互转换：

按【样文 8-2B】所示，将“北极星手机公司员工一览表”下的表格转换成文本，文字分隔符为制表符。

（3）录制新宏：

① 在 Word 2010 中新建一个文件，在该文件中创建一个名为 A8A 的宏，将宏保存在当前文档中，用【Ctrl+Shift+F】作为快捷键，功能为在当前光标处插入分页符。

② 完成以上操作后，将该文件以“启用宏的 Word 文档”类型保存至 C:\ATA_MSO\testing\175100-2633\WORD\T02_H01 文件夹中，文件名为 A8-A。

（4）邮件合并：

① 在 Word 2010 中打开文件 C:\ATA_MSO\testing\175100-2633\WORD\T02_H01\TF8-2B.DOCX，以 A8-B.DOCX 为文件名保存至 C:\ATA_MSO\testing\175100-2633\WORD\T02_H01\文件夹中。

② 选择“信函”文档类型，使用当前文档，使用文件 C:\ATA_MSO\testing\175100-2633\WORD\T02_H01\TF8-2C.XLSX 中的数据作为收件人信息，进行邮件合并，结果如【样文 8-2C】所示。

③ 将邮件合并的结果以 A8-C.DOCX 为文件名保存至 C:\ATA_MSO\testing\175100-2633\WORD\T02_H01 文件夹中。

【样文 8-2A】

2010 年南平市市场调查表

类别	一月	二月	三月	四月	五月
批发零售业	17567	21130.5	18164.9	21949.2	21218.7
餐 饮 业	3122.1	4401.8	2689.3	3344.9	3416.1
制 造 业	1495.8	1190.9	1424.1	1183.2	1455.2
农业	2734.1	3331.1	3639.2	3322.1	3573.6
其 他	4999.6	4611.4	4801.8	4595.3	4584.1

【样文 8-2B】

北极星手机公司员工一览表

员工姓名	性别	年龄	政治面貌	最高学历	现任职务
刘阳	男	28	党员	本科	办公室主任
苏雪梅	女	30	党员	高中	财务主任
吴丽	女	29	党员	中专	销售经理
郑妍妍	女	30	团员	大专	服务部经理
石伟	男	32	团员	中专	财务副主任
朱静	男	34	党员	本科	销售科长

【样文 8-2C】

考生选题单

考生编号	第 1 单元	第 2 单元	第 3 单元	第 4 单元	第 5 单元	第 6 单元
2010001	15	2	3	12	10	17

考生选题单

考生编号	第 1 单元	第 2 单元	第 3 单元	第 4 单元	第 5 单元	第 6 单元
2010032	12	6	5	13	8	15

考生选题单

考生编号	第 1 单元	第 2 单元	第 3 单元	第 4 单元	第 5 单元	第 6 单元
2010056	1	8	14	18	6	12

考生选题单

考生编号	第 1 单元	第 2 单元	第 3 单元	第 4 单元	第 5 单元	第 6 单元
2010089	10	17	20	17	4	8

考生选题单

考生编号	第 1 单元	第 2 单元	第 3 单元	第 4 单元	第 5 单元	第 6 单元
2010036	18	16	18	5	9	7

第2套试题（办公高级）

第1单元　操作系统应用

【操作要求】

（1）启动“资源管理器”：开机，进入 Windows 7 操作系统，启动“资源管理器”。

（2）创建文件夹：在 C 盘下新建文件夹，文件夹名为“4000001”。

例如，如果考生的准考证号为 0490010610314000001，则考生文件夹名为 0314000001。

（3）复制文件、改变文件名：如下图所示，将 C 盘下的 KSML2 文件夹内 KS1-1.DOCX、KS1-2.DOCX、KS1-3.DOCX、KS1-4.DOCX、KS1-5.DOCX、KS4-1.XLSX、KS4-2.XLSX、KS7-1.DOCX 一次性复制到 C:\4000001 文件夹中，并分别重命名为 A1.DOCX、A2.DOCX、A3.DOCX、A4.DOCX、A5.DOCX、A6.XLSX、A7.XLSX、A8.DOCX。

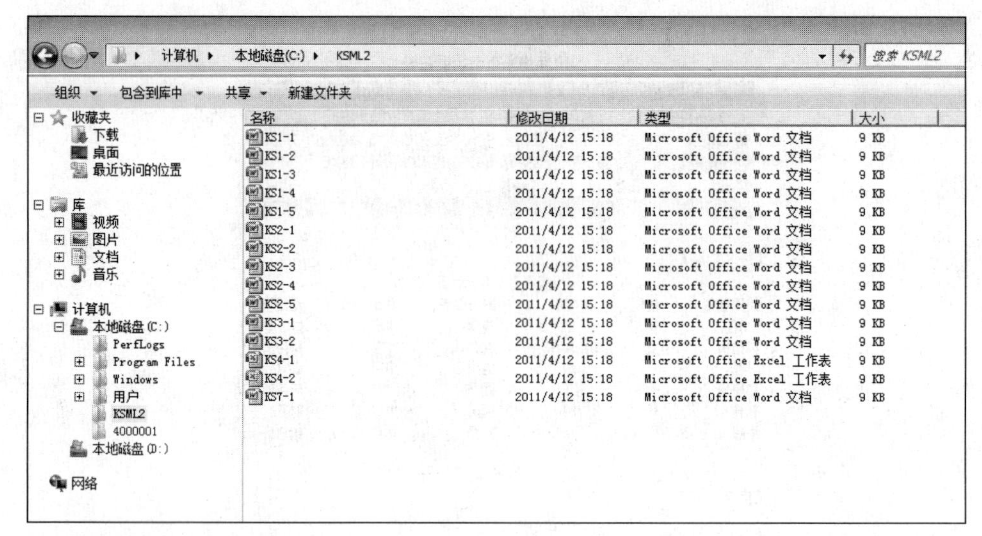

（4）将显示器的“分辨率”调整为 1280×1024 像素，并设置显示器的“屏幕刷新频率”为“75 赫兹”，颜色为“真彩色（32 位）”。

（5）为计算机创建一个新账户，账户类型为“管理员”，账户名称为“考生账户”，密码为“KAOSHENG123”，在欢迎屏幕和“开始”菜单上显示图片，如【样张】所示。

【样张】

第2单元　文档处理的基本操作

【操作要求】

打开文档 C:\ATA_MSO\testing\172457-1243\WORD\T03_B01(01)\A2.docx，按照样文进行如下操作：

1. 设置文档页面格式：

（1）按【样文 2-3A】所示，设置上下页边距为 2.8 厘米，左右页边距为 3.2 厘米；为文档插入“飞越型（偶数页）”页眉，录入页眉标题为“神秘的南极”，插入页码“第2页”，字体均为微软雅黑、小四、“白色，背景1”，并设置页眉距边界2厘米。

（2）按【样文2-3A】所示，为当前文档创建“参考资料”文字水印，字体为华文中宋、66磅、“标准色”下的“紫色”、半透明，版式为水平。

2. 设置文档编排格式：

（1）按【样文2-3A】所示，将标题设置为艺术字样式“填充-白色，渐变轮廓-强调文字颜色1”；字体为华文琥珀、50磅，文字环绕为上下型；并为其添加“转换”中“正V形”弯曲的文本效果。

（2）按【样文2-3A】所示，为正文第一段文字添加浅蓝色（RGB：100，200，255）底纹，正文部分所有文本的字体均为方正姚体、五号，段落间距为段后0.5行，行距为固定值18磅。

（3）按【样文2-3A】所示，为正文最后一段中的文本“南极洲”设置为中文版式中的“合并字符”格式，字体为华文细黑、11磅、蓝色（RGB：0，0，255）。

3. 文档的插入设置：

按【样文2-3A】所示，为正文第四段插入“大括号型引述2”样式的文本框，并设置文本框的高度为11.5厘米，宽度为5厘米，环绕方式为嵌入型，字体颜色为“白色，背景1”。

4. 文档表格的高级操作：

在Word 2010中打开文件C:\ATA_MSO\testing\172457-1243\WORD\T03_B01(01)\KSWJ2-3A.docx，以A2-A.docx为文件名保存至C:\ATA_MSO\testing\172457-1243\WORD\T03_B01(01)文件夹中。

（1）按【样文2-3B】所示，运用求平均值公式计算出“平均值”，将结果填写在相应的单元格内。

（2）按【样文2-3B】所示，为表格自动套用“中等深浅底纹2-强调文字颜色3”的表格样式。

对文档A2-B.docx进行加密，设置打开此文档的密码为“ks2-3”。

【样文2-3A】

第2页　　神秘的南极

南极被人们称为第七大陆，是地球上最后一个被发现、唯一没有土著人居住的大陆。南极大陆的总面积为1390万平方公里，相当于中国和印巴次大陆面积的总和，居世界各洲第五位。整个南极大陆被一个巨大的冰盖所覆盖，平均海拔为2350米。

南极洲蕴藏的矿物有220余种。主要有煤、石油、天然气、铂、铀、铁、锰、铜、镍、钴、铬、铅、锡、锌、金、铝、锑、石墨、银、金刚石等。主要分布在东南极洲、南极半岛和沿海岛屿地区。根据南极洲有大煤田的事实，可以推想它曾一度位于温暖的纬度地带，才能有茂密森林经地质作用而形成煤田，后来经过长途漂移，才来到现今的位置。

南极洲腹地几乎是一片不毛之地。那里仅有的生物就是一些简单的植物和一两种昆虫。但是，海洋里却充满了生机，那里有海藻、珊瑚、海星和海绵，大海里还有许许多多叫做磷虾的微小生物，磷虾为南极洲众多的鱼类、海鸟、海豹、企鹅以及鲸提供了食物来源。

参考资料

气候严寒的南极洲，植物难于生长，偶能见到一些苔藓、地衣等植物。海岸和岛屿附近有鸟类和海兽，鸟类以企鹅为多。夏天，企鹅常聚集在沿海一带，构成有代表性的南极景象。海兽主要有海豹、海狮和海豚等。大陆周围的海洋，鲸成群，为世界重要的捕鲸区。由于捕杀过甚，鲸的数量大为减少，海豹等海兽也几乎绝迹。

南极洲是个巨大的天然“冷库”，是世界上淡水的重要储藏地，拥有地球 70% 左右的淡水资源。

【样文2-3B】

员工工资统计表					
姓名	部门	职务	基本工资	补贴	奖金总额
邓怡	人事部	经理	3000	280	300
刘一守	人事部	办事员	1500	100	150
苏益	人事部	办事员	1500	120	150
何勇	财务部	经理	3000	310	300
高鹏	财务部	会计	2000	200	200
陈涓涓	财务部	出纳	2000	200	200
杜鹃	销售部	经理	3000	170	150
吴启	销售部	业务员	1800	120	90
赵东阳	销售部	业务员	1800	120	90
张大明	销售部	业务员	1800	150	90
徐江	销售部	业务员	1800	110	90
	平均值		2109.09	170.91	164.55

第 3 单元　文档处理的综合操作

【操作要求】

打开文档 C:\ATA_MSO\testing\172457-1243\WORD\T03_C01\A3.docx，按以下要求进行操作。

1. 创建主控文档、子文档：

按照【样文 3-3A】所示，将文档 A3.docx 创建为一级主控文档，将标题“作者简介”下的内容创建为子文档，并锁定子文档的链接。

2. 插入书签、批注：

（1）在标题“狂人日记”位置处插入书签“已阅读”，以位置作为排序依据。

（2）为标题“一件小事”添加批注“本篇最初发表于 1919 年 12 月 1 日北京《晨报-周年纪念增刊》。”。

3. 创建封面、目录：

（1）按照【样文 3-3B】所示，在文档开头处建立“自动目录 1”样式的目录，并设置字形为加粗，行距为 1.5 倍行距。

（2）按照【样文 3-3C】所示，为文档插入“对比度”型的封面，设置封面标题为“鲁迅作品集”，作者为“鲁迅”，摘要内容为“鲁迅的作品包括杂文、短篇小说、评论、散文、翻译作品。”。

【样文3-3A】

- 《呐喊》
  - 一件小事
  - 狂人日记
  - 鸭的喜剧
  - 端午节
  - 故乡
  - 孔乙己
  - 药
  - 阿Q正传
  - 兔和猫
  - 社戏
  - 风波
  - 头发的故事
  - 明天
  - 白光
  - 作者简介

【样文3-3B】

目录

【样文 3-3C】

第 4 单元　数据表格处理的基本操作

【操作要求】

在电子表格软件中打开文档 C:\ATA_MSO\testing\172457-1243\EXCEL\T03_D01\A4.xlsx 进行如下操作。

1. 表格环境的设置与修改：

（1）按【样文 4-3A】所示，在 Sheet1 工作表的 A9 单元格下方插入一空行，并录入相应的内容。

（2）按【样文 4-3A】所示，将单元格区域 A2:I2 的名称定义为“一览表”，将 Sheet1 工作表重命名为“职工资料统计表”。

2. 表格格式的编排与修改：

（1）按【样文 4-3A】所示，将表格中标题区域 A2:I2 设置为“合并后居中”格式；将其字体设置为华文新魏，字号为 24 磅，并添加玫瑰红色（RGB：230，185，185）底纹，设置标题行行高为 35。

（3）按【样文 4-3A】所示，将单元格区域 A4:I13 的字体均设置为华文细黑、14 磅、“标准色”下的“深红”，并为其套用“表样式中等深浅 24”的表格样式。

（4）按【样文 4-3A】所示，自动调整表格的列宽为最适合列宽，将整个表格设置为文本左对齐格式。

3. 数据的管理与分析：

（1）按【样文 4-3A】所示，在“职工资料统计表”工作表表格中，对各位职工的“总收入”进行求和计算，将结果填入到相应的单元格中。

（2）按【样文 4-3B】所示，使用 Sheet2 工作表表格中的内容，分别以“学历”和“职务”为分类汇总字段，以“总收入”为汇总项，进行求平均值的嵌套分类汇总。

（3）按【样文 4-3B】所示，在分类汇总表中，利用条件格式将介于 3 000 到 5 000 之间的数据以“浅红色填充”突出显示出来。

4. 图表的运用：

按【样文 4-3C】所示，利用 Sheet3 工作表中相应的数据，在该工作表中创建一个三维簇状柱形图。在右侧显示图例，调整图表的大小为高 10 厘米，宽 15 厘米，并录入图表标题、坐标轴标题文字。

5. 数据文档的修订与保护：

保护 A4.xlsx 工作簿中的“职工资料统计表”工作表，仅允许其他用户进行“设置列格式”和“设置行格式”的操作，保护密码为“gjks4-3”。

【样文 4-3A】

大道影视制作有限公司职员一览表

姓名	性别	出生年月	学历	职务	基本工资	效益奖金	生活补贴	总收入
钱亮	男	1985-3-5	大学	工程师	3000	2200	500	5700
周岳	男	1989-6-30	研究生	总工程师	3500	2300	500	6300
郑涛	男	1983-2-1	研究生	高级工程师	3800	2300	500	6600
刘彦波	女	1990-2-15	大学	供销经理	3200	2300	500	6000
韩清	女	1980-5-21	大学	经济师	2300	2300	500	5100
关悦	男	1987-5-4	研究生	高级工程师	3500	2300	500	6300
张丽	女	1984-9-2	大学	工程师	2200	2000	500	4700
赵亚美	女	1982-2-21	大专	秘书	1900	1500	400	3800
林丽娟	女	1984-10-1	大专	经济师	2000	1700	500	4200

【样文 4-3B】

大道影视制作有限公司职员一览表

姓名	性别	出生年月	学历	职务	基本工资	效益奖金	生活补贴	总收入
钱亮	男	1985-3-5	大学	工程师	3000	2200	500	5700
				工程师 平均值				5700
刘彦波	女	1990-2-15	大学	供销经理	3200	2300	500	6000
				供销经理 平均值				6000
韩清	女	1980-5-21	大学	经济师	2300	2300	500	5100
				经济师 平均值				5100
张丽	女	1984-9-2	大学	工程师	2200	2000	500	4700
				工程师 平均值				4700
			大学 平均值					5375
赵亚美	女	1982-2-21	大专	秘书	1900	1500	400	3800
				秘书 平均值				3800
林丽娟	女	1984-10-1	大专	经济师	2000	1700	500	4200
				经济师 平均值				4200
			大专 平均值					4000
周岳	男	1989-6-30	研究生	总工程师	3500	2300	500	6300
郑涛	男	1983-2-1	研究生	总工程师	3800	2300	500	6600
				总工程师 平均值				6450
			研究生 平均值					6450
			总计平均值					5300

【样文4-3C】

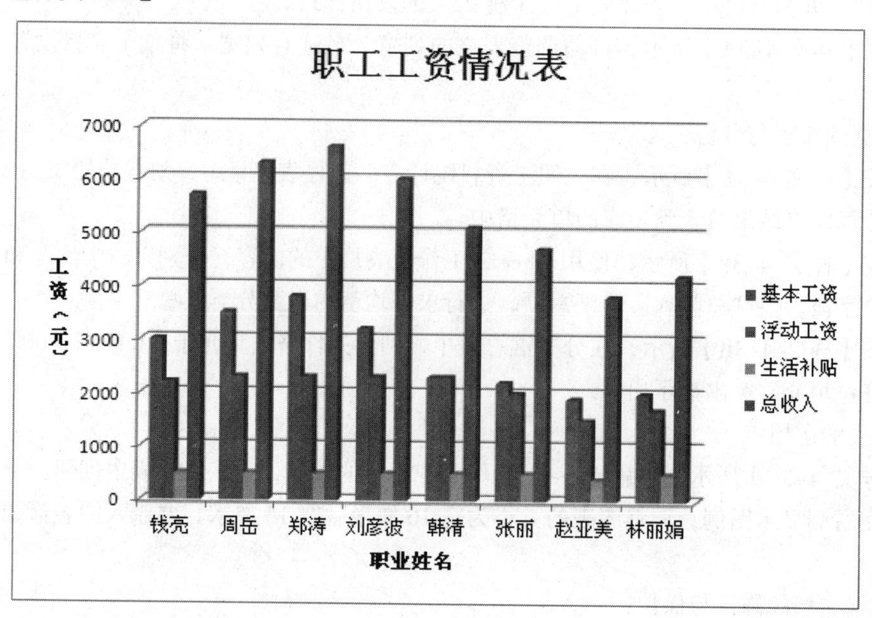

第5单元　数据处理的综合操作

【操作要求】

在电子表格软件中，打开文档C:\ATA_MSO\testing\172457-1243\EXCEL\T03_ E01\A5.xlsx，并按下列要求操作。

1. 定义单元格名称：

（1）打开C:\ATA_MSO\testing\172457-1243\EXCEL\T03_E01\KSWJ5-3A.xlsx，在Sheet1工作表中，将单元格区域B4:F9的名称定义为“上半年”，将工作簿以“A5a.xlsx”为文件名保存至C:\ATA_MSO\testing\172457-1243\EXCEL\T03_E01文件夹中。

（2）打开C:\ATA_MSO\testing\172457-1243\EXCEL\T03_E01\KSWJ5-3B.xlsx，在Sheet1工作表中，将单元格区域B4:F9的名称定义为“下半年”，将工作簿以“A5b.xlsx”为文件名保存至C:\ATA_MSO\testing\172457-1243\EXCEL\T03_E01文件夹中。

2. 创建工作簿间的链接：

按【样文5-3A】所示，将A5a.xlsx和A5b.xlsx工作簿已定义单元格区域“上半年”和“下半年”中的数据进行求和的合并计算，将结果链接到A5.xlsx工作簿Sheet1工作表的相应位置。

3. 创建图表：

按【样文5-3B】所示，使用Sheet1工作表中的数据创建折线图图表，图表标题为“宏图公司2010年图书销售统计”。

4. 添加趋势线：

按【样文5-3B】所示，在“宏图公司2010年图书销售统计”图表中添加相应的对数趋势线，设置线型为“标准色”下的“红色”、1.5磅、单实线。

【样文5-3A】

宏图公司2010年图书销售情况统计表

书店名称	教育类（本）	小说类（本）	法律类（本）	电子类（本）
大石桥书店	700	1900	2900	3400
金水区书苑	600	1500	2800	2300
陇海路书社	1100	1500	2850	3200
伏牛路书城	1400	1200	2600	3700
大前门书店	1200	700	1700	3600
避沙港书社	1200	820	2100	3200

【样文5-3B】

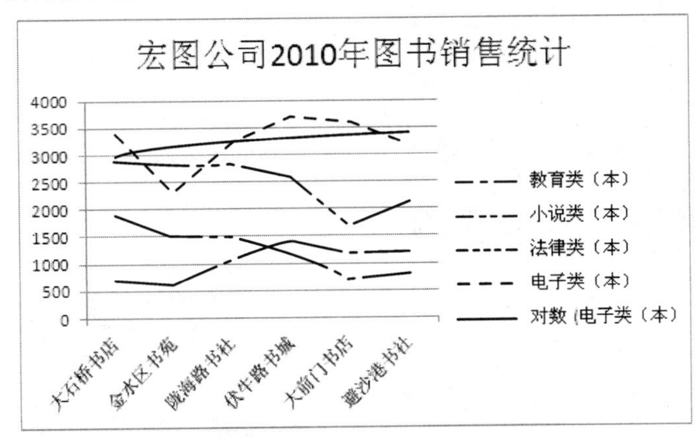

第 6 单元　演示文稿的制作

【操作要求】

在演示文稿程序中打开 C:\ATA_MSO\testing\172457-1243\PowerPoint\T03_F01(01)\ A6.pptx，按如下要求进行操作。

1. 演示文稿的页面设置：

（1）按【样文 6-3A】所示，在幻灯片母版中将文本占位符中文本的字体为方正姚体，段落间距为段前 12 磅、段后 6 磅，行距为固定值 35 磅。

（2）按【样文 6-3A】所示，将第 2 张幻灯片的背景填充为图片 C:\ATA_MSO\testing\172457-1243\PowerPoint\T03_F01(01)\KSWJ6-3A.jpg，透明度为 50%。

2. 演示文稿的插入设置：

（1）按【样文 6-3B】所示，在第 3 张幻灯片中插入 SmartArt 图形，图形布局为“连续块状流程”图，设置颜色为“彩色-强调文字颜色”，外观样式为三维中的“嵌入”；录入文字，并设置字体为华文隶书、36 磅、“标准色”下的“深蓝”。

（2）按【样文 6-3C】所示，在第 4 张幻灯片中插入链接到第 1 张幻灯片和最后 1 张幻灯片的动作按钮，并为动作按钮套用“中等效果-青绿，强调颜色 2”的形状样式，高度和宽度均设置为 2 厘米。

（3）按【样文 6-3D】所示，在第 5 张幻灯片中插入图片文件 C:\ATA_MSO\testing\172457-1243\PowerPoint\T03_F01(01)\KSWJ6-3B.jpg，设置图片大小的缩放比例为 50%，排列顺序为“置于底层”，图片样式为“棱台透视”。

3. 演示文稿的动画设置：

（1）设置所有幻灯片的切换方式为“涡流”、效果为“自底部”、持续时间为“3 秒”、声音为“鼓掌”声、换片方式为 3 秒后自动换片。

（2）将第 1 张幻灯片中标题文本的动画效果设置为“放大/缩小”、效果选项中方向为“两者”，数据为“较小”，持续时间为“2 秒”、单击鼠标时启动动画效果。

（3）用“动画刷”复制第 1 张幻灯片中标题文本的动画效果，并将此动画效果应用到第 3 张幻灯片中的 SmartArt 图形和第 5 张幻灯片中的图片上。

【样文6-3A】

【样文6-3B】

【样文6-3C】

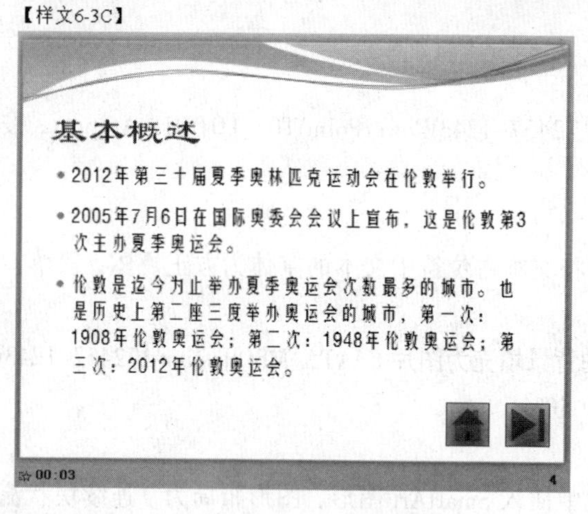

【样文6-3D】

第 7 单元　办公软件的综合运用

【操作要求】

打开文档 C:\ATA_MSO\testing\114632-7B41\WORD\T03_G01\A7.docx，按如下要求进行操作。

1. 文档中插入声音文件：

（1）按【样文 7-3A】所示，在文档的结尾处插入声音文件 C:\ATA_MSO\testing\114632-7B41\WORD\T03_G01\KSWJ7-3A.mp3，显示为图标，并将图标替换为 C:\ATA_MSO\testing\114632-7B41\WORD\T03_G01\KSWJ7-3B.ico，设置对象格式的缩放比例为 135%，环绕方式为紧密型，对齐方式为居中对齐。

（2）激活插入到文档中的声音对象。

2. 页面中插入水印：

按【样文7-3A】所示，为当前文档创建“地球的演变”文字水印，并设置字体为楷体、100磅、“黑色，文字1”、半透明，版式为斜式。

3. 使用外部数据：

（1）按【样文7-3B】所示，在当前文档的结尾处插入工作簿C:\ATA_MSO\testing\114632-7B41\WORD\T03_G01\KSWJ7-3C.xlsx，并运用“消费水平调查”工作表中的相关数据生成三维簇状柱形图图表，再将该图表以“Microsoft Excel图表对象”的形式粘贴至文档结尾处。

（2）按【样文7-3C】所示，将复制对象的图表类型更改为簇状圆柱图，图表布局为“布局5”，并添加图表和坐标标题。

4. 办公软件间格式的转换：

保存当前文档后，再以纯文本文件类型保存至C:\ATA_MSO\testing\114632-7B41\WORD\T03_G01文件夹中。

【样文7-3A】

地球的形成和演化

地质科学家说地球至少有46亿岁。人类有文字记载的历史只有几千年。那么，我们是怎样知道地球年龄的呢？

推算地球年龄，主要有岩层方法、化石方法和放射性元素的蜕变方法等。依照人类历史划分朝代的办法，地球自形成以来也可以划分为5个“代”，从古到今是：太古代、元古代、古生代、中生代和新生代，还进一步划分为若干“纪”，如古生代从远到近划分为寒武纪、奥陶纪、志留纪、泥盆纪、石炭纪和二叠纪；中生代划分为三叠纪、侏罗纪和白垩纪；新生代划分为第三纪和第四纪。

距今24亿年以前的太古代，地球表面已经形成了原始的岩石圈、水圈和大气圈。但那时地壳很不稳定，火山活动频繁，岩浆四处横溢，海洋面积广大，陆地上尽是些秃山。这时是铁矿形成的重要时代，最低等的原始生命开始产生。

距今24亿年－6亿年的元古代。这时地球上大部分仍然被海洋掩盖着。到了晚期，地球上出现了大片陆地。“元古代”的意思，就是原始生物的时代，这时出现了海生藻类和海洋无脊椎动物。

距今6亿年－2.5亿年是古生代。“古生代”意思是古老生命的时代。这时，海洋中出现了几千种动物，海洋无脊椎动物空前繁盛。以后出现了鱼形动物，鱼类大批繁殖起来。一种用鳍爬行的鱼出现了，并登上陆地，成为陆上脊椎动物的祖先。两栖类也出现了。北半球陆地上出现了蕨类植物，有的高达30多米。这些高大茂密的森林，后来变成大片的煤田。

距今2.5亿年－0.7亿年的中生代，历时约1.8亿年。这是爬行动物的时代，恐龙曾经称霸一时，这时也出现了原始的哺乳动物和鸟类。蕨类植物日趋衰落，而被裸子植物所取代。中生代繁茂的植物和巨大的动物，后来就变成了许多巨大的煤田和油田。中生代还形成了许多金属矿藏。

新生代是地球历史上最新的一个阶段，时间最短，距今只有7000万年左右。这时，地球的面貌已同今天的状况基本相似了。新生代被子植物大发展，各种食草、食肉的哺乳动物空前繁盛。自然界生物的大发展，最终导致人类的出现，古猿逐渐演化成现代人，一般认为，人类是第四纪出现的，距今约有240万年的历史。

人类居住的地球就是这样一步一步地一直演化到现在，逐渐形成了今天的面貌。

KSWJ7-3A.MP3

【样文7-3B】

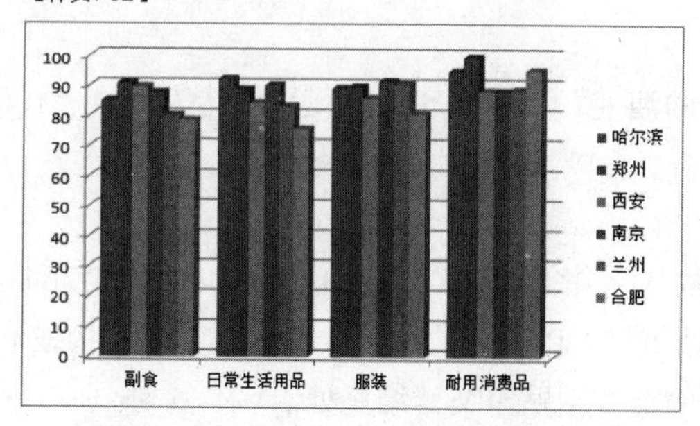

【样文7-3C】

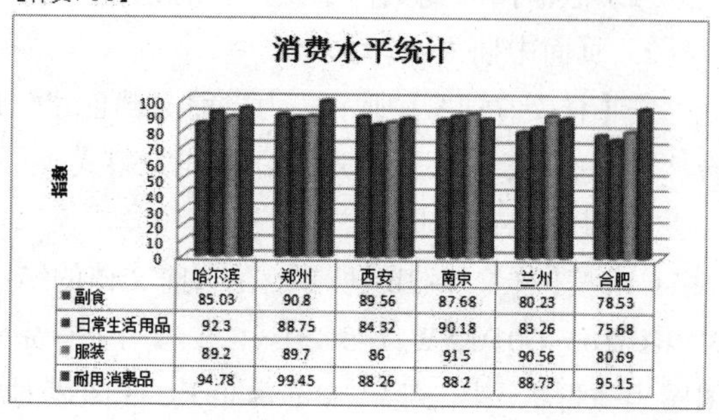

	哈尔滨	郑州	西安	南京	兰州	合肥
副食	85.03	90.8	89.56	87.68	80.23	78.53
日常生活用品	92.3	88.75	84.32	90.18	83.26	75.68
服装	89.2	89.7	86	91.5	90.56	80.69
耐用消费品	94.78	99.45	88.26	88.2	88.73	95.15

第8单元　桌面信息管理程序应用

【操作要求】

1. 将邮件“五一快乐”转发给张兰，并在转发的邮件中插入附件 C:\Win2010GJW\KSML1\KSWJ8-3.xlsx。

2. 答复邮件“坚持不懈”，并抄送给李明；将邮件为收件人标记为“仅供参考”，敏感度为“私密”，请在送达此邮件后给出“送达”回执。

3. 安排一次会议，主题为“关于绿云小区物业管理费的收缴”；地点为“物业管理办公室”；时间为“2012年6月5日”，16:30开始，17:30结束；并通知郑琳琳必须参加，提前2小时提醒。

4. 安排主题为“劳动和社会保障部全国计算机信息高新技术考试”的任务日程；开始时间为2012年9月10日，结束时间为2012年9月12日，优先级为“高”，并在2012年9月9日18:00提醒。

5. 将“白雪”的相关信息添加到联系人列表中。

6. 以A8-A.pst为文件名将个人文件夹（包括子文件夹）导出至“C:\考生”文件夹中，并设置保存密码为ks8-3。